Java Android 開発入門

プログラマ歴20年な人のための

佐藤 滋 著

秀和システム

はじめに

Androidでアプリケーションを開発するためのプログラム言語にはJavaが用いられていますが、JavaはWebシステムやSIなどの大規模な開発で昔から広く用いられてきた言語なので、これを使った経験のある人は多いのではないでしょうか。

Javaのような普及しているプログラム言語で開発することができるという点では、Androidのアプリケーションは多くの開発者にとって比較的手を付けやすい分野だと言えます。

しかしAndroidの機能を有効に引き出して画面に表示するためには、一般的なJava言語以外にAndroid用に提供されている独自のライブラリの知識が必要になります。

これらのライブラリには標準のJavaと同じようなものもありますが、携帯型端末の限られたCPUやメモリーを活用するために導入された見慣れないクラスもたくさんあります。

さらに、Androidのバージョンによる動作の違い、「リソース」や「マニフェスト」と呼ばれるファイルの使い方、そしてそれらを扱うための開発環境の使い方の理解も重要です。

この本は、そういった「Java言語を一通り理解しているものの、上記のようなAndroidアプリケーションの開発は詳しくわからない」という人を対象としています。

そのためJavaの細かい文法的な説明は最小限にとどめ、様々なパターンの例題を使ったアプリケーションの作成を通して上記の各種のライブラリやファイル、開発環境の基本的な使い方についての理解を深めていくことを目標としています。

例題は理解しやすいようなシンプルな形式を使い、それぞれに詳しい解説を付けていますが、アプリケーションを作成する上でわかりにくい点や重要と思われる項目についてはさらに理解を深めるために「コラム」の形で説明を付け加えました。

Androidのアプリケーションで用いられる様々なライブラリを理解して、開発環境を使いこなせるようになるには多くの時間と経験が必要であり、一冊の本だけですべてを説明することはできません。

しかし、本書がそれらの理解の一助となり、Androidアプリケーション開発への入り口としてお役にたてば幸いです。

目次

Chapter03　Fragment　131

Chapter04　複数のActivityを使う　161

Chapter05　スレッド　219

Chapter10　Graphics　323

Chapter11　タッチとジェスチャー　357

Chapter12　マルチメディア　377

Chapter13　センサー　415

Chapter14　位置情報　429

Chapter15　データ処理　447

Chapter16　グーグルマップ　473

Chapter 00

開発の準備

ここではAndroidアプリケーションを作成するための基本的な処理の流れと、その処理を自動的に行うための開発環境であるAndroid Studioのインストール方法について説明します。

00-01
Android アプリケーションの作成の流れ

Androidのアプリケーションのソースコードは Javaを使って作成しますが、ソースコードだけではアプリケーションは実行できません。
Androidでアプリケーションを作成するためには、以下の過程が必要となります。

・ソースコードとリソースの作成

Javaを使ってソースコードを作成します。
Androidのアプリケーションはソースコード以外にxml形式で定義された「マニフェストファイル」と呼ばれるファイルや各種設定ファイル、ビットマップファイル、音源ファイルなどの「リソース」と呼ばれるファイルを必要とするため、それらも作成します。

・ソースコードをコンパイルして「.dex」形式のバイナリーコードを作成

一般的なJavaのアプリケーションではJavaのソースコードをコンパイルしてバイナリーコードである「.class」ファイルを作成し、それをJavaの仮想機械(Java Virtual Machine)によって実行します。
しかし、Androidの場合は使用できるメモリーやCPUなどの実行環境が一般のパソコンの場合に比べて制限があります。
そのため、Androidでは「Dalvik Virtual Machine」というコンパクトな仮想機械を用いています。
それに合わせて「.class」ファイルを「.dex」という拡張子の、Dalvik実行形式(Dalvik Executable)と呼ばれる形式に変換する必要があります。

・パッケージにまとめる

一般的なJavaでは複数の「.class」ファイルや必要なリソースを一つにまとめるために「.jar」ファイルを使いますが、Androidの場合は「.apk」(application package)という圧縮ファイルが使われてます。
作成した「.dex」のバイナリーコードやリソースファイルは圧縮して「.apk」ファイルにまとめる必要があります。

・署名

「.apk」形式のアプリケーションを端末にインストールして実行するためには、「.apk」ファイルに開発者や組織の名前を示す「デジタル署名」を付ける必要があります。
この仕組みについての詳しい説明は本書では省略しますが、「署名」はそれぞれのアプリケーションの開発者が誰なのかを識別するためのもので、「署名」のついていない

「.apk」ファイルは端末で実行ができない仕組みになっています。

アプリケーションに「署名」を付けるためには、開発者はあらかじめ「デジタル証明書」というものを取得しておく必要があります。

しかし、正式な「デジタル証明書」を取得するための手続きは少々面倒なため、アプリケーションの開発者は「仮の情報」を含んだ「デバッグ用証明書」というものを利用してプログラムを開発することができます。

このデバッグ用証明書はあくまでも開発時に使うためのもので、正式に製品のリリースをする際には正式な証明書を使った署名が必要となります。

デバッグ用証明書を使ったアプリケーションを「デバッグタイプ」、正式な証明書を使ったアプリケーションを「リリースタイプ」と呼びますが、特別に指定しない限り、Android Studioを使ったアプリケーションの作成は「デバッグタイプ」で行われます。

Column デバッグ用証明書

デバッグ用証明書がディスク内のどこに格納されていて、どのような情報を含んでいるかなどについては「Chapter16 グーグルマップ」の「証明書とキーストアについて」を参照してください。

ソースコードの作成から、端末へのアプリケーションのインストールまで、一連の流れを図示すると次のようになります。

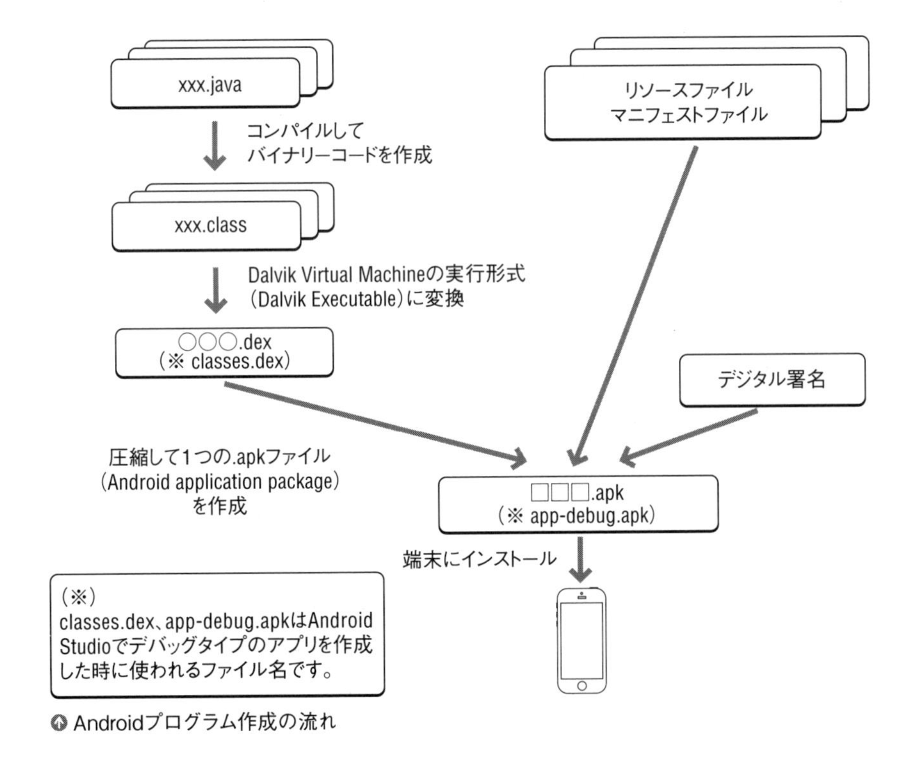

Androidプログラム作成の流れ

　このように複雑な一連の手続きを実行してアプリケーションのパッケージを作成するために、Androidには様々な「統合開発環境(IDE：Integrated Development Environment)」というものが提供されています。現在無料で利用できる開発環境として有名なものは以下の2つです。

- Eclipse
- Android Studio

　どちらの開発環境も一長一短があります。
　Eclipseを使ったAndroidアプリケーションの作成はかなり昔から行われてきたため、多くの開発者がこの環境を使ってきました。
　しかし、EclipseでAndroidの開発を行うためのプラグイン(Android Development Tools)の、正式なサポートが2015年で打ち切られてしまい、現在はGoogle社が提供するAndroid StudioがAndroidの正式な開発環境として推奨されています。
　Android Studioもはじめのころは動作が多少不安定でしたが、現在ではバージョンアップを重ねて非常に安定しているため、本書ではAndroid Studioを使ってアプリケーションの作成を説明していきます。

Column　Android Studioの英語メニューについて

　現在正式に提供されているAndroid Studioでは画面のメニューや説明は全て英語で表示されます。
　これらを日本語化するための非公式な方法もあるのですが、現在はまだ正式な日本語版のAndroid Studioは提供されていません。
　非公式な日本語化に成功した場合でも、Android Studioはかなり頻繁にアップデートされるため将来的にどのような不具合が起こるか予想できません。
　そのため、本書では英語版のAndroid Studioを使って作業を行うことにします。

00-02 Androidアプリケーションの開発環境

本書では統合開発環境としてAndroid Studioを使ってアプリケーションの作成を行いますが、その前にJDK(Java開発環境)をインストールする必要があります。

以下でははじめにJDKのインストール方法について簡単に説明し、次にAndroid Studioのインストール方法と簡単な使い方の説明を行います。

すでにJDKをインストール済みの場合はこの部分は飛ばして、次の「Android Studioのインストール」に進んでください。

なお、以下の説明では本書の作成時点での最新データを使いますが、将来的にはWebのデザインやURLの場所、バージョン番号を含むファイル名などは変更される可能性があります。

JDKのインストール

JDKは以下のURLからダウンロードできます。

http://www.oracle.com/technetwork/java/javase/downloads/index.html

JDKダウンロード画面

JDKの「DOWNLOAD」ボタンをクリックすると、次のページが表示されます。

JDKダウンロード画面（「DOWNLOAD」ボタンをクリック後）

「Accept License Agreement」のラジオボタンを選択し、ダウンロードしたいOSのファイルをクリックします。

図のページでは、64bit版のWindowsの場合のファイル名は「jdk-8u111-windows-x64.exe」となっています（番号はバージョンによって異なります）。

ダウンロードしたファイルをダブルクリックするとJDKのインストールが開始され、次のような画面が表示されます。

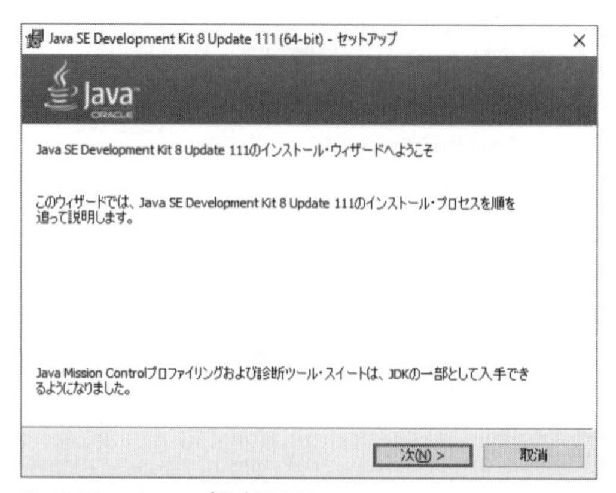

JDKセットアップ開始画面

「次」を押します。

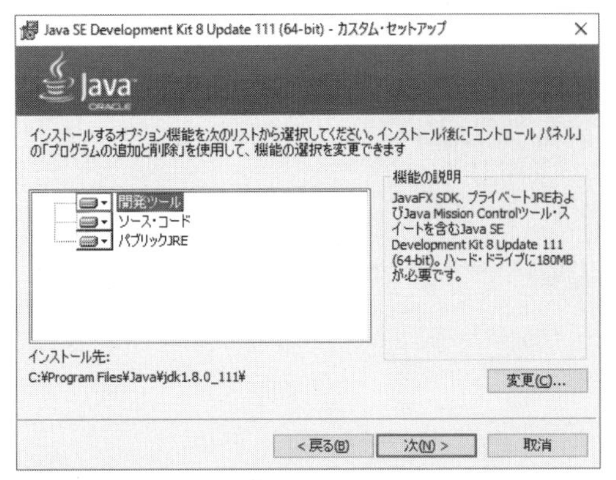

カスタムセットアップ画面

インストール先や構成を変更したい場合はここで指定できますが、特に問題のない場合はこのまま「次」のボタンを押します。

JDKのインストールが実行され、JREのインストール先の指定画面が表示されます。

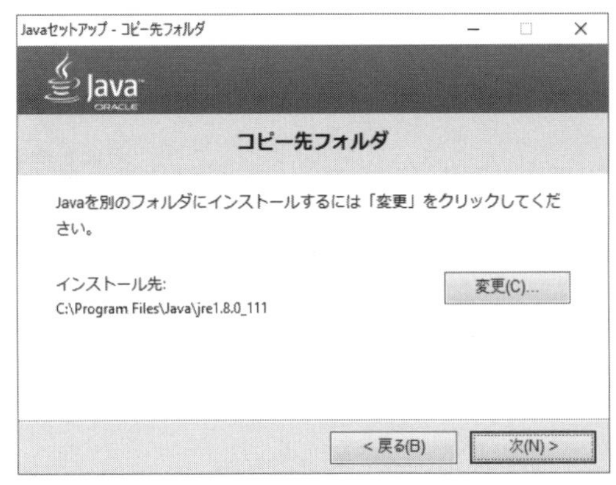

コピー先フォルダ指定画面

JREのインストール先を変更する必要がない場合は「次」をクリックします。

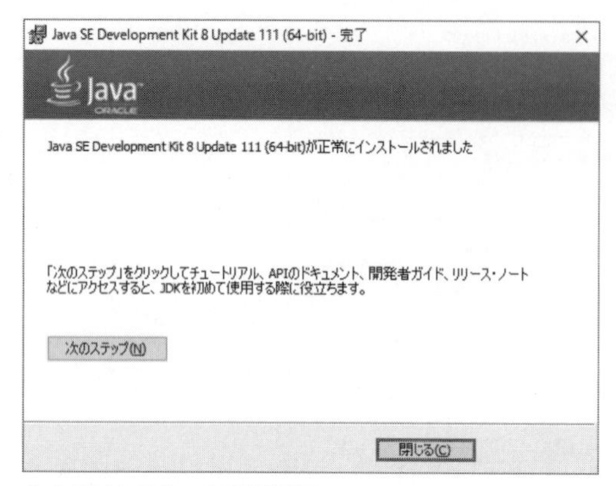

JDKインストール完了画面

以上でJDKのインストールは完了です。
「次のステップ」を押すと、Javaに関するドキュメントの情報を提供する、次のURLがブラウザで表示されます。

http://docs.oracle.com/javase/8/docs/

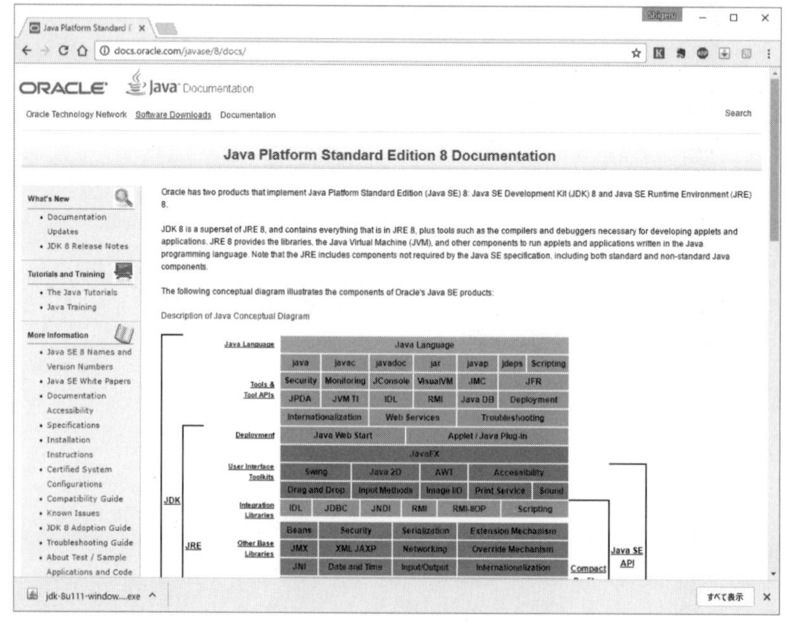

「Java Platform Standard Edition 8 Documentation」のページ

Android Studio のダウンロード

JDKのインストールが完了したら、次にAndroid Studioをインストールします。Android Studioは以下のページからダウンロードできます。

https://developer.android.com/studio/index.html?hl=ja

Android Studioのダウンロードページ

「ダウンロード」のボタンを押すと「利用規約」が表示されます。

ダウンロードボタンをクリック後の確認画面

「上記の利用規約を読み、同意します」をチェックしてダウンロードボタンをクリックします。

「android-studio-bundle-145.3537739-windows.exe」というファイルがダウンロードされ、次のURLの「Android Studioのインストール」の説明画面が表示されます(数字はバージョンによって異なります)。

https://developer.android.com/studio/install.html

◎「Android Studioのインストール」説明画面

ダウンロードが終了したら「android-studio-bundle-145.3537739-windows.exe」を実行し、インストールに進みます。

Android Studioのインストール

ダウンロードしたファイルを実行すると次の画面が表示されます。

以下の操作は、基本的には契約に同意して指示にしたがい、ボタンを押していくだけです。

Android Studioセットアップ初期画面

「Next」ボタンを押すと次の画面に進みます。

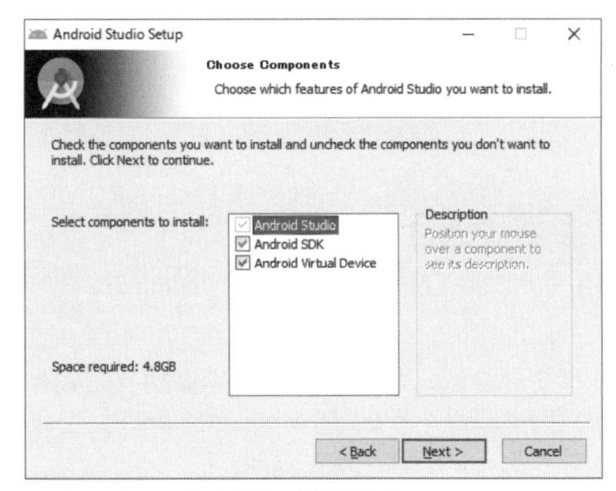

インストールする項目の選択画面

デフォルトで全てのチェックが入っているはずです。

このまま「Next」を押します。

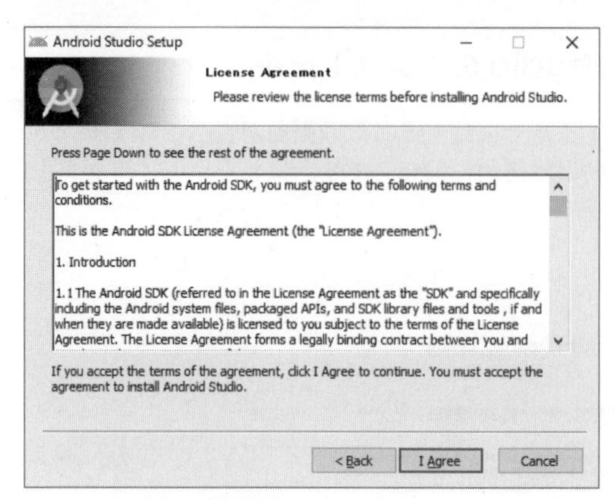

ライセンス契約書画面

ライセンス契約書が表示されます。

確認して「I Agree」を押すとインストール場所の指定画面が表示されます。

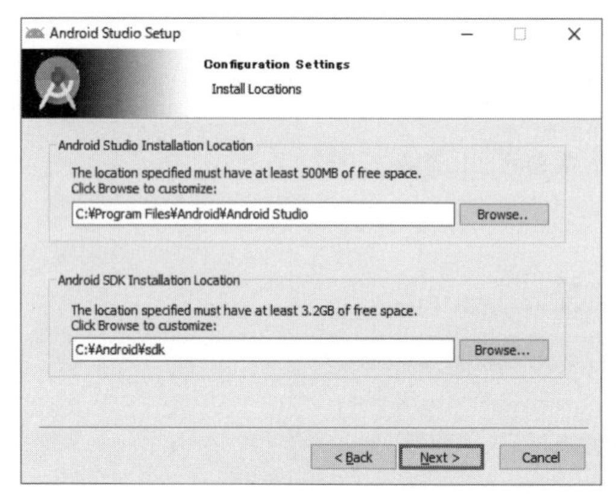

インストール場所指定画面

Android Studioは大きく分けると、Android Studio本体と「Android SDK(Software Development Kit)」という2つのシステムから構成されています。

ここではそれぞれのインストール場所を指定します。

デフォルトの場所で特に問題がない場合は、そのまま「Next」を押します。

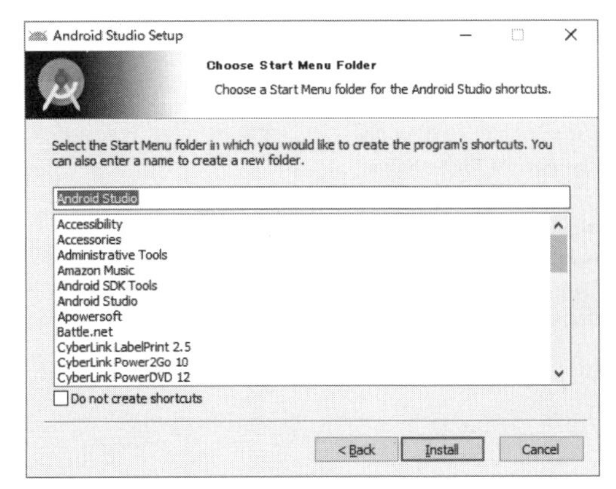

スタートメニュー設定画面

スタートメニューに置くAndroid Studioのフォルダ名を指定します。

「Install」をクリックするとインストールがはじまり、完了すると次の画面が表示されます。

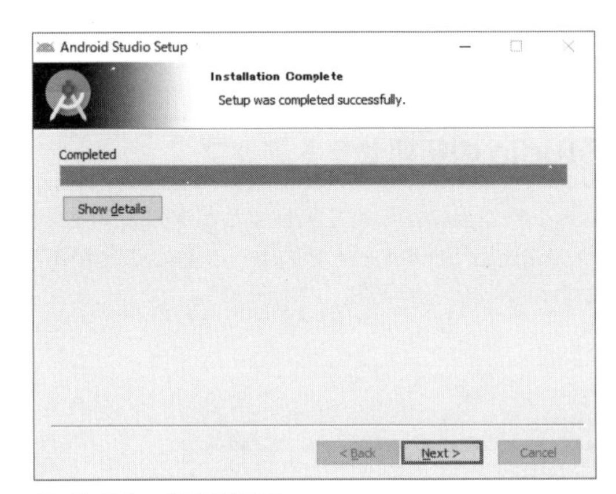

インストール完了画面

Nextボタンを押すと、次のセットアップ完了画面が表示されます。

セットアップ完了画面

ここでまででAndroid Studioのインストールは終了です。

「Start Android Studio」にチェックを入れた状態で「Finish」をクリックすると、次にAndroid Studioの初期セットアップに進みます。

Android Studioの初期セットアップ

Android Studioをインストール後にはじめて実行すると次のようなダイアログが表示されますが、過去に別のAndroid Studioをインストールしたことがあるかどうかで表示される内容は異なります。

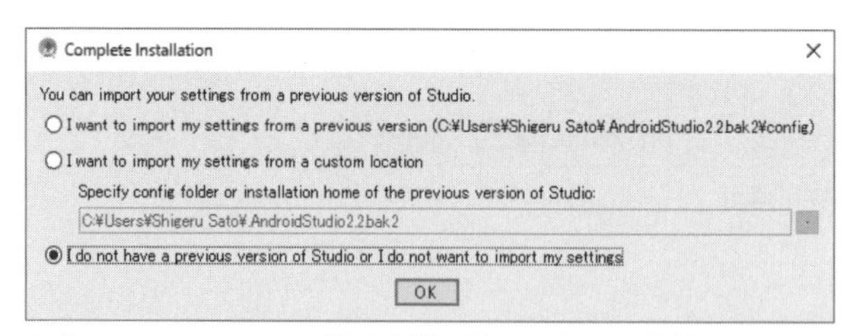

他のAndroid Studioの設定を引き継ぐかどうかを選択する画面

過去にインストールしたことがある場合はその設定ファイルが表示され、それを引き継ぐかどうかを選択できます。

はじめてインストールした場合や設定を引き継ぐ必要がない場合には

「I do not have a previous version of Studio or I do not want to import my settings」

を選択して「OK」を押してください。

次の初期セットアップ開始画面が表示されます。

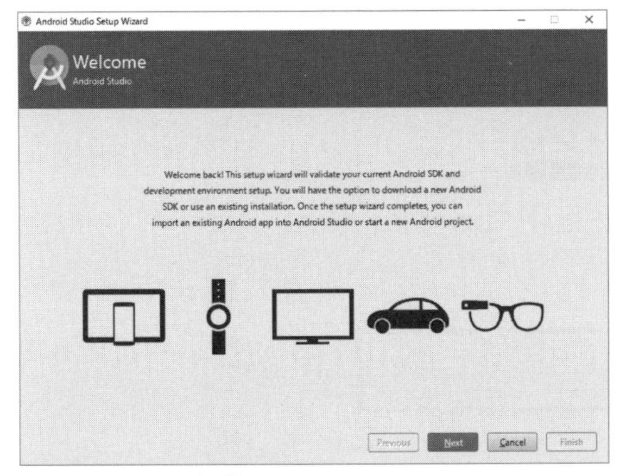

初期セットアップ開始画面

「Next」を押すとインストールのタイプ(StandardかCustomか)の選択画面が表示されます。

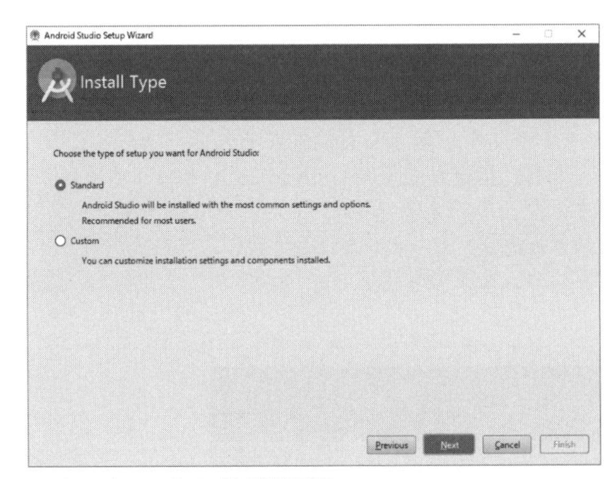

インストールタイプの選択画面

デフォルトのStandardを選択して「Next」を押します。
インストールするSDKコンポーネント選択画面が表示されます。

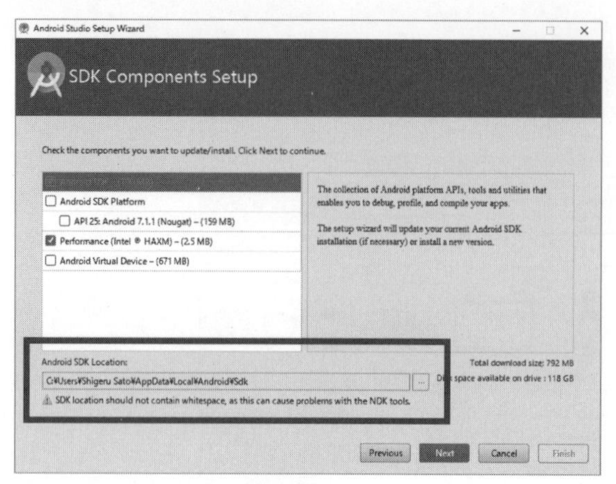

SDKのコンポーネント選択画面

Android Studioインストール時にSDKの場所は指定してあるのですが、セットアップのデフォルトではそれとは別の場所(C:\Users\Shigeru Sato\AppData\Local\Android\Sdk)が指定されています。

また、私のユーザー名には半角スペースが入っていたため「SDK location should not contain whitespace」という警告が表示されています。

ユーザーの環境によってはデフォルトのままで構わない可能性もありますが、半角スペースがあると後々トラブルが起きる可能性がありそうなので、ここではAndroid Studioのインストール時に指定した「C:\Android\Sdk」というディレクトリを選択しなおすことにしています。

また、ここに表示されたコンポーネントは全て重要と思われたので、チェックできる項目は全てチェックしておきました。

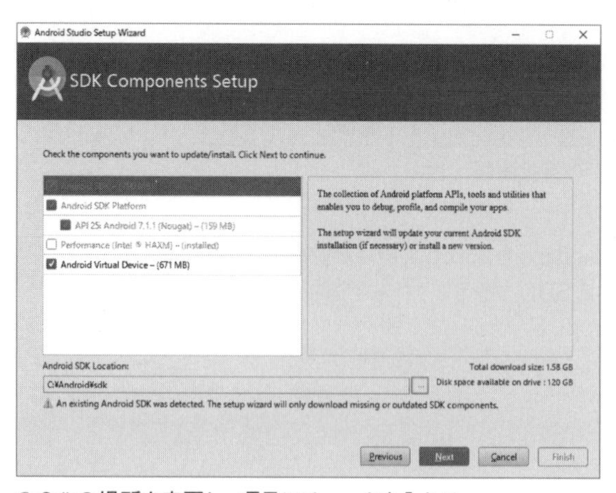

Sdkの場所を変更し、項目にチェックを入れる

SDKの場所とインストールするコンポーネントを選択して「Next」を押すと、設定項目の確認画面が表示されます。

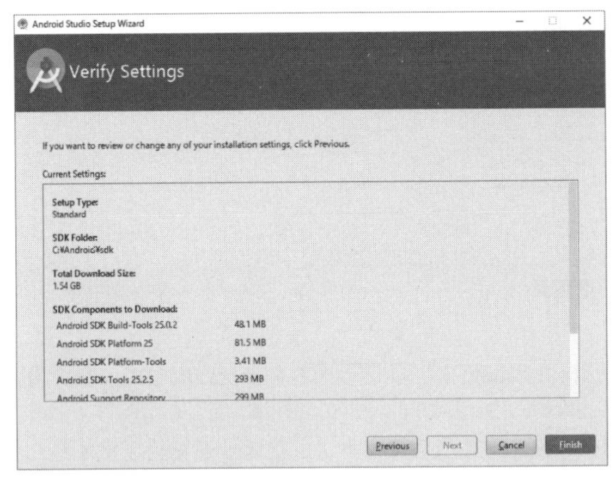

設定項目の確認画面

「Finish」を押すと指定したコンポーネントが指定ディレクトリにダウンロードされます。

ダウンロードが終了すると次の完了画面が表示されます。

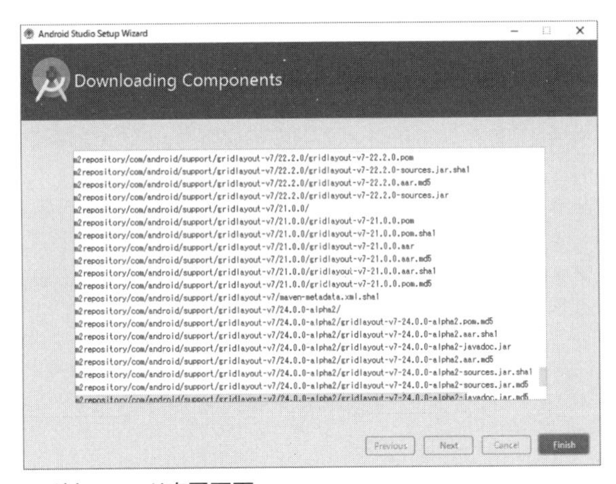

ダウンロード完了画面

「Finish」を押すと次のAndroid Studio初期画面が表示されます。

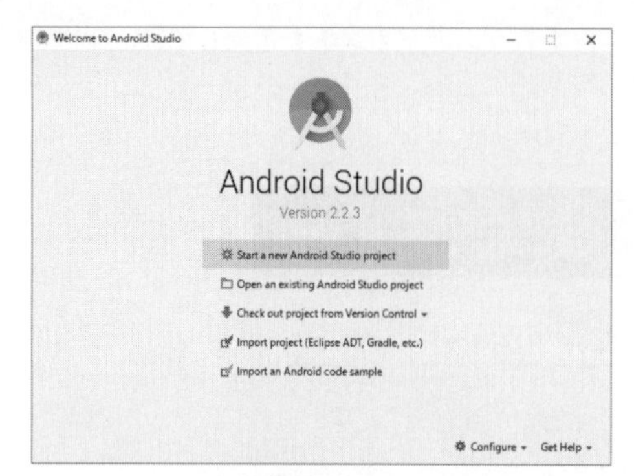

Android Studio初期画面

この画面は、Android Studioでプロジェクトをまだ作成していない場合に表示される初期画面です。

ここまででAndroid Studioの初期セットアップは一通り終了です。

引き続きプロジェクトを作成したい場合は「Start a new Android Studio project」をクリックして、プロジェクトの作成に進みます。

プロジェクトの作成

Androidでアプリケーションを作成するためには、はじめにそのアプリケーション用の「プロジェクト」を作成する必要があります。

Android Studioの初期画面で「Start a new Android Studio project」を選択すると、次の画面が表示されます。

この画面はこれから作成するプロジェクトのアプリケーション名やパッケージ名、ファイルの保存場所などを指定するための画面です。

以下ではプロジェクトを新規に作成して、アプリケーションを実行するところまでの流れを簡単に説明します。

作成されるファイルの意味やプログラムの内容についての詳しい説明は、次の章以降で行います。

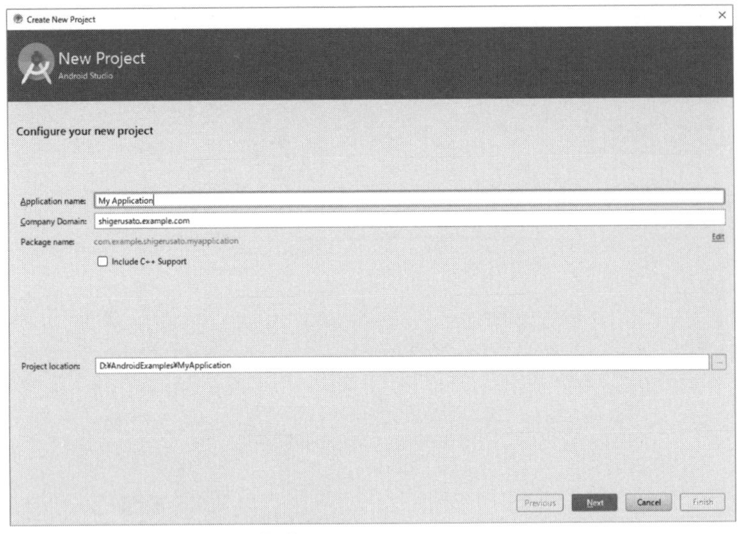

アプリケーション名などの指定画面

・Application name欄

Application name欄には初期状態で「My Application」と入っています。
今回はこのまま使うことにします。

・Company Domain欄

Company Domain欄は初期状態でドメイン名の形式で文字列が入っていると思います。
個人で練習用にプロジェクトを作成する場合には正式なドメイン名でなくとも構いません。
このドメイン名は順番を逆に並び替えてJavaのパッケージ名の一部に使用されます。

・Project location欄

Project locationはこれから作成するパッケージのファイルを保存するディレクトリを指定します。
今回は「D:\AndroidExamples\MyApplication」というディレクトリを指定することにします。
半角スペースが入るとトラブルが起きる可能性があるので、半角スペースのないディレクトリ名を指定してください。
「Next」を押すとOSのバージョン指定画面が表示されます。

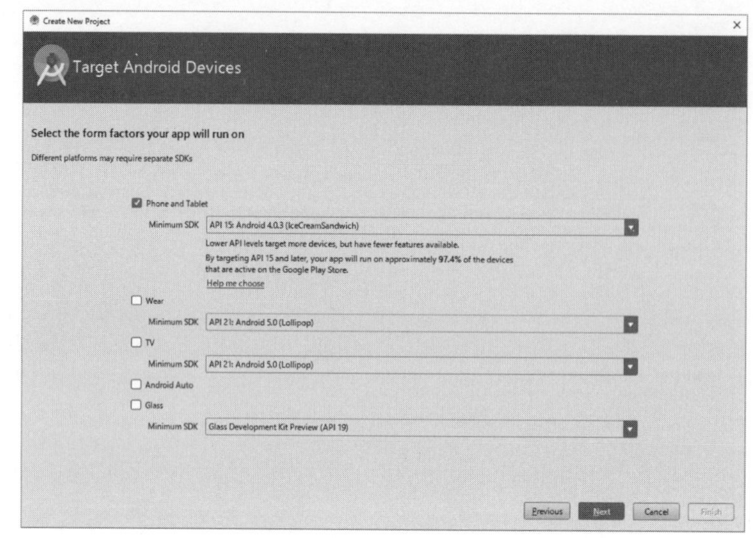

OSの最小バージョン指定画面

Minimum SDK欄は対象となるAndroid端末の、OSのバージョンを指定する画面です。

古すぎて現在使われていないOSを指定してもあまり意味がないので、ここで開発の対象としたいOSの最も古いバージョンを指定します。

OSのバージョンについては次の章で改めて説明しますが、ここではとりあえず初期状態の「API 15」を指定しておきます。

「Next」を押すとActivity選択画面が表示されます。

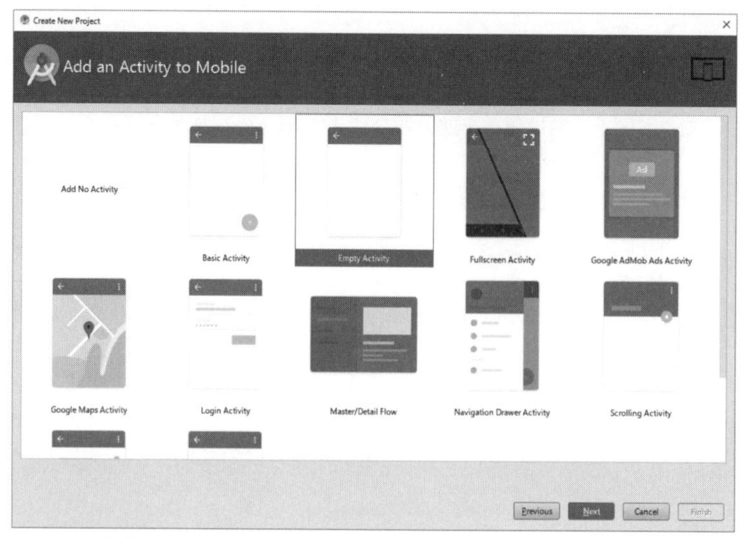

Activity選択画面

Activityについては後の章で説明します。
ここでは「Empty Activity」を選択して「Next」を押してください。
次のカスタマイズ画面が表示されます。

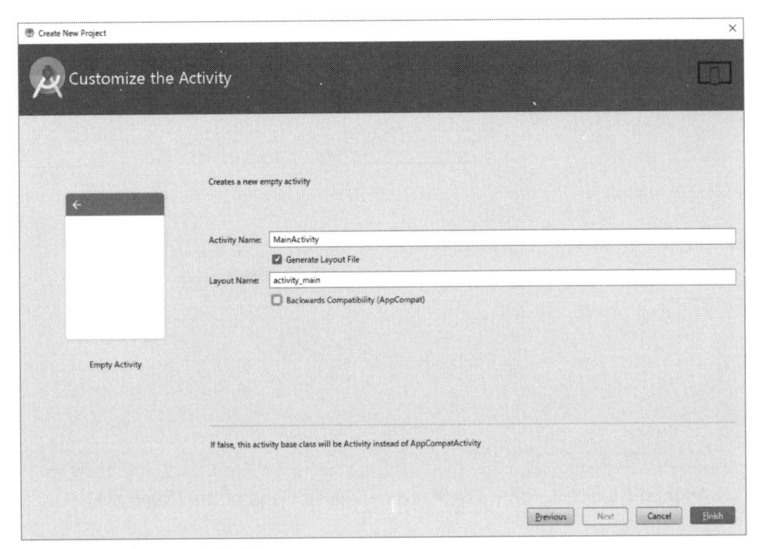

Activityカスタマイズ画面

「Backwards Compatibility (AppCompat)」のチェックボックスを外して「Finish」を押してください。

このチェックボックスは、チェックを入れておいても実際の動作にはほとんど影響はないのですが、プログラムの構造（利用されるJavaのクラス）が少し複雑になるため、本書ではこのチェックボックスを外した状態でアプリケーションを作成することにします。

アプリケーションのひな型が作成され、その内容を表示するためのAndroid Studioのユーザーインターフェースが表示されます。

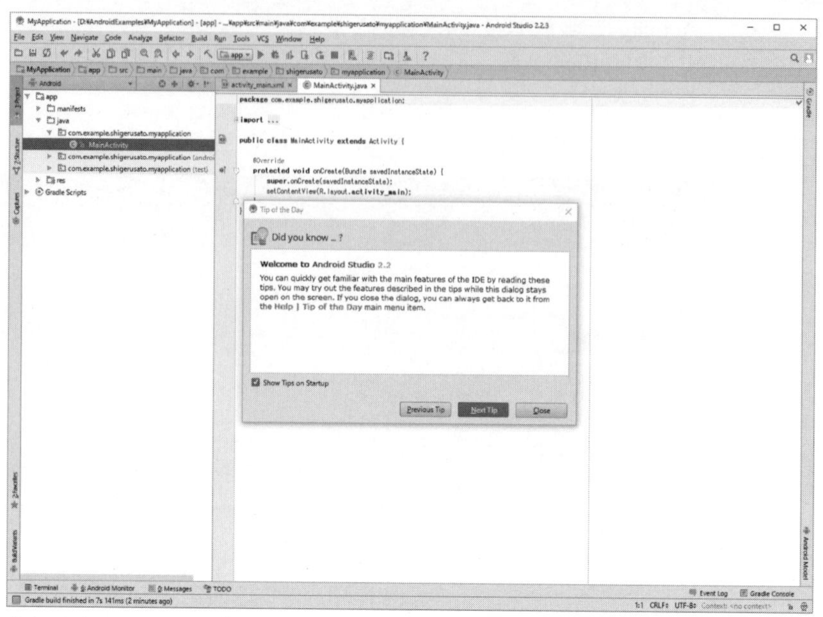

Android Studio ユーザーインターフェース画面（Tips of the Day表示）

起動時に「Tip of the Day」というダイアログが表示されます。

これはAndroid Studioの便利な使い方を示した豆知識のようなもので、起動のたびに表示されます。

「Show Tips on Startup」のチェックを外すと次からは表示されなくなります。

「Close」を押してこのダイアログを閉じてください。

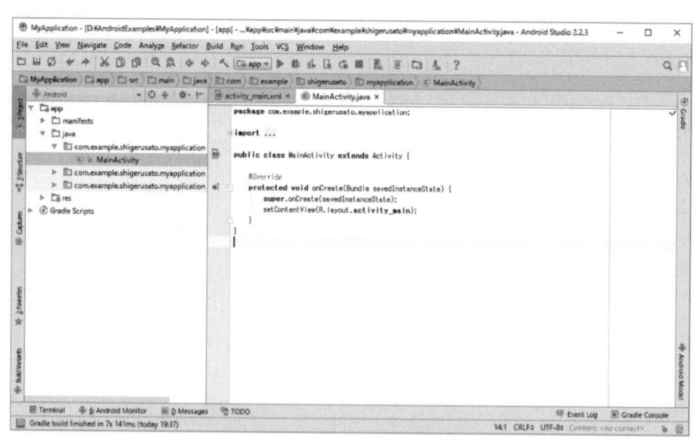

Android Studio ユーザーインターフェース画面

作成されたひな型は、画面に「Hello World!」というメッセージを表示するアプリケーションですが、Javaプログラムの内容についての説明は後の章で行うこととして、ここでは説明は省略します。

作成したアプリケーションは、USBで実際のAndroid端末をつないで実行することができます。

しかしAndroid Studioに付属の「エミュレーター」を使うと、実際のAndroid端末を持っていなくとも、様々な種類のOSや端末上でアプリケーションの動作を確認することができるため非常に便利です。

以下では「エミュレーター」を使って、このひな型を実行する手順について説明します。

エミュレーターを使ったアプリケーションの実行

エミュレーターを起動するためには、はじめにAndroid Studioの上部にある「AVD Manager」ボタンをクリックしてAndroid Virtual Device Managerを表示します。

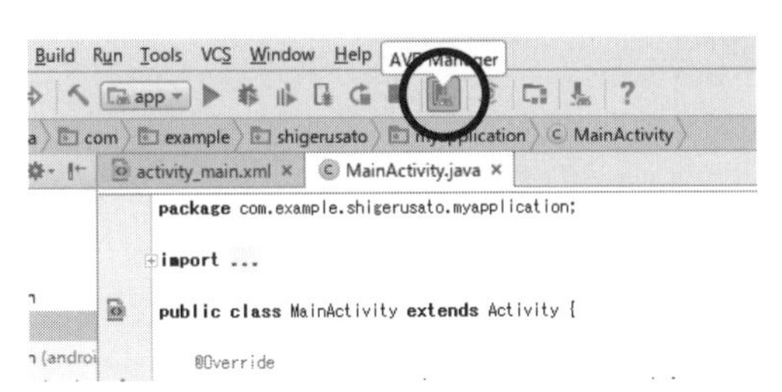

AVD Managerの起動ボタン

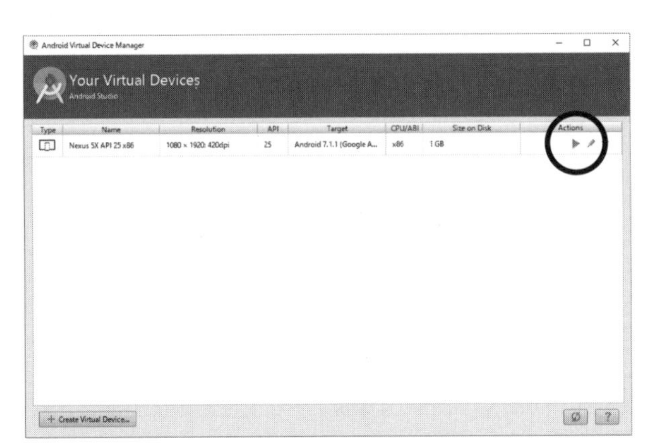

Android Virtual Device Manager画面

AVD Managerには利用可能なエミュレーターが一覧表示されます。

Android Studioのインストール直後の状態で利用できるものが表示されているはずなので、その右側の三角印をクリックしてエミュレーターを起動してください。

しばらく待つと次のようなAndroid端末(この例ではOSのバージョンが7.1.1のNexus SX)の画面が表示されます。

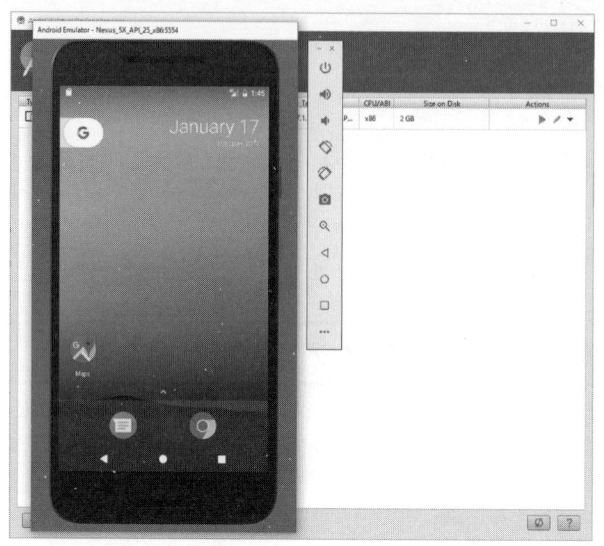

エミュレーター実行画面

エミュレーターを実行した状態で、Android Studio上部にある「Run(実行)」ボタンを押してください。

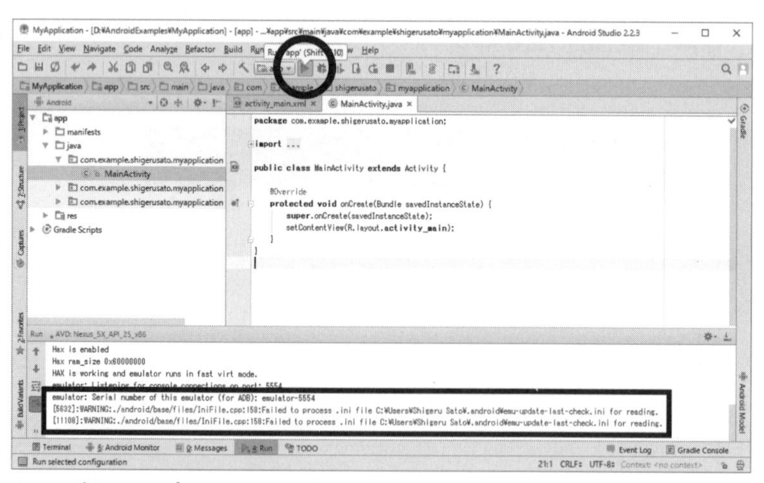

Runボタンでアプリケーションを実行

「Run」ボタンを押すと利用したいエミュレーターの選択画面が表示されます。

なお、初回実行時にはAndroid Studioの設定ファイルがまだ作成されていないため、図のような警告が表示されるかもしれません。しかし必要な設定ファイルは実行時に作成されるので、気にしなくとも大丈夫です。

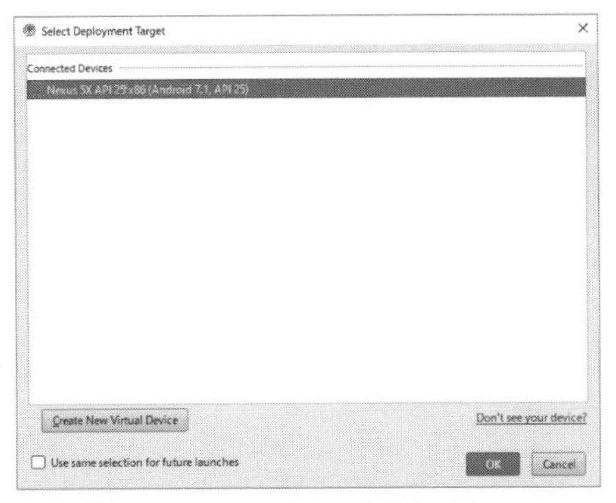

利用するエミュレーターの選択画面

現在実行中のエミュレーター(Nexus 5X)を選択して「OK」を押してください。

エミュレーターにアプリケーションがインストールされて実行され、次のように「Hello World!」という文字が表示されます。

エミュレーター上でのアプリケーション実行画面

エミュレーターを終了したい場合は、エミュレーターの右側にあるバーの上部の「×」ボタンを押してください。

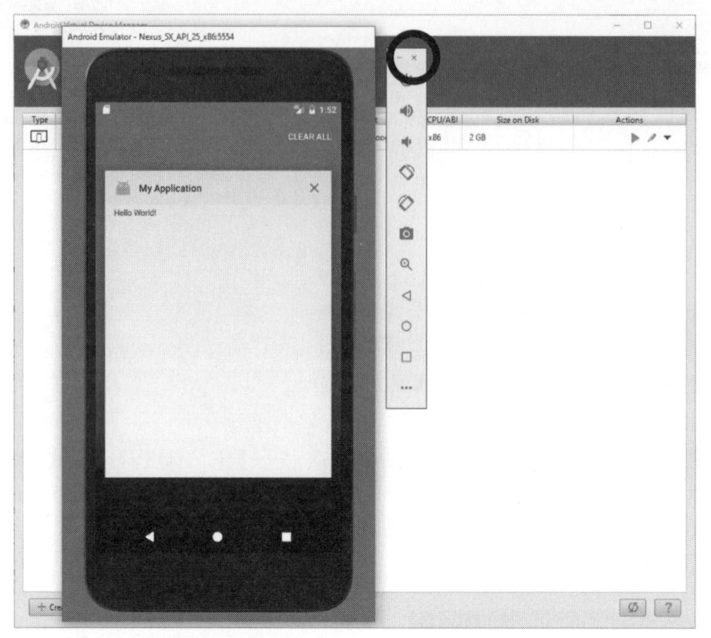

エミュレーターの終了ボタン

エミュレーターを終了しないでプログラムを停止したい場合は、Android Studio上部の「Stop」ボタンで停止できます。

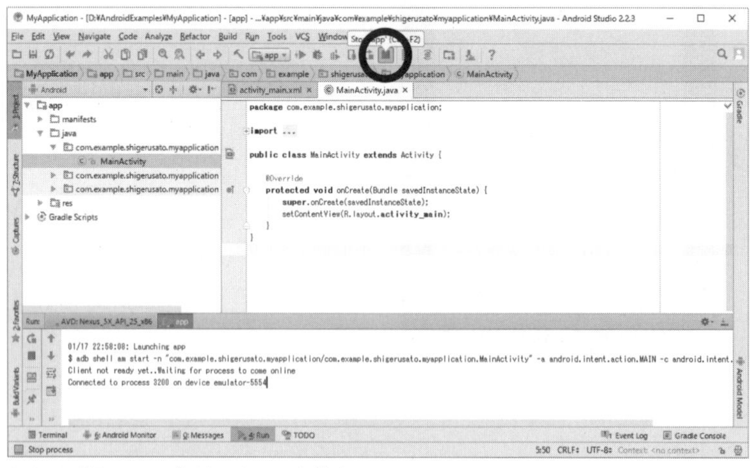

Stopボタンでアプリケーションを停止

一通り作業が終わってAndroid Studioを終了したい場合は、メニューの「File→Exit」を選択してください。

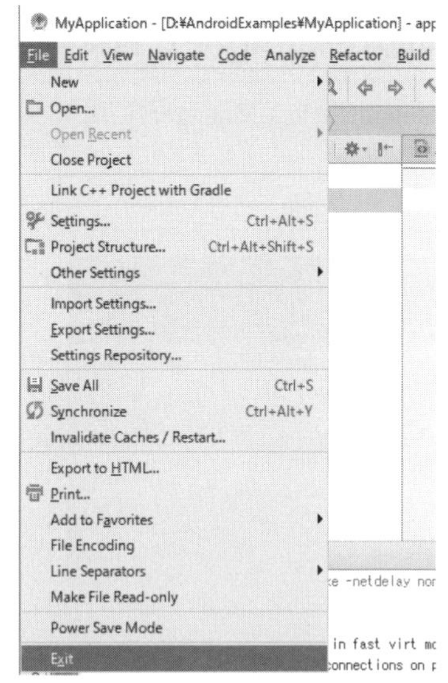

Android Studioの終了方法

次回Android Studioを起動すると、終了前に開いていたウィンドウが表示されます。

エミュレーターを使ったアプリケーションの実行の説明は以上ですが、今回の例では使える端末が一つだけ(Nexus 5X API 25)しか登録されていませんでした。

OSや機種を指定してAndroid Virtual Device Managerに仮想端末を登録する方法について次に説明します。

Android Virtual Device Managerに端末を登録する

ここではAndroid Virtual Device Manager(AVD Manager)に端末を追加する方法を説明します。

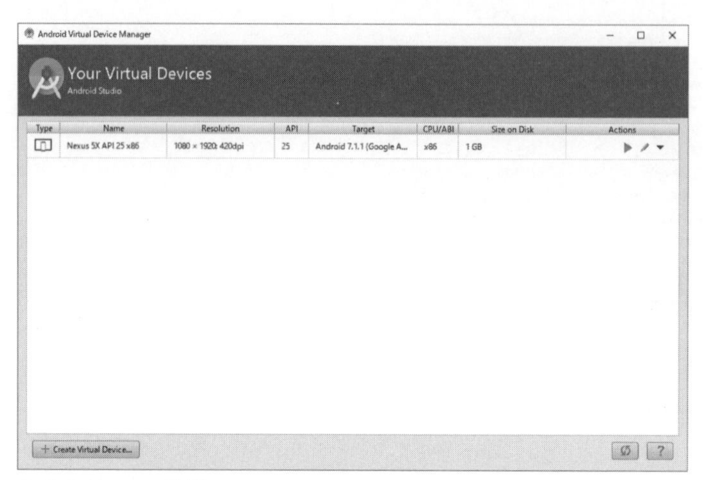

AVD Manager画面

AVD Managerの下にある「Create Virtual Device」を押してください。
端末のハードウェア選択画面が表示されます。

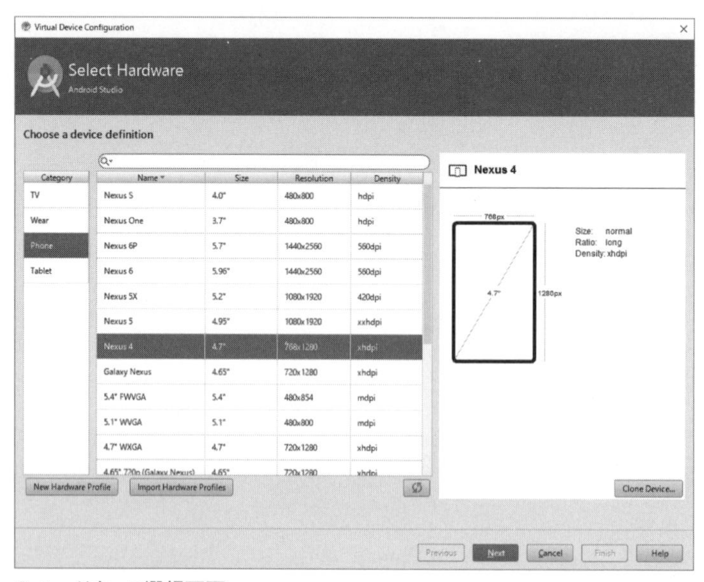

ハードウェア選択画面

作成したい端末のハードウェアを選択します。
ここでは例としてNexus 4を選択することにします。
「Next」を押すとシステムイメージ(OSのバージョン)の選択画面が表示されます。

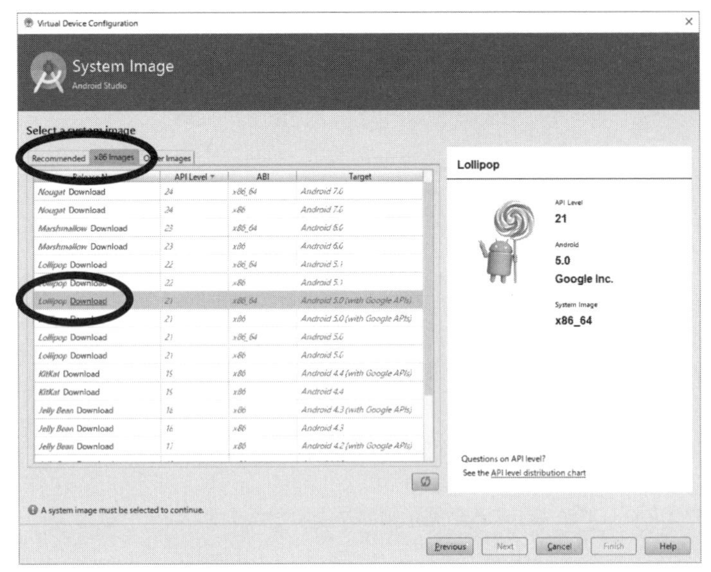

↑ システムイメージ選択画面

「Recommended」のタブには比較的最近のバージョンが表示されていますが、今回はもう少し古いバージョンであるAPI 21(Android 5.0)を使ってみることにします。
このような場合は「x86 Images」タブを選択します。

Android Studioのインストール直後は、図のように全ての項目に「Download」が表示されています。
「Lollipop、21、x86_64、Android 5.0(with Google APIs)」の項目の「Download」をクリックしてください。
ファイルをダウンロードするためのライセンス契約画面が表示されます。

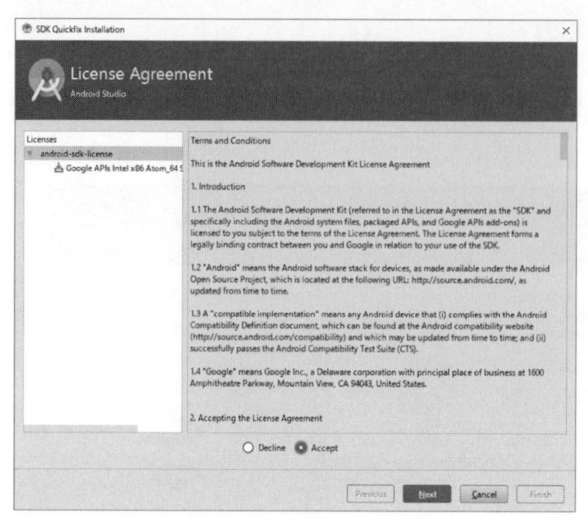

ダウンロードのライセンス契約画面

Acceptを選択して「Next」を押すと、指定したファイルがSDKのディレクトリにダウンロードされます。

ダウンロードが完了すると完了画面が表示されます。

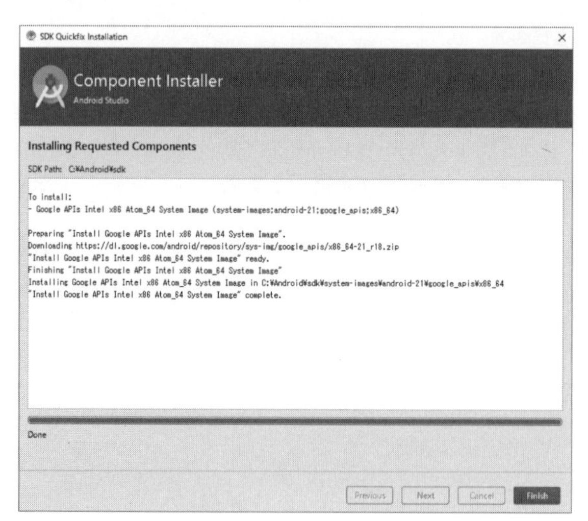

ダウンロード完了画面

Finishを押すとシステムイメージ選択画面が再表示されます。

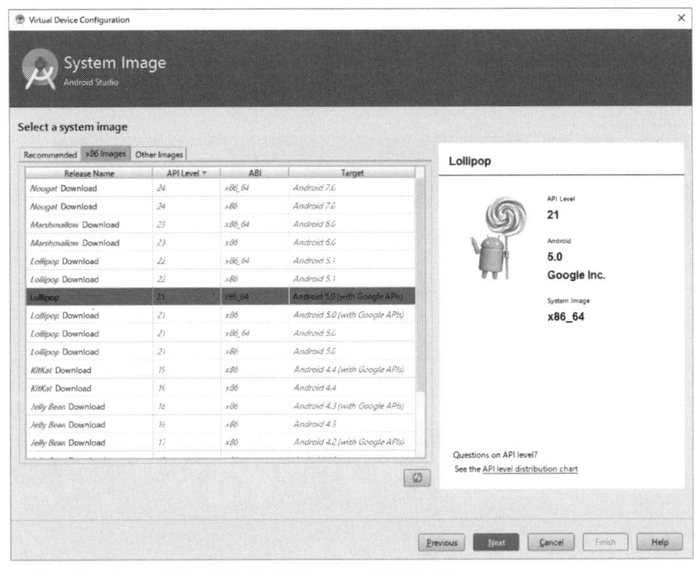

⊙ システムイメージ選択画面（ダウンロード完了後）

指定したシステムイメージはダウンロード済みのため、「Download」が消えています。これを選択して「Next」をクリックすると、端末の構成確認画面が表示されます。

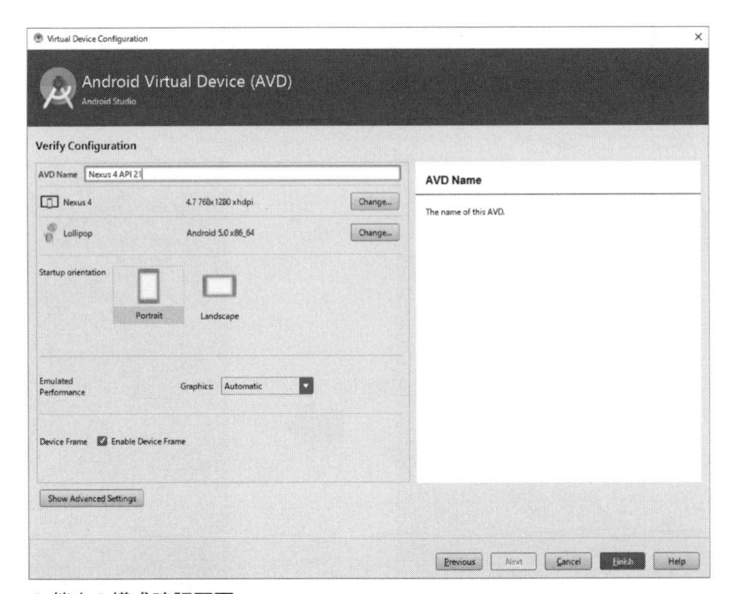

⊙ 端末の構成確認画面

端末の構成確認画面では、ここまでで指定した構成（機種やOS）の確認ができます。AVD Name欄には指定した構成を示す、わかりやすい名前が自動的に付けられます。「Show Advanced Setting」ボタンを押すと、さらに細かい構成を指定することができますが、今回はこのままの構成で端末を作成します。
「Finish」を押すとAVD Manager画面が再表示されます。

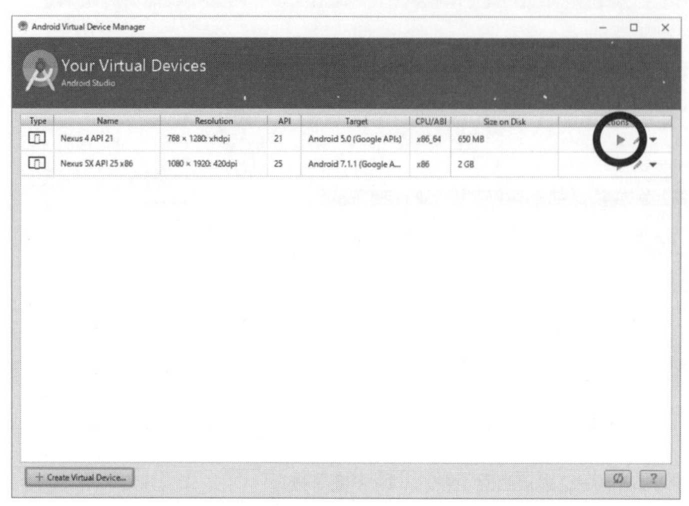

AVD Manager画面（仮想端末を追加後）

AVD Managerには作成した仮想端末が追加されて表示されます。
右側の実行ボタンを押すとエミュレーターが実行されます。
OSや機種に種類によって画面が変わっていることが確認できます。
初回実行時にこの画面が表示されたらOKボタンを押してください。

Nexus 4 API 21エミュレーター画面

OKボタンを押した後

エミュレーターでアプリケーションを実行する方法は以前と同様です。
Android Studio上部の「Run」ボタンを押すと、利用するエミュレーターの選択画面が表示されます。

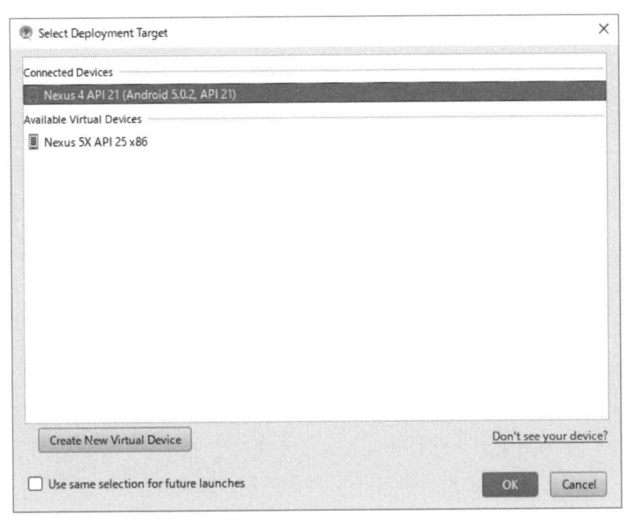

エミュレーターの選択画面

実行中のエミュレーターはこのように上部に表示されます。
これを選んで「OK」ボタンを押します。
作成したエミュレーター上でアプリケーションをはじめて実行する際には、そのOS用の部品（コンポーネント）がまだAndroid Studioにインストールされていない場合があります。
そのような場合は次のようなダイアログが表示されます。

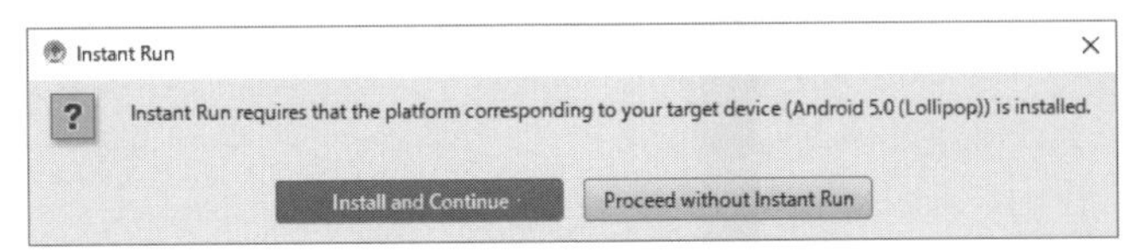

コンポーネントのインストール確認ダイアログ

「Install and Continue」を押すと、コンポーネント・インストーラーが起動して必要なコンポーネントがインストールされます。

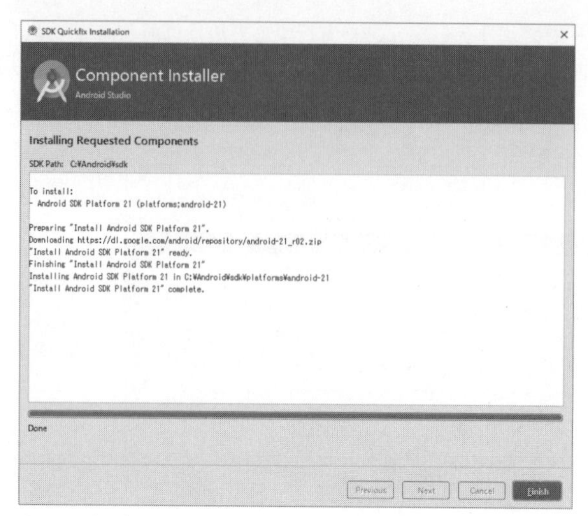

コンポーネント・インストーラーによるインストール画面

今回はAPI 21の端末でアプリケーションを実行しようとしているので、API 21用のコンポーネントがAndroid Studioにインストールされます。

インストールが終了したら「Finish」ボタンを押してください。

アプリケーションがエミュレーターで実行され、次の画面が表示されます。

エミュレーター（Nexus 4 API 21）実行画面

実行が確認できたらアプリケーションを終了してください。

SDK Managerについて

必要なコンポーネントがAndroid Studioにインストールされていない場合には、自動的にコンポーネント・インストーラーが起動しますが、「SDKマネージャー」を使うとコンポーネントのインストールを手動で行うことができます。

以下ではSDKマネージャーの簡単な使い方について説明します。

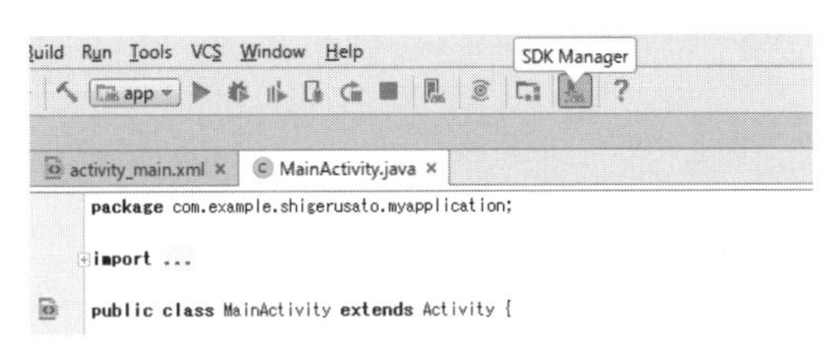

SDK Managerボタン

Android Studioの上部にある「SDK Manager」ボタンを押してください。

Default Settingsという設定画面が、「Android SDK」という項目が選択された状態で表示されます。

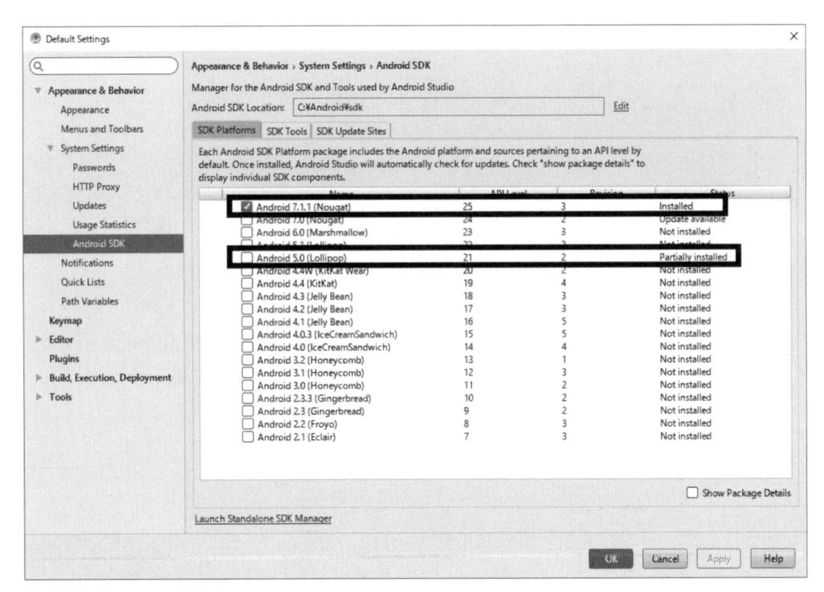

SDK Manager画面

現在インストールされているコンポーネントの確認や新規インストールなどを、この画面で行うことができます。

Android Studioのインストール時に、自動的に最新バージョンのコンポーネントがインストールされるので、「Android 7.1.1」はすでにインストール済みです。
また、先ほどAndroid 5.0の端末でプログラムを実行した際に、コンポーネント・インストーラーが起動して必要な最低限の部品がインストールされたため、Android 5.0 (API 21)では部分的にインストール済み(Partially installed)の状態であることも確認できます。

SDKマネージャーを使った、コンポーネントのインストール方法の説明のために、例としてこのAndroid 5.0 (API 21)のコンポーネントにチェックを入れて「OK」を押してみます。

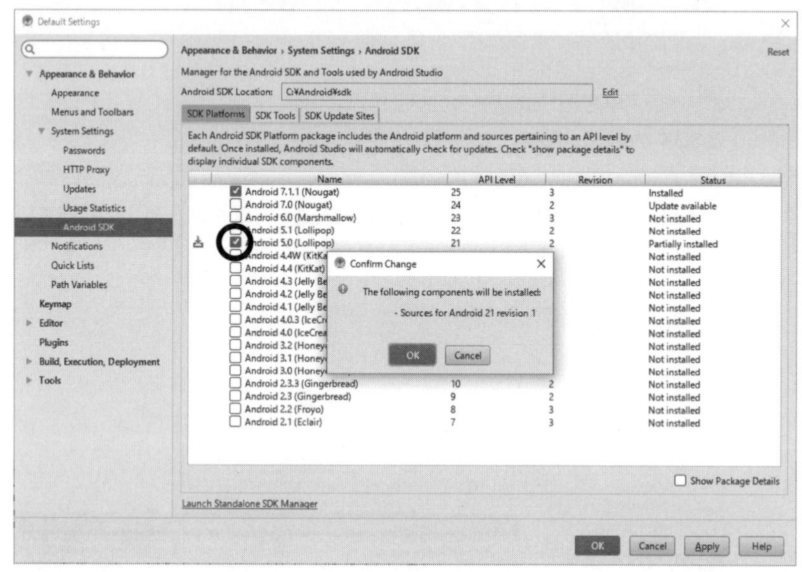

新しいコンポーネントのインストール確認ダイアログ

新しいコンポーネントのインストール確認ダイアログが表示されます。
「OK」を押すとコンポーネント・インストーラーが起動し、指定されたコンポーネントがインストールされます。

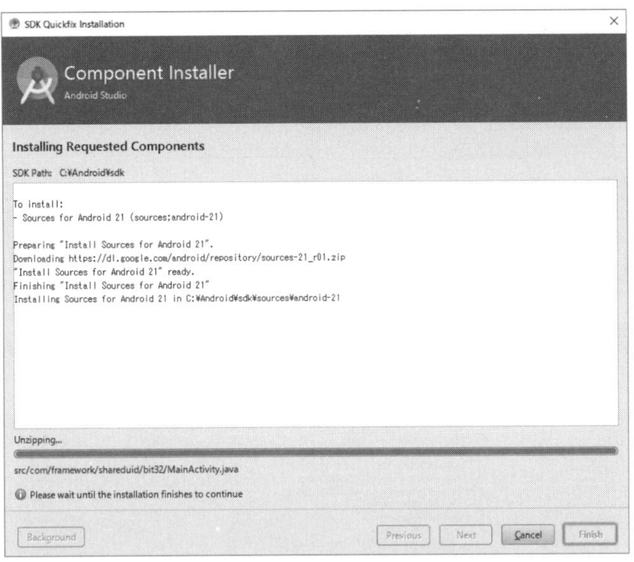

指定したコンポーネントのインストール完了画面

インストールが完了したら「Finish」を押してください。

SDKマネージャーをもう一度起動すると、コンポーネントがインストール済みとなっていることが確認できます。

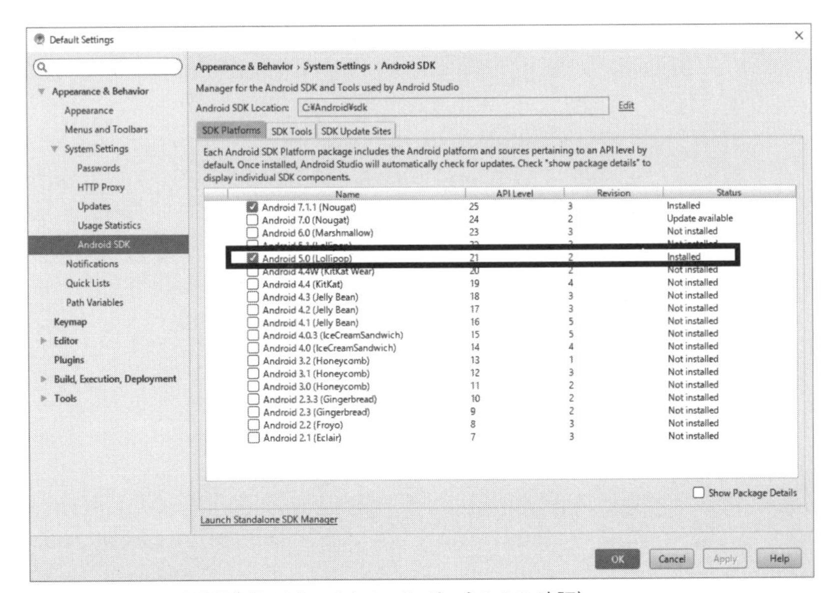

SDK Manager画面（インストールしたコンポーネントの確認）

インストールされたコンポーネントの詳細を確認したい場合は、画面右下の「Show Package Details」で詳細を表示することができます。

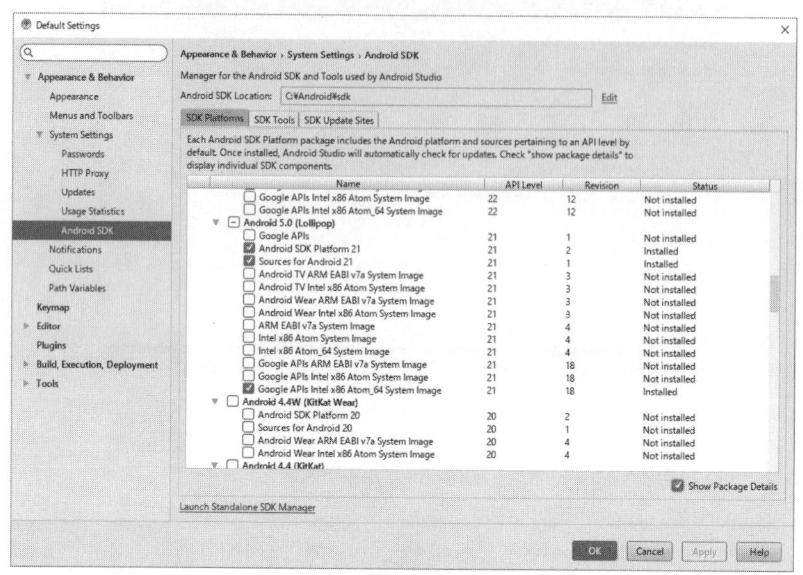

SDK Manager画面（コンポーネントの詳細情報表示）

必要な場合は、この詳細情報画面でさらに細かいコンポーネントの指定をすることができます。

Chapter 01

Activity

android.app.Activityは、Androidアプリの画面を作成するための最も基本となるクラスで、一般的にボタンや文字などの画面を表示するアプリケーションは、必ず一つ以上のActivityクラスを持っています。

この章ではAndroid Studioを使って簡単なアプリケーションを作成し、Activityクラスがどのように使われているのかを説明します。

01-01
リソースファイル

Androidアプリケーションはjavaのソースプログラムの他に、そのアプリケーションの設定や画面構成を定義するための、様々なxmlファイルを必要とします。
また、アプリケーションがビットマップや音源などのデータを使う場合には、それらをアプリケーションに含めることができます。
このようなxmlファイルやデータファイルを「リソースファイル」と呼びます。
この章ではAndroidのアプリケーションを構成する基本的な「リソースファイル」についても説明します。

01-02
Android Studioを使ったアプリケーションの作成手順

プロジェクトの作成の概略については「Chapter00 Androidアプリケーションの作成手順とAndroid Studioのインストール」で簡単に説明しましたが、Activityクラスとリソースファイルについて説明するため、ここでは改めてプロジェクトの作成方法を最初から説明することにします。
新規にプロジェクトを作成するには、Android Studioを立ち上げ、メニューから「File→New→New Project...」を選択してプロジェクト作成用のウィンドウを開きます。

プロジェクト作成画面

はじめに次のプロジェクト作成画面が表示されます。
ここでは作成するアプリケーションの名前(Application name)や「Company Domain」、ファイルを作成するフォルダの場所などを指定します。

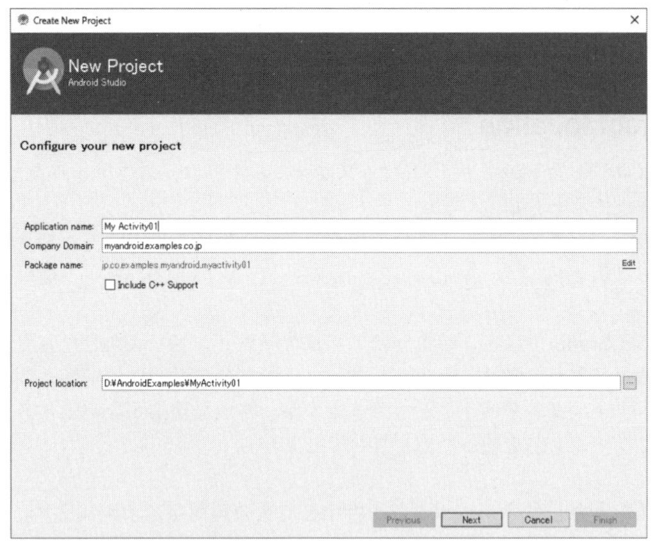

新規プロジェクト作成画面

・Application name

自分のアプリケーションに付ける名前です。

Android Studioでは、この名前はアプリケーションの上部にタイトルとして表示されます。

ここではActivityについて説明をするので、「My Activity01」という名前を付けることにします。

・Company Domain

基本的には会社のドメイン名などを指定する名前です。

アプリを公開する際に他の会社が付けた製品と区別を付けるための名前なので、とりあえず公開する予定がなければどのような名前でも構いません。

本書で説明する例題では、全て「myandroid.examples.co.jp」というドメイン名を使うことにします。

ドメイン名を入力すると、このドメイン名を「.」で区切って逆順に並べた名前とアプリケーション名をもとにして、パッケージ名が自動的に作成されます。

このようなパッケージ名の付け方はAndroidアプリに限らず、Javaアプリケーションの一般的な命名方法です。

例えば今回のようにアプリケーション名を「My Activity01」、ドメイン名をmyandroid.examples.co.jpと入力すると、「jp.co.examples.myandroid.myactivity01」というパッケージ名が付けられます。

この欄の右にある「Edit」を押して、パッケージ名としてドメイン名と無関係なものを付けることもできますが、特別な理由がない限りドメイン名に従った名前を付けておいた方が良いでしょう。

なお、本書ではC++を使ったプログラムは扱わないので、その下の「Include C++」のチェックボックスは未選択状態のままにしておきます。

・Project location

このプロジェクトのファイル(ソースファイルやリソースファイルなど)を、どのフォルダに作成するかを指定します。

右端の「…」ボタンを押して自分の管理しやすい場所を指定してください。

ここでは例として「D:\AndroidExamples\MyActivity01」という場所を指定しています。

Android Studioでは、このようにアプリケーション名で入力した名前から、スペースを削除した名前が自動的に作成されて、フォルダ名の最後に付け加えられます。

異なるフォルダ名を使うこともできますが、特別な理由がない限りアプリケーション名と同じフォルダ名を使った方が良いでしょう。

これらを入力して「Next」ボタンを押すと、次の画面が表示されます。

Target Android Devices

ここでは対象となるAndroidの機種やバージョンを選択します。

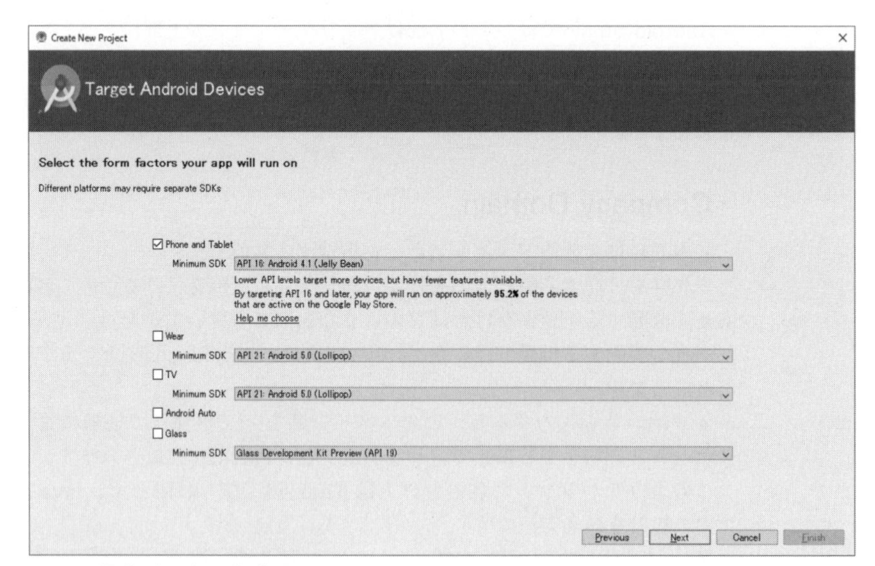

OSの最小バージョン指定画面

Android端末には様々な種類があり、それらに合わせたアプリケーションを作成するためにAndroid Studioも様々なライブラリーやツールを用意しています。本書は主に携帯とタブレットを対象として説明するので、ここでは「Phone and Tablet」だけをチェックします。

Minimum SDKは、これから作成するプロジェクトが対象とする機器のAndroidの最も古いバージョンです。

例えばここで「API 16: Android 4.1」を選択すると、作成されたアプリケーションはAPI 16よりも古いバージョンの機器には対応できないことになります。

アプリケーションを作成する場合、全てのバージョンに対応できた方が良いのはもちろんなのですが、Android OSが登場して以来、OSにもJavaにも様々な変更が加えられてきたため、それらすべてに対応するプログラムを作ろうとすると、実はかなり多くの手間がかかります。

この画面で「Help me choose」を押すと、現在それぞれのバージョンのOSがどの程度の割合で使われているかについての情報が表示されます。

本書執筆時点では以下のような割合でした。

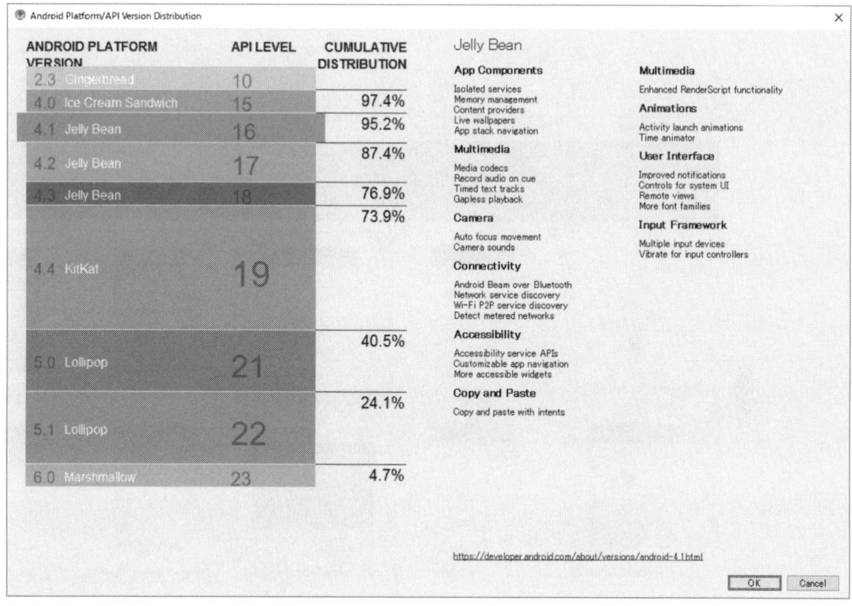

Androidのバージョンの利用状況

この表によると、Minimum SDKとしてバージョン4.1(API 16)を選ぶと95.2%の機器に対応できることになります。

本書ではあまり複雑なプログラムは扱わないので大部分は古いバージョンでも動作するとは思いますが、特に説明のない限り本書では「API 16: Android 4.1」を選択することにします。

「Next」を押すと次の画面が表示されます。

Add an Activity to Mobile

ここで選択した画面構成や機能にもとづいてプログラムのひな型が作成されます。

AndroidのActivityクラスは幾つかの便利な派生クラスを持っているので、その中から自分が作成したいアプリの画面や機能に合わせて最も使いやすそうなものを選択します。

例えば、「Basic Activity」は上部に「app bar」と呼ばれる領域と、右下に「フローティングアクションボタン」と呼ばれるボタンを配置するためのひな型を作成してくれます。また「Fullscreen Activity」は上部にバーなどを表示しないで、画面全体を使うアプリのひな型を作成してくれます。

これらの中では「Empty Activity」が最も基本的なクラス構成のひな型を作成してくれるので、本書ではこれもとにしてプログラムを作成することにします。

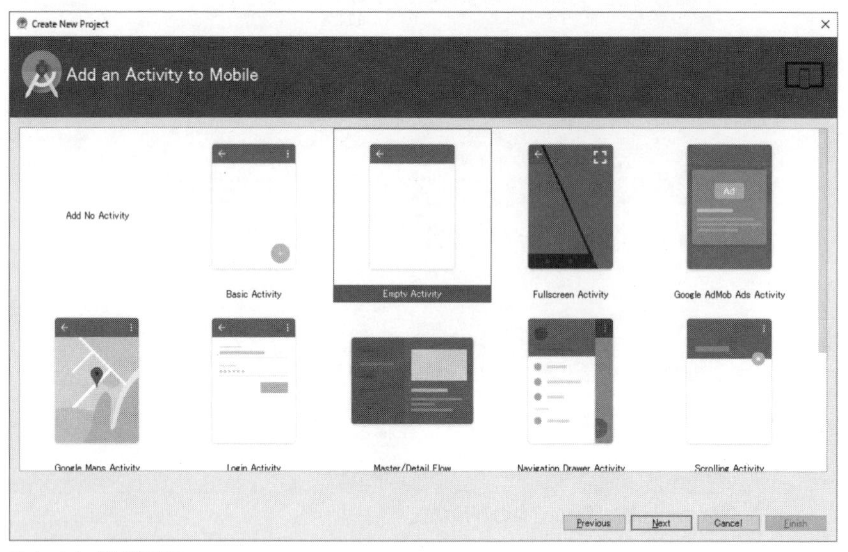

Activity選択画面

「Empty Activity」を選択して「Next」を押すと次の画面が表示されます。

Activity カスタマイズ画面

ここまで指定した構成にもとづいて、最後に以下の指定を行います。

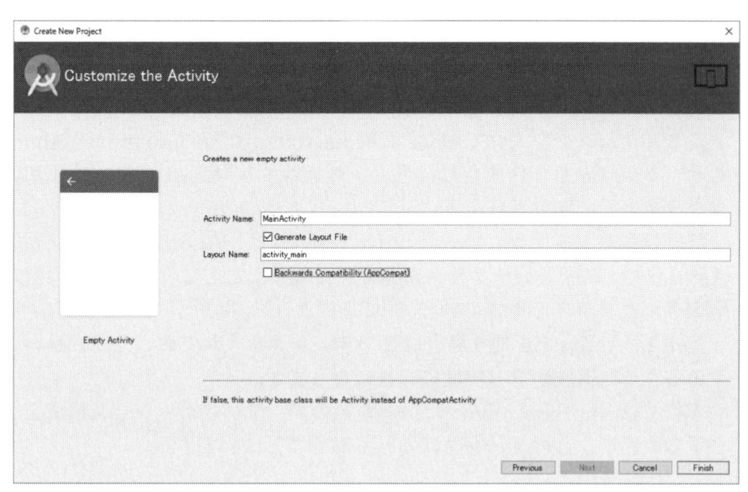

Activityカスタマイズ画面

・Activity Name

自分のアプリケーションでメインとなるクラスのクラス名で、このクラスはActivityクラスのサブクラスとして作成されます。

Activity Nameには、Javaのクラス名として通用する名前なら自分の好きな名前を付けられますが、本書では基本的にAndroid Studioの初期値であるMainActivityという名前を使うことにします。

この指定によりMainActivity.javaというファイルが作成されます。

・Generate Layout File

チェックを入れるとプロジェクトの作成と同時に、アプリケーションの画面構成(レイアウト)を定義するためのxmlファイルも作成します。

レイアウト用のファイルは後で作成することもできますが、同時に作成しておいた方が便利なので「Generate Layout File」はチェックした状態にしておいてください。

・Layout Name

「Generate Layout File」のチェックを入れておくと、Layout Nameの入力欄が表示されます。

これは「レイアウトファイル」の名前として使われます。

レイアウトファイルはアプリケーションの画面にどのようなGUI部品を用いるかや、それらをどのように配置するかを指定するためのxml形式のファイルです。

このレイアウト用ファイルについては「activity_main.xml」(54ページ)で具体的に説明します。

Layout Nameにも自分の好きな名前が入力できますが、このファイル名には数字の0～9と英語の小文字、そしてアンダーバー(_)だけを使う使うことができます。

本書ではレイアウトファイルとして、基本的にはAndroid Studioの初期値であるactivity_mainという名前を使います。

この指定によりactivity_main.xmlというファイルが作成されます。

・Backwards Compatibility (AppCompat)

ここにチェックを入れておくと、MainActivityがAppCompatActivityというクラスのサブクラスとして作成され、チェックを外すとMainActivityはActivityクラスのサブクラスとして作成されます。

詳細は省略しますが、AppCompatActivityは、Androidのバージョンアップによりapp BarActivityというクラスが非推奨になったことに伴って、その機能を補うために導入されたクラスです。

AppBarActivityを使う場合はこのチェックを入れておいた方が良いのですが、そうするとクラス構成が少し複雑に複雑になります。

本書ではAppBarActivityは扱わないので、アプリケーション構成をできるだけ単純にするために、このチェックは外しておくことにします。

全ての指定が終わったら最後に「Finish」ボタンを押してください。

指定したプロジェクトが作成され、次の画面が表示されます。

Android Studioのメインウィンドウ

プロジェクトを新規に作成すると、次のようなAndroid Studioのメインウィンドウが表示されます。

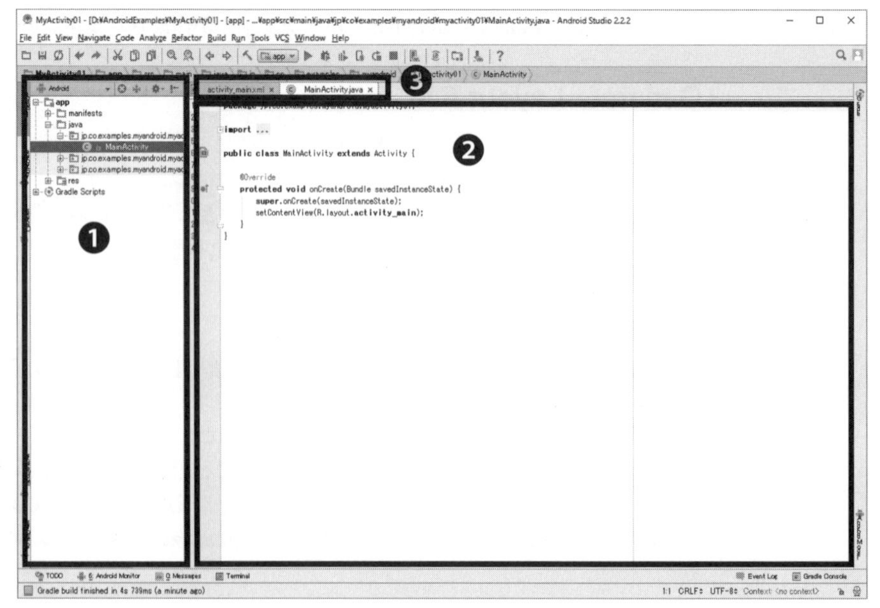

Ⓐ Android Studio

- Android Studioのユーザーガイド
  https://developer.android.com/studio/intro/index.html?hl=ja)

① ツールウィンドウ

画面左側は、作成されたソースプログラムやxmlファイルなどの、フォルダの構成やファイル名を表示する領域です。

Android Studioには、ファイル構成を表示するウィンドウ以外にも様々な機能のツールウィンドウが用意され、それらの表示・非表示やレイアウトを変えることができますが、ここでは詳細は省略し、本書の中で必要に応じて重要なものを説明してくことにします。

② エディタウィンドウ

左側でファイルをダブルクリックして選択すると、その内容が右側のエディタウィンドウに表示されます。複数のファイルが選択されている場合、どれを前面に表示するかは上部のタブを使って切り替えます。

③ エディタ切り替え用のタブ

エディタで複数の画面が開かれている場合に、どれを表示するかをエディタウィンドウの上部にあるタブで選択します。

新規にプロジェクトを作成すると、最初はレイアウトファイル(activity_main.xml)とメインのアクティビティ(MainActivity.java)が開かれた状態になります。

Android Studioでは、この他にも様々なウィンドウを使うことができます。
詳細については省略しますが、以下のURLに概要の説明があります。

- 参照：Android Studio の概要
  https://developer.android.com/studio/intro/index.html?hl=ja

01-03
プロジェクトを構成するファイルについて

今回作成したプロジェクトのファイル構成を、左側のツールウィンドウで詳しく見ると、次のようになっています。

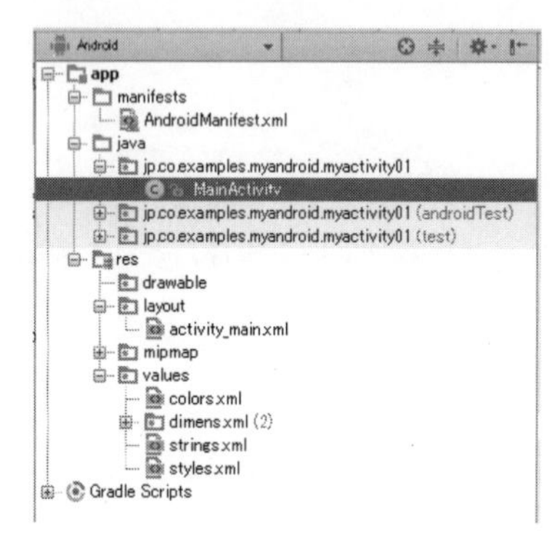

プロジェクトのファイル構成

アプリケーションを作成する際に、これらの中で特に重要なものは以下の3つです。

・マニフェストファイル

• app/manifests/AndroidManifest.xml

xml形式でアプリ全体の動作を定義するファイルです。

・ソースファイル

• app/java/MainActivity

Javaで書かれたソースプログラムです。

・リソースファイル

• app/res/の中の様々なファイル

xml形式でレイアウトや定数などを定義するファイルや、図、音、動画(jpeg、wav、mp4)など、プログラムで必要となるファイルが含まれています。

リソースファイルの中で、今回作成したプログラムで重要となるのは以下の2つです。

- app/res/layout/activity_main.xml
- app/res/values/strings.xml

Javaのソースファイルとして、同じパッケージ名で「androidTest」と「test」というフォルダもツールウィンドウで表示されていますが、これはプログラムの動作をテストするためのひな型です。

この機能は本書では扱わないので無視してください。

また、上記のファイルの他にAndroid Studioでは、Gradle Scriptsというフォルダも作成されています。

Gradle Scriptsでは、Android Studioが上記のソースやリソースファイルを使ってコンパイルしてアプリを作成する際の、手順やバージョン情報などが定義されています。

このフォルダ内のファイルについては普段はあまり意識しなくとも、Android Studioが自動的に管理してくれるので、説明を省略します。

01-04 ひな型のファイルの説明

次に、それぞれのファイルの内容を具体的に見ていくことにします。

ファイル構成を示すツールウィンドウでファイルをダブルクリックすると、その内容が左側のエディタウィンドウに表示されます。

MainActivity.java

Javaのソースファイルです。

プロジェクトを作成すると、ひな型として次のような内容のファイルが自動的に作成されます。

```
1   package jp.co.examples.myandroid.myactivity01;
2
3   import android.app.Activity;
4   import android.os.Bundle;
5
6   public class MainActivity extends Activity {
7
8       @Override
9       protected void onCreate(Bundle savedInstanceState) {
10          super.onCreate(savedInstanceState);
11          setContentView(R.layout.activity_main);
12      }
13  }
```

MainActivity.java

6行目で示すように、MainActivityはActivityクラスのサブクラスとして作成されます。

(注)今回はプロジェクト作成時に「Backwards Compatibility」のチェックを外して作成したのでこのようになっていますが、チェックを入れておくとこのクラスはAppCompatActivityのサブクラスとして作成されます。

プロジェクトを新規に作成すると、ひな型のMainActivityは9～12行目のように、onCreateというメソッドだけがオーバーライドによって定義されて作成されます。

このonCreateメソッドは、Activityが作成されてアプリケーションが実行される際に、Androidのシステムによって実行されるメソッドです。

ここでは11行目で、画面のレイアウト用のactivity_main.xmlを読み込んで画面を作成しています。

一般的にActivityで画面を作成する場合、このようにonCreateメソッド内でsetContentViewというメソッドを使って、xmlを読み込むことによって行います。

このメソッドの一般的な書式は次のようになります。

クラス	android.app.Activity
メソッド	void setContentView (int layoutResID) リソースファイルを読み込んで画面を作成します。
引数	layoutResID リソースIDと呼ばれるint型の数値です。

今回はレイアウトファイルとしてres/layout/activity_main.xmlを使っています。

そのような場合、Android Studioによって自動的に「R.layout」というクラスが作成され、その中にactivity_mainというint型のリソースIDが自動的に定義されます。

setContentViewの引数で、リソースIDとしてこの「R.layout.activity_main」を指定すると、このレイアウトファイルが読み込まれて画面が作成されます。

なお、onCreateメソッドに関しては「01-07 Activityのライフサイクルについて」(61ページ)で詳しく説明します。

Column 行番号の表示方法

Android Studioでプログラムを作成する際には、行番号が表示されている方が便利です。行番号を表示するにはメニューから「File→Settings」を選択して設定画面を表示します。

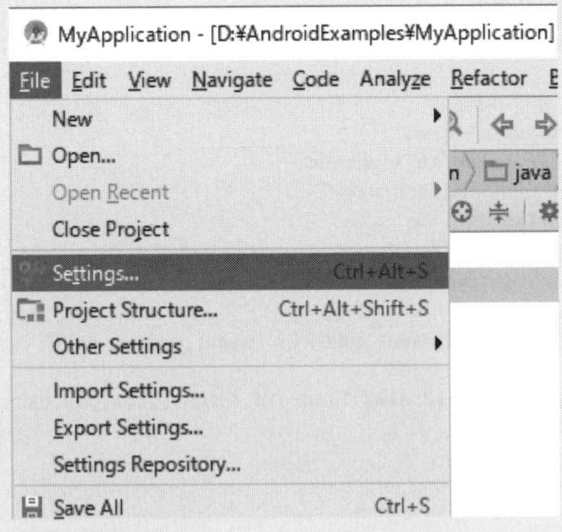

設定画面表示

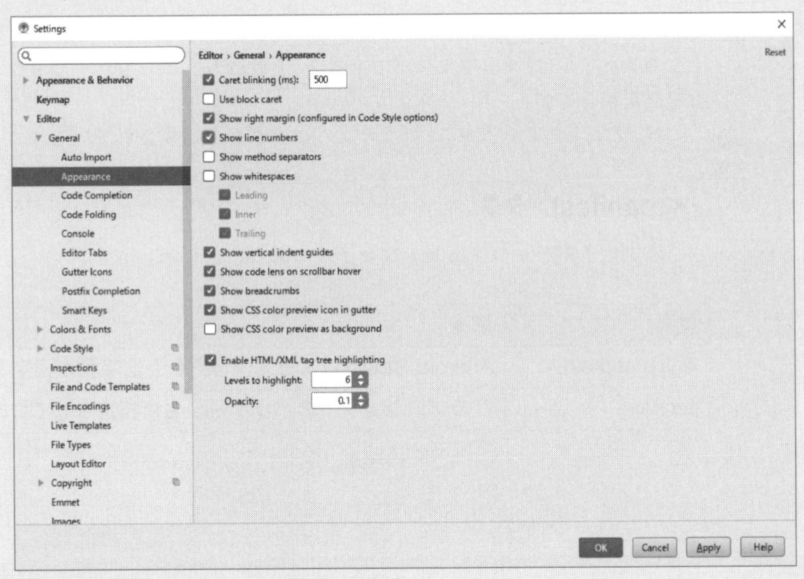

設定画面で「Show line numbers」を選択

設定画面の「Editor→General→Appearance」の画面で、「Show line numbers」にチェックすると行番号が表示されます。

AndroidManifest.xml

プロジェクトを作成すると、次のような内容のxmlファイルが自動的に作成されます。

```
1  <?xml version="1.0" encoding="utf-8"?>
2  <manifest xmlns:android="http://schemas.android.com/apk/res/android"
3      package="jp.co.examples.myandroid.myactivity01">
4
5      <application
6          android:allowBackup="true"
7          android:icon="@mipmap/ic_launcher"
8          android:label="@string/app_name"
9          android:supportsRtl="true"
10         android:theme="@style/AppTheme">
11         <activity android:name=".MainActivity">
12             <intent-filter>
13                 <action android:name="android.intent.action.MAIN" />
14
15                 <category android:name="android.intent.category.LAUNCHER" />
16             </intent-filter>
17         </activity>
18     </application>
19
20 </manifest>
```

AndroidManifest.xml

このファイルは「マニフェストファイル」と呼ばれ、アプリケーションの動作に関する設定を定義します。

「マニフェストファイル」は以下のようなタグから構成されています。

・<manifest>タグ

このファイルがマニフェストファイルであることを示します。

要素	意味
xmlns:android	Android Studioによって決められた文字列が指定されます。
package	このプロジェクトのパッケージ名が指定されています。

・<application>タグ

アプリケーションとして表示するラベルやアイコンや画面デザインを定義します。

要素	意味
android:allowBackup	バックアップが行われるときにこのアプリを対象とするかどうかを指定します。
android:icon	アプリケーションのアイコンがある場所を指定します。 "@mipmap/ic_launcher"という指定により、res/mipmap/ic_launcher.pngをアイコンとして利用します。 このフォルダには異なる大きさのファイルが複数定義されていて、画面の解像度に応じて適したファイルが自動的に選択されます。
android:label	タイトルバーなどに表示されるアプリケーションの名前を指定します。 "@string/app_name"という指定により、res/values/strings.xmlファイル内でapp_nameという名前を付けた文字列が指定されています。 Android Studioではエディタ上で@string/app_nameの代わりに、その指し示す文字列(My Activity01)が置き換えて表示される場合がありますが、クリックすると実際のテキスト(@string/app_name)が表示されます。
android:supportsRtl	right-to-left (RTL) レイアウトをサポートするかどうかを指定します。これについての詳しい説明は省略します。
android:theme	「テーマ」と呼ばれる、画面の見た目のデザインを指定します。 "@style/AppTheme"という指定により、res/values/styles.xmlファイル内でAppThemeという名前を付けられたデザインが指定されています。 詳しい説明は本書では省略します。

・<activity>タグ

このプロジェクトで使われるActivityについて定義します。

要素	意味
android:name	このアプリのActivityのクラス名を指定します。

・<intent-filter>タグ

起動するための条件や制限を定義します。

<intent-filter>タグについては、「Chapter04 複数のActivityを使う」でActivityから他のActivityを起動する方法について説明する際に、改めて説明します。

・<action>タグ

要素	意味
android:name	"android.intent.action.MAIN"により、このタグが属するActivityクラスがメインのActivityであることを示します。

・<category>タグ

要素	意味
android:name	"android.intent.category.LAUNCHER"により、アイコンをクリックしたときにこのタグが属するActivityが起動されることを示します。

マニフェストファイルでは上記の他にも様々な指定やタグが存在するのですが、本書では詳細については省略し、プログラムを作成しながら、必要に応じて基本的なものだけ説明していくことにします。

activity_main.xml

app/res/layout/内に作成されるリソースファイルで、画面上のGUI部品(ボタンやテキスト入力エリアなど)のレイアウトを定義するためのファイルです。

プロジェクトを作成すると、次のような内容のxmlファイルが自動的に作成されます。

```
1  <?xml version="1.0" encoding="utf-8"?>
2  <RelativeLayout xmlns:android="http://schemas.android.com/apk/res/android"
3      xmlns:tools="http://schemas.android.com/tools"
4      android:id="@+id/activity_main"
5      android:layout_width="match_parent"
6      android:layout_height="match_parent"
7      android:paddingBottom="16dp"
8      android:paddingLeft="16dp"
9      android:paddingRight="16dp"
10     android:paddingTop="16dp"
11     tools:context="jp.co.examples.myandroid.myactivity01.MainActivity">
12
13     <TextView
14         android:layout_width="wrap_content"
15         android:layout_height="wrap_content"
16         android:text="Hello World!" />
17 </RelativeLayout>
```

activity_main.xml

なお、activity_main.xmlの初期画面として次のようなデザイン画面が表示される場合があります。

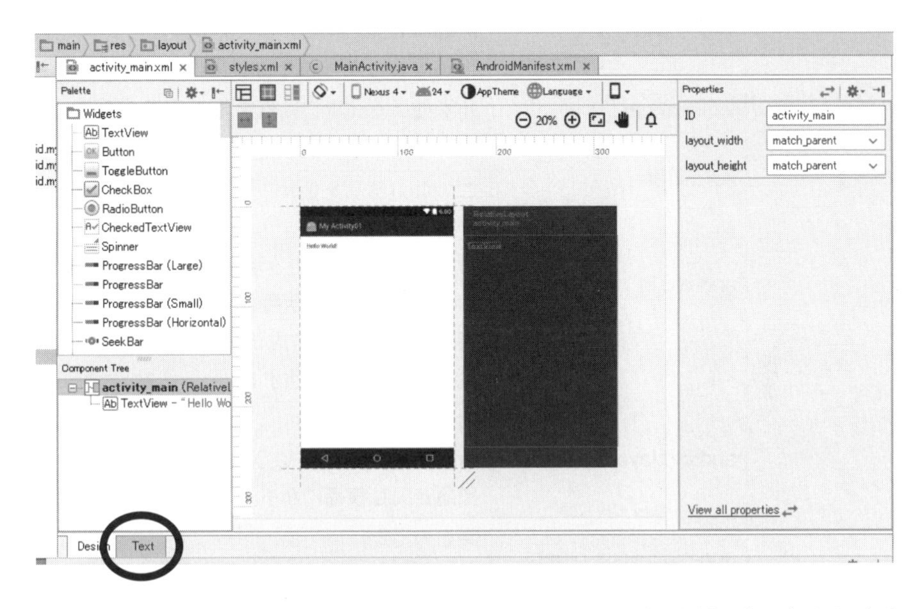

デザイン画面は、画面上にGUI部品をドラッグ&ドロップで配置できる便利な画面ですが、ここではテキスト画面で内容を説明するので、画面下の「Text」タブをクリックしてテキスト画面に切り替えてください。

なお、以下ではレイアウトで使われているタグについて簡単に説明しますが、詳しい説明はかなり複雑になるので、ここでは全体的なイメージをつかむ程度の理解で構いません。

2～17行目の<RelativeLayout>タグは、このアプリケーションのActivityがRelativeLayoutと呼ばれるレイアウトを持っているということを示しています。

13～16行目の<TextView>タグではこのレイアウト上にTextViewというGUI部品が含まれているということを示しています。

TextVewとはテキストの表示を行うためのGUI部品で、16行目のandroid:text="Hello World!"という指定により、この部分に「Hello World!」という文字が初期値として表示されます。

<RelativeLayout>や<TextView>内で使われる「android:id=」などの要素について、以下に簡単に説明します。

・RelativLayoutタグ

要素	意味
xmlns:android	Android Studioによって決められた文字列が設定される。
xmlns:tools	このプロジェクトで「tools:」という要素により特別なツールを使いたい場合に指定する。 特にそのようなツールを使わない場合には省略可能。
android:id	このGUI部品を他から参照したい場合に識別するためのIDを付ける。 新規にIDを作成する場合は、この例のように名前の前に「@+id/」という文字列を付ける。 新規ではなく、作成済みのIDを参照したい場合には「@id/」という形で参照する。
android:layout_width	横幅の指定。 "match_parent"という指定で、この部品が乗っているGUI部品と同じ横幅になる。
android:layout_height	高さの指定。 "match_parent"という指定で、この部品が乗っているGUI部品と同じ高さになる。
android:paddingBottom	下余白の長さ。
android:paddingLeft	左余白の長さ。
android:paddingRight	右余白の長さ。
android:paddingTop	上余白の長さ。
tools:context	このActivityのクラス名を指定する。 省略可能。

・TextViewタグ

要素	意味
android:layout_width	横幅の指定。 "wrap_content"という指定で表示されている内容(文字列)に合わせた横幅になる。
android:layout_height	高さの指定。 "wrap_content"という指定で表示されている内容(文字列)に合わせた高さになる。
android:text	画面作成時に初期状態で表示される文字列。

今回作成されたxmlでは「xmlns:tools」という指定がありますが、これは「tools:context」

によりクラス名を指定しているためです。

クラス名の指定は今回のように単純なアプリの場合は必要ではないので、「xmlns:tools」と「tools:context」の両方の指定を省略することもできます。

（参照：http://tools.android.com/tech-docs/tools-attributes）

なお、RelativeLayoutやTextViewなどのGUI部品についての説明は「Chapter02 ユーザーインターフェース」で改めて行います。

strings.xml

app/res/values/内に作成されるリソースファイルで、アプリケーションで使われる文字列を定義するためのファイルです。

プロジェクトを作成すると、次のような内容のxmlファイルが自動的に作成されます。

```
1  <resources>
2      <string name="app_name">My Activity01</string>
3  </resources>
```

strings.xml

<string>タグの「name」要素は、他からこの文字列を参照するために付ける名前で、ここでは「app_name」という名前を付けています。「My Activity01」という文字列が、この名前に対して定義されています。

Android Studioでは新規プロジェクト作成画面(41ページ)のApplication nameに入力した文字列がここに設定され、アプリケーション名としてタイトルバーに表示されます。

この文字列は、AndroidManifest.xmlの8行目で「android:label="@string/app_name"」として利用されています。

このように、xmlからこの文字列を参照して利用する場合には、

```
@string/<名前>
```

という形式で利用します。

Androidアプリでは固定した文字列を使う場合、このようにres/values/strings.xmlのようなリソースファイル内で文字列を定義し、プログラムやリソースからは、その文字列に付けられた「名前」を利用する方法が一般的です。

そうすることにより、多言語に対応するために文字を変えたい場合などに、リソースを切り替えるだけで簡単に対応できるようになります。

01-05 アプリケーションの実行

作成したアプリケーションを実行する手順について説明します。

ここでは「Android Virtual Device Manager に端末を登録する」(28ページ)で作成したエミュレーターを使って実行してみます。

実行は次の手順で行います。

① AVD (Android Virtual Device) Managerを起動します

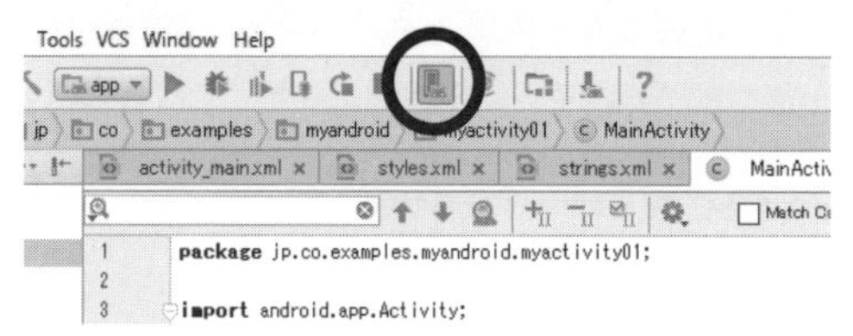

ADVマネージャーの起動

② AVD Managerから機種を選択してエミュレーターを実行します

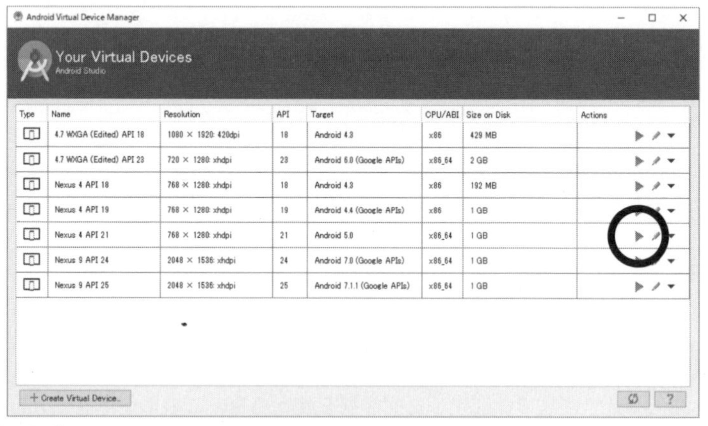

起動するエミュレーターの選択画面

ここではNexus 4 API 21を選択してみます。

エミュレーターによって次のような画面が表示されます。

なおエミュレーターの起動や実行には非常に時間がかかる場合があります。

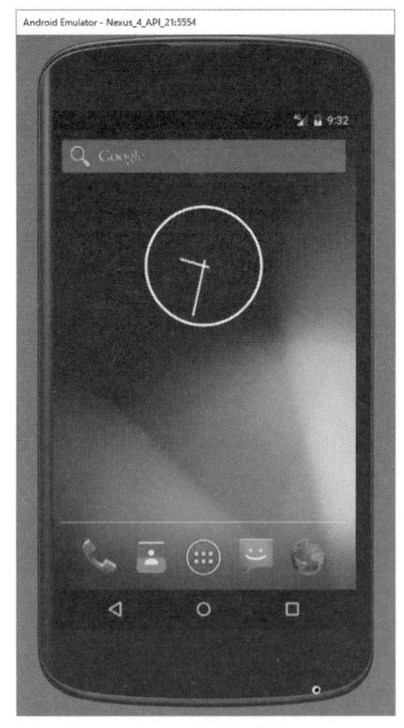

エミュレーター実行画面

③ プログラムを実行します

Android Studioの実行ボタンにより、プログラムを実行します。

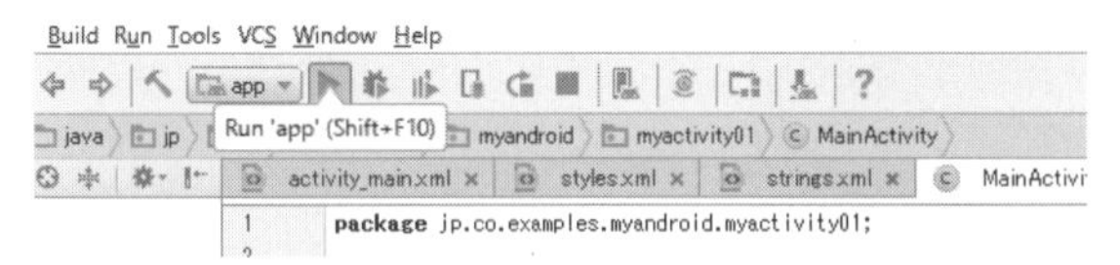

プログラムの実行

プログラムを実行するとエミュレーターを指定するダイアログが表示されるので、その中から今起動したエミュレーターを選択してOKボタンを押します。

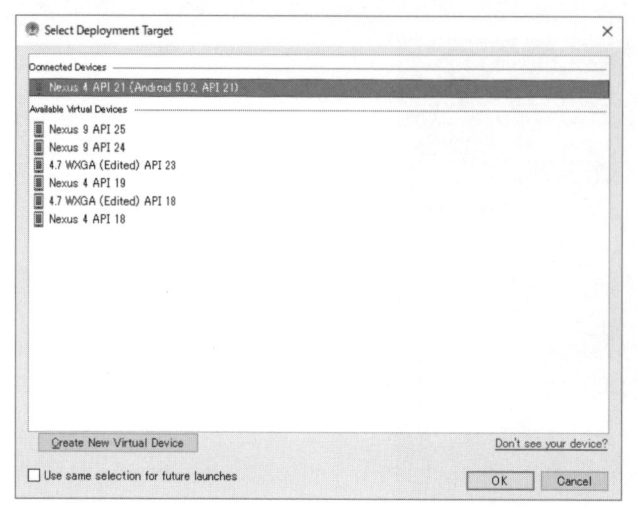

エミュレーターの選択画面

なお、この画面で現在起動中ではない機種を選択した場合は、そのエミュレーターが自動的に起動されるのですが、エミュレーターの準備が整うまでに時間がかかりすぎてタイムアウトする場合があるので、使いたいエミュレーターはプログラムを実行する前に起動しておいた方が良いでしょう。

プログラムが正常に実行されると、次のような画面がエミュレーター上に表示されます。

アプリケーションの実行画面

このアプリケーションはAndroid Studioで自動的に作成されたひな型をそのまま実行しただけで、画面に「Hello World!」の文字が表示されます。

以上でアプリケーションを実行する手順の説明が終了です。

01-06 Androidのプログラムの動作について

一般的なJavaプログラムの場合はmainメソッドから処理が開始され、そこから他のメソッドを呼び出す形でプログラムを作成していきますが、Androidのプログラムにはmainメソッドというものはありません。

先ほど作成したアプリケーションでは、onCreate()メソッドの中で画面を作成するためのxmlファイルを読み込んでいましたが、Androidではアプリケーションの状態に応じて、Activityクラスで定義されているメソッドが自動的に呼び出されて実行されます。

Androidではそれらのメソッドを、必要に応じてオーバーライドして処理を記述することによって、プログラムを作成していきます。

01-07 Activityのライフサイクルについて

onCreate()メソッドは、アプリケーションの実行時にAndroidのシステムから呼び出されて自動的に実行されるメソッドですが、Activityクラスには、そのほかにもいくつかのメソッドが定義されていて、アプリケーションの状態の変化によって呼び出されます。

アプリケーションの、開始から終了までの状態の遷移は「ライフサイクル」と呼ばれています。

つまり、これらのActivityで定義されているメソッドは、アプリケーションの「ライフサイクル」に応じて自動的に呼び出されることになります。

以下にActivityで定義されているメソッドの一覧を示します。

・android.app.Activityクラス

メソッド	説明
onCreate()	Activityが最初に作成されたときに呼び出されます。 画面の作成やプログラム実行前の変数の準備などを記述します。 次にonStart()メソッドに進みます。
onRestart()	Activityが停止した状態から実行される場合に呼び出されます。 次にonStart()メソッドに進みます。
onStart()	Activityの画面がユーザーに表示されるときに呼び出されます。 Activityが前面で表示状態になる場合は次にonResume()メソッドに進みます。
onResume()	Activityが前面でユーザーの操作可能状態になったときに呼び出されます。 次にonPause()メソッドに進みます。
onPause()	他のActivityに切り替わる場合など、画面が非表示状態になる場合に呼び出されます。
onStop()	Activityの切り替えや終了などにより画面が非表示状態になったときに呼び出されます。
onDestroy()	Activityの終了時に呼び出されます。

ライフサイクルの処理の流れを図示すると次のようになります。

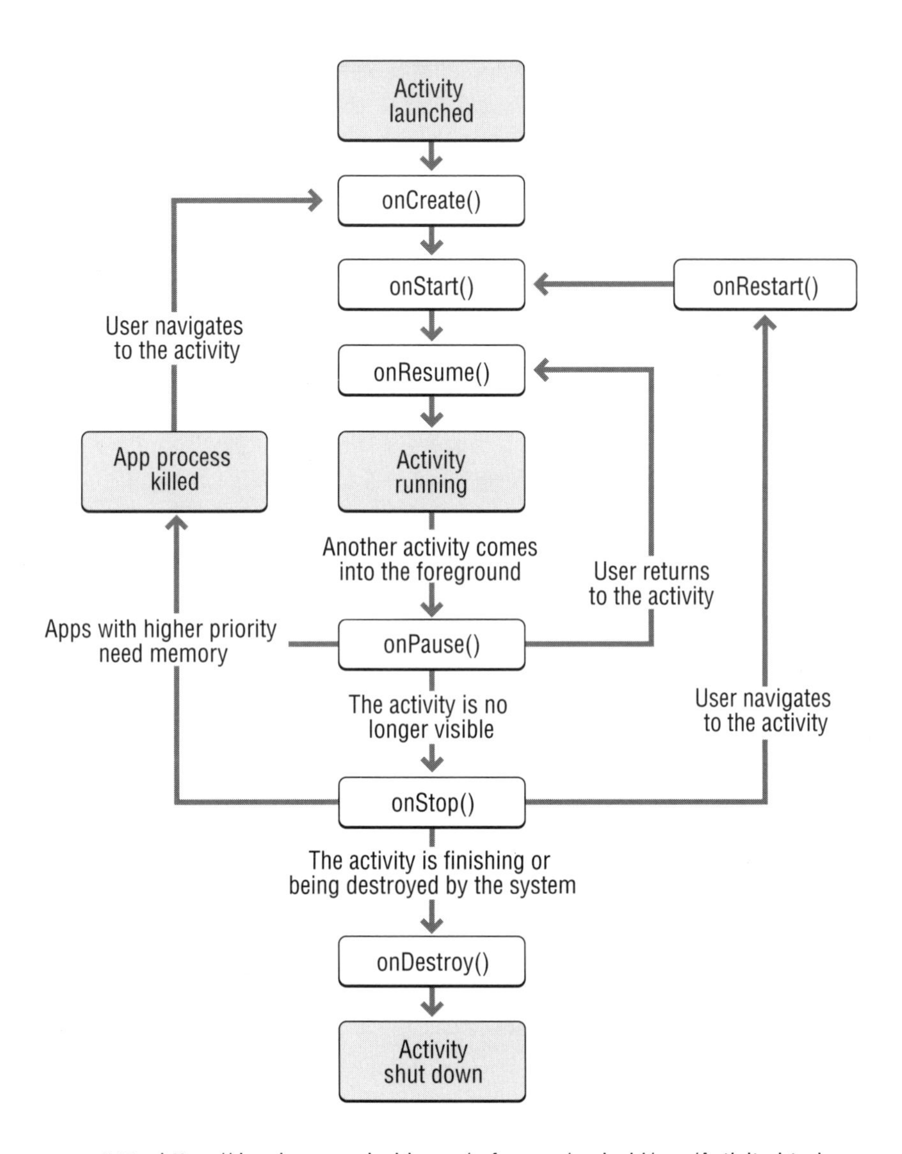

参照：https://developer.android.com/reference/android/app/Activity.html

これらのメソッドは、アプリケーションのライフサイクルに応じて呼び出されて実行されますが、一般的にはこれらのすべてをオーバーライドする必要はありません。

前に作成したプログラムのように、単純な処理の場合はonCreateメソッドだけをオーバーライドするだけで、十分な場合もあります。

また、これら一連のメソッドは全て必ず呼び出されるとは限りません。

例えばonCreate()やonStart()、onResume()、onPause()は基本的には必ず実行されますが、onStop()やonDestroy()はアプリケーションを強制的に終了した場合や、メモリの利用状況によっては呼び出されない可能性があります。

したがってプログラム終了時にデータの保存等が必要な場合は、onStop()やonDestroy()ではなくonPause()で処理を行うようにしてください。

01-08 プログラムの修正

ここではプログラム作成の練習を兼ねて、先ほど作成したプログラムに手を加えて、ライフサイクルの動きが画面で確認できるように修正してみます。

はじめに、それぞれのライフサイクルに対する処理を行うため、先に説明したすべてのActivityのメソッドを、MainActivityにオーバーライドで作成します。

ここで一つ一つすべてのメソッドを打ち込むのは面倒なので、Android Studioの「Control+o（オー）」という便利なショートカットが利用できます。

エディタウィンドウでこのショートカットを押すと、次のように親クラスのオーバーライド可能なメソッド一覧が表示されます。

ここでメソッドを選択すると、自動的にそのメソッドのひな型を作成してくれます。

⬆ オーバーライドするメソッド一覧

また、一覧から選択する際に文字列を打ち込むと、その文字列を含むメソッドが絞り込まれて表示されるので、目的のメソッドが見つけにくい場合は、途中まで文字を打ち込んで絞り込んでください。

例えばonCreateメソッドの下にカーソルを置いてControl+oを押して一覧を表示し、そこでonStartメソッドを選択すると、次のようにonStartメソッドが作成されます。

```
1  package jp.co.examples.myandroid.myactivity01;
2
3  import ...
5
6  public class MainActivity extends Activity {
7
8      @Override
9      protected void onCreate(Bundle savedInstanceState) {
10         super.onCreate(savedInstanceState);
11         setContentView(R.layout.activity_main);
12     }
13
14     @Override
15     protected void onStart() {
16         super.onStart();
17     }
18 }
19
```

onStart()メソッド作成

初期状態ではこのメソッドはスーパクラスの同名のメソッドを呼ぶ状態で作成されるので、この部分に必要な処理を追加していきます。
今回はこの部分でメソッド名を画面に表示し、同時にログにその情報を出力する処理を追加します。

すべてのメソッドをオーバーライドして作成し、そこに上記の処理を行うように修正したものが次のプログラムです。

```
1   package jp.co.examples.myandroid.myactivity01;
2
3   import ...
7
8   public class MainActivity extends Activity {
9
10      static final String TAG = "MainActivity";
11
12      private void myLog(String tag, String msg) {
13          Toast.makeText(this, msg, Toast.LENGTH_SHORT).show();
14          Log.d(tag, msg);
15      }
16
17      @Override
18      protected void onCreate(Bundle savedInstanceState) {
19          super.onCreate(savedInstanceState);
20          myLog(TAG, "onCreate");
21
22          setContentView(R.layout.activity_main);
23      }
24
25      @Override
26      protected void onRestart() {
27          super.onRestart();
28          myLog(TAG, "onRestart");
29      }
30
31      @Override
32      protected void onStart() {
33          super.onStart();
34          myLog(TAG, "onStart");
35      }
36
37      @Override
38      protected void onResume() {
39          super.onResume();
40          myLog(TAG, "onResume");
41      }
42
43      @Override
44      protected void onPause() {
45          super.onPause();
46          myLog(TAG, "onPause");
47      }
48
49      @Override
50      protected void onStop() {
51          super.onStop();
52          myLog(TAG, "onStop");
53      }
54
55      @Override
56      protected void onDestroy() {
57          super.onDestroy();
58          myLog(TAG, "onDestroy");
59      }
60  }
```

↑ MainActivity.java（オーバーライドしたメソッド内でログを表示）

プログラムの説明

12～15行目ではメソッド「myLog」を定義しています。

このメソッドの中で画面に文字を一時的に表示するためにToastクラスと、またログを出力するためにLogクラスを使っています。

これらのクラスとメソッドについて簡単に説明します。

・Toastクラス

Toastクラスは画面に一時的に文字列を表示するためのクラスで、ここでは13行目で次のメソッドを使っています。

クラス	android.widget.Toast
メソッド	Toast makeText (Context context, CharSequence text, int duration) 画面に一時的に文字列を表示するためのメソッドです。
引数	・context 一般的にはActivity自身のインスタンスであるthisを指定します。 (ActivityはContextのサブクラスです。) ・text 表示したい文字列を指定します ・duration 表示時間を指定します。 以下の2つの値が設定できます。 Toast.LENGTH_SHORT：短時間 Toast.LENGTH_LONG：長時間
戻り値	引数で指定した情報を持つToastオブジェクトが返されます。

ただし、makeTextメソッドを呼び出しただけではToast型のオブジェクトを作成するだけで、まだ画面に文字は表示されません。

表示するためには次のように最後に「.show()」というメソッドを指定してください。

```
Toast.makeText(context, text, duration).show();
```

これで指定した文字が画面に一定時間表示されます。

・Logクラス

Logクラスはプログラムの動作を追うためにログ出力を作成するためのクラスで、ここでは14行目で次のメソッドを使っています。

クラス	android.util.Log
メソッド	int d (String tag, String msg) デバッグ用のログメッセージを表示します。
引数	・tag 　メッセージに付けるタグを指定します。 　一般的にはクラス名またはActivity名などを指定します。 ・msg 　メッセージ内容を指定します。

今回のように、単純なプログラムでクラスが一つしかない場合は、第一引数の「tag」はあまり意味がありませんが、ここでは10行目で定義した「MainActivity」という文字列を渡しておきます。

このプログラムでは、ライフサイクルに応じて実行されるそれぞれのメソッドからmyLog()を呼び出して、実行状況の表示とログ出力を行っています。

プログラムの実行

前回同様、はじめにADV Managerを起動してエミュレーターを実行しておきます。

Nexus4 API 21 初期画面

エミュレーターの起動後、アプリケーションを実行して、エミュレーターを選択します。

```
Run 'app' (Shift+F10)   myandroid   myactivity01   MainActivity
activity_main.xml ×   MainActivity.java ×
1   package jp.co.examples.myandroid.myactivity01;
2
3   import ...
7
8   public class MainActivity extends Activity {
9
10      static final String TAG = "MainActivity";
11
12      private void myLog(String tag, String msg) {
13          Toast.makeText(this, msg, Toast.LENGTH_SHORT).show();
14          Log.d(tag, msg);
15      }
16
```

アプリケーションの実行

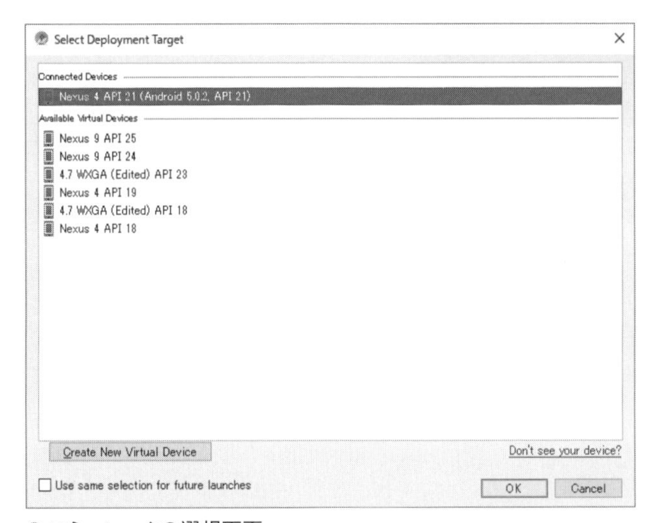

エミュレータの選択画面

プログラムが実行され、エミュレーターでアプリケーションが起動されます。

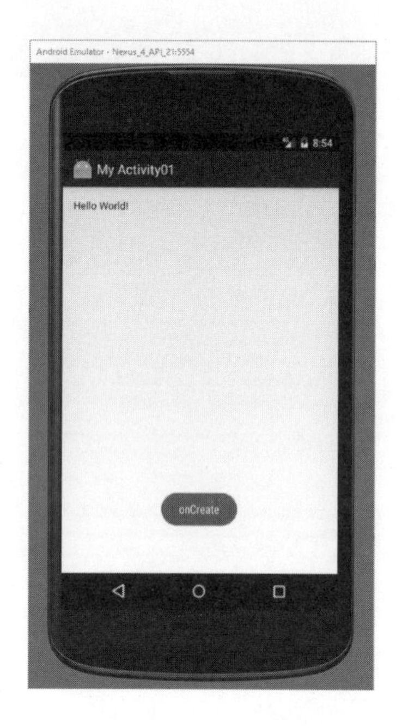

・アプリケーション起動時

アプリケーションが画面に表示されると、図のようにメッセージが次々に画面下に表示され、ライフサイクルに応じてメソッドが呼び出される様子が確認できます。

具体的には、画面表示時には次のメソッドが順番で表示され、アプリが実行状態であることがわかります。

- onCreate
- onStart
- onResume

なお、Log.dの出力はAndroid Studioの下部の領域に以下のように表示されます。

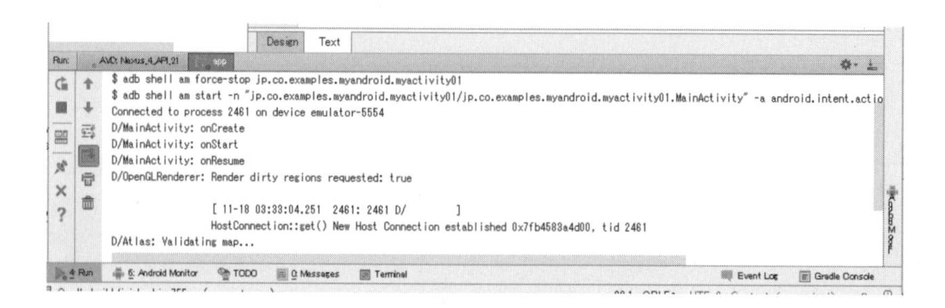

・□ボタンを押したとき

アプリケーションが起動した時点でAndroidの□ボタン（履歴ボタン）を押すと次のような画面になります。

このときは以下のメッセージが表示され、アプリが操作できない状態になったことがわかります。

- onPause
- onStop

・もう一度アプリを前面に表示する

上記の履歴表示状態からアプリをもう一度呼び出すと次のメッセージが表示され、アプリが再び実行状態になったことが確認できます。

- onRestart
- onStart
- onResume

・アプリケーションを終了する

一般的にはアプリケーション終了時は次のメソッドが実行されます。

- onStop
- onDestroy

ただし、履歴画面からスワイプで削除するような強制的な終了の場合、onDestroyのメソッドが実行される前にアプリケーションそのものが終了する場合があります。

また、onStopメソッドも処理の状況によっては、実行されずにアプリケーションが終了する場合があります。

このように、onStopとonDestroyは必ずしも終了時に実行されるとは限らないので、終了時に必要な処理がある場合はonPauseメソッドで行うようにしてください。

・回転によるActivityの再作成について

Androidでは画面を回転させることによりアプリケーション画面も回転させることができます。

このような場合、プログラム上はActivityが一旦終了し、その後自動的に再作成されています。

ここでは画面回転を行った場合のライフサイクルの遷移を確認してみます。

アプリケーションを実行した状態で、エミュレーターの右側に表示されるパネルの中の回転ボタンを押して、左または右回転を行ってください。

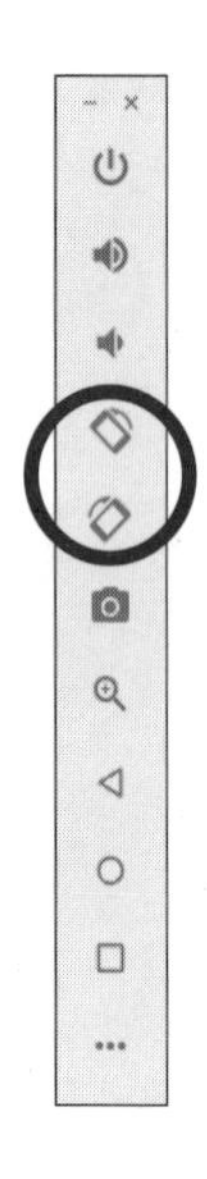

画面が回転し、表示メッセージから次のメソッドが実行されていることが確認できます。

- onPause
- onStop
- onDestroy
- onCreate
- onStart
- onResume

このように、画面を回転した場合には基本的にActivityは一旦破棄されて、その後新たに再作成されます。

そのためActivity内部に何らかの値を持っていても、画面を回転するとそれらの値は初期状態に戻ってしまうことになります。

Column　回転による画面の再作成

本書では詳細は省略しますが、Androidのアプリケーションを作成する場合には、このように画面の回転によるActivityの再作成を考慮する必要があります。

例えば、アプリケーションによってはActivityが再作成される前に必要な変数を一旦保存しておいて、再作成時に保存しておいた値を読み込むような処理を行う必要が出てくるかもしれません。

そのような処理は面倒ではありますが、画面を回転した場合にはGUIの様々な要素(横幅や部品の配置など)が変わるのでActivityが再作成されるのはある程度仕方がないことかもしれません。

なお、マニフェストファイルで指定することにより、回転によるActivityの再作成を行わないようにすることもできますが、それについては「Fragment を使う少し複雑なプログラム」の「AndroidManifest.xml」(157ページ)で説明します。

01-09 Activityのライフサイクルの重要性

以上で説明したように、Androidのアプリケーションの挙動はActivityのライフサイクルに従います。

本書で扱うプログラムでは比較的単純な例が多いので、それほどライフサイクルに気を付ける必要はありません。しかし、複雑な処理や、画面遷移をするプログラムの場合は常にライフサイクルを意識し、必要に応じてデータの保存・読み込み等を行わなければなりません。

ライフサイクルはユーザーの操作の方法によっても変わるため、それらすべてに対処するのは非常に手間がかかる作業ですが、Androidでアプリケーションを作成する際には避けては通れないポイントです。

すべてを一度に理解して使いこなすのは難しいとは思いますが、ここではライフサイクルが重要な仕組みであるということを念頭に置き、それぞれのライフサイクルで実行されるメソッドを少しずつ覚えていってください。

Chapter 02

ユーザーインターフェース

Androidのアプリケーションは、ユーザーが入力したり情報を受け取ったりするための部品（UI：User Interface）を持っています。

UIには文字表示やボタンやテキスト入力エリアなど様々な種類がありますが、ここではそれらの中で特に基本的で使用頻度が高いものについて説明します。

02-01
UIの種類

AndroidではUIの部品はViewクラスと、複数のViewクラスを格納するためのViewGroupと呼ばれるクラスから構成されています。

Androidでは様々なインターフェースを可能にするため、以下のように多くの部品がViewやViewGroupのサブクラスとして用意されています。

親クラス	直接のサブクラス
View	AnalogClock, ImageView, KeyboardView, MediaRouteButton, ProgressBar, Space, SurfaceView, TabItem, TextView, TextureView, ViewGroup, ViewStub
ViewGroup	AbsoluteLayout, AdapterView<T extends Adapter>, CoordinatorLayout, DrawerLayout, FragmentBreadCrumbs, FrameLayout, GridLayout, LinearLayout, LinearLayoutCompat, PagerTitleStrip, RecyclerView, RelativeLayout, SlidingDrawer, SlidingPaneLayout, SwipeRefreshLayout, Toolbar, TvView, ViewPager

本書ではこれらの中でも特に基本的と思われる以下のクラスについて説明します。

- TextView
- Button
- EditText
- RadioButton
- ListView
- RelativeLayout、LinearLayout

02-02 TextView

android.widget.TextViewは文字を表示するためのクラスです。

Android Studioでプロジェクトを作成する際に「Empty Activity」を選択すると、ソースコードMainActivity.javaや、レイアウトファイルactivity_main.xmlがひな型として自動的に作成されますが、画面上部の「Hello World!」の文字列を表示する部分にTextViewが使われています。

ここではTextViewの使い方について理解するため、表示された文字をプログラムから操作するようにひな型を修正してみます。

まずはじめに「Chapter01 Activity」で説明した手順に従って新規にプロジェクトを作成してください。

アプリケーション名は何でもよいのですが、この例では「My GUI TextView01」という名前で作成しています。

activity_main.xml

```
1  <?xml version="1.0" encoding="utf-8"?>
2  <RelativeLayout xmlns:android="http://schemas.android.com/apk/res/android"
3      xmlns:tools="http://schemas.android.com/tools"
4      android:id="@+id/activity_main"
5      android:layout_width="match_parent"
6      android:layout_height="match_parent"
7      android:paddingBottom="16dp"
8      android:paddingLeft="16dp"
9      android:paddingRight="16dp"
10     android:paddingTop="16dp"
11     tools:context="jp.co.examples.myandroid.myguitextview01.MainActivity">
12
13     <TextView
14         android:id="@+id/textView"
15         android:layout_width="wrap_content"
16         android:layout_height="wrap_content"
17         android:text="Hello World!" />
18 </RelativeLayout>
```

activity_main.xml

レイアウトファイルactivity_main.xmlのひな型には<TextView>タグが作成され、そこに「Hello World!」という文字列が設定されています。

アプリケーションが実行されてactivity_main.xmlが読み込まれると、このタグの指定に従ってTextViewクラスのインスタンスが自動的に作成されて画面上に表示されます。

このTextViewをプログラムから操作するためには、プログラムから参照できるようにこのTextViewに名前(id)を付ける必要があります。

レイアウトファイルactivity_main.xmlに以下のように「android:id="@+id/textView"」という一行を追加してください。

この名前はプログラム側で参照する際に用いるためのもので、ここでは「textView」という名前を付けています。

名前(id)を新規に作成する場合は、このように「+」という記号を「id」の前に付けます。

MainActivity.java

表示されている「Hello World!」という文字をプログラムによって変更してみます。

MainActivity.javaのonCreate()メソッド内に以下のように14～16行目を追加してください。

```
1  package jp.co.examples.myandroid.myguitextview01;
2
3  import android.app.Activity;
4  import android.os.Bundle;
5  import android.widget.TextView;
6
7  public class MainActivity extends Activity {
8
9      @Override
10     protected void onCreate(Bundle savedInstanceState) {
11         super.onCreate(savedInstanceState);
12         setContentView(R.layout.activity_main);
13
14         // TextViewの文字を変更する
15         TextView textView = (TextView) findViewById(R.id.textView);
16         textView.setText("こんにちは世界！");
17     }
18 }
```

12行目のsetContentViewによってactivity_main.xmlが読み込まれて画面が作成され、「Hello World!」の文字が表示されます。

画面で表示されているTextViewの文字列をプログラムから操作するためには、はじめにその部品のオブジェクトを取得する必要があります。

16行目がそのための処理で、Activityクラスで定義されているfindViewByIdというメソッドを使って、UI部品(TextViewのオブジェクト)を取得しています。

findViewByIdの標準的な書式は次のようになります。

クラス	android.app.Activity
メソッド	View findViewById (int id) レイアウト用xmlで定義されたオブジェクトを取得します。
引数	・id レイアウト用xmlで定義したオブジェクトに対応するidを指定します。
戻り値	引数で指定したViewのオブジェクトを返します。

例えばactivity_main.xmlで「textView」というidを付けたUI部品を使いたい場合、この引数には「R.id.textView」という値を指定します。

引数に指定する「R.id.textView」という変数は、レイアウト用ファイルからAndroid Studioによって自動的に作成され、利用可能になっています。

findViewByIdの戻り値はView型なので、15行目ではこれをタグで指定したTextViewクラスにキャストして変数に代入しています。

16行目ではこの変数に対し、setText()メソッドで「こんにちは世界！」という文字列を設定しなおしています。

setText()以外にもTextViewには様々なメソッドが定義されていて、文字色や背景色や文字サイズを変えたりなど、xmlで指定できることは基本的にプログラムでも操作できます

利用できるメソッドの詳細は省略しますが、例えば今回のプログラムで「textView.」まで打つと、Android Studioが利用できるメソッド一覧を表示してくれるので、それを参考に使い方を調べてみてください。

14 // TextViewの文字を変更する
15 TextView textView = (TextView) findViewById(R.id.textView);
16 textView.setText("こんにちは世界！");
17 textView.
18 }
19 }
20
setText(char[] text, int start, int len) void
setBackgroundColor(int color) void
setBackground(Drawable background) void
findViewById(int id) View
setOnClickListener(OnClickListener l) void
addTextChangedListener(TextWatcher watcher) void
append(CharSequence text) void
append(CharSequence text, int start, int end) void
beginBatchEdit() void
bringPointIntoView(int offset) boolean

Column R.javaについて

Androidではリソースのxml内で「android:id=」という指定で要素に名前を付けると、自動的にJavaの「R.java」というソースコードが作成され、その中のidという内部クラスで設定した名前に対応するint型変数が定義されます。

つまり、xmlで「android:id="@+id/textView"」という名前の要素を定義すると、「R.id.textView」というint型の変数が自動的に作成され、利用可能になるのです。

同様に、strings.xml内で「name=」で定義した文字列に対しては「R.string」というクラスが自動的に作成され、その中で文字列を指定するint型変数が定義されます。

R.javaは自動的に作成されるので、そのソースコードを直接編集することはありませんが、リソースのxmlに対して「R.java」というクラスが自動的に作成されるということは基本的な知識として覚えておいてください。

実行結果

アプリケーションを実行すると次のような画面が表示され、プログラムによってTextViewの文字が「こんにちは世界！」に変更されたことが確認できます。

アプリケーション実行画面

02-03 Button

android.widget.Buttonはボタンを表示するためのUIです。

ボタンを押して何らかの処理を開始したい場合などに利用します。

ここでは「My GUI Button01」という名前でアプリケーションを作成しました。

activity_main.xml

新規にプロジェクトを作成し、activity_main.xmlのデザイン画面を開いて、下図のようにPaletteのボタンを画面にドラッグ&ドロップで追加してください。

テキスト画面を使っても同じことはできますが、このようにデザイン画面を使ってひな型を作っておいて、後で細かい修正をテキスト画面で行った方が簡単です。

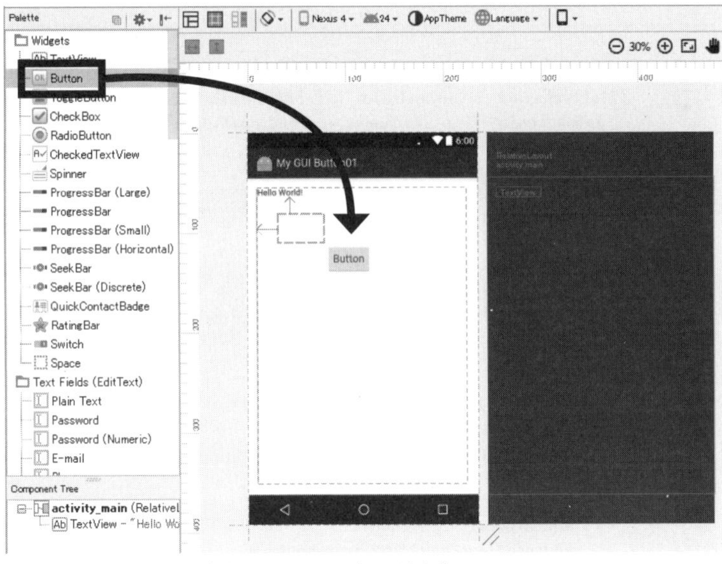

activity_main.xml （デザイン画面：ボタン追加）

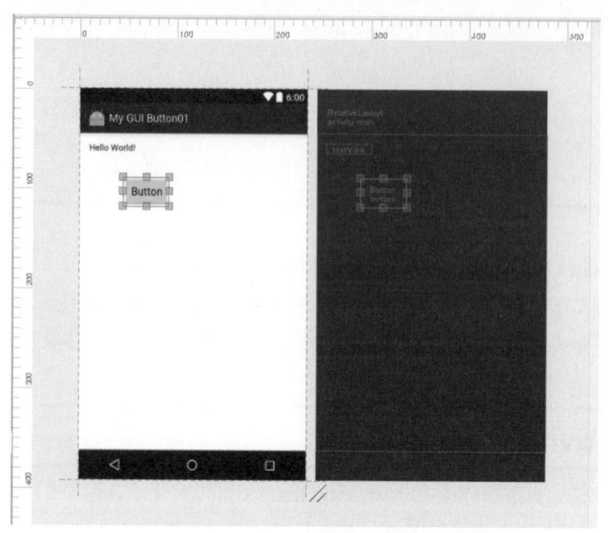

activity_main.xml （デザイン画面：ボタン追加後）

ボタンを追加後、テキスト画面に切り替えると次のようなテキストが作成されています。

```
1   <?xml version="1.0" encoding="utf-8"?>
2   <RelativeLayout xmlns:android="http://schemas.android.com/apk/res/android"
3       xmlns:tools="http://schemas.android.com/tools"
4       android:id="@+id/activity_main"
5       android:layout_width="match_parent"
6       android:layout_height="match_parent"
7       android:paddingBottom="16dp"
8       android:paddingLeft="16dp"
9       android:paddingRight="16dp"
10      android:paddingTop="16dp"
11      tools:context="jp.co.examples.myandroid.myguibutton01.MainActivity">
12
13      <TextView
14          android:layout_width="wrap_content"
15          android:layout_height="wrap_content"
16          android:text="Hello World!"
17          android:id="@+id/textView" />
18
19      <Button
20          android:text="Button"
21          android:layout_width="wrap_content"
22          android:layout_height="wrap_content"
23          android:layout_below="@+id/textView"
24          android:layout_alignParentLeft="true"
25          android:layout_alignParentStart="true"
26          android:layout_marginLeft="57dp"
27          android:layout_marginStart="57dp"
28          android:layout_marginTop="40dp"
29          android:id="@+id/button" />
30  </RelativeLayout>
```

activity_main.xml （テキスト画面）

19～29行目がデザイン画面のボタン追加によって作成された<Button>タグです。

20行目の指定により、初期状態ではボタン上に「Button」という文字が表示されます。

ここで、26～28行目は画面の左端と「Hello World!」の、TextViewからの距離を表しているので、人によって異なっているはずです。位置を変えたい場合は適当な値に修正してください。

29行目で「android:id="@+id/button"」によって、このボタンに「button」というidが自動的に作成されているので、これをそのまま使うことにします(レイアウトファイルの行の位置は操作によって変わることがあります)。

MainActivity.java

はじめにxmlのButtonタグに対応するButton型の変数を定義します。

下図のように、途中まで入力するとAndroid Studioが補完して候補を表示してくれるので、その中から選択すると入力が楽になります。

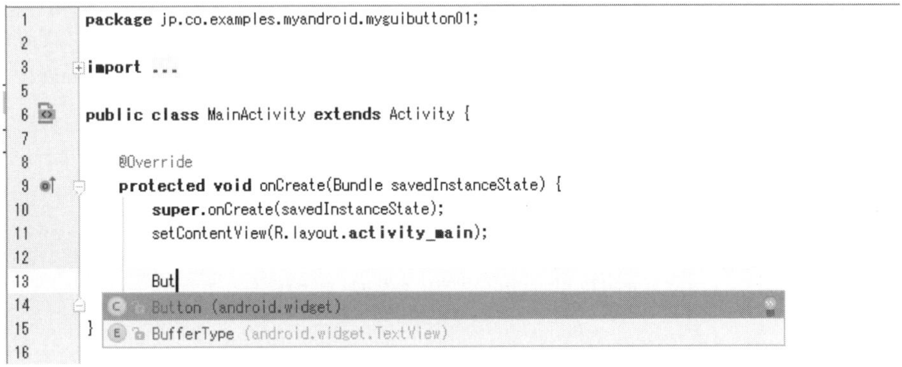

```
1   package jp.co.examples.myandroid.myguibutton01;
2
3   import ...
5
6   public class MainActivity extends Activity {
7
8       @Override
9       protected void onCreate(Bundle savedInstanceState) {
10          super.onCreate(savedInstanceState);
11          setContentView(R.layout.activity_main);
12
13          But
14          Button (android.widget)
15  }       BufferType (android.widget.TextView)
16
```

MainActivity.java （Android Studioによる補完機能：クラス名の補完）

また、findViewByIdの引数はR.id.まで入力するとactivity_mainで定義されている候補が表示されます。

全て直接入力しても良いのですが、このようなAndroid Studioの補完機能を利用すると作業が楽になります。

```
1   package jp.co.examples.myandroid.myguibutton01;
2
3   import ...
6
7   public class MainActivity extends Activity {
8
9       @Override
10      protected void onCreate(Bundle savedInstanceState) {
11          super.onCreate(savedInstanceState);
12          setContentView(R.layout.activity_main);
13
14          Button button = (Button) findViewById(R.id.)
15      }                                    activity_main  int
16  }                                        button         int
17                                           textView       int
18                                           class
```

MainActivity.java （Android Studioによる補完機能：リソース名の補完）

ボタンクリックなど、UI部品に対するイベントを処理するためにはイベントリスナーを使います。

イベントリスナーの使い方は一般のJavaプログラムと同様なので説明は省略しますが、マウスクリックのイベントを処理したい場合、setOnClickListenerメソッドを使ってOnClickListenerを登録します。

```
1   package jp.co.examples.myandroid.myguibutton01;
2
3   import ...
6
7   public class MainActivity extends Activity {
8
9       @Override
10      protected void onCreate(Bundle savedInstanceState) {
11          super.onCreate(savedInstanceState);
12          setContentView(R.layout.activity_main);
13
14          Button button = (Button) findViewById(R.id.button);
15          button.setOnClickListener(new )
16      }                     OnClickListener{...} (android.view.View)
17  }                         QuickContactBadge (android.widget)
18                            CharacterPickerDialog (android.text.method)
19                            KeyboardView (android.inputmethodservice)
```

MainActivity.java （補完機能：無名クラスの作成）

15行目で「button.setOnClickListener(new 」まで入力して、Control+スペースを押すと候補の一覧が表示されるので、その中からOnClickListenerを選択してください。

次のようなコードが作成されます。

```
1   package jp.co.examples.myandroid.myguibutton01;
2
3   import ...
7
8   public class MainActivity extends Activity {
9
10      @Override
11      protected void onCreate(Bundle savedInstanceState) {
12          super.onCreate(savedInstanceState);
13          setContentView(R.layout.activity_main);
14
15          Button button = (Button) findViewById(R.id.button);
16          button.setOnClickListener(new View.OnClickListener() {
17              @Override
18              public void onClick(View view) {
19
20              }
21          })
22      }
23  }
```

MainActivity.java （OnClickListenerを登録後）

入力の仕方によってはこのように最後(この場合は21行目)にセミコロンが抜ける場合もあるので、セミコロンが必要な場合は補ってください。

このonClick()メソッドをオーバーライドにより定義することによって、マウスクリック時の処理を定義します。

今回のプログラムではこのメソッド内で「setText()」メソッドを使ってボタンに表示された文字を変えてみます。

完成したプログラムは次のようになります。

```
1   package jp.co.examples.myandroid.myguibutton01;
2
3   import ...
7
8   public class MainActivity extends Activity {
9
10      @Override
11      protected void onCreate(Bundle savedInstanceState) {
12          super.onCreate(savedInstanceState);
13          setContentView(R.layout.activity_main);
14
15          final Button button = (Button) findViewById(R.id.button);
16          button.setOnClickListener(new View.OnClickListener() {
17              @Override
18              public void onClick(View view) {
19                  button.setText("Button Clicked!");
20              }
21          });
22      }
23  }
```

MainActivity.java ボタンをクリックした場合の処理を追加

19行目でbuttonのsetText()メソッドを使って、ボタン上に表示される文字「Button」という文字を「Button Clicked!」という文字に変化させています。

この処理は16行目のsetOnClickListenerの引数内で無名クラスとして作成したクラス内で行っていますが、このように内部クラスの外で定義した変数にクラス内からアクセスするためには、その変数をfinalとして定義しておく必要があります。

そのため、19行目のようにbutton変数を使用すると、Android Studioによって15行目のbutton変数の宣言に、自動的にfinalが追加されます。

アプリケーションの実行

アプリケーションを実行すると、次のような初期画面が表示されます。

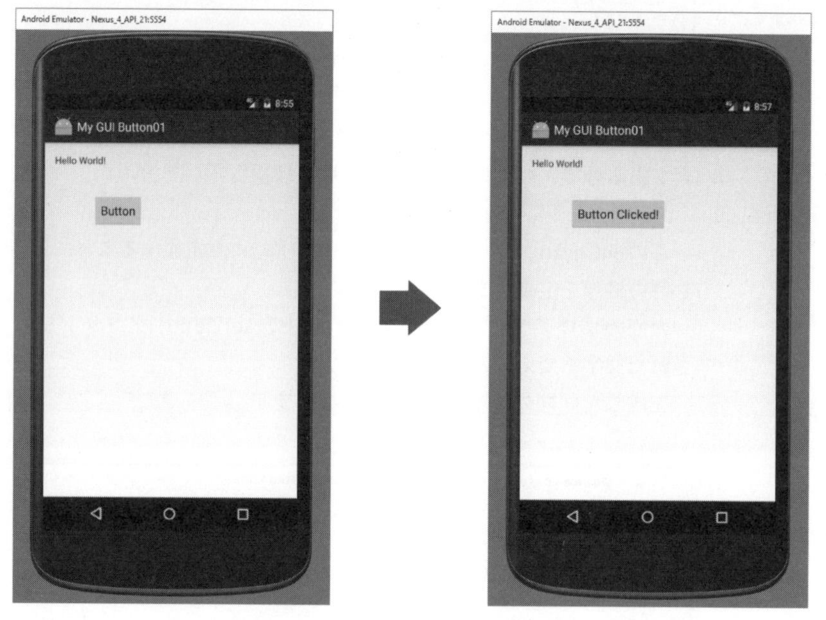

アプリケーション実行（初期画面）　　アプリケーション実行（ボタンクリック後）

ここでボタンをクリックすると、ボタンの文字が次のように変化します。

ボタンに登録したOnClickListenerのonButtonClickedメソッドが、クリックによって実行されたことが確認できます。

02-04 EditText

android.widget.EditTextは先に説明したTextViewクラスのサブクラスです。
TextViewと異なり、文字を入力することができます。

ここでは先ほど作成したボタンのアプリケーションに、さらにEditTextを追加して使い方を説明します。

ボタンの説明で作成済みのファイルを使うか、または新規にプロジェクトを作成して前と同様に、ボタンを追加したものを用意してください。

以下の説明では新規に「My GUI ButtonEditText01」という名前でプロジェクトを作成し、ボタンとクリックの処理を追加したものを使うことにします。

activity_main.xml

ボタンの時と同様に、デザイン画面でText Fieldの中からEditTextを選んで、画面上にドラッグ&ドロップで適当な位置に追加します。

EditTextは用途に応じてフォーマットを設定することができるのですが、今回は最もシンプルなPlain Textを使うことにします。

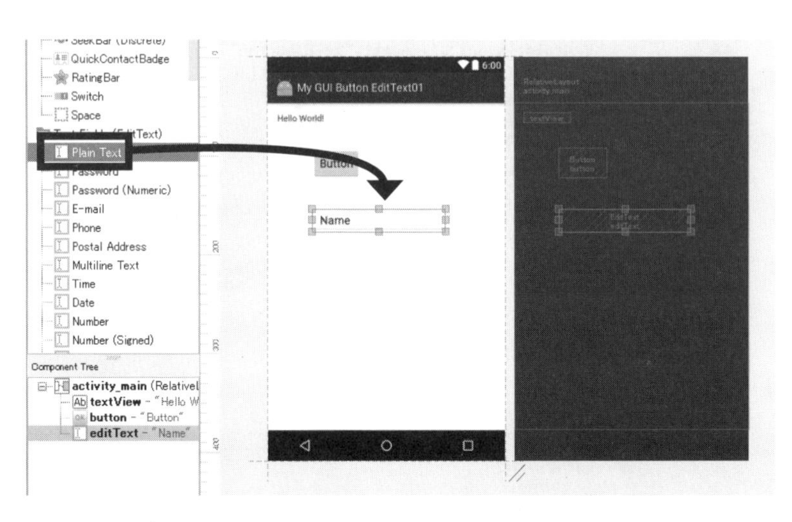

EditTextを追加する

```
1  <?xml version="1.0" encoding="utf-8"?>
2  <RelativeLayout xmlns:android="http://schemas.android.com/apk/res/android"
3      xmlns:tools="http://schemas.android.com/tools"
4      android:id="@+id/activity_main"
5      android:layout_width="match_parent"
6      android:layout_height="match_parent"
7      android:paddingBottom="16dp"
8      android:paddingLeft="16dp"
9      android:paddingRight="16dp"
10     android:paddingTop="16dp"
11     tools:context="jp.co.examples.myandroid.myguibuttonedittext01.MainActivity">
12
13     <TextView
14         android:layout_width="wrap_content"
15         android:layout_height="wrap_content"
16         android:text="Hello World!"
17         android:id="@+id/textView" />
18
19     <Button
20         android:text="Button"
21         android:layout_width="wrap_content"
22         android:layout_height="wrap_content"
23         android:layout_below="@+id/textView"
24         android:layout_alignParentLeft="true"
25         android:layout_alignParentStart="true"
26         android:layout_marginLeft="57dp"
27         android:layout_marginStart="57dp"
28         android:layout_marginTop="40dp"
29         android:id="@+id/button" />
30
31     <EditText
32         android:layout_width="wrap_content"
33         android:layout_height="wrap_content"
34         android:inputType="textPersonName"
35         android:text="Name"
36         android:ems="10"
37         android:layout_below="@+id/button"
38         android:layout_alignLeft="@+id/button"
39         android:layout_alignStart="@+id/button"
40         android:layout_marginTop="48dp"
41         android:id="@+id/editText" />
42
43 </RelativeLayout>
```

activity_main.xml （テキスト画面）

追加したEditTextの表示文字列(text)として「Name」が、idとして「editText」が自動的に設定されていることが確認できます。

これらのtextやidをそのまま使うことにします。

MainActivity.java

ボタンが押されたらEditText内に入力された文字列を取得し、「Hello World!」という表示を変更するように修正します。

同時にボタン上に表示された文字列も変更してみます。

```
1   package jp.co.examples.myandroid.myguibuttonedittext01;
2
3   import ...
9
10  public class MainActivity extends Activity {
11
12      @Override
13      protected void onCreate(Bundle savedInstanceState) {
14          super.onCreate(savedInstanceState);
15          setContentView(R.layout.activity_main);
16
17          final Button button = (Button) findViewById(R.id.button);
18          final EditText editText = (EditText) findViewById(R.id.editText);
19          final TextView textView = (TextView) findViewById(R.id.textView);
20
21          button.setOnClickListener(new View.OnClickListener() {
22              @Override
23              public void onClick(View view) {
24                  String str = editText.getText().toString();
25                  button.setText(str);
26                  textView.setText(str);
27              }
28          });
29      }
30  }
```

MainActivity.java

17～19行目では、xmlで定義されて画面に表示されているButton、EditText、TextViewそれぞれのUIのオブジェクトを取得し、変数に代入しています。

21～28行目は、ボタンが押された場合の処理をOnClickListener内のonClickメソッド内で定義しています。

24行目で、EditTextに入力された文字列を取得し、その文字列を25～26行目でそれぞれボタンとTextViewに設定しています。

実行結果

アプリケーション起動時は次のような初期画面が表示されています。

EditText内に何か文字列を入力してボタンを押すと、入力した文字列に合わせて次のようにボタンとTextViewの文字列の表示が変わります。

例としてEditTextに「This is a test.」と入力してボタンを押すと、画面は次のように変わります。

実行画面（ボタンクリック時）

Column 画面回転について

ボタンを押した後に画面を90度回転すると、次の図のようにButtonとTextViewの表示は初期状態に戻ってしまいます。

これは、Activityのライフサイクルについて説明したように、画面回転によってActivityが再作成されてonCreateが実行されるためです。

しかしEditTextの表示は初期状態に戻らず、入力した値がそのまま保たれています。

このようにAndroidではUIの部品によって入力値が保たれるものと初期状態に戻るものがあり、今一つ統一が取れていません。

本書では詳細を省略しますが、Activityが再作成される場合にもとの情報を保持するためには、このような状況を考慮してプログラム側で対処する必要があります。

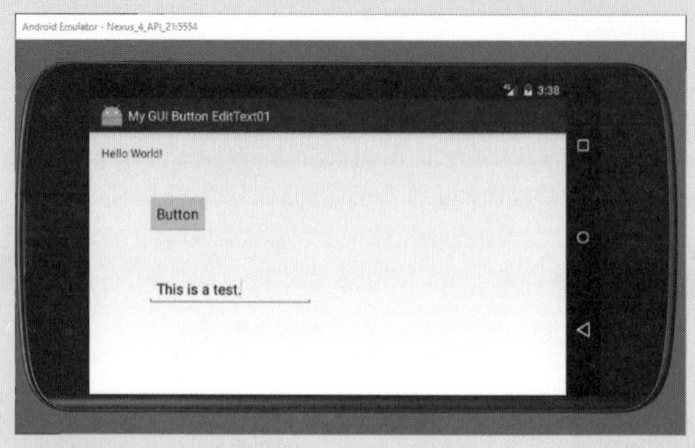

画面回転時の表示画面

02-05 RadioButton、RadioGroup

ラジオボタンは複数の項目の中から一つだけを選択させたい場合に使われます。
そのために以下の2つのクラスを使います。

- android.widget.RadioGroup
- android.widget.RadioButton

RadioGroupは複数のRadioButtonを格納するための「見えない入れ物」のようなもので、実際に画面上で見えるのは格納された複数のRadioButtonです。

「My GUI RadioGroup01」という名前で新規にプロジェクトを作成してこれらの使い方を説明します。

activity_main.xml

プロジェクトを作成してからデザイン画面ではじめにRadioButtonを格納するためのRadioGroupをドラッグ&ドロップで適当な場所に作成します。

このRadioGroupの大きさは格納される中身の大きさに応じて変わるようになっています。

そのためRadioButtonが入っていない状態では大きさが最小になり、図のように点のように見えますが、左下のComponent Treeでactivity_mainの下にRadioGroupが配置されていることが確認できます。

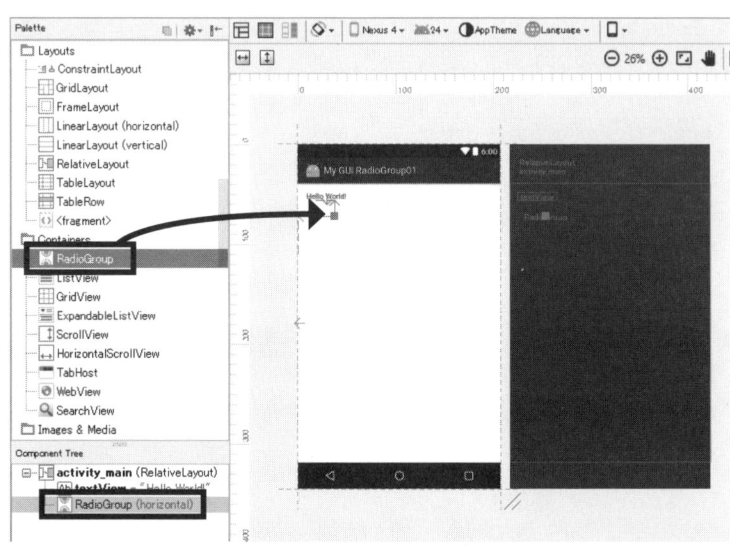

⊙ RadioGroup追加

次にこのRadioGroupの中にRadioButtonを入れます。

RadioGroupの大きさが最小となっているため、デザイン画面で正確にその中に入れるのは難しいので、左下に表示されるComponent Tree画面の方にドラッグ&ドロップで入れた方が簡単です。

下図のように3個のRadioButtonをRadioGroupの中に入れると、デザイン画面もそれに応じてRadioButtonが表示されます。

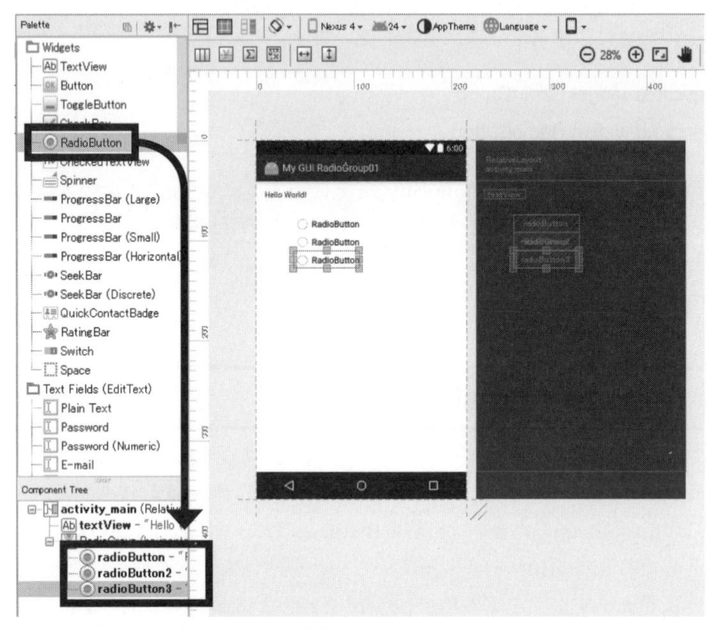

RadioGroupにRadioButtonを追加

RadioButtonのidと表示文字列は作成時にAndroid Studioによって適当に付けられますが、これらを以下のように修正しておきます。

Id	表示文字列
redButton	Red
greenButton	Green
blueButton	Blue

RadioButtonのidはテキスト画面で直接変更することもできますが、デザイン画面でそれぞれのRadioButtonを選択して画面右側に表示されるプロパティ画面のID入力欄、text入力欄を使って変更することもできます。

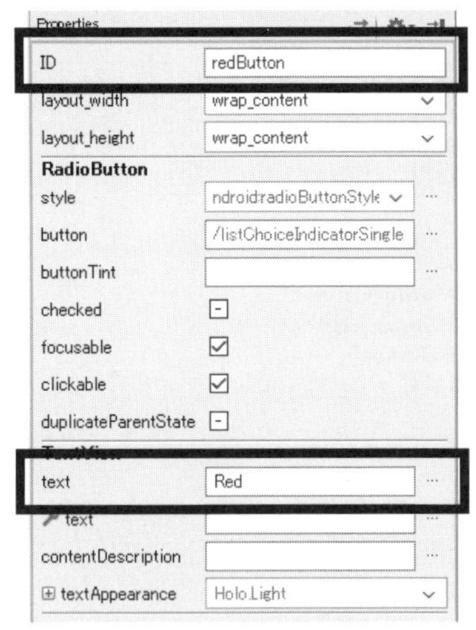

PropertiesでIDとtextを変更

変更後のactivity_main.xmlは次のようになります。

```
1  <?xml version="1.0" encoding="utf-8"?>
2  <RelativeLayout xmlns:android="http://schemas.android.com/apk/res/android"
3      xmlns:tools="http://schemas.android.com/tools"
4      android:id="@+id/activity_main"
5      android:layout_width="match_parent"
6      android:layout_height="match_parent"
7      android:paddingBottom="16dp"
8      android:paddingLeft="16dp"
9      android:paddingRight="16dp"
10     android:paddingTop="16dp"
11     tools:context="jp.co.examples.myandroid.myguiradiogroup01.MainActivity">
12
13     <TextView
14         android:layout_width="wrap_content"
15         android:layout_height="wrap_content"
16         android:text="Hello World!"
17         android:id="@+id/textView" />
18
19     <RadioGroup
20         android:layout_width="wrap_content"
21         android:layout_height="wrap_content"
22         android:layout_below="@+id/textView"
23         android:layout_alignParentLeft="true"
24         android:layout_alignParentStart="true"
25         android:layout_marginLeft="53dp"
26         android:layout_marginStart="53dp"
27         android:layout_marginTop="28dp" >
28
```

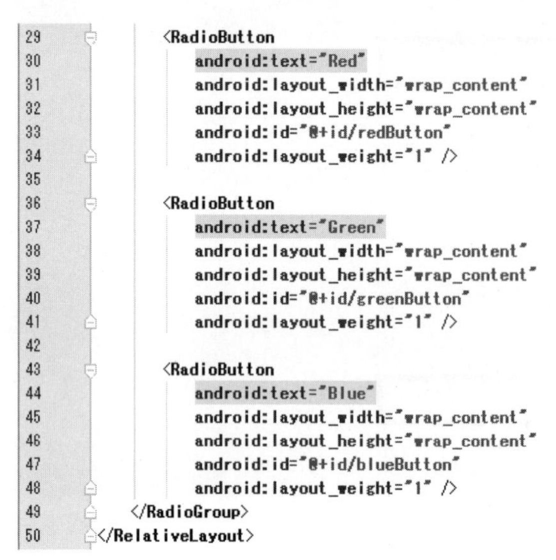

```
29          <RadioButton
30              android:text="Red"
31              android:layout_width="wrap_content"
32              android:layout_height="wrap_content"
33              android:id="@+id/redButton"
34              android:layout_weight="1" />
35
36          <RadioButton
37              android:text="Green"
38              android:layout_width="wrap_content"
39              android:layout_height="wrap_content"
40              android:id="@+id/greenButton"
41              android:layout_weight="1" />
42
43          <RadioButton
44              android:text="Blue"
45              android:layout_width="wrap_content"
46              android:layout_height="wrap_content"
47              android:id="@+id/blueButton"
48              android:layout_weight="1" />
49      </RadioGroup>
50  </RelativeLayout>
```

activity_main.xml

ここで、34、41、48行目で「android:layout_weight="1"」という指定が作成されていますが、これはレイアウト指定で3つのRadioButtonを同じ高さで配置するということを示しています。

layout_weightについては「02-09 レイアウト」の「activity_main.xml」(111ページ)で改めて説明します。

なお、RadioGroupはLinearLayoutクラスのサブクラスで、特に指定しない限り縦方向に並んで配置されていきます。

MainActivity.java

このプログラムは選択したラジオボタンに合わせて背景の色を変化させます。

```
1  package jp.co.examples.myandroid.myguiradiogroup01;
2
3  import ...
10
11 public class MainActivity extends Activity {
12
13     @Override
14     protected void onCreate(Bundle savedInstanceState) {
15         super.onCreate(savedInstanceState);
16         setContentView(R.layout.activity_main);
17
18         final RelativeLayout layout = (RelativeLayout) findViewById(R.id.activity_main);
19
20         // ラジオボタンクリック時のリスナークラスを定義
21         final View.OnClickListener radioListener = new View.OnClickListener() {
22             @Override
23             public void onClick(View view) {
24                 RadioButton rb = (RadioButton) view;
25                 if(rb.getId() == R.id.redButton ) {
26                     layout.setBackgroundColor(Color.RED);
27                 } else if( rb.getId() == R.id.greenButton ) {
28                     layout.setBackgroundColor(Color.GREEN);
29                 } else if( rb.getId() == R.id.blueButton ) {
30                     layout.setBackgroundColor(Color.BLUE);
31                 }
32             }
33         };
34
35         // ラジオボタンを取得してリスナーを設定する
36         RadioButton redButton = (RadioButton) findViewById(R.id.redButton);
37         RadioButton greenButton = (RadioButton) findViewById(R.id.greenButton);
38         RadioButton blueButton = (RadioButton) findViewById(R.id.blueButton);
39
40         redButton.setOnClickListener(radioListener);
41         greenButton.setOnClickListener(radioListener);
42         blueButton.setOnClickListener(radioListener);
43
44     }
45 }
```

MainActivity.java

それぞれのRadioButtonがクリックされた場合の処理はButtonの場合と同様で、setOnClickListener()とOnClickListenerインターフェースを使って定義します。

18行目は色を変化させるために、findViewByIdを使ってActivity全体のレイアウト(RelativeLayout)を取得して変数に代入しています。

21～33行目ではクリックを検知するためのOnClickListenerをradioListenerという変数名で作成し、そのonClick()メソッドでクリック時の処理を定義しています。

25～31行目ではRadioButtonのgetId()メソッドを使って押されたボタンを識別し、それぞれのボタンに応じてsetBackgroundColorを使ってレイアウトの背景色を設定しています。

36～38行目は3つのボタンのインスタンスをfindViewByIdで取得し、40～41行目ではそれらのボタンにradioListenerを登録しています。

実行結果

アプリケーションを実行すると図のような初期画面が表示されます。

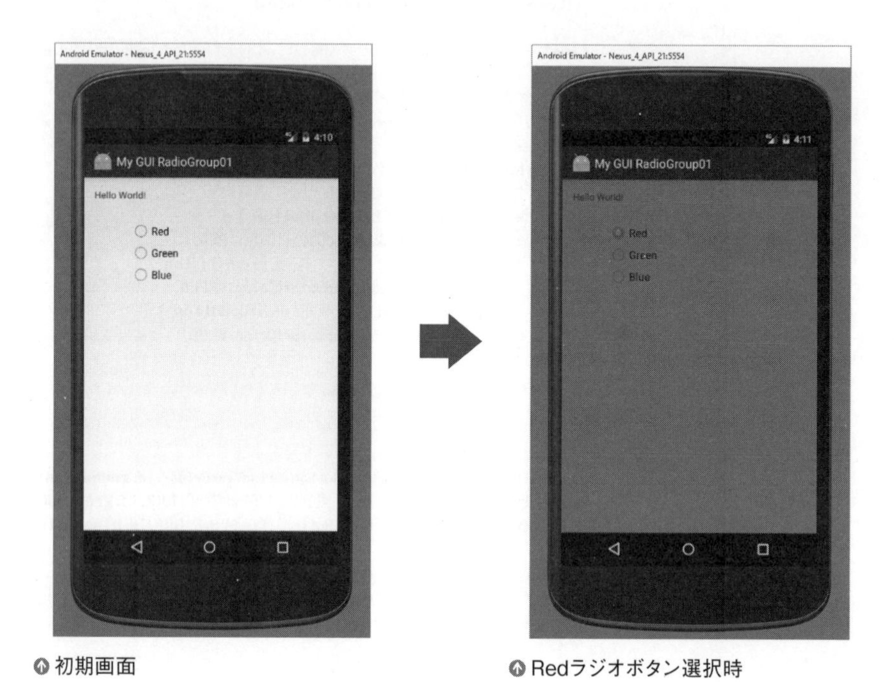

初期画面

Redラジオボタン選択時

ラジオボタンを選択すると背景色がそれに合わせて変更されます。

02-06 ListView(その1)

android.widget.ListViewは文字列一覧など複数の項目を画面に表示したい場合に便利なクラスです。

このListViewの使い方には少々分かりにくい部分があるので、使い方の基礎について簡単な例を使って説明していきます。

「My GUI ListView01」という名前で新規にプロジェクトを作成します。

activity_main.xml

デザイン画面でContainersの中のListViewを、ドラッグ&ドロップで適当な場所に配置します。

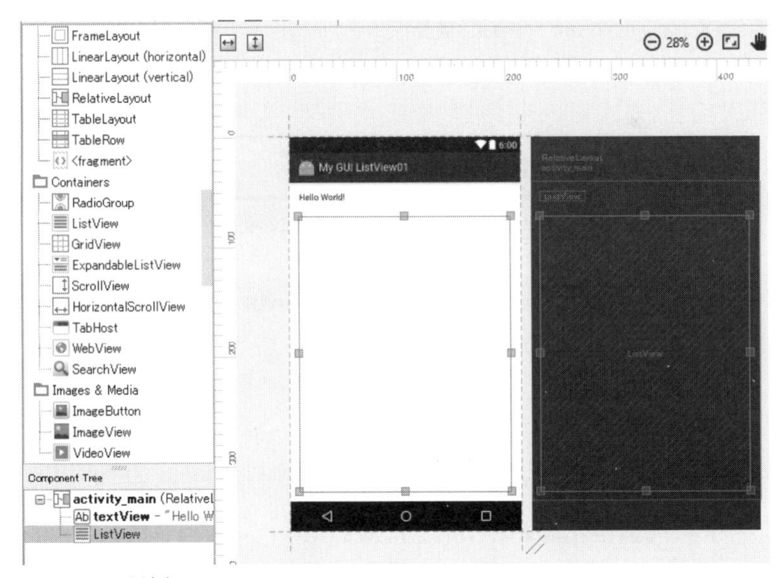

ListViewを追加

テキスト画面には次のように<ListView>タグが追加されています。

このListViewが一覧項目を表示するための「入れ物」になります。

ListViewをプログラム側から使うために、20行目で「listView」というidを付けておきます。

```
1  <?xml version="1.0" encoding="utf-8"?>
2  <RelativeLayout xmlns:android="http://schemas.android.com/apk/res/android"
3      xmlns:tools="http://schemas.android.com/tools"
4      android:id="@+id/activity_main"
5      android:layout_width="match_parent"
6      android:layout_height="match_parent"
7      android:paddingBottom="16dp"
8      android:paddingLeft="16dp"
9      android:paddingRight="16dp"
10     android:paddingTop="16dp"
11     tools:context="jp.co.examples.myandroid.myguilistview01.MainActivity">
12
13     <TextView
14         android:layout_width="wrap_content"
15         android:layout_height="wrap_content"
16         android:text="Hello World!"
17         android:id="@+id/textView" />
18
19     <ListView
20         android:id="@+id/listView"
21         android:layout_width="match_parent"
22         android:layout_height="match_parent"
23         android:layout_below="@+id/textView"
24         android:layout_alignParentLeft="true"
25         android:layout_alignParentStart="true"
26         android:layout_marginTop="23dp" />
27 </RelativeLayout>
```

activity_main.xml （テキスト画面）

MainActivity.java

画面上に作成されたListViewにプログラムで項目を設定します。

```
1  package jp.co.examples.myandroid.myguilistview01;
2
3  import android.app.Activity;
4  import android.os.Bundle;
5  import android.view.View;
6  import android.widget.AdapterView;
7  import android.widget.ArrayAdapter;
8  import android.widget.ListView;
9  import android.widget.Toast;
10
11 public class MainActivity extends Activity {
12
13     @Override
14     protected void onCreate(Bundle savedInstanceState) {
15         super.onCreate(savedInstanceState);
16         setContentView(R.layout.activity_main);
17
18         final String[] items = {"項目１", "項目２", "項目３"};
19         ListView listView = (ListView) findViewById(R.id.listView);
20
21         // ArrayAdapterを定義する
```

```
22            ArrayAdapter<String> adapter =
23                    new ArrayAdapter<String>(this, android.R.layout.simple_list_item_1, items);
24
25            // ListViewにAdapterをセットする
26            listView.setAdapter(adapter);
27
28            // ListViewの項目がクリックされた場合のリスナーを登録する
29            listView.setOnItemClickListener(new AdapterView.OnItemClickListener() {
30                @Override
31                public void onItemClick(AdapterView<?> adapterView, View view, int i, long l) {
32                    Toast.makeText(getApplicationContext(),
33                            items[i]+" Clicked!", Toast.LENGTH_SHORT).show();
34                }
35            });
36        }
37    }
```

MainActivity.java

18行目で表示用の文字列配列を定義し、19行目で設定する対象となるListViewをfindViewByIdで取得しています。

このListViewに、文字列配列をセットするためのメソッドがあれば話は簡単なのですが、AndroidではここでArrayAdapterクラスというものを使う必要があります。

22～23行目がArrayAdapterクラスの変数adapterを作成している箇所で、コンストラクタの第1引数はこのActivity自身を、第2引数「android.R.layout.simple_list_item_1」でリストのレイアウトを指定し、第3引数は表示したい項目の配列を設定しています。

ArrayAdapterには複数のコンストラクタが定義されていますが、ここで用いているコンストラクタの一般的な書式は次のようになります。

クラス	android.widget.ArrayAdapter<T>
コンストラクタ	ArrayAdapter (Context context, int resource, T[] objects)
引数	・context 現在のContext ・resource レイアウトファイルを表すリソースidを指定します。 <TextView>タブが指定されてなければなりません。 ・objects 表示対象のオブジェクト配列

ListViewを表示する際にはレイアウト用のxmlファイルを作成して、その定義に従って表示することができます。

その方法についてはこの後で別途説明しますが、ここではレイアウト用idとして「android.R.layout.simple_list_item_1」を指定しています。

これはレイアウト用にAndroidであらかじめ用意されているリソースidで、自分でレイアウト用のxmlを定義しなくとも使うことができます。

どのようなリソースidが使えるかはここでは説明を省略しますが、Android Studioのエディタ画面で「android.R.layout.」と入力すると、指定できるリソースidの一覧が表示されます。

プログラムで使用したArrayAdapterは、リストを表示するための「レイアウト」と「表示項目」をまとめるための「入れ物」と考えることができます。

26行目の「listView.setAdapter(adapter)」により、指定した項目が指定したレイアウトでlistViewの中に一覧表示されます。

29～35行目ではリストの項目がクリックされた場合のイベントリスナーを作成してlistViewに登録しています。

処理内容はonItemClickメソッドで定義しています。

クリックが発生した項目の番号が引数として渡されるので、Toastクラスを使ってその表示項目を画面に表示しています。

Column　Generics（総称型）について

ArrayAdapterのコンストラクタの説明で、引数に「T[] object」という形が出てきます。

これはJavaバージョン5以降に導入された「Generics（総称型）」という機能を使った書式で、どのような型の変数でも受け付けるようなメソッドを定義する場合に使います。

つまり、今回の例ではString[]型をコンストラクタの第3引数に渡していますが、基本的にはどのような型のobjectの配列を渡しても良いということになります。

また、

また、31行目の引数で使われている「AdapterView<?>」も総称型の引数を受け取る時の書式です。

本書では総称型の文法的な説明は省略しますが、総称型はAndroidのプログラムでは頻繁に登場するので、あまり使ったことがない人も、この機会にぜひ使い方を理解してください。

実行結果

アプリケーションを実行すると次のような画面が表示され、一覧から項目をクリックすると選択された項目名が表示されます。

実行結果

02-07 ListView（その2）

先ほどのListViewのプログラムでは表示用文字列をプログラム内で定義し、表示のためのレイアウトには、Androidで「android.R.layout.simple_list_item_1」という定義済みのリソースidを使っていました。

ここでは以下の2つの方法について説明します。

- ListViewのレイアウトをxmlで定義する
- 表示項目の文字列配列をxmlで定義する

アプリケーション名を「My GUI ListView02」として新規にプロジェクトを作成します。

ListView用のレイアウトxmlを追加

ListViewの表示形式を定義するため、res/layout/フォルダ内にxmlを新規に追加します。

ツールウィンドウのlayoutフォルダ上でマウスを右クリックし、表示されるメニューから「new→Layout resource file」を選択し、ファイル名とRoot elementを入力してください。

今回はこのlistview_item.xmlというファイル名を付けることにします。

また、ListViewのレイアウトを指定するxmlの要素は<TextView>でなければならないという条件があるので、Root elementにはTextViewを指定します。

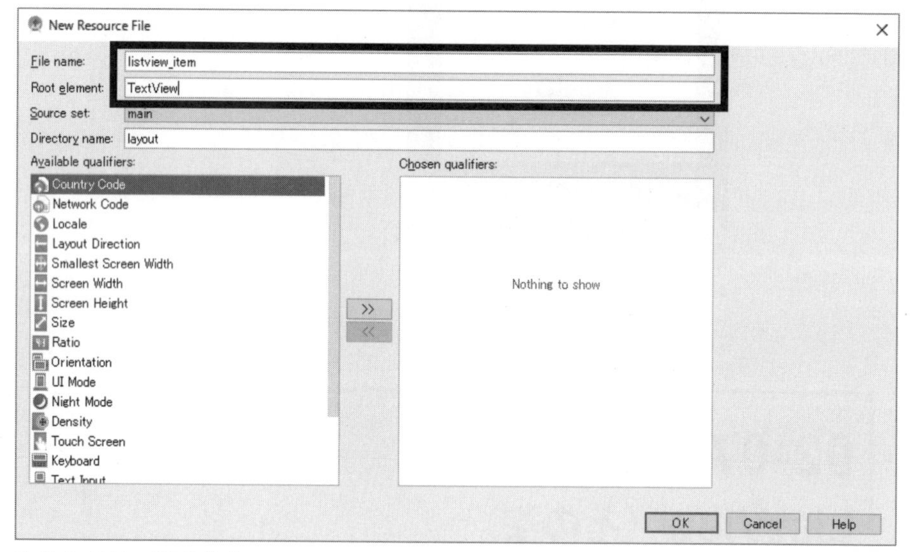

リソースファイルの作成

OKボタンを押すと、ツールウィンドウのlayoutにxmlが追加されていることが確認できます。

このxmlをテキスト画面で開き、次のように修正してください。

listView_item.xml

「@android:color/holo_blue_dark」というのは、Androidであらかじめ定義されている色を使うためのリソースidです。

この修正により文字の色が暗めの青色に、文字サイズが10ポイントになります。

文字列を定義するstrings.xmlを修正

次に表示用の文字列をxmlで定義してみます。

新規にプロジェクトを作成するとres/valuesの下にstrings.xmlというファイルが作成されているはずなので、それを開いて以下のように<string-array>タグと<item>タグを追加してください。

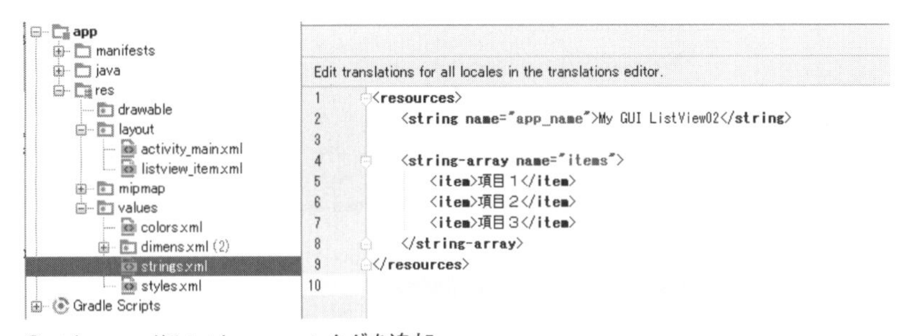

strings.xmlに<string-array>タグを追加

3つの項目を持つ文字列配列（<string-array>）を定義し、「name="items"」という指定によってこの配列に「items」という名前をつけています。

ActiviyMain.java

基本的には「その1」のプログラムと同様ですが、こちらのプログラムではlistview_item.xmlというレイアウト用ファイルと、リソースで定義した文字列の配列を使うように変更しています。

```
1   package jp.co.examples.myandroid.myguilistview02;
2
3   import ...
10
11  public class MainActivity extends Activity {
12
13      @Override
14      protected void onCreate(Bundle savedInstanceState) {
15          super.onCreate(savedInstanceState);
16          setContentView(R.layout.activity_main);
17
18          ListView listView = (ListView) findViewById(R.id.listView);
19
20          // ArrayAdapterを定義する（方法１）
21          String[] items = getResources().getStringArray(R.array.items);
22          ArrayAdapter<String> adapter =
23                  new ArrayAdapter<String>(this, R.layout.listview_item, items);
24
25  //          // ArrayAdapterを定義する（方法２）
26  //          ArrayAdapter<CharSequence> adapter =
27  //                  ArrayAdapter.createFromResource(this, R.array.items, R.layout.listview_item);
28
29          // ListViewにAdapterをセットする
30          listView.setAdapter(adapter);
31
32          // ListViewの項目がクリックされた場合のリスナーを登録する
33          listView.setOnItemClickListener(new AdapterView.OnItemClickListener() {
34              @Override
35              public void onItemClick(AdapterView<?> adapterView, View view, int i, long l) {
36                  Toast.makeText(getApplicationContext(),
37                          adapterView.getItemAtPosition(i).toString() + " Clicked!",
38                          Toast.LENGTH_SHORT).show();
39              }
40          });
41      }
42  }
```

MainActivity.java

ここでは文字列を取得する方法として2通りの方法を示しています。

・方法1

20行目で「getResource().getStringArray(R.array.items)」によって文字列配列をxmlから取得しています。

22～23行目でArrayAdapterを作成していますが、この時にコンストラクタの引数として、「listview_item.xml」のリソースid「R.layout.listview_item」と、xmlから取得した文字列配列を引数で渡しています。

・方法2

25～27行目はコメントにしていますが、同様のことを別の方法で行っています。

実行する場合は方法1の方をコメントにして方法2のコメントを外してください。

こちらの方法では項目の配列を取得せずに、26～27行目でArrayAdapterのcreateFromResource()というメソッドに文字列配列のリソースid「R.array.items」と、レイアウト指定用xmlのid「R.layout.listview_item」を渡してadapterを作成しています。

ここで「ArrayAdapter<String>」ではなく「ArrayAdapter<CharSequence>」となっているのは、createFromResource()メソッドの戻り値の型に合わせるためです。

createFromResource()の書式は次のようになります。

クラス	android.widget.ArrayAdapter<T>
メソッド	ArrayAdapter<CharSequence> createFromResource (Context context, int textArrayResId, int textViewResId) リソースを指定してArrayAdapterを作成します。
引数	・context Contextを指定します。 ・textArrayResId 文字列配列のリソースidを指定します。 ・textViewResId レイアウトファイルのリソースidをしていします。
戻り値	ArrayAdapterを返します。

29行目以降の処理は「その1」のプログラムと同様です。

Column R.arrayについて

Android Studioではレイアウトファイルを作成すると「R.layout」というクラスが、またレイアウトファイル内でidを定義すると「R.id」というクラスが自動的に作成されます。

同様に、strings.xml内で定義した<string-array>に対しては「R.array」というクラスが自動的に作成され、その中に「name=」で指定した変数（リソースid）が作成されます。

今回のプログラムでは、ListView用のレイアウトとして「listview_item.xml」というファイルを作成しましたが、これを指し示すidは「R.layout.listview_item」となります。

また、<string-array>に対して「items」という名前を付けたので、この文字列配列のリソースidは「R.array.items」となります。

実行結果

方法1、方法2のどちらの方法でも実行結果は同じになります。

アプリケーション起動時には項目一覧が表示され、項目をクリックするとその項目名が表示されます。

レイアウトファイルの指定によって項目の文字色とサイズが変わっていることが確認できます。

実行結果

02-08 ListActivity

android.app.ListActivityはListViewの機能を併せ持ったActivityです。

Activityの画面全体にリストを表示する場合には、このListActivityを使うと簡単にアプリケーションが作成できます。

「My GUI ListActivity01」というアプリケーション名でプロジェクトを作成して使い方を説明します。

なお、listview_item.xmlとstring.xmlの<string-array>の指定は、先ほど作成した「My GUI ListView02」と同じものを使うので、ここではMainActivity.javaだけを説明します。

MainActivity.java

MainActivity.javaを次のように修正してください。

```
1   package jp.co.examples.myandroid.myguilistactivity01;
2
3   import ...
10
11  public class MainActivity extends ListActivity {
12
13      @Override
14      protected void onCreate(Bundle savedInstanceState) {
15          super.onCreate(savedInstanceState);
16
17          // ListViewを取得する
18          ListView listView = getListView();
19
20          // ArrayAdapterを定義する
21          String[] items = getResources().getStringArray(R.array.items);
22          ArrayAdapter<String> adapter =
23                  new ArrayAdapter<String>(this, R.layout.listview_items, items);
24
25          // ListViewにAdapterをセットする
26          setListAdapter(adapter);
27
28          // ListViewの項目がクリックされた場合のリスナーを登録する
29          listView.setOnItemClickListener(new AdapterView.OnItemClickListener() {
30              @Override
31              public void onItemClick(AdapterView<?> adapterView, View view, int i, long l) {
32                  Toast.makeText(getApplicationContext(),
33                          adapterView.getItemAtPosition(i).toString() + " Clicked!",
34                          Toast.LENGTH_SHORT).show();
35              }
36          });
37      }
38  }
```

MainActivity.java

今まではMainActivityをActivityクラスのサブクラスとして作成していましたが、11行目で示すようにこのプログラムはListActivityクラスのサブクラスとして作成します。

ListActivityクラスはActivityクラスのサブクラスですが、リストを表示するための便利な機能をもっています。

18行目のgetListView()がその一つで、このメソッドによってリストを表示するためのListViewを取得することができます。

クラス	android.app.ListActivity
メソッド	ListView getListView () リストを表示するためのListViewを取得します。
戻り値	ListViewを返します。

この後の処理の流れはListViewを使ったプログラムと同様で、21～22行目で表示内容を含んだArrayAdapterを作成しています。

listViewにこのアダプターをセットしても良いのですが、26行目ではListActivityの「setListAdapter」というメソッドを使って、ListViewにadapterを設定しています。

クラス	android.app.ListActivity
メソッド	void setListAdapter (ListAdapter adapter) ListViewにAdapterをセット
引数	・adapter Adapterを設定します。

29～36行目はこのlistViewにOnItemClickListenerを登録し、項目が選ばれた場合の処理を定義しています。

なお、ActivityクラスではonCreate()で「setContentView(R.layout.activity_main)」を実行して画面を作成していましたが、ListActivityの場合は画面全体がリストの表示エリアであり、そのレイアウトはlistview_item.xmlで定義されているのでactivity_main.xmlは利用しません。

したがって「setContentView(R.layout.activity_main)」は行いません。

実行結果

実行結果は「My GUI ListView02」と似ていますが、こちらは画面全体がリスト表示領域になっているので「Hallo World!」の文字がなく、また余白などのレイアウトも少し異なっています。

実行結果

02-09 レイアウト

「レイアウト」は、Androidで画面上にUI部品をどのように配置するかを指定するための機能で、その指定はres/layout/内のxmlによって行われます。

既に見てきたように、このxmlはActivityクラスの「setContentView(R.layout.activity_main)」メソッドや、ArrayAdapterクラスのコンストラクタで読み込まれ、それに従って画面が作成されます。

「レイアウト」を指定するためにAndroidには様々なクラスと、それに対応するxmlタグが用意されています。

代表的なクラスとxmlのタブを以下に示します。

レイアウトクラス	レイアウト用のxmlタブ
android.widget.RelativeLayout	<RelativeLayout>
android.widget.LinearLayout	<LinearLayout>
android.widget.TableLayout	<TableLayout>
android.widget.GridLayout	<GridLayout>
android.widget.FrameLayout	<FrameLayout>

本書ではこれらの中でも特に基本的な2つのクラス、RelativeLayoutとLinearLayoutについて説明します。

RelativeLayoutとLinearLayout

android.widget.RelativeLayoutは、画面上にUIを配置する際に他のUI部品との相対位置を指定して位置を決めるレイアウトです。

また、android.widget.LinearLayoutは、縦方向または横方向のどちらかの方向に、UI部品を並べて配置するレイアウトです。

これらのレイアウトの使い方を説明するため、次のような構造のxmlを作成してみます。

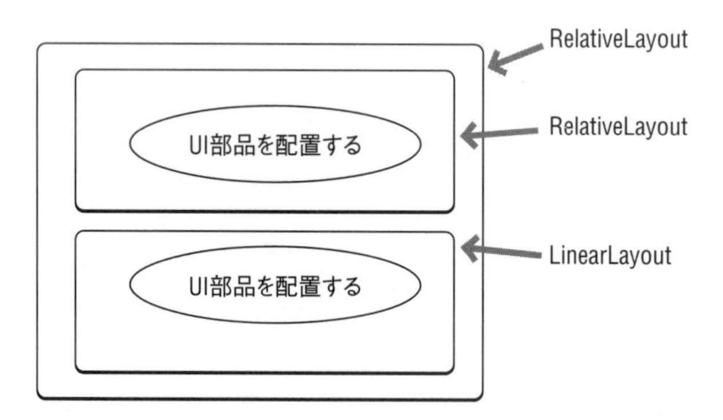

つまり、RelativeLayoutの中にRelativeLayoutとLinearLayoutが含まれていて、それぞれのレイアウトの中に複数のUI部品が含まれている状態です。

このようなレイアウトを作成するため、「My GUI RelativeLayout01」という名前で新規にプロジェクト作成します。

このactivity_main.xmlを修正します。

activity_main.xml

デザイン画面で、ドラッグ&ドロップでひな型を作ってからそれを修正しても良いし、テキスト画面で直接入力しても構いません。

次のようなxmlを作成します。

```
1  <?xml version="1.0" encoding="utf-8"?>
2  <RelativeLayout xmlns:android="http://schemas.android.com/apk/res/android"
3      xmlns:tools="http://schemas.android.com/tools"
4      android:id="@+id/activity_main"
5      android:layout_width="match_parent"
6      android:layout_height="match_parent"
7      android:paddingBottom="16dp"
8      android:paddingLeft="16dp"
9      android:paddingRight="16dp"
10     android:paddingTop="16dp"
11     tools:context="jp.co.examples.myandroid.myguirelativlayout01.MainActivity">
12
13     <TextView
14         android:layout_width="wrap_content"
15         android:layout_height="wrap_content"
16         android:text="Hello World!"
17         android:id="@+id/textView" />
18
```

activity_main.xml (1〜18行目)

このxmlでは2行目でRelativeLayoutタグを指定しています。

Android Studioでプロジェクトを作成するときにEmpty Activityを選択すると、このようにメインのレイアウトとしてRelativeLayoutが自動的に選択され、そのレイアウトに4行目のように自動的にactivity_mainというidが付けられます。

このレイアウトの中にTextViewを作成しています(13〜17行目)。

```
19     <RelativeLayout
20         android:id="@+id/relative_layout"
21         android:layout_width="match_parent"
22         android:layout_height="wrap_content"
23         android:layout_below="@+id/textView"
24         android:layout_alignParentLeft="true"
25         android:layout_alignParentStart="true"
26         android:layout_marginLeft="50dp"
27         android:layout_marginStart="50dp"
28         android:layout_marginTop="20dp"
29         android:background="#888888">
30
31         <TextView
32             android:text="TextView1"
33             android:layout_width="wrap_content"
34             android:layout_height="wrap_content"
35             android:layout_marginLeft="10dp"
36             android:background="#FF8888"
37             android:id="@+id/text1" />
```

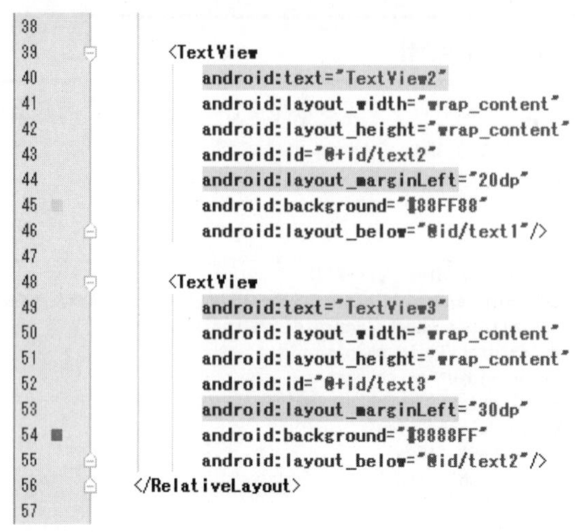

```
            <TextView
                android:text="TextView2"
                android:layout_width="wrap_content"
                android:layout_height="wrap_content"
                android:id="@+id/text2"
                android:layout_marginLeft="20dp"
                android:background="#88FF88"
                android:layout_below="@id/text1"/>

            <TextView
                android:text="TextView3"
                android:layout_width="wrap_content"
                android:layout_height="wrap_content"
                android:id="@+id/text3"
                android:layout_marginLeft="30dp"
                android:background="#8888FF"
                android:layout_below="@id/text2"/>
        </RelativeLayout>
```

activity_main.xml (19〜57行目)

その下の19〜56行目で別のRelativeLayoutを作成し、20行目でrelative_layoutというidを付けています

23行目では、「android:layout_below="@+id/textView"」という指定により、このレイアウトをtextViewというidの部品の下に配置するということを指定しています。

28行目の「android:layout_marginTop="20dp"」は、textViewとの間に20dpのマージンを空けるという意味です。

（「dp」という指定に関しては「コラム 密度非依存ピクセル(dp)」（356ページ）を参照してください。）

一番外側のレイアウトがRelativeLayoutなので、その中の部品はこのようにtextViewとの位置関係を相対的に指定する形になります。

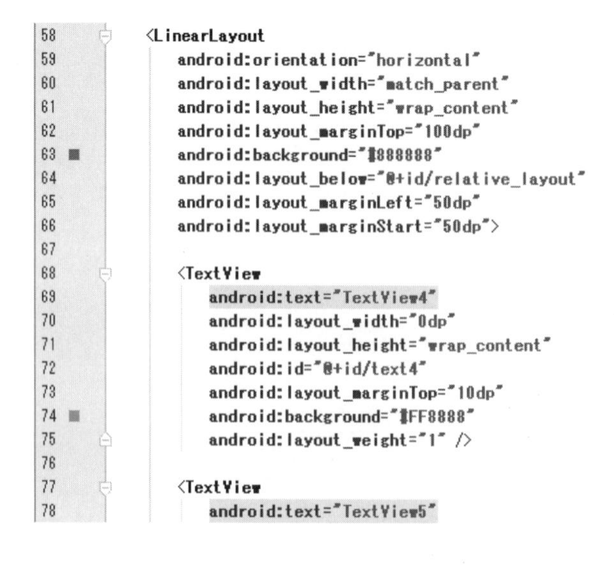

```
        <LinearLayout
            android:orientation="horizontal"
            android:layout_width="match_parent"
            android:layout_height="wrap_content"
            android:layout_marginTop="100dp"
            android:background="#888888"
            android:layout_below="@+id/relative_layout"
            android:layout_marginLeft="50dp"
            android:layout_marginStart="50dp">

            <TextView
                android:text="TextView4"
                android:layout_width="0dp"
                android:layout_height="wrap_content"
                android:id="@+id/text4"
                android:layout_marginTop="10dp"
                android:background="#FF8888"
                android:layout_weight="1" />

            <TextView
                android:text="TextView5"
```

```
79                android:layout_width="0dp"
80                android:layout_height="wrap_content"
81                android:id="@+id/text5"
82                android:layout_marginTop="20dp"
83                android:background="#88FF88"
84                android:layout_weight="2" />
85
86            <TextView
87                android:text="TextView6"
88                android:layout_width="0dp"
89                android:layout_height="wrap_content"
90                android:id="@+id/text6"
91                android:layout_marginTop="30dp"
92                android:background="#8888FF"
93                android:layout_weight="3" />
94        </LinearLayout>
95
96    </RelativeLayout>
```

activity_main.xml (58～96行目)

58～94行目ではLinearLayoutを作成しています。

こちらも64行目「android:layout_below="@+id/relative_layout"」によってrelative_layoutの下に配置することと、62行目「android:layout_marginTop="100dp"」で上部に100dpのマージンを空けることを指定しています。

それぞれのレイアウトは中に3つのTextViewを含んでいます。

31～55行目で作成するTextViewはRelativeLayout内にあるので、それぞれの配置は最初のTextViewをもとに相対的な位置を決めています。

変化を付けるためにマージンの大きさを変え、範囲が分かりやすいように「android:background」でそれぞれのTextViewの背景色を変えています。

68～93行目で作成するTextViewはLinearLayout内にあるので、それぞれTextViewは縦または横方向に一列に並びます。

縦方向に並べたい場合は「android:orientation="vertical"」、横方向に並べたい場合は「android:orientation="horizontal"」と指定します。

ここでは59行目で「android:orientation="horizontal"」と指定しているので、TextViewは横方向に並びます。

こちらのTextViewも変化を付けるためにマージンの大きさを変え、範囲が分かりやすいようにそれぞれの背景色を変えています。

なお、75、84、93行目のように、LinearLayoutではUI部品を並べる際に、それぞれの部品の幅を「android:layout_weight=」によって比率を指定することができます。

例えば今回のように横方向に並ぶ3つの部品にそれぞれ1、2、3の比率を指定すると、それぞれの横幅は1：2：3の比率になります。

横方向の比率を指定する場合は70行目のようにlayaout_widthに0を指定する必要があります。

実行結果

プログラムを実行すると次のような画面が表示されます。

指定した通りに配置されていることを確認し、xmlを変更してどのようにレイアウトが変化するか試してみてください。

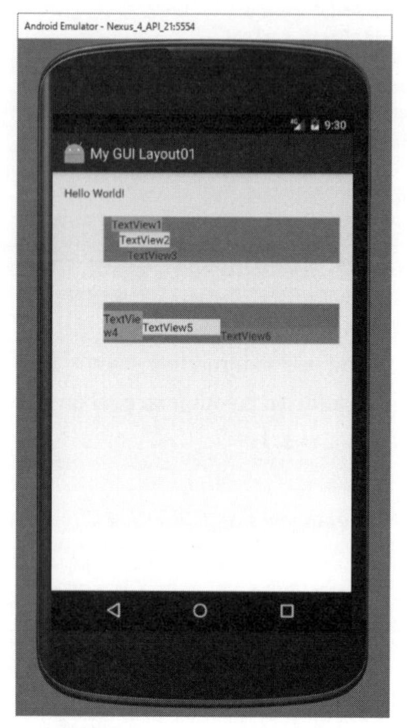

実行結果

02-10 Layoutの動的作成

先ほどの例ではレイアウトは全てxmlで指定していましたが、プログラムによってレイアウトを動的に操作することもできます。

ここではそのための方法を説明します。

「My GUI DynamicLayout01」という名前で新規にプロジェクトを作成します。

このアプリケーションで重要となるのは次のファイルです。

Activity ファイル	MainActivity.java
レイアウトファイル	・activity_main.xml MainActivity.javaのレイアウトファイルです。 ・dynamic.xml プログラムで動的に作成するViewのレイアウトファイルです。

activity_main.xml

activity_main.xmlを次のように修正します。

```
1  <?xml version="1.0" encoding="utf-8"?>
2  <RelativeLayout xmlns:android="http://schemas.android.com/apk/res/android"
3      xmlns:tools="http://schemas.android.com/tools"
4      android:id="@+id/activity_main"
5      android:layout_width="match_parent"
6      android:layout_height="match_parent"
7      android:paddingBottom="16dp"
8      android:paddingLeft="16dp"
9      android:paddingRight="16dp"
10     android:paddingTop="16dp"
11     tools:context="jp.co.examples.myandroid.myguidynamiclayout01.MainActivity">
12
13     <TextView
14         android:id="@+id/textView"
15         android:layout_width="wrap_content"
16         android:layout_height="wrap_content"
17         android:text="Hello World!" />
18
19     <Button
20         android:text="Button"
21         android:layout_below="@id/textView"
22         android:layout_width="wrap_content"
23         android:layout_height="wrap_content"
24         android:layout_marginLeft="23dp"
25         android:layout_marginStart="23dp"
26         android:id="@+id/button" />
27
28     <RelativeLayout
29         android:id="@+id/layout_for_dynamicLayout"
30         android:layout_width="match_parent"
31         android:layout_height="wrap_content"
32         android:layout_below="@id/button">
33     </RelativeLayout>
34
35 </RelativeLayout>
```

activity_main.xml（テキスト画面）

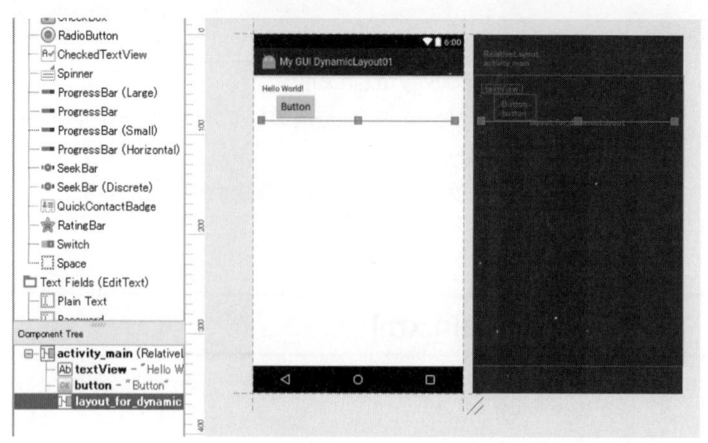

activity_main.xml（デザイン画面）

このxmlでは「Hello World!」という表示の下にボタンがあり、そのボタンの下にlayout_for_dynamicLayoutというidのRelativeLayoutを配置しています。

初期状態では、このRelativeLayoutには内部にまだ何もUI部品が入っていないため高さが0になり、デザイン画面ではつぶれて見えます。

このRelativeLayoutにJavaプログラムで他のViewを追加します。

dynamic.xml

res/layout/内にdynamic.xmlという名前で、次のようなレイアウト用のxmlを作成します。

```
1   <?xml version="1.0" encoding="utf-8"?>
2   <LinearLayout xmlns:android="http://schemas.android.com/apk/res/android"
3       android:orientation="vertical"
4       android:layout_width="match_parent"
5       android:layout_height="match_parent"
6       android:background="#FF8888">
7
8       <TextView
9           android:text="これは動的に作成されたレイアウトです"
10          android:layout_width="match_parent"
11          android:layout_height="wrap_content"/>
12  </LinearLayout>
```

dynamic.xml

このレイアウトファイルは、activity_main.xmlで用意したRelativeLayoutの領域（layout_for_dynamicLayout）に表示するためのViewを定義しています。

区別がつきやすいように6行目で背景色を設定しています。

MainActivity.java

レイアウトを動的に操作するプログラムです。

ボタンを押すとactivity_main.xml内の領域(layout_for_dynamicLayout)に、dynamic.xmlで指定されたViewを表示します。

```
1  package jp.co.examples.myandroid.myguidynamiclayout01;
2
3  import android.app.Activity;
4  import android.content.Context;
5  import android.os.Bundle;
6  import android.view.LayoutInflater;
7  import android.view.View;
8  import android.widget.Button;
9  import android.widget.RelativeLayout;
10
11 public class MainActivity extends Activity {
12
13     @Override
14     protected void onCreate(Bundle savedInstanceState) {
15         super.onCreate(savedInstanceState);
16         setContentView(R.layout.activity_main);
17
18         // LayoutInflaterの取得方法(その1)
19         final LayoutInflater inflater = (LayoutInflater) getLayoutInflater();
20
21         // LayoutInflaterの取得方法(その2)
22         //final LayoutInflater inflater =
23         //    (LayoutInflater) getSystemService(Context.LAYOUT_INFLATER_SERVICE);
24
25         // レイアウトを表示する領域を取得
26         final RelativeLayout layout = (RelativeLayout)findViewById(R.id.layout_for_dynamicLayout);
27
28         Button button = (Button) findViewById(R.id.button);
29         button.setOnClickListener(new View.OnClickListener() {
30             @Override
31             public void onClick(View view) {
32                 // レイアウト上のビューを一旦削除
33                 layout.removeAllViews();
34                 // レイアウトを表示
35                 inflater.inflate(R.layout.dynamic, layout);
36             }
37         });
38     }
39 }
```

MainActivity.java

レイアウトをプログラムから操作するには19行目で示すように、LayoutInflaterというクラスを使います。

ActivityからLayoutInflaterを取得するには、19行目で示すようにgetLayoutInflater()というメソッドを使う方法と、21～23行目で示すようにgetSystemService(Context.LAYOUT_INFLATER_SERVICE)というメソッドを使う方法の、2種類があります。

2番目の方法を試したい場合は、1番目をコメントにして2番目のコメントを外して実行してください。

26行目で画面を作成するための場所を、28行目ではボタンのインスタンスを、それぞれ「findViewById」を使って取得してそれぞれlayout、buttonという変数に代入しています。

29行目でリスナーを登録し、31～36行目でボタンがクリックされた場合の処理を定義しています。

33行目では、ボタンが複数回押された場合に備えてlayout上のViewを一旦すべて削除しています。

35行目でLayoutInflaterのinflateメソッドを使って、layout上にdynamic.xmlの内容を作成します。

LayoutInflaterはレイアウト用のxmlファイルを読み込んで、それに対応する画面を作成するときに使われるクラスです。

xmlファイルから画面への変換が「xmlを膨張(inflate)させて画面を作成する」というイメージがあるため、このような名前になったと思われます。

LayoutInflaterには引数によって異なる複数のinflateメソッドが定義されていますが、今回使ったinflateメソッドの標準書式は次のようになります。

クラス	android.view.LayoutInflater
メソッド	View inflate (int resource, ViewGroup root) リソースidと作成場所を指定してViewを作成します。
引数	・resource 　レイアウト用xmlのリソースidを設定します。 ・root 　レイアウトを作成する場所のViewGroupを設定します。
戻り値	引数rootがnullの場合、xmlによって作成したViewを返します。 それ以外の場合、引数rootを返します。

「Inflaterのinflateメソッドを使ってxmlからViewを作成する」という処理は、Androidプログラムではしばしば使われるので覚えておいてください。

実行結果

アプリケーションを実行すると次のような初期画面が表示されます。
まだdynamic.xmlのレイアウトは表示されていません。

初期画面　　ボタンクリック後

ボタンを押すとinflateメソッドが実行されてdynamic.xmlで指定したレイアウトが読み込まれ、画面に表示されます。

02-11 オプションメニュー

Androidでは、アプリケーションのメイン画面とは別に何らかの操作を行いたい場合に、「メニュー」という機能を使って選択項目を表示することができます。

メニューにはいくつかの種類がありますが、ここではそれらの中でも特に使用頻度が高いと思われる「オプションメニュー」について説明を行うことにします。

「オプションメニュー」を表示するために「メニューボタン」というものが用意されていて、このボタンを押すとメニューで一覧が表示され、その中からどのような処理を行うか選択することができます。

「メニューボタン」の機能や外観はAndroidのバージョンによって試行錯誤が繰り返されたため、デザインや名称が様々に変化してきましたが、現在のバージョンではアプリケーションの右上に、縦に並んだ3つの点で表されています。

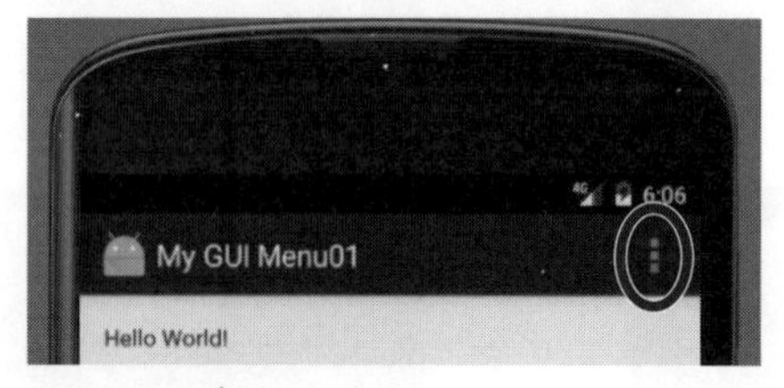

メニューボタン

ここでは、アプリケーションでこのメニューボタンを利用する方法を説明します。

「My GUI Menu01」という名前で新規にプロジェクトを作成してください。

このアプリケーションで重要となるのは次のファイルです。

Activityファイル	MainActivity.java
メニュー用xml	top_menu.xml オプションメニューの項目を定義するファイルです。

レイアウト用のactivity_main.xmlは特に変更しません。

Column メニューボタン

実は「メニューボタン」という名称は正式な名称ではありません。

この部分は正式には「アクションオーバーフロー」という名前なのですが、「メニューボタン」という名前を使う人も多いのでここでは「メニューボタン」という名前を使っています。

「メニューボタンの正式な名称について」(130ページ)でこれらの名称について説明をしています。

メニュー用xml

アプリケーションにメニューボタンの機能を追加するためには、メニューボタンを押したときに表示されるメニューを作成する必要があります。

メニューで表示する項目はメニュー用のxmlを使って定義します。

このxmlは一般的に「res/menu/」というフォルダ内に作成しますが、新規にプロジェクトを作成した場合は、このフォルダは作られていないはずなので、はじめに「res/menu/」フォルダ(resource directory)を作成してください。

Android Studioの左側のツールウィンドウで、マウスを右クリックして「New→Android resource directory」を選択します。

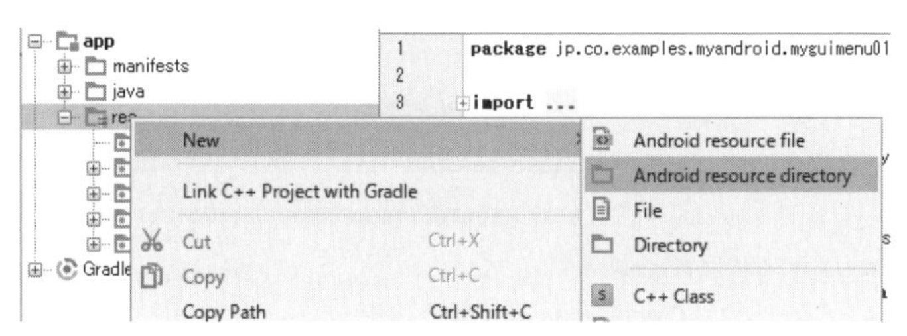

マウスを右クリックしてAndroid resource directoryを選択

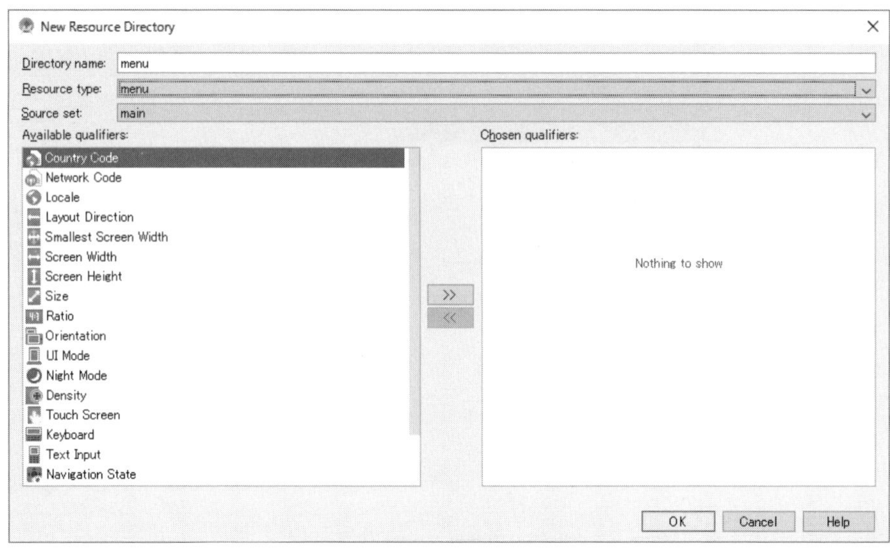

リソースディレクトリ「menu」を作成

Resource Directory作成用のダイアログでResource typeに「menu」を選択すると、自動的にDirectory nameは「menu」という名前がセットされるので、その状態でOKを押してください。「res/menu」フォルダが作成されます。

次に、このフォルダの下にメニュー用のxmlを作成します。

ツールウィンドウのmenuフォルダ上でマウスを右クリックし、「New→Menu resource file」を選択してください。xml作成ダイアログが表示されます。

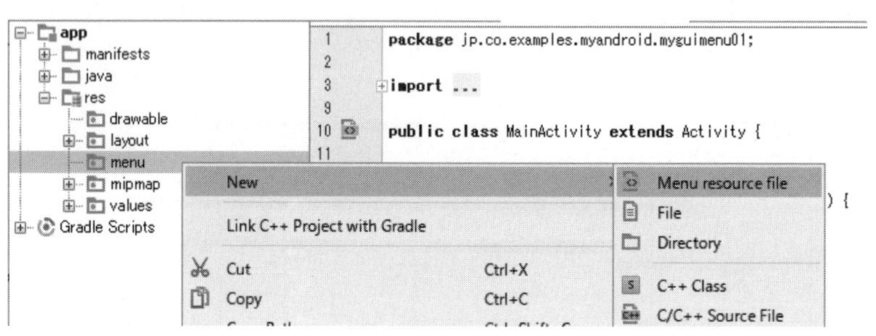

マウスを右クリックしてMenu resource fileを選択

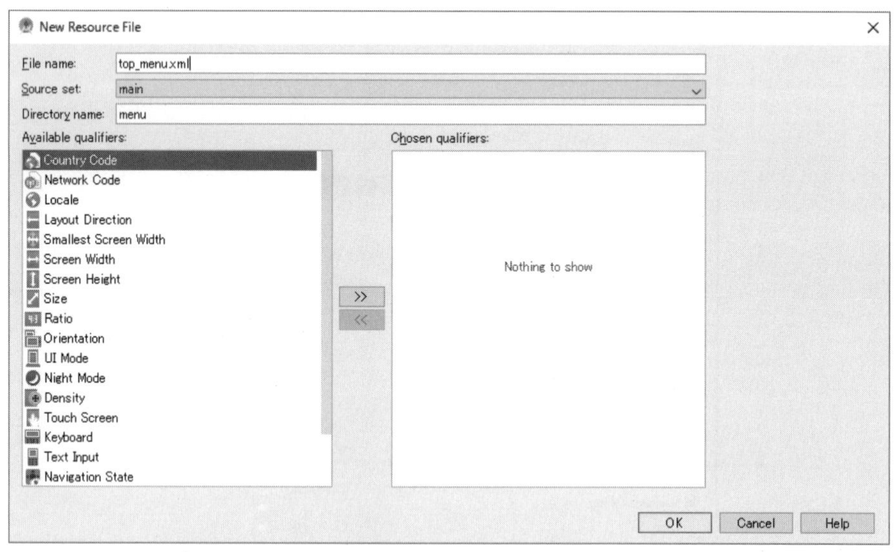

リソースファイル「top_menu.xml」を作成

今回のメニュー用xmlには「top_menu.xml」というファイル名をつけることにします。File name欄にtop_menu.xmlと入力し、OKを押してください。
「res/menu/top_menu.xml」が作成されます。

作成されたxmlをエディタビューで開き、次のように<item>タグを追加して修正してください。

```
1   <?xml version="1.0" encoding="utf-8"?>
2   <menu xmlns:android="http://schemas.android.com/apk/res/android">
3       <item
4           android:id="@+id/item1"
5           android:title="メニュー項目１"
6           android:icon="@android:drawable/btn_star" />
7       <item
8           android:id="@+id/item2"
9           android:title="メニュー項目２"
10          android:icon="@android:drawable/btn_star"/>
11      <item
12          android:id="@+id/item3"
13          android:title="メニュー項目３"
14          android:icon="@android:drawable/btn_star">
15          <menu>
16              <item
17                  android:id="@+id/item3_1"
18                  android:title="項目３－１"/>
19              <item
20                  android:id="@+id/item3_2"
21                  android:title="項目３－２"/>
22          </menu>
23      </item>
24  </menu>
```

top_menu.xml

それぞれの<item>タグがメニューのそれぞれの表示項目を表します。
ここでは以下の要素を指定しています。

要素	意味
android:id	それぞれの項目のidです。 プログラムから操作するために必要です。
android:title	メニューに表示する文字列を設定します。
android:icon	メニューに表示する絵のリソースidを指定します。 例えばres/drawable/xxx.jpgというファイルを作成してそれをメニューに表示する場合は 「android:icon="@drawable/xxx"」 のようにリソースidを指定します。 Androidには、あらかじめいくつかのアイコン用に定義されているリソースidがあり、ここではそれらの中から「@android:drawable/btn_star」という星形のアイコンを使っています。

メニューの項目が選択された場合に、さらに別のメニューを表示したい場合は、15～22行目のように<item>タグの中に<menu>タグを指定します。

Column

ここでは「android:icon」によりアイコンを指定しています。

初期のAndroidのOSでは、この指定でメニューの各タイトルの横にアイコンが表示されていたのですが、現在のバージョンではこの指定を付けても、メニューにアイコンは表示されないようです。

MainActivity.java

MainActivity.javaを次のように修正してください。

このプログラムではメニューをアプリケーションに表示して、クリックされた項目に応じて画面に文字を表示しています。

```
1   package jp.co.examples.myandroid.myguimenu01;
2
3   import android.app.Activity;
4   import android.os.Bundle;
5   import android.view.Menu;
6   import android.view.MenuInflater;
7   import android.view.MenuItem;
8   import android.widget.Toast;
9
10  public class MainActivity extends Activity {
11
12      @Override
13      protected void onCreate(Bundle savedInstanceState) {
14          super.onCreate(savedInstanceState);
15          setContentView(R.layout.activity_main);
16      }
17
18      // オプションメニューを作成
19      @Override
20      public boolean onCreateOptionsMenu(Menu menu) {
21          MenuInflater inflater = getMenuInflater();
22          inflater.inflate(R.menu.top_menu, menu);
23          return true;
24      }
25
```

```
26        // オプションメニューの項目が選択された場合の処理
27        @Override
28        public boolean onOptionsItemSelected(MenuItem item) {
29            switch (item.getItemId()) {
30                case R.id.item1:
31                    Toast.makeText(this, "項目１", Toast.LENGTH_SHORT).show();
32                    break;
33                case R.id.item2:
34                    Toast.makeText(this, "項目２", Toast.LENGTH_SHORT).show();;
35                    break;
36                case R.id.item3:
37                    Toast.makeText(this, "項目３", Toast.LENGTH_SHORT).show();;
38                    break;
39                case R.id.item3_1:
40                    Toast.makeText(this, "項目３－１", Toast.LENGTH_SHORT).show();;
41                    break;
42                case R.id.item3_2:
43                    Toast.makeText(this, "項目３－２", Toast.LENGTH_SHORT).show();;
44                    break;
45            }
46            return true;
47        }
48    }
```

MainActivity.java

ActivityでメニューをActivityクラスのonCreateOptionsMenu()メソッドをオーバーライドして、その中でメニューの作成を行います。

20～24行目がその部分です。

メニューを作成するためにはMenuInflaterというクラスを使いますが、これはActivityクラスの「getMenuInflater()」というメソッドで取得することができます。

21行目で取得したMenuInflaterを変数inflaterに代入し、22行目でinflate()というメソッドを使って、メニュー用のxmlとMenuオブジェクトを使ってメニューを作成しています。

MenuInflaterのinflate()メソッドの一般的な書式は次のようになります。

クラス	android.view.MenuInflater
メソッド	void inflate (int menuRes, Menu menu) リソースidとメニューを指定してメニューを作成します。
引数	・resource 　メニューレイアウト用xmlのリソースidを指定します。 ・menu 　メニューを作成する場所を指定します。 　onCreateOptionsMenu()メソッドの引数で渡される変数を指定します。

23行目のようにonCreateOptionsMenu()メソッドでtrueを返すと、メニューは画面に表示されます。

MenuInflaterを使ってxmlファイルをinflateするという処理は、「02-10 Layout の動的作成」(114ページ)の時のLayoutInflaterの場合とほとんど同じです。

表示したメニューをクリックした場合の処理は、28～47行目のようにonOptionsItemSelected()メソッドをオーバーライドして定義します。

クラス	android.app.Activity
メソッド	boolean onOptionsItemSelected (MenuItem item) メニューが選択された場合に実行されます。
引数	・item 選択されたMenuItemの情報を受け取ります。
戻り値	trueの場合、メニュー選択のイベントは他に渡されません。 falseの場合、イベントは他の処理にも渡されます。

メニューから項目が選択されるとこのメソッドが呼び出され、選択されたメニュー項目がMenuItem型の引数で渡されます。
このメソッドをオーバーライドで定義し、MenuItemの内容に応じて処理を定義します。
このプログラムではmenu.getItemId()というメソッドでidを取得し、そのidを29～45行目のswitch-case文で、xml内の項目のidと比較して処理を分岐して、Toastで画面にメッセージを表示しています。
46行目の戻り値でtrueを返すと、メニュー項目が選択されたことを示すイベントは他の処理には送られません。

実行結果

実行結果の初期画面は図のようになります。
右上に「メニューボタン」が表示されています。

実行結果

項目表示画面

メニューボタンをクリックすると、次のようにメニュー項目が表示されます。
ここからメニュー項目を選択すると、選択した項目に応じて文字が表示されます。
3番目の項目を選択した場合は、さらにメニューが表示されます。

実行結果（項目1選択時）

実行結果（項目3選択時）

02-12
メニュー用のxmlについて

ここではメニュー用のxmlと、画面上の名称について、もう少し詳しく説明します。

「My GUI Menu01」で作成済みのtop_menu.xmlの1番目と3番目の項目に、「android:showAsAction="ifRoom|withText"」という要素を追加して、次のように変更してください。

```
1   <?xml version="1.0" encoding="utf-8"?>
2   <menu xmlns:android="http://schemas.android.com/apk/res/android">
3       <item
4           android:id="@+id/item1"
5           android:title="メニュー項目1"
6           android:showAsAction="ifRoom|withText"
7           android:icon="@android:drawable/btn_star" />
8       <item
9           android:id="@+id/item2"
10          android:title="メニュー項目2"
11          android:icon="@android:drawable/btn_star" />
12      <item
13          android:id="@+id/item3"
14          android:title="メニュー項目3"
15          android:showAsAction="ifRoom|withText"
16          android:icon="@android:drawable/btn_star">
17          <menu>
18              <item
19                  android:id="@+id/item3_1"
20                  android:title="項目3－1"/>
21              <item
22                  android:id="@+id/item3_2"
23                  android:title="項目3－2"/>
24          </menu>
25      </item>
26  </menu>
```

この指定は「もし表示できるだけのスペースがあったらこの項目の文字とアイコンを表示する」という意味です。

実行結果

実行結果は次のようになります。

上部に星印が2つ表示されていますが、これらはtop_menu.xmlの「android:icon="@android:drawable/btn_star"」で指定されたアイコンです。

今回はどちらも同じアイコンを使っているので区別がつきにくいですが、左が項目1、右が項目2に対応しています。クリックしてメッセージを確認してみてください。

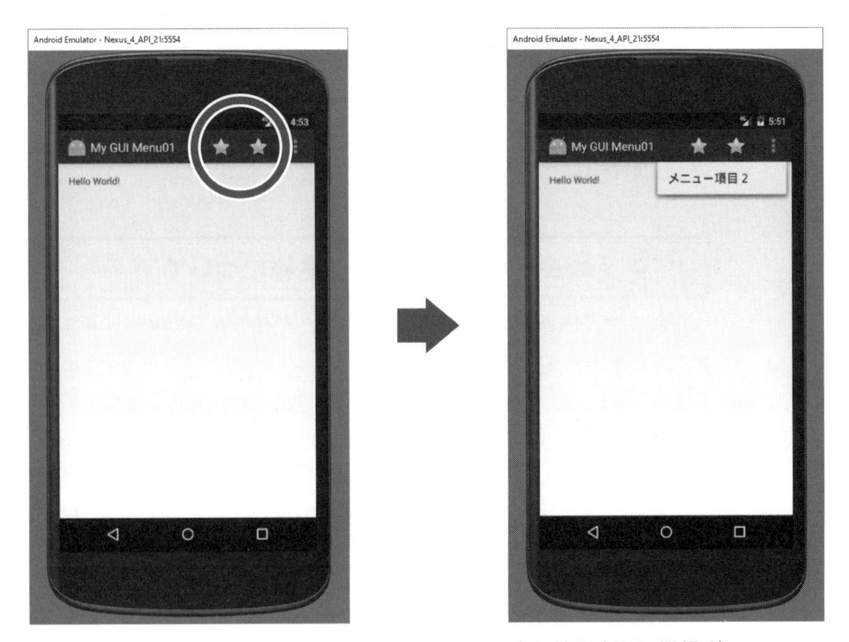

実行結果　　　実行結果（項目2選択時）

この状態で右上のメニューボタンを押すと項目2だけが表示されます。

つまり、もともとメニューに表示されていた項目1と項目2が左側の領域に移ったことになります。

このようにandroid:showAsActionで「ifRoom」を指定すると、左側に表示スペースが空いている場合は指定された項目はそちらに表示されます。

しかし、android:showAsActionで「withText」も指定しているのですが、項目のタイトル文字は表示されていません。

ここで画面を90度回転してみてください。

次のようにタイトルとアイコンが表示されます。

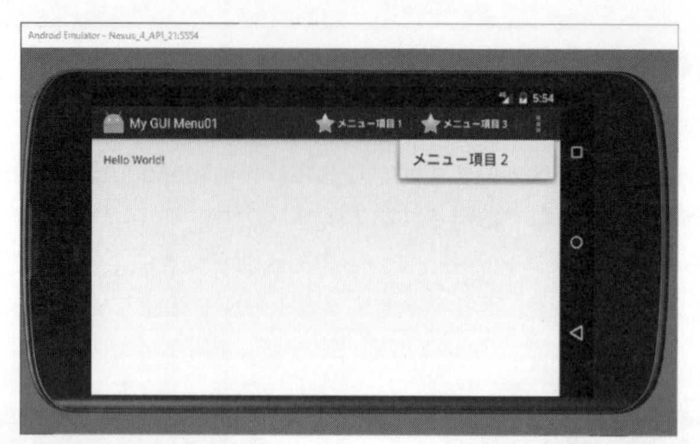

項目にandroid:iconによるアイコンの指定がない場合には、常にタイトルが表示されるのですが、アイコンを指定すると画面の横幅がある程度大きくない場合はアイコンだけが表示されるような仕様だと思われます。

メニューボタンの正式な名称について

これまでは画面右上の点が縦に3つ並んだ部分を「メニューボタン」と呼んできましたが、正式にはこの部分は「アクションオーバーフロー(Action overflow)」と呼ばれています。

また、「android:showAsAction="ifRoom|withText"」を指定した場合に、その左側に表示される項目は正式には「アクションボタン(Action buttons)」と呼ばれます。

つまり、アクションボタンを表示するスペースがない場合に、その項目を格納する場所がアクションオーバーフローということになります。overflowという名前は画面に表示しきれなかった項目がそちらに「あふれて」行くイメージから付けられた名前です。

また、アクションボタン やアクションオーバーフローが乗っている上部の部分は、アクションバー(Action bar)という名前です。

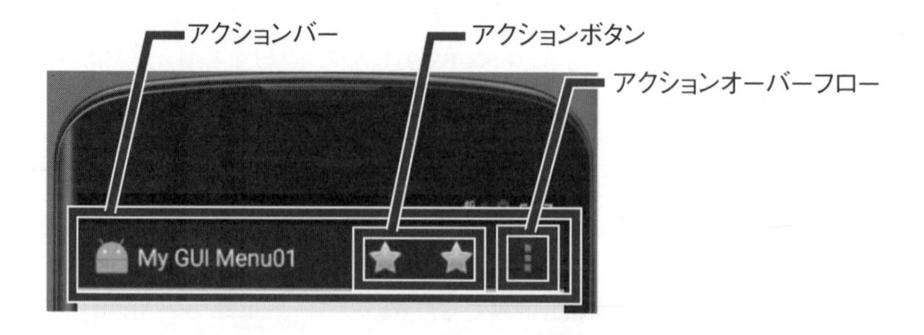

「メニューボタン」とは、正式にはAndroidの古い機種に付けられていた、メニュー画面を呼び出すためのハードウェアのボタンを意味します。

アクションオーバーフローの動作がそれと似ていることから、現在でもこれを「メニューボタン」という名称を使う人も多いのですが、正式な名称も覚えておいてください。

Chapter 03

Fragment

Androidには画面を構成するUI部品としてFragmentというクラスがあります。

Fragmentは他のUI部品と異なり、Activityと似たようなライフサイクルを持っているため、プログラムでの使い方も少々複雑です。

この章ではFragmentの使い方について説明します。

03-01 Fragmentとは

ユーザーインターフェース部品の一つで、Activity内に埋め込んでボタンやリストなどの他のUI部品を取りまとめる「入れ物」として使われます。

例として、タブレットで次のような画面を考えてみます。

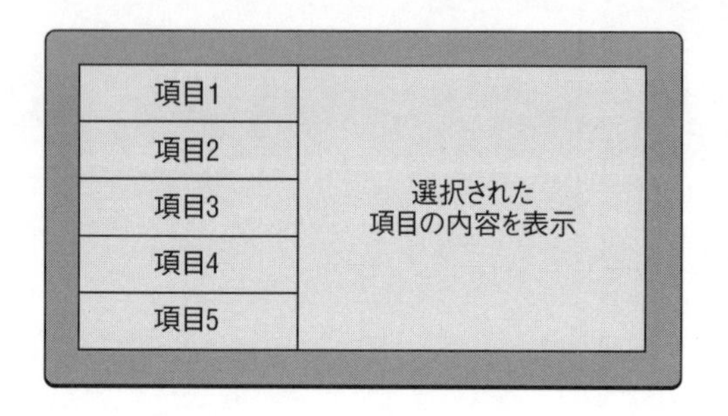

タブレットのような大きな画面ではこのように一画面で多くの情報を表示することができますが、携帯電話のように画面が小さい場合一つの画面では多くの情報を表示することができないので、一般的には選択された項目ごとに画面を切り替えて表示します。

そのような場合、次のように左側の項目一覧と右側の内容表示欄を別々のFragmentとして作成しておくと、画面構成が変わってもFragmentの配置を変えるだけで対応できるため、プログラムの修正を最小限で済ませることができます。

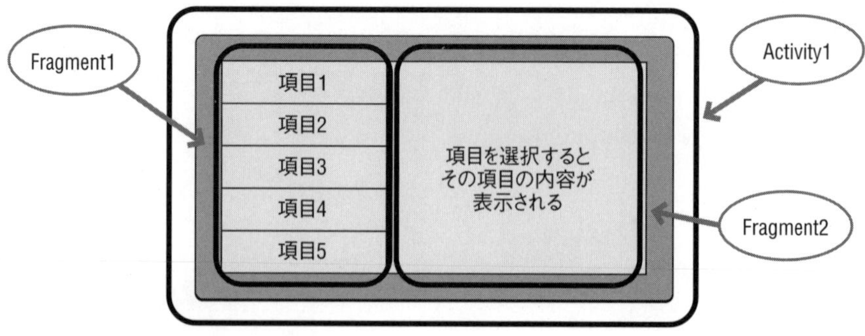

一画面で表示する場合

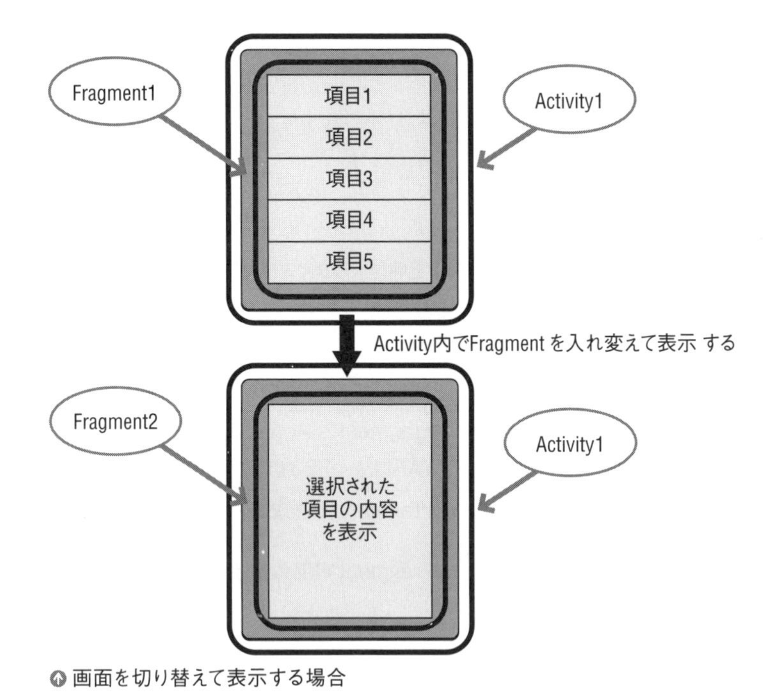

画面を切り替えて表示する場合

03-02 Fragment のライフサイクル

クラスやScrollViewクラスなどのViewGroupに属するクラスも、Fragmentと同様に他のUI部品を含む入れ物として使うことができます。

それではFragmentを使うとどのようなメリットがあるのでしょうか。

Fragmentの大きな特徴は「FragmentはActivityと似たようなライフサイクルを持っている」という点です。

FragmentにはActivityと同様にライフサイクルに応じて呼び出されるメソッドが定義されていて、それらのメソッドをオーバーライドして再定義することにより、ライフサイクルに応じた細かい処理を行うことができます。

つまり、FragmentというクラスはActivityとViewGroupの、両方の利点を取り入れたものを目指して作られたと考えられます。

次に、実際にFragmentでどのようなメソッドが定義されているか見てみます。

「01-07 Activity のライフサイクルについて」(61ページ)で説明したように、Activity

ではライフサイクルに応じてonCreate()、onStart()、onResume()…などのメソッドが実行されます。

Fragmentは Activityに埋め込んで使われますが、そのライフサイクルは埋め込み元のActivityのライフサイクルに依存します。

以下に代表的なFragmentのメソッドと、それらが呼ばれるタイミングを示します。

Fragmentで定義されているメソッドと呼ばれるタイミング

メソッド	呼ばれるタイミング
onAttach(Activity)	FragmentがActivityに追加されたとき (API Level 23以上では非推奨)
onAttach(Context context)	FragmentがActivityに追加されたとき (API Level 23以上ではこちらを使う)
onCreate(Bundle)	Fragmentの作成時
onCreateView(LayoutInflater, ViewGroup, Bundle)	Fragment内部のUI部品が作成されるとき
onActivityCreated(Bundle)	このFragmentを含むActivityのonCreateメソッドの実行完了時
onStart()	ActivityのonStartメソッド実行時
onResume()	ActivityのonResumeメソッド実行時
onPause()	ActivityのonPauseメソッド実行時
onStop() onDestroyView()	ActivityのonStopメソッド実行時 onCreateViewで設定したViewが不要になったとき
onDestroy()	Fragmentが不要になったとき
onDetach()	FragmentがActivityから取り外されるとき

これらのFragmentのライフサイクルとActivityのライフサイクルの関係を示したものが次の図です。

(参照：https://developer.android.com/guide/components/fragments.html#Lifecycle)

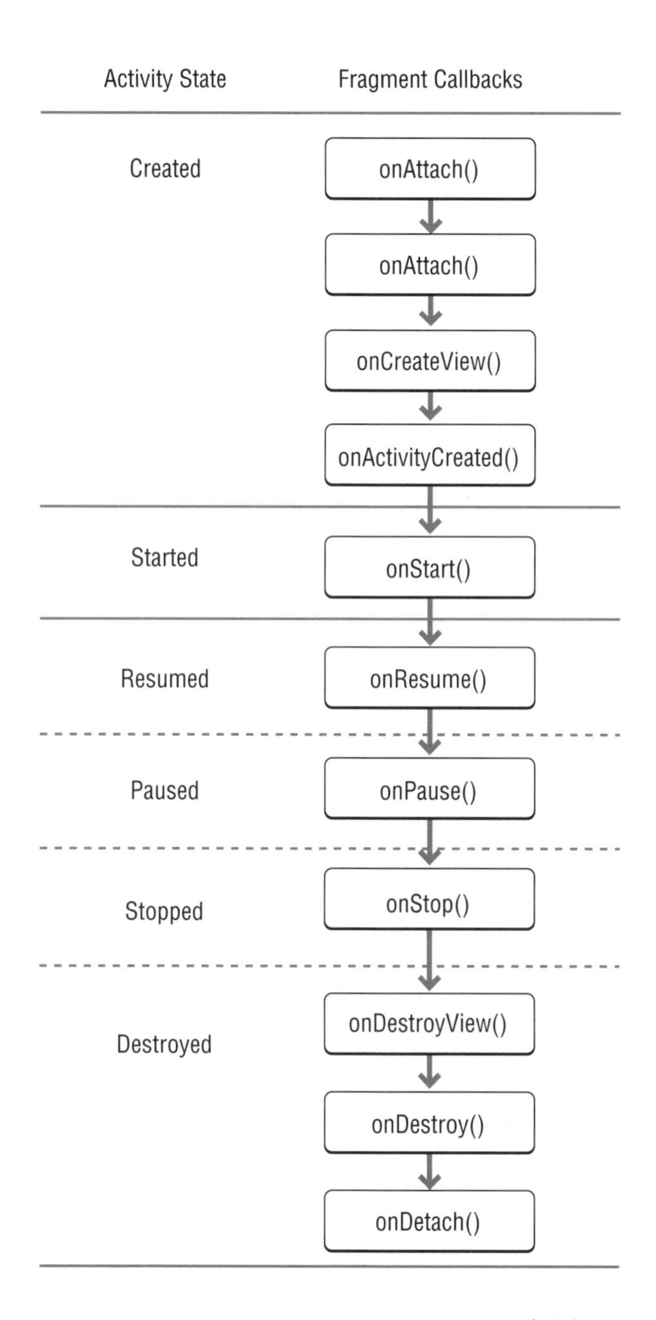

Fragmentのメソッドには Activityのメソッド名と似ているものもありますが、呼び出されるタイミングが Activityのものと必ずしも同じではないので区別して覚えてください。

03-03
静的な方法と動的な方法

Fragmentを使ったプログラムには様々な書き方がありますが、ここでは以下の2つの方法について説明します。

- Fragmentの作成やレイアウトをxmlで静的に行う
- Fragmentをプログラムで動的に作成する

Fragmentの作成やレイアウトをxmlで静的に行う方法

Fragmentをxmlで静的に定義する方法を使って、次のようにFragment内にボタンとEditTextを持つ画面構成のアプリケーションを作成します。

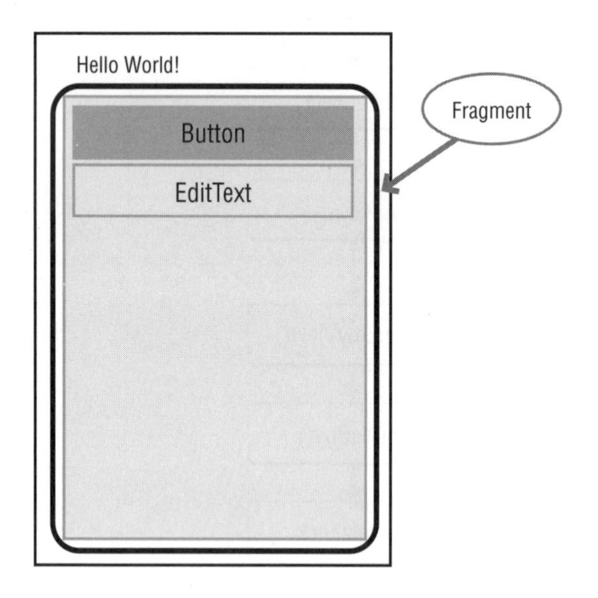

このアプリケーションは、画面上に「Hello World」と表示するTextViewと一つのFragmentを持ち、そのFragmentの内にButtonとEditTextがあります。

ボタンを押したらEditTextに「Button Clicked!」という文字を表示する処理も付け加えることにします。

「My GUI FragmentStatic01」という名前でプロジェクトを作成します。

このアプリケーションで重要となるのは次のファイルです。

Activity	・MainActivity.java メインとなるActivityクラスです。 ひな型のファイルをそのまま使います。
Fragment	・MyFragment1.java Fragmentの画面を表示して動作を定義するためのクラスです。 「android.app.Fragment」のサブクラスとして作成します。
レイアウトファイル	・activity_main.xml MainActivity.javaのレイアウトファイルです。 <fragment>タグを追加してFragmentの場所を指定します。 ・my_fragment1.xml MyFragment1.javaのレイアウトファイルです。 Fragment内のUI部品を設定します。

以下でそれぞれのファイルについて説明します。

activity_main.xml

MainActivity.javaのレイアウトファイルです。

```
1  <?xml version="1.0" encoding="utf-8"?>
2  <LinearLayout xmlns:android="http://schemas.android.com/apk/res/android"
3      android:id="@+id/activity_main"
4      android:layout_width="match_parent"
5      android:layout_height="match_parent"
6      android:orientation="vertical"
7      android:paddingBottom="16dp"
8      android:paddingLeft="16dp"
9      android:paddingRight="16dp"
10     android:paddingTop="16dp"
11     >
12
13     <TextView
14         android:layout_width="wrap_content"
15         android:layout_height="wrap_content"
16         android:text="Hello World!" />
17
18     <fragment
19         android:id="@+id/fragment"
20         android:layout_width="match_parent"
21         android:layout_height="match_parent"
22         class="jp.co.examples.myandroid.myfragmentstatic01.MyFragment1"
23         />
24
25 </LinearLayout>
```

activity_main.xml

自動的に作成されたひな型に18～23行目のように<fragment>タグを付け加えます。
22行目の「class=」により、この場所に表示するFragment要素のクラス名を指定します。

my_fragment1.xml

MyFragment1.javaのレイアウトファイルです。
プロジェクト作成時にはこのファイルは作成されていないので、右側のツールウィンドウの「res/layout/」の位置でマウスを右クリックし、「New→Layout resource file」を選択します。

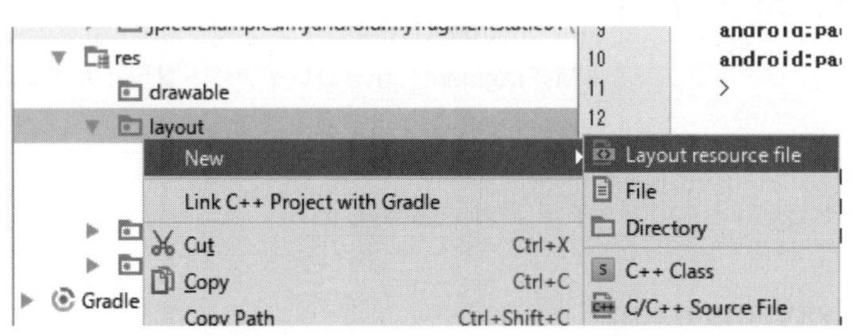

マウス右クリックで「New→Layout resource file」を選択

新しいリソースファイルを作成するための「New Resource File」画面が表示されます。
File name欄に「my_fragment1」と入力してください。拡張子の「.xml」は不要です。
Root elementは初期状態で入力されている「LineaLayout」をこのまま使います。

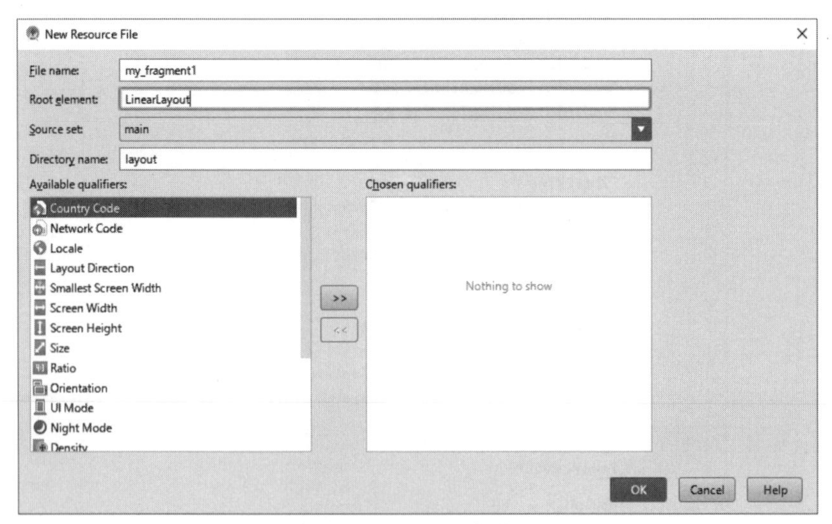

レイアウトファイルのファイル名とRoot elementを指定

「OK」ボタンを押すと、次のようなmy_fragment1.xmlファイルが作成されます。

```
1  <?xml version="1.0" encoding="utf-8"?>
2  <LinearLayout xmlns:android="http://schemas.android.com/apk/res/android"
3      android:orientation="vertical" android:layout_width="match_parent"
4      android:layout_height="match_parent">
5
6  </LinearLayout>
```

作成されたmy_fragment1.xml

このレイアウトにボタンとEditTextを付け加えて次のように修正してください。

```
1  <?xml version="1.0" encoding="utf-8"?>
2  <LinearLayout xmlns:android="http://schemas.android.com/apk/res/android"
3      android:orientation="vertical" android:layout_width="match_parent"
4      android:layout_height="match_parent"
5      android:background="#FFA0A0"
6      >
7
8      <Button
9          android:id="@+id/button"
10         android:text="Button"
11         android:layout_width="match_parent"
12         android:layout_height="wrap_content" />
13
14     <EditText
15         android:layout_width="match_parent"
16         android:layout_height="wrap_content"
17         android:inputType="textPersonName"
18         android:text=""
19         android:ems="10"
20         android:id="@+id/editText1" />
21
22 </LinearLayout>
```

my_fragment1.xmlを修正

レイアウトの範囲が分かりやすいように、5行目に「android:background="#FFA0A0"」を付け加えて背景色を指定しています。

MainActivity.java

メインのActivityです。

Android Studioで作成されたひな型をそのまま使います。

```
1  package jp.co.examples.myandroid.myfragmentstatic01;
2
3  import android.app.Activity;
4  import android.os.Bundle;
5
6  public class MainActivity extends Activity {
7
8      @Override
9      protected void onCreate(Bundle savedInstanceState) {
10         super.onCreate(savedInstanceState);
11         setContentView(R.layout.activity_main);
12     }
13 }
```

MainActivity.java

MyFragment1.java

Fragmentを定義するファイルです。

ツールウィンドウのソースがある場所でマウス右クリックし、「New→Java Class」を選択して新規に作成します。

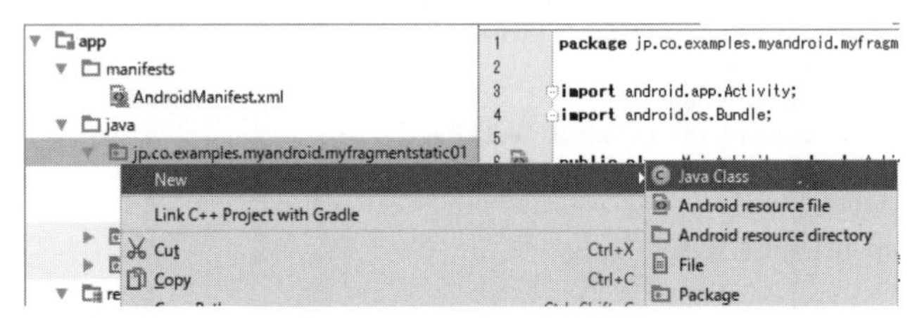

マウス右クリックで「New→Java Class」を選択

「Crate New Class」画面が表示されます。

Name欄にクラス名MyFragment1を、Superclass欄に「android.app.Fragment」を入力します。

Superclass欄はクラス名を途中まで入力すると補完機能で候補の一覧が表示されるので、その中から選択することができます。

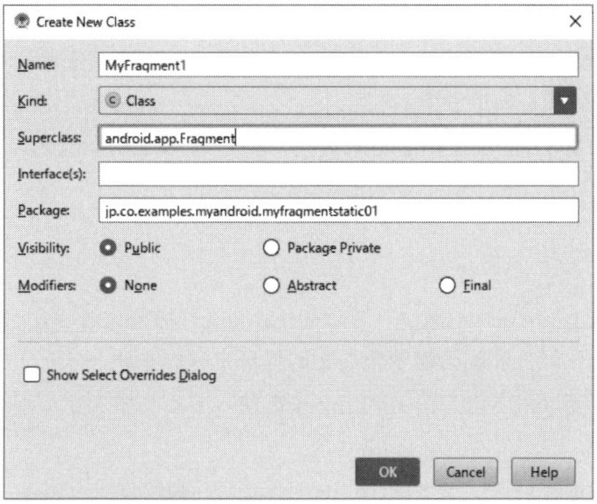

Create New Class
Name: MyFragment1
Kind: Class
Superclass: android.app.Fragment
Interface(s):
Package: jp.co.examples.myandroid.myfragmentstatic01
Visibility: Public　Package Private
Modifiers: None　Abstract　Final
Show Select Overrides Dialog
OK　Cancel　Help

新クラス作成画面

OKボタンを押すと「MyFragment1.java」というファイルが作成されます。作成されたファイルを以下のように修正してください。

```
package jp.co.examples.myandroid.myfragmentstatic01;

import android.app.Fragment;
import android.os.Bundle;
import android.view.LayoutInflater;
import android.view.View;
import android.view.ViewGroup;
import android.widget.Button;
import android.widget.EditText;

public class MyFragment1 extends Fragment {

    @Override
    public View onCreateView(LayoutInflater inflater, ViewGroup container,
                             Bundle savedInstanceState) {
        return inflater.inflate(R.layout.my_fragment1, container, false);
    }

    @Override
    public void onActivityCreated(Bundle savedInstanceState) {
        super.onActivityCreated(savedInstanceState);

        Button button = (Button) getActivity().findViewById(R.id.button);
        final EditText editText1 = (EditText) getActivity().findViewById(R.id.editText1);

        button.setOnClickListener(new View.OnClickListener() {
            @Override
            public void onClick(View view) {
                editText1.setText("Button Clicked!");
            }
        });
    }
}
```

MyFragment1.java

Fragmentを使ったプログラムでは「android.app.Fragment」のサブクラスを定義して、Activityの場合と同様にライフサイクルに応じて、そのメソッドをオーバーライドにより再定義することで処理を行います。

MyFragment1は11行目でFragmentのサブクラスとしてクラスを定義し、「onCreateView()」と「onActivityCreated()」の2つのメソッドをオーバーライドしています。

14～17行目のonCreateView()メソッドはFragment作成時に呼び出されます。

ここではFragmentのUI部品の初期化などの処理を行います。

16行目では引数で受け取ったLayoutInflaterを使って、レイアウト用xmlの内容を画面に表示しています。

LayoutInflaterのinflate()メソッドは「02-10 Layout の動的作成」(114ページ)でも出てきましたが、ここでは次の引数を持つinflate()メソッドを使っています。

クラス	android.view.LayoutInflater
メソッド	View inflate (int resource, ViewGroup root, boolean attachToRoot) リソースidと作成場所を指定してViewを作成します。
引数	・resource レイアウト用xmlのリソースidを設定します。 ・root レイアウトを作成する場所のViewGroupを設定します。 ・attachToRoot 作成したViewをrootの位置に追加するかどうかを指定します。 一般的にonCreateView内で使う場合はfalseを指定します。 戻り値引数rootが以外でattachToRootがtrueの場合、rootを返します。 それ以外の場合、xmlによって作成したViewを返します。

20～32行目のonActivityCreated ()メソッドは、Fragmentの作成が完了したときに呼び出されます。

23～24行目でボタンやEditTextのオブジェクトを取得しています。

26～31行目でボタンが押された場合の処理を定義し、「Button Clicked!」という文字をEditTextに表示しています。

作成したxmlファイルとjavaのソースファイルの関係をまとめると次の図のようになります。

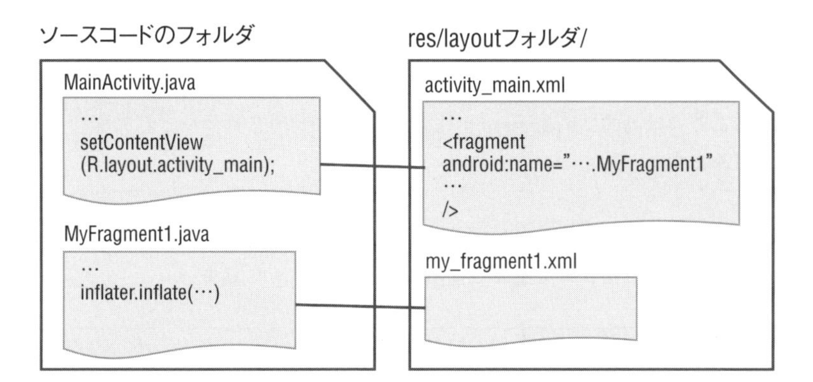

実行結果

アプリケーションを実行すると次の画面が表示されます。

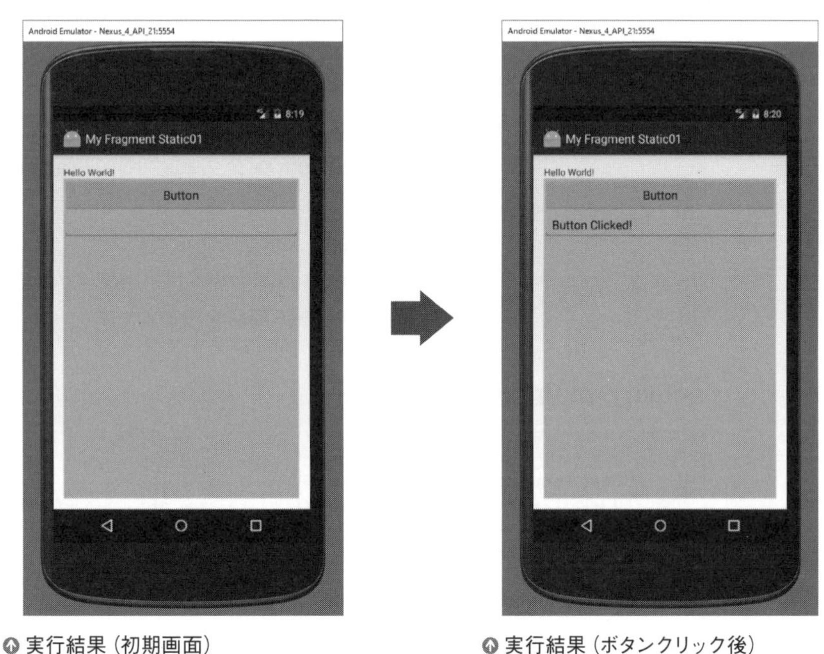

実行結果（初期画面）　　実行結果（ボタンクリック後）

ボタンを押すと、EditTextに「Button Clicked!」の文字が表示されます。

Fragmentをプログラムで動的に作成する方法

My Fragment Static01でFragmentをxmlで静的に行う方法について説明しました。
ここでは動的にFragmentを作成する方法で、同じ動作をするアプリケーションを作ってみます。

「My Fragment Dynamic01」という名前でプロジェクトを作成します。
アプリケーションで重要となるのは次のファイルです。

Activity	・MainActivity.java メインとなるActivityクラスです。 ひな型のファイルにFragmentを動的に作成する部分を追加します。
Fragment	・MyFragment1.java Fragmentの画面を表示して動作を定義するためのクラスです。 「android.app.Fragment」のサブクラスとして作成します。
レイアウトファイル	・activity_main.xml MainActivity.javaのレイアウトファイルです。 < FrameLayout >タグを追加してFragmentを作成する場所を指定します。 ・my_fragment1.xml MyFragment1.javaのレイアウトファイルです。 Fragment内のUI部品を設定します。

activity_main.xml

```
1   <?xml version="1.0" encoding="utf-8"?>
2   <LinearLayout xmlns:android="http://schemas.android.com/apk/res/android"
3       android:id="@+id/activity_main"
4       android:layout_width="match_parent"
5       android:layout_height="match_parent"
6       android:orientation="vertical"
7       android:paddingBottom="16dp"
8       android:paddingLeft="16dp"
9       android:paddingRight="16dp"
10      android:paddingTop="16dp"
11      >
12
13      <TextView
14          android:layout_width="wrap_content"
15          android:layout_height="wrap_content"
16          android:text="Hello World!" />
17
```

```
18      <FrameLayout
19          android:id="@+id/fragment1"
20          android:layout_width="match_parent"
21          android:layout_height="match_parent"
22          />
23
24  </LinearLayout>
```

activity_main.xml

静的なFragmentの場合は、レイアウトファイル内で<fragment>タグを使ってクラス名を指定し、Fragmentを作成していました。

それに対し、こちらの18～22行目では<FrameLayout>タグを使っています。

この< FrameLayout >は、Javaプログラムによって動的に作成した、Fragmentを表示する「入れ物」として用いられます。

この入れ物にプログラムからアクセスできるように、19行目で「android:id=」を指定して「fragment1」という名前を付けています。

なお、この例では「FrameLayout」タグを使っていますが、これは単なる入れ物として使っているだけなので、UI部品を格納できる他のクラス、例えば「RelativeLayout」や「LinearLayout」などのタグを指定することもできます。

my_fragment1.xml

```
1   <?xml version="1.0" encoding="utf-8"?>
2   <LinearLayout xmlns:android="http://schemas.android.com/apk/res/android"
3       android:orientation="vertical" android:layout_width="match_parent"
4       android:layout_height="match_parent"
5       android:background="#FFA0A0"
6       >
7
8       <Button
9           android:text="Button"
10          android:layout_width="match_parent"
11          android:layout_height="wrap_content"
12          android:id="@+id/button" />
13
14      <EditText
15          android:layout_width="match_parent"
16          android:layout_height="wrap_content"
17          android:inputType="textPersonName"
18          android:text=""
19          android:ems="10"
20          android:id="@+id/editText1" />
21
22  </LinearLayout>
```

my_fragment1.xml

Fragmentのレイアウトファイルは、静的な方法を使った場合と全く同じものを使用します。

MainActivity.java

```
1   package jp.co.examples.myandroid.myfragmentdynamic01;
2
3   import android.app.Activity;
4   import android.app.FragmentManager;
5   import android.app.FragmentTransaction;
6   import android.os.Bundle;
7
8   public class MainActivity extends Activity {
9
10      @Override
11      protected void onCreate(Bundle savedInstanceState) {
12          super.onCreate(savedInstanceState);
13          setContentView(R.layout.activity_main);
14
15          // FragmentManagerを取得
16          FragmentManager fragmentManager = getFragmentManager();
17
18          // FragmentTransactionを開始
19          FragmentTransaction fragmentTransaction = fragmentManager.beginTransaction();
20
21          // Fragmentを作成
22          MyFragment1 myFragment1 = new MyFragment1();
23
24          // Fragmentをレイアウトの指定位置に設定
25          fragmentTransaction.add(R.id.fragment1, myFragment1);
26
27          // Transactionを終了
28          fragmentTransaction.commit();
29      }
30  }
```

MainActivity.java

Fragmentの動的な作成の、基本的な手順は次のようになります。

(1) FragmentManagerを取得する
(2) FragmentTransactionを取得してトランザクションを開始する
(3) Fragmentのオブジェクトを作成する。
(4) 作成したFragmentをレイアウトxmlの指定場所に設定する
(5) トランザクションを終了する

以下、この手順に沿ってプログラムを説明します。

16行目でgetFragementManager()というメソッドを使ってFragmentManagerを取得しています。

19行目でこのFragmentManagerのbeginTransaction()というメソッドを使って、FragmentTransactionの取得とトランザクションの開始を行っています。

22行目はMyFragment1.javaで定義されたFragmentの、サブクラスのオブジェクトを作成しています。

25行目ではFragmentTransactionのadd()メソッドを使って、レイアウトファイルの指定位置にFragmentを設定しています。
28行目ではFragmentTransactionのcommit()メソッドを使って、トランザクションをコミットして終了しています。

これらの処理で使ったメソッドの書式は次のようになります。

クラス	android.app.Activity
メソッド	FragmentManager getFragmentManager () Fragmentを扱うためのFragmentManagerを取得します。
戻り値	FragmentManagerを返します。

クラス	android.app.FragmentManager
メソッド	FragmentTransaction beginTransaction ()
	Fragmentに対する処理のトランザクションを開始します。
戻り値	FragmentTransactionを返します。

クラス	android.app.FragmentTransaction
メソッド	FragmentTransaction add (int containerViewId, Fragment fragment) Fragmentをレイアウトの指定された場所に追加します。
引数	・containerViewId 追加場所のidを指定します。 ・fragment 追加したいFragmentを指定します。
戻り値	FragmentTransactionを返します。

クラス	android.app.FragmentTransaction
メソッド	int commit () トランザクションをコミットして終了します。
戻り値	バックスタックに関する情報を返します。

MyFragment1.java

```
1   package jp.co.examples.myandroid.myfragmentdynamic01;
2
3   import android.app.Fragment;
4   import android.os.Bundle;
5   import android.view.LayoutInflater;
6   import android.view.View;
7   import android.view.ViewGroup;
8   import android.widget.Button;
9   import android.widget.EditText;
10
11  public class MyFragment1 extends Fragment {
12
13      @Override
14      public View onCreateView(LayoutInflater inflater, ViewGroup container,
15                               Bundle savedInstanceState) {
16          return inflater.inflate(R.layout.my_fragment1, container, false);
17      }
18
19      @Override
20      public void onActivityCreated(Bundle savedInstanceState) {
21          super.onActivityCreated(savedInstanceState);
22
23          Button button = (Button) getActivity().findViewById(R.id.button);
24          final EditText editText1 = (EditText) getActivity().findViewById(R.id.editText1);
25
26          button.setOnClickListener(new View.OnClickListener() {
27              @Override
28              public void onClick(View view) {
29                  editText1.setText("Button Clicked!");
30              }
31          });
32      }
33  }
```

MyFragment1.java

画面に表示するFragmentのサブクラスです。

このクラスはFragmentを静的な方法で作成した場合と同じものがそのまま使えます。

処理の内容については静的なプログラムの説明を参照してください。

アプリケーションの実行結果は静的な方法の場合と同じなので省略します。

Fragmentを使う少し複雑なプログラム

最後に、Fragmentの表示をプログラムで操作する少し複雑なアプリケーションを作成してみます。

このアプリケーションでは初期画面で次のようにリストが表示されます。

リストの項目をクリックすると画面が切り替わり、クリックされた項目に対応する内容が表示されます。

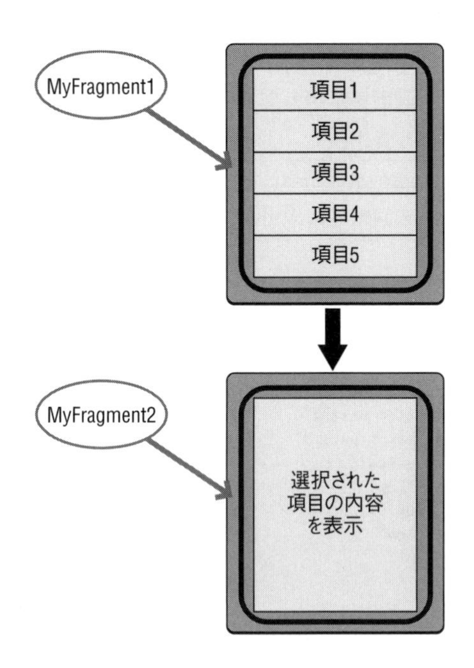

「My Fragment Dynamic02」という名前でプロジェクトを作成します。
アプリケーションで重要となるのは次のファイルです。

Activity	・MainActivity.java メインとなるActivityクラスです。 動的にMyFragment1を作成して表示します。 項目が選択されたら動的にMyFragment2を作成して表示します。
Fragment	・MyFragment1.java 項目一覧を表示するためのFragmentです。 ListFragmentのサブクラスとして定義します。 ・MyFragment2.java 選択された項目を表示するためのFragmentです。
リスナー	・ListSelectionListener.java 項目一覧から項目が選択されたことを知らせるためのリスナーインターフェースです。
レイアウトファイル	・activity_main.xml MainActivity.javaのレイアウト用xmlファイルです。 ・my_fragment1_item.xml MyFragment1のレイアウト用xmlファイルです。 ・my_fragment2.xml MyFragment2のレイアウト用xmlファイルです。

文字列用リソースファイル	・strings.xml 画面表示用の文字列をres/values/strings.xml内で定義します。
マニフェストファイル	AndroidManifest.xml 端末回転時にActivityを破棄しないように修正します。

activity_main.xml

```
1   <?xml version="1.0" encoding="utf-8"?>
2   <LinearLayout xmlns:android="http://schemas.android.com/apk/res/android"
3       android:id="@+id/activity_main"
4       android:layout_width="match_parent"
5       android:layout_height="match_parent"
6       android:orientation="vertical"
7       android:paddingBottom="16dp"
8       android:paddingLeft="16dp"
9       android:paddingRight="16dp"
10      android:paddingTop="16dp"
11      >
12
13      <TextView
14          android:id="@+id/textView"
15          android:layout_width="wrap_content"
16          android:layout_height="wrap_content"
17          android:text="Hello World!" />
18
19      <FrameLayout
20          android:id="@+id/fragment"
21          android:layout_width="match_parent"
22          android:layout_height="match_parent" />
23
24  </LinearLayout>
```

activity_main.xml

動的に作成したFragmentを格納するための領域を<FrameLayout>タグで作成しておきます。

my_fragment1_item.xml

項目一覧表示用のMyFragment1のレイアウトファイル次のように作成します。

```
1   <?xml version="1.0" encoding="utf-8"?>
2   <TextView xmlns:android="http://schemas.android.com/apk/res/android"
3       android:layout_width="match_parent"
4       android:layout_height="match_parent"
5       >
6   </TextView>
```

my_fragment1_item.xml

my_fragment2.xml

一覧から項目を選択したときに表示されるFragment2のレイアウトファイルを次のように作成します。

```
1  <?xml version="1.0" encoding="utf-8"?>
2  <TextView xmlns:android="http://schemas.android.com/apk/res/android"
3      android:id="@+id/fragment2_textView"
4      android:layout_width="wrap_content"
5      android:layout_height="match_parent"
6      android:padding="5dip"
7      android:textSize="32sp" >
8  </TextView>
```

my_fragment2.xml

LayoutInflaterのinflateメソッドで用いられます。

strings.xml

リソースファイルres/values/strings.xmlに一覧項目の文字列と各項目選択時に表示する文字列を定義します。

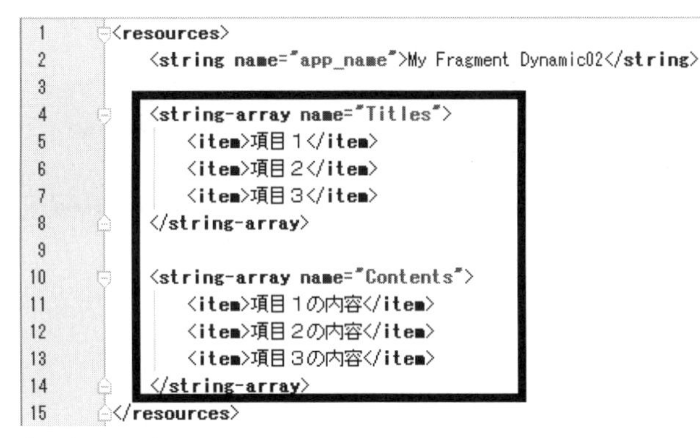

```
1  <resources>
2      <string name="app_name">My Fragment Dynamic02</string>
3  
4      <string-array name="Titles">
5          <item>項目１</item>
6          <item>項目２</item>
7          <item>項目３</item>
8      </string-array>
9  
10     <string-array name="Contents">
11         <item>項目１の内容</item>
12         <item>項目２の内容</item>
13         <item>項目３の内容</item>
14     </string-array>
15 </resources>
```

strings.xml

4～8行目が一覧項目表示用、10～14行目が項目選択時表示用の文字列です。

MainActivity.java

```
1   package jp.co.examples.myandroid.myfragmentdynamic02;
2
3   import ...
7
8   /**
9    * Fragment (dynamic) example 2.
10   * MainActivity
11   */
12  public class MainActivity extends Activity implements ListSelectionListener {
13
14      // 表示用文字列格納用の配列
15      public static String[] titleArray;
16      public static String[] contentArray;
17
18      // Fragmentを作成
19      private final MyFragment1 myFragment1 = new MyFragment1();
20      private final MyFragment2 myFragment2 = new MyFragment2();
21
22      private FragmentManager fragmentManager;
23
24      @Override
25      protected void onCreate(Bundle savedInstanceState) {
26          super.onCreate(savedInstanceState);
27          setContentView(R.layout.activity_main);
28
29          // FragmentManagerを取得する
30          fragmentManager = getFragmentManager();
31
32          // 表示用文字列を取得
33          titleArray = getResources().getStringArray(R.array.Titles);
34          contentArray = getResources().getStringArray(R.array.Contents);
35
36          // トランザクションを開始
37          FragmentTransaction fragmentTransaction = fragmentManager.beginTransaction();
38
39          // フラグメントを追加
40          fragmentTransaction.add(R.id.fragment, myFragment1);
41
42          // トランザクションを終了
43          fragmentTransaction.commit();
44      }
45
```

```
46      /*
47       * 一覧から項が選択された場合の処理
48       */
49      @Override
50      public void onListSelection(int index) {
51
52          // トランザクションを開始
53          FragmentTransaction fragmentTransaction = fragmentManager.beginTransaction();
54
55          // MyFragment1 を MyFragment2 に置き換える
56          fragmentTransaction.replace(R.id.fragment, myFragment2);
57
58          // 「戻る」ボタンを押したときの処理用に FragmentTransaction を backstack に追加する
59          fragmentTransaction.addToBackStack(null);
60
```

```
61          // トランザクションを終了
62          fragmentTransaction.commit();
63
64          // 念のためトランザクションを強制的に実行する
65          fragmentManager.executePendingTransactions();
66
67          // MyFragment2の表示を書き換える
68          myFragment2.setContentAtIndex(index);
69      }
70  }
```

MainActivity.java

12行目では「implements ListSelectionListener」により、このクラスがListSelectionListenerを実装することを宣言しています。

19～20行目で一覧表示用と選択内容表示用の2つのFragmentを作成し、25～44行目のonCreate()メソッド内では初期状態の画面を作成しています。

30行目でFragmentManagerの取得、33～34行目で画面表示用の文字列の取得を行います。

37行目でトランザクションを開始、40行目で一覧表示用のMyFragment1を画面に追加し、43行目でトランザクションの終了を行っています。

50～69行目のonListSelection()メソッドでは一覧から項目が選択された場合の処理を定義しています。

53行目でトランザクションを開始し、56行目でFragmentTransactionのreplaceメソッドを使って、現在表示されているFragmentをMyFragment2に置き換えます。

59行目は「戻る」ボタンを押した場合の処理です。

プログラムによるFragmentの追加や置き換えなどの変更は、バックスタックに記録されません。

そのため、「戻る」によって置き換え前の状態に戻したい場合は、このようにaddToBackStackメソッドを使ってバックスタックに状態を追加しておく必要があります。

なお、バックスタックについては「04-09 バックスタックについて」(216ページ)の説明を参照してください。

62行目でトランザクションを終了した後で、65行目でexecutePendingTransactionsメソッドを使って、強制的にトランザクションを実行しています。

このように強制的にトランザクションを実行する理由は、トランザクションの実行のタイミングが、アンドロイドのシステムに任せられているため、状況によってはすぐに画面に反映されない場合があるためです。

68行目ではMyFragment2のsetContentAtIndex()メソッドを使って、選択項目の内容の文字列を表示しています。

MyFragment1.java

```
1   package jp.co.examples.myandroid.myfragmentdynamic02;
2
3   import ...
13
14  /**
15   * Fragment (dynamic) example 2.
16   * Fragment1
17   */
18  public class MyFragment1 extends ListFragment {
19      private ListSelectionListener listener = null;
20
21      @Override
22      public View onCreateView(LayoutInflater inflater, ViewGroup container, Bundle savedInstanceStat
23          return super.onCreateView(inflater, container, savedInstanceState);
24      }
25
26      @Override
27      public void onListItemClick(ListView l, View v, int position, long id) {
28          super.onListItemClick(l, v, position, id);
29
30          Toast.makeText(getActivity(), "position="+position, Toast.LENGTH_SHORT).show();
31
32          listener.onListSelection(position);
33      }
34
35      // Android 6.0未満の場合、onAttach(Activity activity)しか呼ばれない
36      @Override
37      public void onAttach(Activity activity) {
38          super.onAttach(activity);
39          listener = (ListSelectionListener)activity;
40      }
41
42      @Override
43      public void onAttach(Context context) {
44          super.onAttach(context);
45          listener = (ListSelectionListener) context;
46      }
47
48      @Override
49      public void onActivityCreated(Bundle savedInstanceState) {
50          super.onActivityCreated(savedInstanceState);
51
52          setListAdapter(new ArrayAdapter<String>(getActivity(), R.layout.my_fragment1_item,
53                  MainActivity.titleArray));
54
55          getListView().setChoiceMode(ListView.CHOICE_MODE_SINGLE);
56      }
57  }
```

MyFragment1.java

MyFragment1は「android.app.ListFragment」クラスを継承して作成しています。

ListFragmentは項目一覧のようなリスト情報を表示する場合に便利なクラスで、ListViewとFragmentを合わせたような機能を持っています。

一覧から項目が選択された場合、28～34行目のonListItemClick()メソッドが実行されます。

ここでは、確認しやすいように30行目でToastを使って画面に選択された位置を表示してから、32行目でListSelectionListenerのonListSelectionメソッドを呼び出しています。

なお、動的にFragmentを作成する方法では、これまではonCreateViewでLayoutInflaterをinflateしてFragmentを表示していましたが、ListFragmentの場合は異なる方法で画面を表示します。
このプログラムではその処理を49～56行目のonActivityCreatedメソッド内で行っています。

32行目で使用したListSelectionListenerのインスタンスlistenerは、37～40行目の「onAttach(Activity activity)」メソッド、または44～47行目の「onAttach(Context context)」メソッドで取得しています。
似たような名前のメソッドが2つある理由はアンドロイドの仕様がバージョンによって変更され、6.0以上ではonAttach(Activity activity)のメソッドが非推奨になったためです。
そのためバージョン6.0未満では「onAttach(Activity activity)」だけが呼ばれ、6.0以上では「onAttach(Activity activity)」と「onAttach(Context context)」の両方が呼ばれます。
ここでは両方のバージョンで実行されるように、それぞれのメソッドで同じような処理を行っています。
Android Studioでは非推奨を表すために、図のようにメソッド名に取り消し線が付けられます。

49～56行目のonActivityCreatedメソッドでは一覧項目の表示を行っています。
ArrayAdapterの使い方は「02-06 ListView(その1)」(97ページ)のListViewの使い方を参照してください。
ArrayAdapterのコンストラクタの引数にContextと表示用のリソース(R.layout.my_fragment1_item)、文字列配列(MainActivity.titleArray)を渡してArrayAdapterを作成します。
作成したArrayAdapterをsetListAdapter()メソッドの引数に渡すことにより、ListFragmentに項目が表示されます。
55行目の「setChoiceMode(ListView.CHOICE_MODE_SINGLE)」メソッドにより、ListViewを一つの項目のみ選択可能なモードに設定しています。

MyFragment2.java

```
1   package jp.co.examples.myandroid.myfragmentdynamic02;
2
3   import ...
9
10  /**
11   * Fragment (dynamic) example 2.
12   * Fragment2
13   */
14  public class MyFragment2 extends Fragment {
15
16      private TextView textView = null;
17
18      /*
19       * 選択された項目のインデックスに対する内容をTextViewに表示する
20       */
21      public void setContentAtIndex(int newIndex) {
22          textView.setText(MainActivity.contentArray[newIndex]);
23      }
24
25      @Override
26      public View onCreateView(LayoutInflater inflater, ViewGroup container,
27                               Bundle savedInstanceState) {
28          return inflater.inflate(R.layout.my_fragment2, container, false);
29      }
30
31      @Override
32      public void onActivityCreated(Bundle savedInstanceState) {
33          super.onActivityCreated(savedInstanceState);
34
35          textView = (TextView) getActivity().findViewById(R.id.fragment2_textView);
36      }
37  }
```

MyFragment2.java

21～23行目のsetContentAtIndex()は、MyFragment2に選択された項目を表示するために定義したメソッドです。

26～29行目のonCreateView()では、LayoutInflaterのinflate()メソッドでレイアウト用xmlから画面を作成しています。

32～36行目のonActivityCreated()では、文字列を表示するためのTextViewを取得して変数に設定しています。

ListSelectionListener.java

```
1   package jp.co.examples.myandroid.myfragmentdynamic02;
2
3   /**
4    * Fragment (dynamic) example 2.
5    * ListSelectionListener
6    * 項目が選択された場合の処理を行うためのリスナ
7    */
8
9   interface ListSelectionListener {
10      public void onListSelection(int index);
11  }
```

ListSelectionListener.java

MyFragment1で一覧項目が選ばれた場合にその情報をMainActivity側に渡すためのインターフェースです。

MainActivityに実装されます。

AndroidManifest.xml

```
1   <?xml version="1.0" encoding="utf-8"?>
2   <manifest xmlns:android="http://schemas.android.com/apk/res/android"
3       package="jp.co.examples.myandroid.myfragmentdynamic02">
4
5       <application
6           android:allowBackup="true"
7           android:icon="@mipmap/ic_launcher"
8           android:label="My Fragment Dynamic02"
9           android:supportsRtl="true"
10          android:theme="@style/AppTheme">
11          <activity android:name=".MainActivity"
12              android:configChanges="orientation|screenSize"
13              >
14              <intent-filter>
15                  <action android:name="android.intent.action.MAIN" />
16
17                  <category android:name="android.intent.category.LAUNCHER" />
18              </intent-filter>
19          </activity>
20      </application>
21
22  </manifest>
```

AndroidManifest.xml

AndroidManifest.xmlは、Android Studioでプロジェクトを作成されたマニフェストの<activity>タグに、12行目のように

「android:configChanges="orientation|screenSize"」

を付け加えます。

この指定により、画面を回転させてもActivityが作り直されなくなるため、ActivityやそこにAWS組み込まれているFragmentのライフサイクルに関して、プログラム側で複雑な処理を行う必要がなくなります。

「orientation」だけを指定すればよいと思う人もいるかもしれませんが、Android 3.2（API レベル 13）以降では回転により画面サイズも変更されるという扱いになったため、orientationとscreenSize両方を指定します。

Column Fragmentのライフサイクル

Fragmentの特徴の一つとして、Activityと同じようにライフサイクルを使って処理を指定するという点を説明しましたが、実はこのライフサイクルの使い方は少々難しい部分があります。

例えば特別な処理をしない場合、Fragmentの表示内容が変化した状態で画面の向きを変えるとActivityが再作成されるため、それに伴ってFragmentも再作成されて表示内容が最初の状態に戻ってしまいます。

Activityが再作成されてもFragmentのインスタンスが保持されるようにするために、FragmentにはsetRetainInstance()というメソッドもあるのですが、このメソッドを使う場合でもActivityそのものは再作成されるため、Fragmentを二重に作成してしまわないように、Activity側でそれなりの処理を行う必要があります。

AndroidManifest.xmlで「android:configChanges」を使うと、Activityを再作成しないように指定できるので対処方法としては最も簡単なのですが、実際のアプリケーションでは画面回転に対して何らかの処理を行いたい場合も多いので、この方法が常に使えるとは限りません。

しかし今回のプログラムはFragmentの基礎について説明が目的なので、ライフサイクルとActivityの再作成に関する説明は省略することとし、この最後の方法を使ってActivityを再作成しないように指定しています。

実行結果

アプリケーションを実行すると次の画面が表示されます。

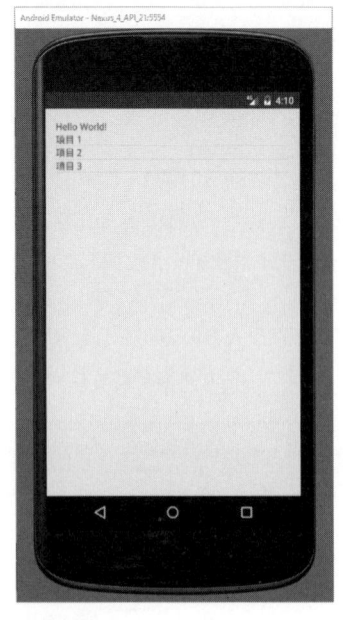

実行結果

実行画面（項目3クリックとき）

表示された項目を選択すると、選択したインデックスが表示され、画面が項目内容の表示画面に切り替わります。

項目内容の表示画面で画面下の「戻る」ボタンを押すと、再び項目一覧画面が表示されます。

Chapter | 04

複数のActivityを使う

これまで本書では、Activityを一つだけ使ってアプリケーションを作成してきましたが、この章では複数のActivityやアプリケーションを使う方法について説明します。

ある程度複雑なアプリケーションの場合は、メインとなるActivityから他のActivityを呼び出して実行したり、Activity間で情報をやり取りしたりする場合があります。

例えば複数の異なる画面を表示するアプリケーションを作成する際、画面ごとに別のActivityを割り当てると、各画面の処理を別プログラムとして管理しやすくなり、また画面の切り替えも簡単にできるようになります。

04-01
複数のActivityを使うための関連項目

複数のActivityや他のアプリケーションを呼び出して実行する方法について説明するために、この章では以下の項目についても説明していきます。

- Intentクラスの意味と使い方
- 呼び出したいActivityのクラス名を指定する明示的Intent
- 呼び出したいActivityのクラス名を指定しない暗黙的Intent
- Activity間で値のやり取りをする方法
- 別のアプリケーションを起動する場合
- アプリケーションの「パーミッション」について
- Activityの「バックスタック」という構造について

04-02
Intentとは

Activityから他のActivityを呼び出す場合には、「android.content.Intent」というクラスを使います。

Intentクラスは「呼び出したいActivityを決めるための情報」と、「そのActivityに渡したいデータ」を格納する入れ物のようなもので、次のような図をイメージするとわかりやすいと思います。

Intent

呼び出し先のActivityの情報 (クラス名など)
渡したいデータ

Intentに必要な情報を設定してstartActivity()というメソッドに引数として渡すと、指定されたActivityが呼び出されデータがそのActivityに渡されます。

startActivity()メソッドについてはこの後で説明します。

04-03 明示的Intent（値をやり取りしない場合）

ここではあるActivityでボタンを押した場合に、他のActivityを実行して画面を切り替えるアプリケーションを作成します。

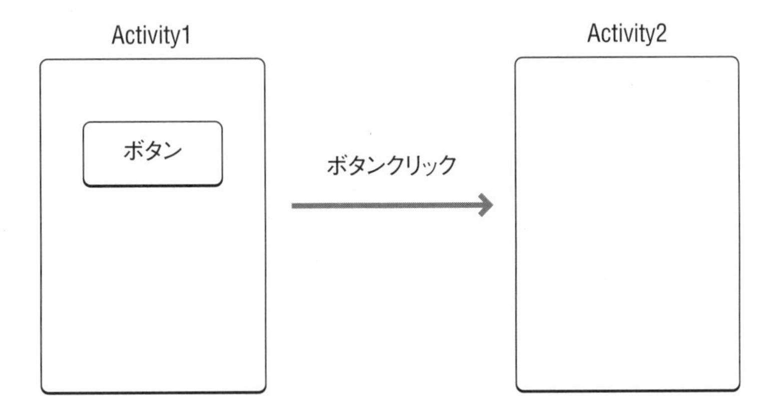

Activityを実行する際に、そのActivityのクラス名を指定する方法を「明示的Intent(Explicit Intent)」を使う方法と呼びます。

また、ここでは最も基本的なパターンとして値のやり取りをしない場合について説明します。

「My Explicit Intent Activity01」という名前でプロジェクトを作成します。

このアプリケーションで重要となるのは次のファイルです。

Activityファイル	・MainActivity.java 呼び出し元のActivityです。 ・SubActivity.java 呼び出されて実行されるActivityです。 新規に作成します。

レイアウトファイル	・activity_main.xml MainActivityのレイアウトファイルです。 ・activity_sub.xml SubActivityのレイアウトファイルです。 新規に作成します。
マニフェストファイル	・AndroidManifest.xml アプリケーションのマニフェストファイルです。 SubActivityを使うという記述を追加します。

activity_main.xml

メインとなるActivityのレイアウトファイルです。

別Activityを実行するためのボタンを追加します。

プロジェクト作成時に自動的に作成されるactivity_main.xmlを修正して、次のような画面を作成します。

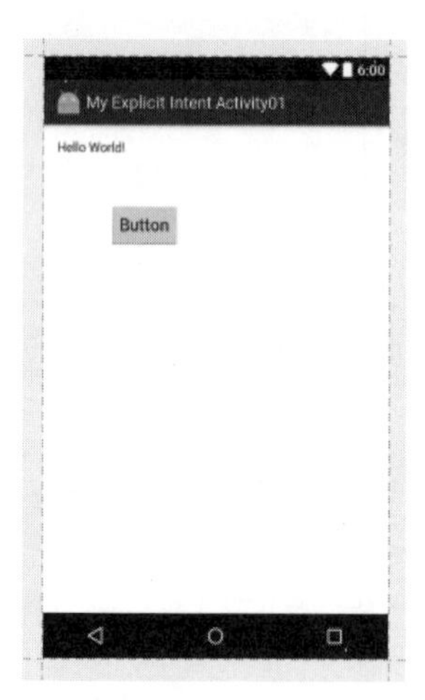

activity_main.xml

activity_main.xmlのテキスト画面は次のようになります。

```
1  <?xml version="1.0" encoding="utf-8"?>
2  <RelativeLayout xmlns:android="http://schemas.android.com/apk/res/android"
3      xmlns:tools="http://schemas.android.com/tools"
4      android:id="@+id/activity_main"
5      android:layout_width="match_parent"
6      android:layout_height="match_parent"
7      android:paddingBottom="16dp"
8      android:paddingLeft="16dp"
9      android:paddingRight="16dp"
10     android:paddingTop="16dp"
11     tools:context="jp.co.examples.myandroid.myexplicitintentactivity01.MainActivity">
12
13     <TextView
14         android:layout_width="wrap_content"
15         android:layout_height="wrap_content"
16         android:text="Hello World!"
17         android:id="@+id/textView" />
18
19     <Button
20         android:text="Button"
21         android:layout_width="wrap_content"
22         android:layout_height="wrap_content"
23         android:layout_marginLeft="58dp"
24         android:layout_marginStart="58dp"
25         android:layout_marginTop="50dp"
26         android:id="@+id/button"
27         android:layout_below="@+id/textView"
28         android:layout_alignParentLeft="true"
29         android:layout_alignParentStart="true" />
30 </RelativeLayout>
```

activity_main.xml

ボタンの位置はこれと同じである必要はありませんが、TextViewのidとButtonのidにはそれぞれ「textView」と「button」を設定してください。

activity_sub.xml

新規に作成します。

ツールウィンドウのres/layoutフォルダでマウスを右クリックしてLayout resource fileを選択します。

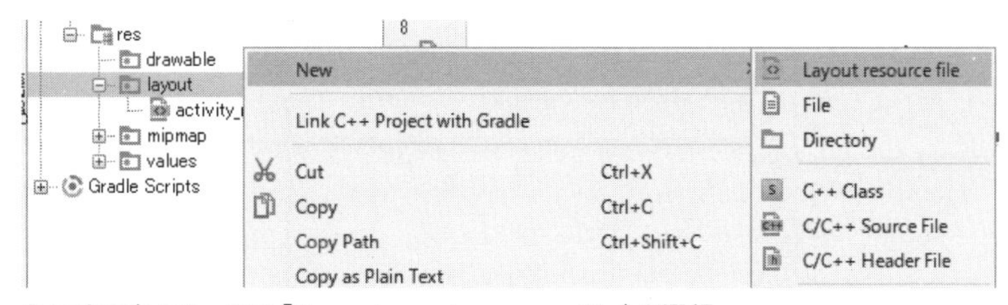

マウス右クリックで「New→Layout resource file」を選択

新リソースファイル作成画面で、ファイル名として「activity_sub.xml」、ルートの要素として「RelativeLayout」を入力します。

ルートの要素は初期値のLinearLayoutでも構わないのですが、RelativeLayoutの方がUI部品を自由に配置できるので、今回はこちらを指定しておきます。

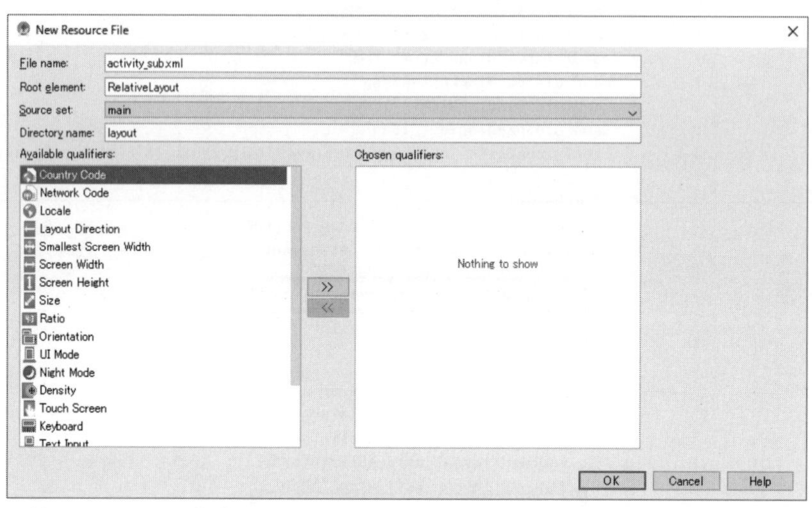

新リソースファイル作成画面

OKを押すとレイアウトリソースファイルactivity_sub.xmlのひな型が作成され、エディタウィンドウで内容が表示されます。

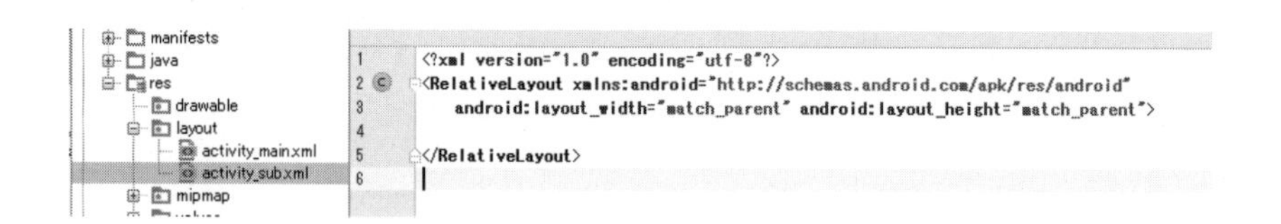

このレイアウトファイルを修正して次のような画面を作成します。

activity_sub.xml（デザイン画面）

activity_sub.xmlのテキスト画面は次のようになります。

```
1   <?xml version="1.0" encoding="utf-8"?>
2   <RelativeLayout xmlns:android="http://schemas.android.com/apk/res/android"
3       android:layout_width="match_parent" android:layout_height="match_parent">
4
5       <TextView
6           android:text="Hello New Activity!"
7           android:layout_width="wrap_content"
8           android:layout_height="wrap_content"
9           android:layout_marginLeft="128dp"
10          android:layout_marginStart="128dp"
11          android:id="@+id/subTextView"
12          android:layout_marginTop="100dp"
13          android:layout_alignParentTop="true"
14          android:layout_alignParentLeft="true"
15          android:layout_alignParentStart="true" />
16  </RelativeLayout>
```

activity_sub.xml（テキスト画面）

TextViewの位置等は同じである必要はありませんが、idには「subTextView」を指定してください。

MainActivity.java

アプリケーションのメインとなるActivityです。
MainActivity.javaを修正して以下のようなプログラムを作成してください。

```
1   package jp.co.examples.myandroid.myexplicitintentactivity01;
2
3   import android.app.Activity;
4   import android.content.Intent;
5   import android.os.Bundle;
6   import android.view.View;
7   import android.widget.Button;
8
9   public class MainActivity extends Activity {
10
11      @Override
12      protected void onCreate(Bundle savedInstanceState) {
13          super.onCreate(savedInstanceState);
14          setContentView(R.layout.activity_main);
15
16          Button button = (Button) findViewById(R.id.button);
17          button.setOnClickListener(new View.OnClickListener() {
18              @Override
19              public void onClick(View view) {
20                  // Intentを作成してクラス名を登録
21                  Intent intent = new Intent(MainActivity.this, SubActivity.class);
22
23                  // Activityを開始
24                  startActivity(intent);
25              }
26          });
27      }
28  }
```

MainActivity.java

14行目でレイアウトファイルを読み込んで画面を作成し、16行目でその画面からボタンを取得しています。

17～26行目では、そのボタンにクリックされた場合の処理を行うリスナーを登録しています。

ボタンがクリックされた場合の処理は、21～24行目で定義しています。

21行目ではIntentを作成し、コンストラクタの引数で呼び出し元(MainActivity)のContentと実行したいクラス名を渡しています。

Intentのコンストラクタには様々な引数が定義されていますが、ここで使ったコンストラクタの一般的な書式は次のようになります。

コンストラクタ	Intent (Context packageContext, Class<?> cls)
引数の説明	・packageContext 　呼び出し元のクラスのContextを渡します。 Activityクラスは Contextクラスの間接的なサブクラスなので、Activityから呼び出した場合は「this」を渡します。 ・cls 　実行したいクラスを指定します。 （注） 「Class<?> cls」とは総称型を使った引数の指定方法で、どのようなクラスでも引数として渡すことができるということを意味しています。

Activityから呼ばれる場合、コンストラクタの第一引数には「this」を渡せばよいのですが、このプログラムのように内部クラスOnClickListenerのコンストラクタ内で「this」を指定すると、thisはOnClickListenerのインスタンスを指してしまいます。

このような場合は、21行目のようにクラス名を付けて「MainActivity.this」と指定します。

24行目の「startActivity」が、実際にActivityを呼び出すためのメソッドで、Intentのインスタンスを引数に渡しています。

startActivityメソッドにも引数やメソッド名が異なる様々な種類がありますが、ここで用いたメソッドの一般的な書式は次のようになります。

クラス	android.app.Activity
メソッド	void startActivity (Intent intent)
引数の説明	・intent 　実行したいActivityの情報や渡したいデータを格納したIntent

SubActivity.java

新規に作成します。

ツールウィンドウのソースファイルがあるフォルダでマウスを右クリックし、「New→Java Class」を選択します。

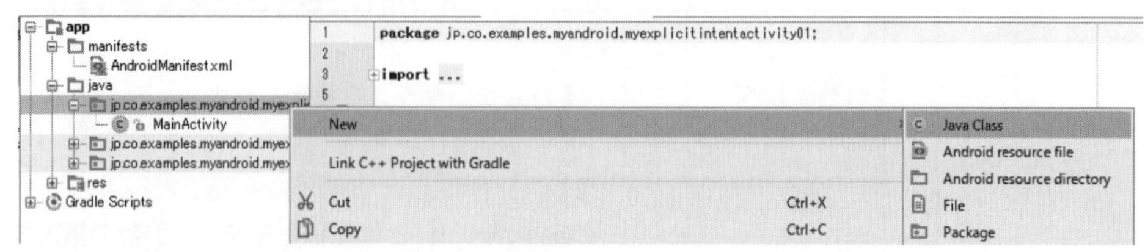

マウス右クリックで「New→Java Class」を選択

新クラス作成画面が表示されるので、クラス名「SubActivity」と親クラス「android.app.Activity」を入力して、OKを押してください。

親クラス名の入力欄は、「Activity」と入力すると自動的に候補が表示されるので、そこから選んでも構いません。

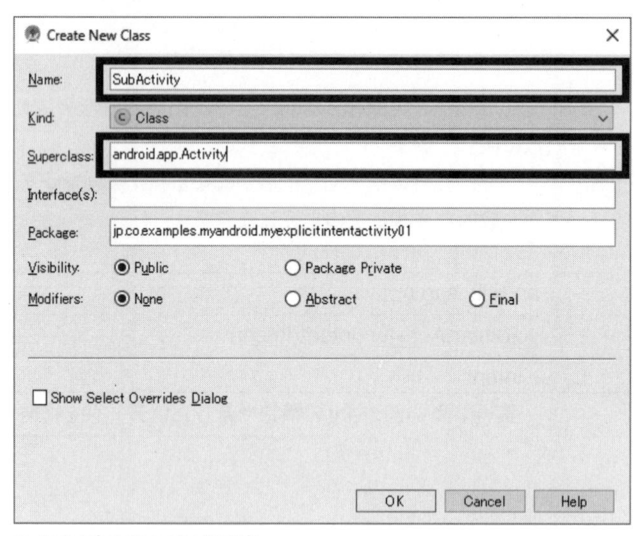

クラス名と親クラスを設定

以上でSubActivity.javaが作成され、そのソースコードが表示されます。

新規にクラスを追加した場合は、ヘッダー部分にAndroid Studioにより作成したユーザー名がコメントで付加されるので、必要に応じて修正してください。

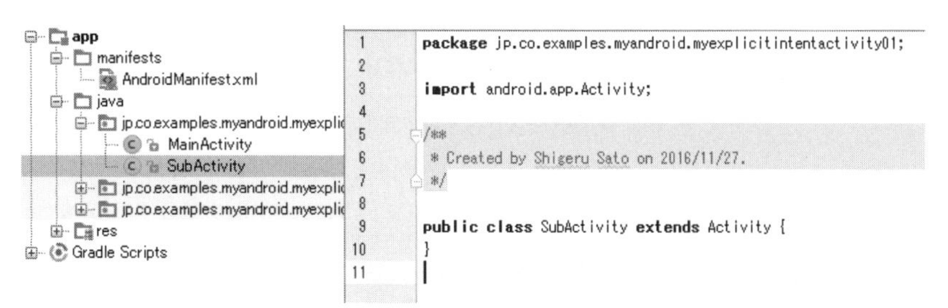

SubActivity.java

このファイルを修正して次のようなプログラムを作成します。

```
1  package jp.co.examples.myandroid.myexplicitintentactivity01;
2
3  import android.app.Activity;
4  import android.os.Bundle;
5
6  /**
7   * Sub Activity
8   */
9
10 public class SubActivity extends Activity {
11     @Override
12     protected void onCreate(Bundle savedInstanceState) {
13         super.onCreate(savedInstanceState);
14         setContentView(R.layout.activity_sub);
15     }
16 }
```

SubActivity.java

このプログラムではonCreateメソッドをオーバーライドして、その中でレイアウトファイルを読み込んで画面を表示しています。

AndroidManifest.xml

ここまででメインのActivityとその画面のレイアウトファイル、そして実行されるActivityとそのレイアウトファイルが完成しましたが、実際にこのアプリケーションを動かすためには、以下のようにマニフェストファイルを修正する必要があります。

```
1  <?xml version="1.0" encoding="utf-8"?>
2  <manifest xmlns:android="http://schemas.android.com/apk/res/android"
3      package="jp.co.examples.myandroid.myexplicitintentactivity01">
4
5      <application
6          android:allowBackup="true"
7          android:icon="@mipmap/ic_launcher"
8          android:label="My Explicit Intent Activity01"
9          android:supportsRtl="true"
10         android:theme="@style/AppTheme">
11         <activity android:name=".MainActivity">
12             <intent-filter>
13                 <action android:name="android.intent.action.MAIN" />
14
15                 <category android:name="android.intent.category.LAUNCHER" />
16             </intent-filter>
17         </activity>
18
19         <activity android:name=".SubActivity">
20         </activity>
21     </application>
22
23 </manifest>
```

AndroidManifest.xml

プロジェクトを作成したときに自動的に作成されるAndroidManifest.xmlに、19～20行目のように<activity>タグを追加しています。

<activity>タグは、このアプリケーションが「.SubActivity」というActivityを持っているということをAndroidのシステムに登録しています。

「.SubActivity」のピリオド「.」は「このパッケージ内のSubActivity」という意味で、この指定は「jp.co.examples.myandroid.myexplicitintentactivity01.SubActivity」と同じ意味になります。

アプリケーションがActivityを使う場合、<activity>タグでマニフェストファイルに登録しないかぎり、Androidのシステムからは認識できません。

利用したいActivityがある場合は、このように必ずマニフェストファイルに登録します。

実行結果

MainActivityを実行すると次のような初期画面が表示されます。

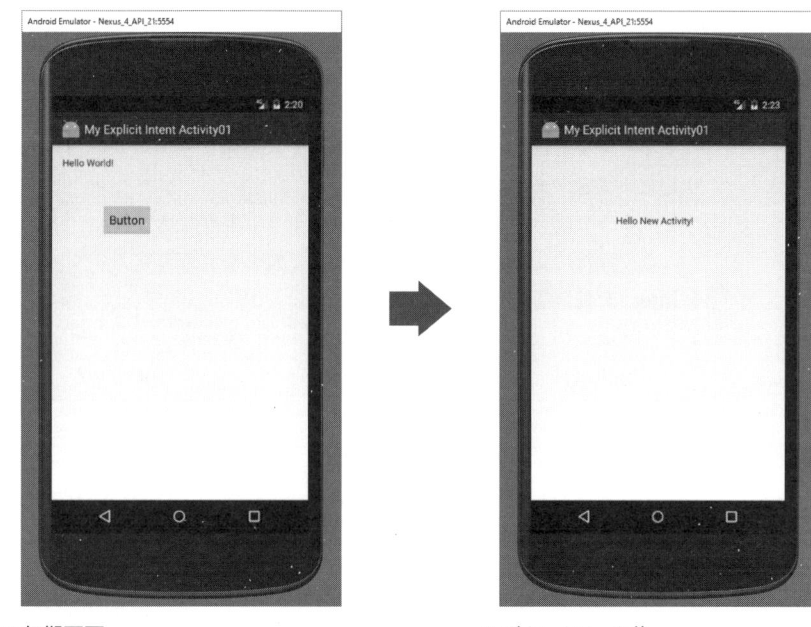

初期画面　　ボタンクリック後

ボタンをクリックするとSubActivityが実行されて、右図の画面が表示されます。

参考　「戻る」ボタン

SubActivityから、元のMainActivityに戻りたい場合は、画面下の戻るボタンを押してください。

「戻る」ボタンを押した場合のActivityの動作については「04-09 バックスタックについて」(216ページ)で詳しく説明します。

04-04
明示的 Intent（値をやり取りする場合）

先ほど作成したアプリケーションでは単にActivityから他のActivityを呼び出して実行するだけでしたが、実際には計算結果や入力値など何らかの値をActivity間でやり取りしたい場合があります。

そのような場合はIntentを使って値のやり取りができます。

ここでは次のように2つのActivity間で値をやり取りするアプリケーションを明示的なIntentを使って作成してみます。

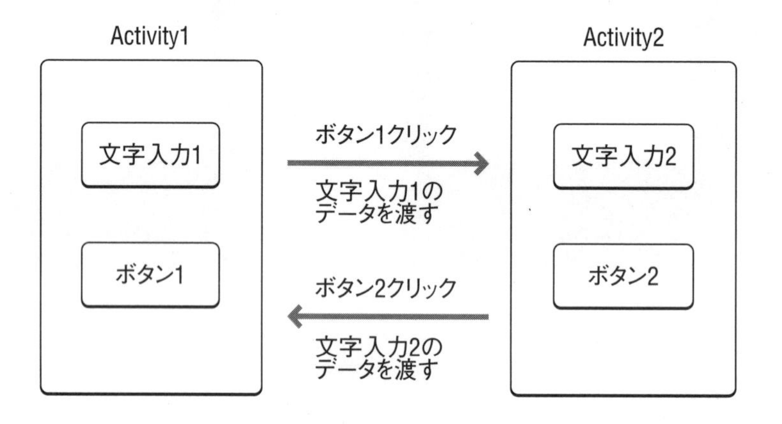

「My Explicit Intent Activity02」という名前で新規にプロジェクトを作成します。

このアプリケーションで重要となるのは次のファイルです。

Activityファイル	・MainActivity.java 呼び出し元のActivityです。 ・SubActivity.java 呼び出されて実行されるActivityです。 新規に作成します。
レイアウトファイル	・activity_main.xml MainActivityのレイアウトファイルです。 ・activity_sub.xml SubActivityのレイアウトファイルです。 新規に作成します。

マニフェストファイル	・AndroidManifest.xml アプリケーションのマニフェストファイルです。 SubActivityを使うという記述を追加します。

activity_main.xml

activity_main.xmlを修正して次のような画面を作成します。

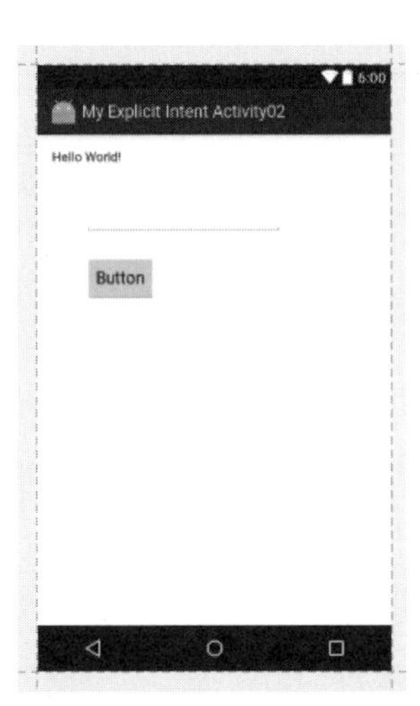

activity_main.xml (デザイン画面)

activity_main.xmlのテキスト画面は次のようになります。

```
1   <?xml version="1.0" encoding="utf-8"?>
2   <RelativeLayout xmlns:android="http://schemas.android.com/apk/res/android"
3       xmlns:tools="http://schemas.android.com/tools"
4       android:id="@+id/activity_main"
5       android:layout_width="match_parent"
6       android:layout_height="match_parent"
7       android:paddingBottom="16dp"
8       android:paddingLeft="16dp"
9       android:paddingRight="16dp"
10      android:paddingTop="16dp"
11      tools:context="jp.co.examples.myandroid.myexplicitintentactivity02.MainActivity">
12
13      <TextView
14          android:layout_width="wrap_content"
15          android:layout_height="wrap_content"
16          android:text="Hello World!"
17          android:id="@+id/textView" />
18
19      <EditText
20          android:layout_width="wrap_content"
```

```
21            android:layout_height="wrap_content"
22            android:inputType="textPersonName"
23            android:text=""
24            android:ems="10"
25            android:layout_marginTop="37dp"
26            android:id="@+id/editText"
27            android:layout_marginLeft="36dp"
28            android:layout_marginStart="36dp"
29            android:layout_below="@+id/textView"
30            android:layout_alignParentLeft="true"
31            android:layout_alignParentStart="true" />
32
33        <Button
34            android:text="Button"
35            android:layout_width="wrap_content"
36            android:layout_height="wrap_content"
37            android:layout_marginTop="22dp"
38            android:id="@+id/button"
39            android:layout_below="@+id/editText"
40            android:layout_alignLeft="@+id/editText"
41            android:layout_alignStart="@+id/editText" />
42
43    </RelativeLayout>
```

activity_main.xml（テキスト画面）

画面上の位置はこの通りでなくとも構いませんが、EditTextとButtonのidはそれぞれ「textView」と「button」を指定しておきます。

初期状態として23行目でEditTextに空白を設定しています。

activity_sub.xml

SubActivity.java用のレイアウトファイルです。

新規に作成し、次のような画面を定義します。

activity_sub.xml（デザイン画面）

activity_sub.xmlのテキスト画面は次のようになります。

```
1  <?xml version="1.0" encoding="utf-8"?>
2  <RelativeLayout xmlns:android="http://schemas.android.com/apk/res/android"
3      android:layout_width="match_parent" android:layout_height="match_parent">
4
5      <TextView
6          android:text="Hello New Activity!"
7          android:layout_width="wrap_content"
8          android:layout_height="wrap_content"
9          android:layout_marginLeft="128dp"
10         android:layout_marginStart="128dp"
11         android:id="@+id/subTextView"
12         android:layout_marginTop="100dp"
13         android:layout_alignParentTop="true"
14         android:layout_alignParentLeft="true"
15         android:layout_alignParentStart="true" />
16
17     <EditText
18         android:layout_width="wrap_content"
19         android:layout_height="wrap_content"
20         android:inputType="textPersonName"
21         android:text=""
22         android:ems="10"
23         android:layout_below="@+id/subTextView"
24         android:layout_alignLeft="@+id/subTextView"
25         android:layout_alignStart="@+id/subTextView"
26         android:layout_marginTop="34dp"
27         android:id="@+id/subEditText" />
28
29     <Button
30         android:text="Button"
31         android:layout_width="wrap_content"
32         android:layout_height="wrap_content"
33         android:layout_below="@+id/subEditText"
34         android:layout_alignLeft="@+id/subEditText"
35         android:layout_alignStart="@+id/subEditText"
36         android:layout_marginTop="42dp"
37         android:id="@+id/subButton" />
38
39 </RelativeLayout>
```

activity_sub.xml (テキスト画面)

EditTextとButtonのidをそれぞれ「subEditText」、「subButton」としています。初期状態として21行目でEditTextに空白を設定しています。

MainActivity.java

アプリケーションのメインとなるActivityです。
次のようなプログラムを作成してください。

```
1  package jp.co.examples.myandroid.myexplicitintentactivity02;
2
3  import android.app.Activity;
4  import android.content.Intent;
5  import android.os.Bundle;
6  import android.view.View;
7  import android.widget.Button;
8  import android.widget.EditText;
9  import android.widget.Toast;
10
11 public class MainActivity extends Activity {
12
13     public static final String KEY="EDIT_TEXT_KEY";
14     public static final int SUB_ACTIVITY_REQUEST = 1;
15
16     @Override
17     protected void onCreate(Bundle savedInstanceState) {
18         super.onCreate(savedInstanceState);
19         setContentView(R.layout.activity_main);
20
21         // ボタンを取得してクリックリスナーを登録
22         Button button = (Button) findViewById(R.id.button);
23         button.setOnClickListener(new View.OnClickListener() {
24             @Override
25             public void onClick(View view) {
26                 EditText editText = (EditText) findViewById(R.id.editText);
27                 String textString = editText.getText().toString();
28
29                 // Intentに値を保存
30                 Intent intent = new Intent(MainActivity.this, SubActivity.class);
31                 intent.putExtra(KEY, textString);
32
33                 // Activityを開始
34                 startActivityForResult(intent, SUB_ACTIVITY_REQUEST);
35             }
36         });
37     }
38
39     @Override
40     protected void onActivityResult(int requestCode, int resultCode, Intent data) {
41         if( requestCode==SUB_ACTIVITY_REQUEST ) {
42             if(resultCode==RESULT_OK) {
43                 String str = data.getStringExtra(SubActivity.SUB_KEY);
44
45                 Toast.makeText(MainActivity.this, str, Toast.LENGTH_SHORT).show();
46             }
47         }
48     }
49 }
```

MainActivity.java

このプログラムでは、ボタンが押されたらTextEditの文字列をSubActivityに渡して、SubActivityを実行します。

その後、SubActivityが終了したら再びMainActivityを表示し、Toastを使ってSubActivity側から渡された文字列を画面に表示します。

そのために、ここでは以下の2つの処理を行っています。

(1)MainActivityからSubActivityにデータを渡す

27行目でEditTextに入力された文字列を変数textStringに代入しています。

そして31行目で「intent.putExtra(KEY, textString)」というメソッドを使って、キーと文字列の組をintentにセットしています。

このプログラムでは、キーとして13行目で定義した文字列「EDIT_TEXT_KEY」という文字列を使っています。

putExtra()を使ってキーと値の組をintentにセットしてからActivityを実行すると、呼び出されたActivityで同じキーを使ってintentからその値を取り出すことができます。

putExtra()には引数の型が異なる同名のメソッドが複数定義されていますが、今回使用したメソッドの一般的な書式は次のようになります。

クラス	android.content.Intent
メソッド	Intent putExtra (String name, String value) 文字列をIntentに格納します。
引数の説明	・name 　格納するデータに付けるキーを指定します。 　ユニークな文字列になるように、正式にはパッケージ名を付加することが推奨されています。 例 jp.co.examples.myandroid.myexplicitintentactivity02. EDIT_TEXT_KEY ・value 　格納する文字列を指定します。
戻り値	値が格納されたIntentを返します。

(2)SubActivityからMainActivityにデータを渡す

他のActivityを呼び出して実行した場合、その処理結果や入力値などを呼び出し元に返したい場合があります。

そのような場合には、34行目のように「startActivityForResult()」メソッドを使ってSubActivityを実行します。

ここで用いた「startActivityForResult()」メソッドの一般的な書式は次のようになります。

クラス	android.app.Activity
メソッド	void startActivityForResult (Intent intent, int requestCode) Activityから結果を受け取りたい場合に、このメソッドを使ってActivityを実行します。
引数の説明	・intent 実行したいActivityの情報や渡したいデータを格納したIntent ・requestCode Activityを識別するために使われます。

「startActivity()」の場合と異なり、「startActivityForResult()」を使ってActivityを実行した場合は、呼び出されたActivityが終了すると、呼び出し元のActivityで「onActivityResult()」というメソッドが実行されます。

40～48行目が、そのメソッドをオーバーライドで定義した部分で、引数の意味は以下の通りです。

クラス	android.app.Activity
メソッド	void onActivityResult (int requestCode, int resultCode, Intent data) startActivityForResult()を使って呼び出されたActivityが終了した場合に、呼び出し元のActivityのこのメソッドが実行されます。
引数の説明	・requestCode startActivityForResult()で渡されたrequestCodeが返ってきます。 ・resultCode 呼び出されたActivity側で設定される値で、正常に終了した場合、普通はActivity. RESULT_OKという値がセットされています。 ・data Intent型の変数で、呼び出された側から呼び出し元に何らかの値を返したい場合、キーと値の組をdataに格納して返すことができます。

onActivityResult()の引数のrequestCodeには、startActivityForResult()で渡した値が返ってくるので、41行目でそれを使って間違いなくSubActivityから返された結果であることを確認しています。

今回はMainActivityから実行されるActivityは一つだけなので、実際にはこの確認は不要ですが、実行されるActivityが複数ある場合には、このようにrequestCodeで識別する必要があります。

42行目でSubActivityの処理が正常に終了したことを確認し、43行目でIntentの「getStringExtra()」メソッドを使って、SubActivity側でIntentに格納された値を取り出しています。

「getStringExtra()」は、「putExtra()」でIntentに格納されたデータが文字列であることがわかっている場合に、指定されたキーを使ってその文字列を取り出すメソッドです。

45行目では取り出した文字列をToastを使って画面に表示しています。

rusultCodeや格納されているデータの内容については、SubActivity.javaのプログラム説明の方を参照してください。

SubActivity.java

MainActivityから実行されるActivityです。

次のようなプログラムを作成してください。

```
1	package jp.co.examples.myandroid.myexplicitintentactivity02;
2	
3	import android.app.Activity;
4	import android.content.Intent;
5	import android.os.Bundle;
6	import android.view.View;
7	import android.widget.Button;
8	import android.widget.EditText;
9	
10	/**
11	 * Sub Activity (値をやり取りする)
12	 */
13	
14	public class SubActivity extends Activity {
15	    public static final String SUB_KEY = "SUB_KEY";
16	
17	    @Override
18	    protected void onCreate(Bundle savedInstanceState) {
19	        super.onCreate(savedInstanceState);
20	        setContentView(R.layout.activity_sub);
21	
22	        // EditTextをxmlから取得
23	        final EditText editText = (EditText) findViewById(R.id.subEditText);
24	
25	        // intentを取得して渡された文字列を取り出す
26	        Intent intent = getIntent();
27	        String str = intent.getStringExtra(MainActivity.KEY);
28	
29	        // 渡された文字列を表示
30	        editText.setText(str);
31	
```

```
32          Button button = (Button) findViewById(R.id.subButton);
33          button.setOnClickListener(new View.OnClickListener() {
34              @Override
35              public void onClick(View view) {
36                  // 入力された文字を取り出す
37                  String newStr = editText.getText().toString();
38
39                  // 新たにIntentを作成して文字列をセット
40                  Intent newIntent = new Intent();
41                  newIntent.putExtra(SUB_KEY, newStr);
42
43                  // Intentを返す
44                  setResult(RESULT_OK, newIntent);
45
46                  // 終了
47                  finish();
48              }
49          });
50      }
51  }
```

SubActivity.java

このプログラムは、MainActivityからstartActivity()メソッドにより実行され、渡された文字列を初期画面でEditTextに表示します。

その後、ユーザーがEditTextに別の文字を入力してボタンを押すと、入力された文字列を呼び出し元のMainActivityに渡してSubActivityを終了します。

SubActivityが終了するとMainActivityが再び表示されます。

文字列を設定するため、23行目でEditTextのインスタンスを取得しておきます。

26行目はgetIntent()メソッドを使ってIntentを取得しています。

このメソッドはActivityを起動したIntentを返すメソッドです。これにより、SubActivityを実行するためにMainActivity側で使ったIntentが取得できます。

27行目でgetStringExtra()メソッドを使ってMainActivity側で格納した文字列を取り出し、30行目でその文字列をEditTextに表示しています。

33～49行目はボタンが押された場合の処理の定義で、37行目でEditTextに入力されている文字列を取得しています。

40から41行目では新たにIntentを作成し、その中に「putExtra()」メソッドを使って取得した文字列をキーと値のセットとして格納しています。

キーは15行目で定義した文字列で、MainActivity側で取り出す場合も同じキーを使います。

Activityを実行する場合と異なり、このときのIntentは単にデータを格納するためだけに使われています。

44行目の「setResult()」は、呼び出し元のActivityに返すためのデータを設定するためのメソッドで、その一般的な書式は次のようになります。

クラス	android.app.Activity
メソッド	void setResult (int resultCode, Intent data) Activityの呼び出し元に返すためのデータを設定します。
引数の説明	・resultCode 呼び出し元に処理結果の状態を返すための変数で、以下の値が利用できます。 処理がキャンセルされた場合：RESULT_CANCELED 正常に終了した場合：RESULT_OK ・data 呼び出し元に返すためのデータを格納したIntentです。

47行目の「finish()」はこのActivityを終了するためのメソッドです。

これによりSubActivityが終了し、再びMainActivityが表示されてMainActivityの、「onActivityResult()」メソッドが実行されます。

「onActivityResult()」の引数には、「setResult()」メソッドで設定したresultCodeとIntentが渡されます。

AndroidManifest.xml

アプリケーション内で使うActivityはマニフェストファイルで指定する必要があります。

「My Explicit Intent Activity01」の場合と同様に、AndroidManifest .xmlに<activity>タグを追加してください。

```
1  <?xml version="1.0" encoding="utf-8"?>
2  <manifest xmlns:android="http://schemas.android.com/apk/res/android"
3      package="jp.co.examples.myandroid.myexplicitintentactivity02">
4
5      <application
6          android:allowBackup="true"
7          android:icon="@mipmap/ic_launcher"
8          android:label="My Explicit Intent Activity02"
9          android:supportsRtl="true"
10         android:theme="@style/AppTheme">
11         <activity android:name=".MainActivity">
12             <intent-filter>
13                 <action android:name="android.intent.action.MAIN" />
14
15                 <category android:name="android.intent.category.LAUNCHER" />
16             </intent-filter>
17         </activity>
18
19         <activity android:name=".SubActivity">
20         </activity>
21     </application>
22
23 </manifest>
```

AndroidManifest.xml

実行結果

プログラムを実行するとMainActivityが実行されて､次のような画面が表示されます。

初期状態ではTextEditエリア空白なので、何か適当に文字を入れてボタンを押してください。

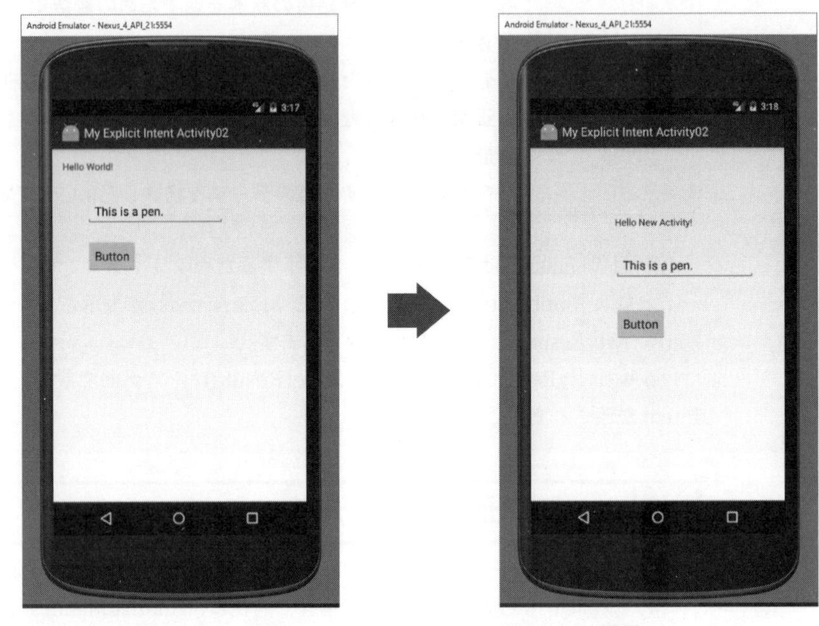

MainActivityボタンクリック前

SubActiviy画面

ボタンを押すとSubActivityが実行されて、次のような画面が表示されます。

MainActivityで入力した文字が渡されて、TextEditに表示されていることを確認してください。

ここで何か別の文字列を入力してボタンを押してください。

SubActivityが終了し、再びMainActivityが表示されます。

MainActivity画面を表示する際に、SubActivityで入力した文字列が画面下に表示され、値が渡されていることが確認できます。

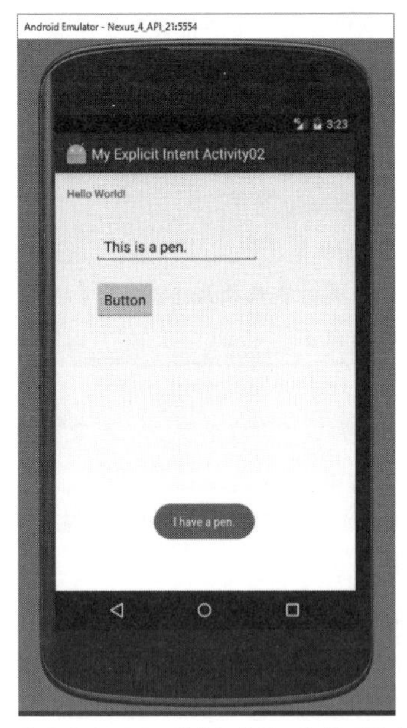

SubActivityボタンクリック後、MainActivity再表示

04-05 暗黙的 Intent（同一アプリケーション内での実行）

これまではActivityを実行するために、Intentに「SubActivity.class」のようにクラス名を設定して実行するやり方を説明してきました。

しかしAndroidではActivityを実行する際にクラス名を使うのではなく、実行したい処理内容を指定してActivityを自動的に起動することもできます。

この機能を使えば、例えば「URLを与えてページを表示する」という処理を指定すれば、ブラウザのクラス名がわからなくとも自動的にブラウザでそのページを表示させることができます。

Intentにクラス名を設定してActivityを実行する方法は「明示的Intentを使う方法」と呼ばれていますが、それに対してこのようにIntentに実行したい処理の内容を設定する方法は「暗黙的なIntentを使う方法」と呼ばれます。

ここでは暗黙的なIntentについて説明するために、「My Explicit Intent Activity01」で作成したプログラムを、暗黙のIntentを使う方法に書き直してみます。

「My Implicit Activity01」という名前でプロジェクトを作成します。
このアプリケーションで重要となるのは次のファイルです。

Activityファイル	・MainActivity.java 呼び出し元のActivityです。 ・SubActivity.java 呼び出されて実行されるActivityです。 新規に作成します。
レイアウトファイル	・activity_main.xml MainActivityのレイアウトファイルです。 ・activity_sub.xml SubActivityのレイアウトファイルです。 新規に作成します。
マニフェストファイル	・AncroidManifest.xml SubActivityを暗黙のIntentによって実行できるようにする記述を追加します。

activity_main.xml

MainActivityのレイアウトファイルです。
activity_main.xmlを修正して次のような画面を作成します。

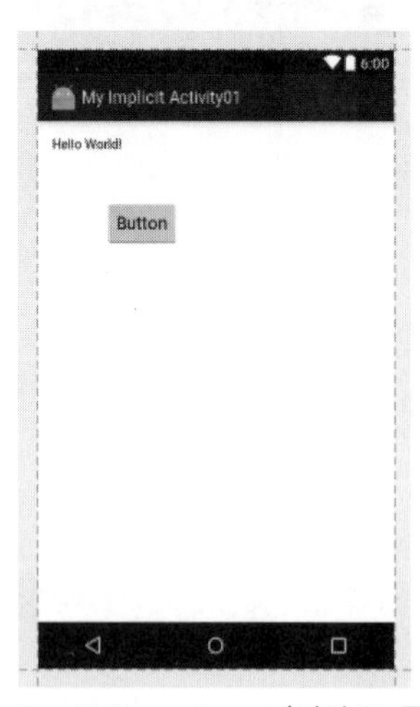

activity_main.xml(デザイン画面)

activity_main.xmlのテキスト画面は次のようになります。

```
1   <?xml version="1.0" encoding="utf-8"?>
2   <RelativeLayout xmlns:android="http://schemas.android.com/apk/res/android"
3       xmlns:tools="http://schemas.android.com/tools"
4       android:id="@+id/activity_main"
5       android:layout_width="match_parent"
6       android:layout_height="match_parent"
7       android:paddingBottom="16dp"
8       android:paddingLeft="16dp"
9       android:paddingRight="16dp"
10      android:paddingTop="16dp"
11      tools:context="jp.co.examples.myandroid.myimplicitactivity01.MainActivity">
12
13      <TextView
14          android:layout_width="wrap_content"
15          android:layout_height="wrap_content"
16          android:text="Hello World!"
17          android:id="@+id/textView" />
18
19      <Button
20          android:text="Button"
21          android:layout_width="wrap_content"
22          android:layout_height="wrap_content"
23          android:layout_marginLeft="58dp"
24          android:layout_marginStart="58dp"
25          android:layout_marginTop="50dp"
26          android:id="@+id/button"
27          android:layout_below="@+id/textView"
28          android:layout_alignParentLeft="true"
29          android:layout_alignParentStart="true" />
30
31  </RelativeLayout>
```

activity_main.xml (テキスト画面)

Buttonのidには「button」と指定します。

activity_sub.xml

SubActivity用のレイアウトファイルを新規に作成し、次のような画面を定義します。

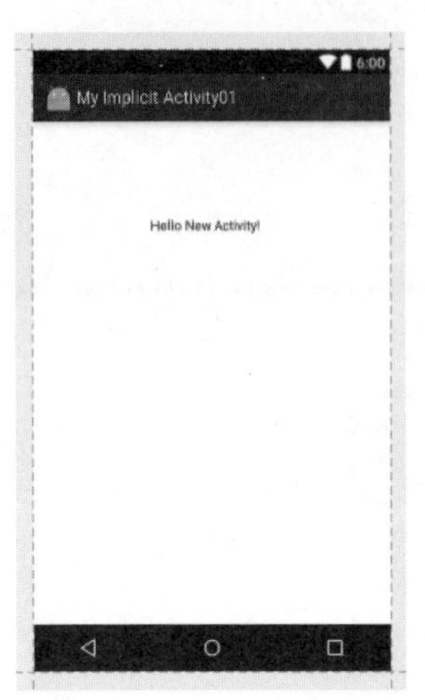

activity_sub.xml（デザイン画面）

activity_sub.xmlのテキスト画面は次のようになります。

```
1  <?xml version="1.0" encoding="utf-8"?>
2  <RelativeLayout xmlns:android="http://schemas.android.com/apk/res/android"
3      android:layout_width="match_parent" android:layout_height="match_parent">
4
5      <TextView
6          android:text="Hello New Activity!"
7          android:layout_width="wrap_content"
8          android:layout_height="wrap_content"
9          android:layout_marginLeft="128dp"
10         android:layout_marginStart="128dp"
11         android:id="@+id/subTextView"
12         android:layout_marginTop="100dp"
13         android:layout_alignParentTop="true"
14         android:layout_alignParentLeft="true"
15         android:layout_alignParentStart="true" />
16 </RelativeLayout>
```

activity_sub.xml（テキスト画面）

MainActivity.java

MainActivity.javaを修正して次のようなプログラムを作成します。

```
1   package jp.co.examples.myandroid.myimplicitactivity01;
2
3   import android.app.Activity;
4   import android.content.Intent;
5   import android.os.Bundle;
6   import android.view.View;
7   import android.widget.Button;
8
9   public class MainActivity extends Activity {
10
11      static final String MYACTION =
12              "jp.co.examples.myandroid.myimplicitactivity01.MYACTION";
13
14      @Override
15      protected void onCreate(Bundle savedInstanceState) {
16          super.onCreate(savedInstanceState);
17          setContentView(R.layout.activity_main);
18
19          Button button = (Button) findViewById(R.id.button);
20          button.setOnClickListener(new View.OnClickListener() {
21              @Override
22              public void onClick(View view) {
23                  // Intentを作成してアクション名を登録
24                  Intent intent = new Intent(MYACTION);
25
26                  // Activityを開始
27                  startActivity(intent);
28              }
29          });
30      }
31  }
```

MainActivity.java

19行目でボタンを取得し、20～29行目でボタンクリックに対する処理を定義しています。

24行目で「Intent intent = new Intent(MYACTION)」によってIntentを作成していますが、どのActivityが実行されるかはこのときコンストラクタに渡される文字列によって決定されます。

ここでは11行目で定義した「MYACTION」という変数を渡し、それを使って27行目のstartActivity()でActivityを実行しています。

24行目のIntentのコンストラクタの一般的な書式は次のようになります。

コンストラクタ	Intent (String action)
引数の説明	実行する処理を定義するための文字列 例： ACTION_VIEW、ACTION_EDIT、ACTION_MAINなどのIntentクラスで定義済みの文字列や、独自に定義した文字列。

コンストラクタに渡す引数はアクションと呼ばれる文字列で、これを使ってどのような処理を行いたいかを指定することができます。

この文字列は実行したい処理に応じてIntentクラスで数種類定義されていますが、今回のプログラムのように独自の文字列を定義することもできます。

この文字列によって実行されるActivityはマニフェストファイルの<intent-filter>タグで決められますが、それについては「AndroidManifest.xml」(191ページ)で説明します。

SubActiviy.java

MainActivityから呼び出されるActivityです。
次のようなプログラムを作成してください。

```
1  package jp.co.examples.myandroid.myimplicitactivity01;
2
3  import android.app.Activity;
4  import android.os.Bundle;
5
6  /**
7   * Sub Activity （暗黙のIntentを使う）
8   */
9
10 public class SubActivity extends Activity {
11     @Override
12     protected void onCreate(Bundle savedInstanceState) {
13         super.onCreate(savedInstanceState);
14         setContentView(R.layout.activity_sub);
15     }
16 }
```

SubActivity.java

プログラムは、SubActivityが実行されたことを示すレイアウトファイルを読み込んで画面を表示しているだけです。

AndroidManifest.xml

アプリケーション内で使われる全てのActivityは、マニフェストファイル内で<activity>タグを使って指定する必要がありますが、暗黙のIntentに対してどのActivityが実行されるかは、<activity>タグ内の<intent-filter>というタグで指定することができます。

次のようにAndroidManifest.xmlを修正してください。

```
1  <?xml version="1.0" encoding="utf-8"?>
2  <manifest xmlns:android="http://schemas.android.com/apk/res/android"
3      package="jp.co.examples.myandroid.myimplicitactivity01">
4
5      <application
6          android:allowBackup="true"
7          android:icon="@mipmap/ic_launcher"
8          android:label="My Implicit Activity01"
9          android:supportsRtl="true"
10         android:theme="@style/AppTheme">
11         <activity android:name=".MainActivity">
12             <intent-filter>
13                 <action android:name="android.intent.action.MAIN" />
14
15                 <category android:name="android.intent.category.LAUNCHER" />
16             </intent-filter>
17         </activity>
18
19         <activity android:name=".SubActivity">
20             <intent-filter>
21                 <action android:name=
22                     "jp.co.examples.myandroid.myimplicitactivity01.MYACTION" />
23                 <category android:name="android.intent.category.DEFAULT"/>
24             </intent-filter>
25         </activity>
26     </application>
27
28 </manifest>
```

AndroidManifest.xml

プロジェクト作成時に作成されたAndroidManifest.xmlのひな型に、図の19～25行目を追加します。

19行目はこのアプリケーションでSubActivityというActivityが使われているということを意味し、20～25行目の<intent-filter>でどのような場合にこのActivityが実行されるかを指定しています。

21～22行目の<action>タグはこのActivityを実行するためのアクションの指定で、ここでは

「jp.co.examples.myandroid.myimplicitactivity01.MYACTION」

という文字列が、Intentのアクションに設定されている場合に、SubActivityを実行するということを指定しています。

23行目の<category>タグも、暗黙のIntentで実行される条件を指定するタグの一つですが、暗黙のIntentを使う場合は常に
「<category android:name="android.intent.category.DEFAULT"/>」
と指定する必要があります。

実行結果

実行結果は、明示的なIntentを使った「My Explicit Intent Activity01」と全く同じなので、説明は省略します。

暗黙的Intentを指定するための様々な方法

暗黙のIntentを使ってActivityを実行する場合、<intent-filter>タグ内では<action>タグは必須となっています。

今回のプログラムでは、この<action>タグを使って実行するActivityを決めていましたが、Intentはそれ以外にも次のような様々な情報を含んでいます。

種類	意味
Action(アクション)	全体的な処理内容を指定します。
Data(データ)	アクションの実行対象となるデータを指定します。 URIやMimeTypeなどの情報を指定できます。
Category(カテゴリー)	Intentを処理するための追加情報を指定します。
Extra(エクストラ)	キーと値の組でデータを格納します。

これらのデータの種類に対応する<category>や<data>タグを<intent-filter>内で使うことによって、実行したいアプリケーションをさらに細かく指定することもできますが、詳細については本書では省略します。

04-06
暗黙的Intent（自作アプリケーションの実行）

あるActivityから他のActivityを実行する場合に、その対象として他のアプリケーションのメインのActivityを指定すると、そのアプリケーションを起動することができます。

ここでは暗黙のIntentを使って別アプリケーションのMainActivityを実行する方法を説明します。

ここでは2つのアプリケーションを作成し、一方のアプリケーションからもう一方を呼び出して実行する方法について説明します。

- My Implicit Main Activity01
- My Implicit Sub Activity01

My Implicit Main Activity01

呼び出し側のアプリケーションです。
このアプリケーションから「My Implicit Sub Activity01」を呼び出して実行します。

「My Implicit Main Activity01」という名前でプロジェクトを作成します。
このアプリケーションで重要となるのは次のファイルです。

Activityファイル	・MainActivity.java このアプリケーションのメインActivityです。 「My Implicit Sub Activity01」を呼び出すように修正します。
レイアウトファイル	・activity_main.xml MainActivityのレイアウトファイルです。

マニフェストファイルは修正する必要はありません。

activity_main.xml

MainActivityのレイアウトファイルです。
activity_main.xmlを修正して次のような画面を作成します。

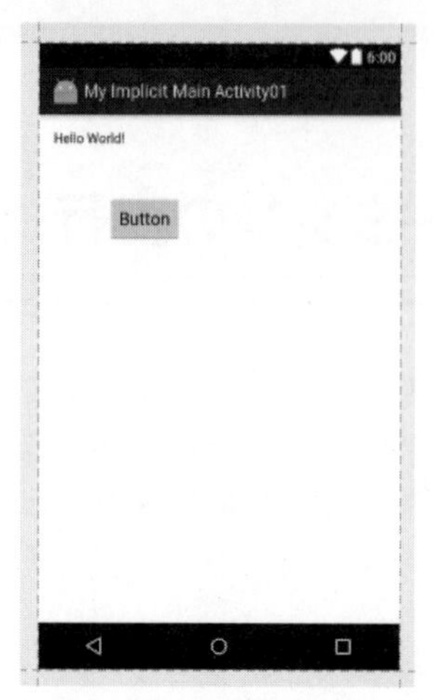

activity_main.xml（デザイン画面）

activity_main.xmlのテキスト画面は次のようになります。

```
1  <?xml version="1.0" encoding="utf-8"?>
2  <RelativeLayout xmlns:android="http://schemas.android.com/apk/res/android"
3      xmlns:tools="http://schemas.android.com/tools"
4      android:id="@+id/activity_main"
5      android:layout_width="match_parent"
6      android:layout_height="match_parent"
7      android:paddingBottom="16dp"
8      android:paddingLeft="16dp"
9      android:paddingRight="16dp"
10     android:paddingTop="16dp"
11     tools:context="jp.co.examples.myandroid.myimplicitmainactivity01.MainActivity">
12
13     <TextView
14         android:layout_width="wrap_content"
15         android:layout_height="wrap_content"
16         android:text="Hello World!"
17         android:id="@+id/textView" />
18
19     <Button
20         android:text="Button"
21         android:layout_width="wrap_content"
22         android:layout_height="wrap_content"
23         android:layout_marginLeft="58dp"
24         android:layout_marginStart="58dp"
25         android:layout_marginTop="50dp"
26         android:id="@+id/button"
27         android:layout_below="@+id/textView"
28         android:layout_alignParentLeft="true"
29         android:layout_alignParentStart="true" />
30 </RelativeLayout>
```

activity_main.xml（テキスト画面）

画面のデザインは「My Implicit Activity01」のactivity_main.xmlと全く同じです。

MainActivity.java

呼び出し側のメインとなるActivityです。
次のようにプログラムを修正してください。

```
1  package jp.co.examples.myandroid.myimplicitmainactivity01;
2
3  import android.app.Activity;
4  import android.content.Intent;
5  import android.os.Bundle;
6  import android.view.View;
7  import android.widget.Button;
8
9  public class MainActivity extends Activity {
10
11     static final String MYACTION =
12             "jp.co.examples.myandroid.myimplicitmainactivity01.MYACTION";
13
14     @Override
15     protected void onCreate(Bundle savedInstanceState) {
16         super.onCreate(savedInstanceState);
17         setContentView(R.layout.activity_main);
18
19         Button button = (Button) findViewById(R.id.button);
20         button.setOnClickListener(new View.OnClickListener() {
21             @Override
22             public void onClick(View view) {
23                 // Intentを作成してアクション名を登録
24                 Intent subActivityIntent = new Intent(MYACTION);
25
26                 // Activityを開始
27                 startActivity(subActivityIntent);
28             }
29         });
30     }
31 }
```

MainActivity.java

19行目でボタンを取得し、20～29行目でそのボタンがクリックされた場合の処理を定義しています。

24行目でアクション名を指定してIntentを作成し、27行目でそのアクション名に対応するActivityを暗黙のIntentを使って実行しています。

「My Implicit Activity01」のMainActivity.javaとほとんど同じ処理ですが、アクション名の文字列だけが異なっています。

My Implicit Sub Activity01

「My Implicit Main Activity01」から呼び出される側のアプリケーションです。
「My Implicit Sub Activity01」という名前でプロジェクトを作成します。
このアプリケーションで重要となるのは次のファイルです。

Activityファイル	・MainActivity.java このアプリケーションのメインActivityです。
レイアウトファイル	・activity_main.xml MainActivityのレイアウトファイルです。
マニフェストファイル	・AndroidManifest.xml このアプリケーションを暗黙のIntentによって実行するという記述を追加します。

「My Implicit Main Activity01」から呼び出される対象となるアプリケーションですが、単独でも実行することができます。

activity_main.xml

MainActivityのレイアウトファイルです。
activity_main.xmlを修正して次のような画面を作成します。

activity_main.xml（デザイン画面）

activity_main.xmlのテキスト画面は次のようになります。

```
1  <?xml version="1.0" encoding="utf-8"?>
2  <RelativeLayout xmlns:android="http://schemas.android.com/apk/res/android"
3      xmlns:tools="http://schemas.android.com/tools"
4      android:id="@+id/activity_main"
5      android:layout_width="match_parent"
6      android:layout_height="match_parent"
7      android:paddingBottom="16dp"
8      android:paddingLeft="16dp"
9      android:paddingRight="16dp"
10     android:paddingTop="16dp"
11     tools:context="jp.co.examples.myandroid.myimplicitsubactivity01.MainActivity">
12
13     <TextView
14         android:text="Hello New Activity!"
15         android:layout_width="wrap_content"
16         android:layout_height="wrap_content"
17         android:layout_marginLeft="128dp"
18         android:layout_marginStart="128dp"
19         android:id="@+id/subTextView"
20         android:layout_marginTop="100dp"
21         android:layout_alignParentTop="true"
22         android:layout_alignParentLeft="true"
23         android:layout_alignParentStart="true" />
24 </RelativeLayout>
```

activity_main.xml (テキスト画面)

画面のデザインは「My Implicit Activity01」のsub_activity.xmlと全く同じです。

MainActivity.java

呼び出される側のアプリケーションのメインActivityです。

レイアウトファイルを読み込んで画面を表示しています。

```
1  package jp.co.examples.myandroid.myimplicitsubactivity01;
2
3  import android.app.Activity;
4  import android.os.Bundle;
5
6  public class MainActivity extends Activity {
7
8      @Override
9      protected void onCreate(Bundle savedInstanceState) {
10         super.onCreate(savedInstanceState);
11         setContentView(R.layout.activity_main);
12     }
13 }
```

MainActivity.java

AndroidManifest.xml

呼び出される側のマニフェストファイルです。

指定されたアクションを持つIntentに対して、このMainActivityを実行するように<intent-filter>で定義します。

```
1   <?xml version="1.0" encoding="utf-8"?>
2   <manifest xmlns:android="http://schemas.android.com/apk/res/android"
3       package="jp.co.examples.myandroid.myimplicitsubactivity01">
4
5       <application
6           android:allowBackup="true"
7           android:icon="@mipmap/ic_launcher"
8           android:label="My Implicit Sub Activity01"
9           android:supportsRtl="true"
10          android:theme="@style/AppTheme">
11          <activity android:name=".MainActivity">
12              <intent-filter>
13                  <action android:name="android.intent.action.MAIN" />
14
15                  <category android:name="android.intent.category.LAUNCHER" />
16              </intent-filter>
17
18              <intent-filter>
19                  <action android:name=
20                      "jp.co.examples.myandroid.myimplicitmainactivity01.MYACTION" />
21                  <category android:name="android.intent.category.DEFAULT"/>
22              </intent-filter>
23          </activity>
24      </application>
25
26  </manifest>
```

AndroidManifest.xml

18～22行目の<intent-filter>タグを追加します。

19～20行目の「<action android:name=」の指定により、「jp.co.examples.myandroid.myimplicitmainactivity01.MYACTION」というアクションを持つIntentを使ってActivityが呼び出された場合、このアプリケーションのMainActivityが実行されます。

21行目の「<category android:name="android.intent.category.DEFAULT"/>」は暗黙のIntentを使う場合に必須の指定です。

実行結果

「My Implicit Main Activity01」を実行する前に、あらかじめ呼び出される方のアプリケーション「My Implicit Sub Activity01」を実行して、デバイス上に作成しておいてください。

その後、「My Implicit Main Activity01」を実行すると次のような初期画面が表示されるので、ボタンをクリックしてください。

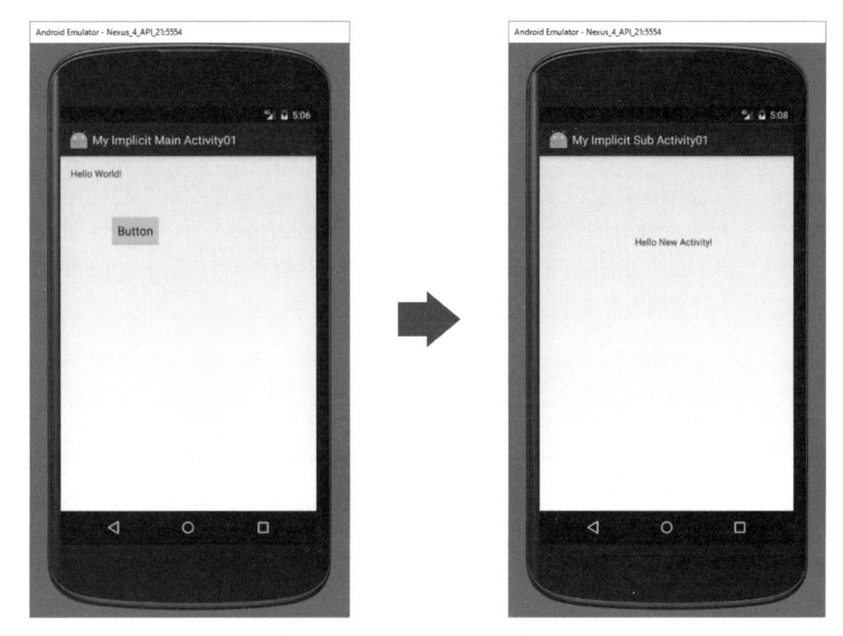

「My Implicit Main Activity01」起動画面　　「My Implicit Sub Activity01」起動画面

ボタンをクリックすると「My Implicit Sub Activity01」が実行されて右図の画面が表示されます。

04-07
暗黙的Intent（既存のアプリケーションの実行）

　あるアプリケーションから自作のアプリケーションを実行できるのと同じような方法で、Android端末にインストールされている既存のアプリケーションを実行することもできます。
　一般的に、インストールされているアプリケーションではクラス名などの情報は不明なので、このようなアプリケーションを実行したい場合は暗黙的なIntentを使います。
　ここでは例として、アンドロイドにインストールされているWebブラウザ(Google Chromeなど)を使って指定したURLのページを表示するアプリケーションを作成します。

　「My Implicit Main Activity02」という名前でプロジェクトを作成してください。
　重要となるのは以下のファイルです。

Activityファイル	・MainActivity.java 　メインとなるActivityです。
レイアウトファイル	・activity_main.xml 　MainActivityのレイアウトファイルです。

　呼び出されるプログラム（Webブラウザ）はインストールされているものを使うので、作成するのは呼び出す側のアプリケーションだけです。

activity_main.xml

　MainActivityのレイアウトファイルです。
　次のような画面を作成します。

activity_main.xml (デザイン画面)

初期状態で入力欄にはあらかじめ「https://www.google.co.jp」を設定しておくことにします。

activity_main.xmlのテキスト画面は次のようになります。

```
1  <?xml version="1.0" encoding="utf-8"?>
2  <RelativeLayout xmlns:android="http://schemas.android.com/apk/res/android"
3      xmlns:tools="http://schemas.android.com/tools"
4      android:id="@+id/activity_main"
5      android:layout_width="match_parent"
6      android:layout_height="match_parent"
7      android:paddingBottom="16dp"
8      android:paddingLeft="16dp"
9      android:paddingRight="16dp"
10     android:paddingTop="16dp"
11     tools:context="jp.co.examples.myandroid.myimplicitmainactivity02.MainActivity">
12
13     <TextView
14         android:layout_width="wrap_content"
15         android:layout_height="wrap_content"
16         android:text="Hello World!"
17         android:id="@+id/textView" />
18
19     <EditText
20         android:layout_width="wrap_content"
21         android:layout_height="wrap_content"
22         android:inputType="textPersonName"
23         android:text="https://www.google.co.jp"
24         android:layout_below="@+id/textView"
25         android:layout_alignParentLeft="true"
26         android:layout_alignParentStart="true"
27         android:layout_marginLeft="35dp"
28         android:layout_marginStart="35dp"
29         android:layout_marginTop="23dp"
30         android:id="@+id/editText" />
31
```

```
32        <Button
33            android:text="Button"
34            android:layout_width="wrap_content"
35            android:layout_height="wrap_content"
36            android:layout_below="@+id/editText"
37            android:layout_alignLeft="@+id/editText"
38            android:layout_alignStart="@+id/editText"
39            android:layout_marginTop="36dp"
40            android:id="@+id/button" />
41    </RelativeLayout>
```

activity_main.xml（テキスト画面）

MainActivity.java

URLを指定してWebブラウザを実行するためのActivityです。

MainActivity.javaは次のようになります。

18行目でButtonを取得し、19～33行目でクリックした場合の処理を定義しています。

24～25行目では、EditTextに入力された文字列から「Uri.parse()」というメソッドを使って、Uri型の変数を作成しています。

28行目でIntentのコンストラクタに引数としてアクションを指定する文字列とUriを渡して、これらのデータが設定されたIntentを作成し、31行目で作成したintentを使ってActivityを実行しています。

28行目で使ったIntentのコンストラクタの一般的な書式は次のようになります。

コンストラクタ	Intent (String action, Uri uri)
引数の説明	・action 実行するActivityを決めるための文字列です。 ・uri 実行されるActivityで使うためのURIを設定します。

28行目では、アクションとしてIntent内で定義されている「Intent.ACTION_VIEW」という文字列を渡しています。

このアクションは、URIデータを使って何かを表示させたい場合に使われるアクションで、URIの種類に応じて、一般的に次のようなアプリケーションが起動します。

URIの種類	実行されるアプリケーション
http:	Webブラウザ
https:	Webブラウザ
tel:	電話をかけるアプリケーション
mailto:	メール用アプリケーション

どのような指定をした場合に、実際にどのアプリケーションが実行されるかは、それぞれのアプリケーションのマニフェストファイルの記述に依存します。

実行結果

アプリケーションを実行すると、次のような初期画面が表示されます。

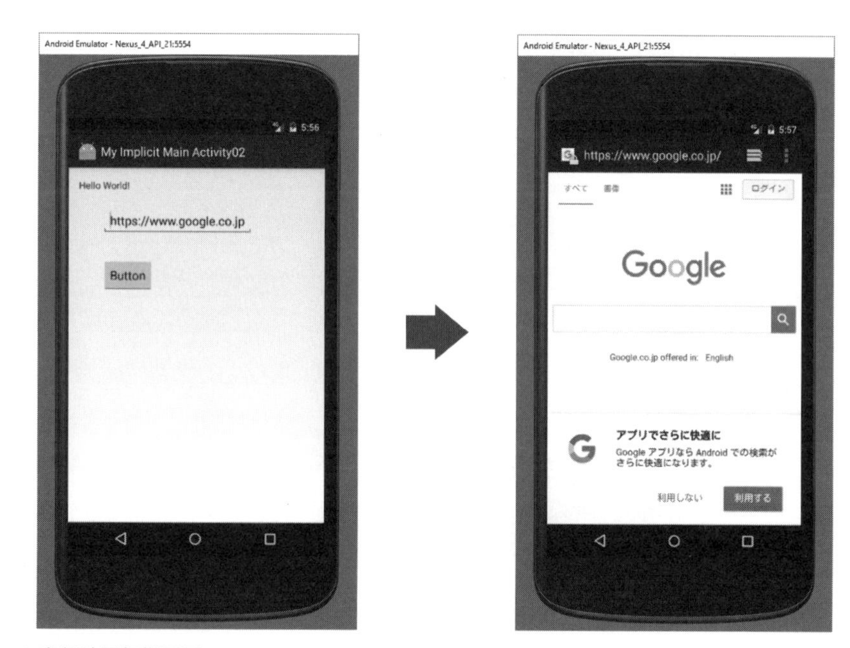

実行結果初期画面　　ボタンクリック後

ボタンを押すと、EditTextに入力されているURIのページが表示されます。

Column 同じアクションのアプリケーションが複数インストールされている場合

同じアクションに対応するアプリケーションが複数インストールされている場合、例えばブラウザが複数インストールされているような場合には、起動するアプリケーションを指定するために、次のような画面が表示される可能性があります。

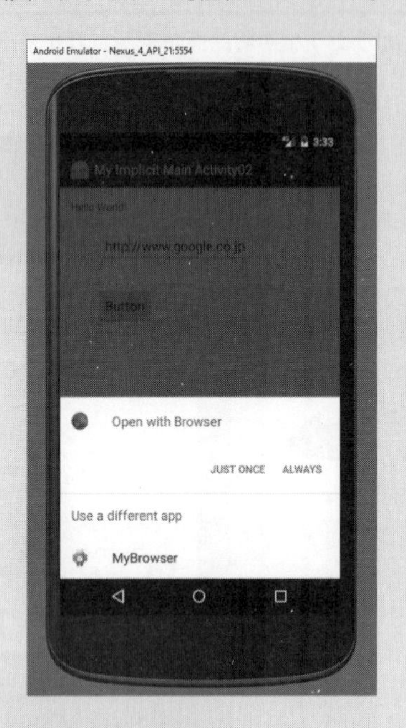

そのような場合は、実行したいアプリケーションを選択して「JUST ONCE」または「ALWAYS」をクリックしてください。

「JUST ONCE」を選択すると、実行されるたびにこの画面が表示されます。

「ALWAYS」を選択すると、次からは選択されたアプリケーションが自動的に実行されます。

04-08 パーミッションについて

この章では、アプリケーションからほかのアプリケーションを実行する様々な方法について説明してきました。

しかし、連絡先などの個人情報、電話やカメラ機能などを扱うアプリケーションなど、勝手に実行されてはこまるアプリケーションもあります。

このような場合に、マニフェストファイルを使って、そのアプリケーションに実行の制限をかけることができます。

この制限のことを「パーミッション」と呼びます。

パーミッションがかけられたアプリケーションを実行するには、実行側のマニフェストファイルでそのパーミッションを使うという宣言が必要です。

ここでは以下の2つのアプリケーションを作成して、パーミッションを設定する方法と、それを使うための許可を与える方法について説明をします。

- My Permission Main01
- My Permission Sub01

My Permission Sub01

呼び出される側のアプリケーションから先に説明します。

このアプリケーションには、マニフェストファイルで特別なパーミッションを設定します。

そのため、このアプリケーションを他のアプリケーションから実行したい場合に、実行元のアプリケーション「My Permission Main01」にそのパーミッションを使う許可を与える必要があります。

「My Permission Sub01」という名前でプロジェクトを作成してください。

重要となるのは以下のファイルです。

Activityファイル	・MainActivity.java 呼び出されるアプリケーションのメインActivityです。
レイアウトファイル	・activity_main.xml MainActivityのレイアウトファイルです。
マニフェストファイル	・AncroidManifest.xml アプリケーションに一定のパーミッションを設定します。

activity_main.xml

レイアウトファイルは次のようになります。
アプリケーションの実行には特別な許可が必要であることを表示しています。

activity_main.xml（デザイン画面）

activity_main.xmlのテキスト画面は次の世になります。

```
<?xml version="1.0" encoding="utf-8"?>
<RelativeLayout xmlns:android="http://schemas.android.com/apk/res/android"
    xmlns:tools="http://schemas.android.com/tools"
    android:id="@+id/activity_main"
    android:layout_width="match_parent"
    android:layout_height="match_parent"
    android:paddingBottom="16dp"
    android:paddingLeft="16dp"
    android:paddingRight="16dp"
    android:paddingTop="16dp"
    tools:context="jp.co.examples.myandroid.mypermissionsub01.MainActivity">

    <TextView
        android:layout_width="wrap_content"
        android:layout_height="wrap_content"
        android:text="Hello World!"
        android:id="@+id/textView" />

    <TextView
        android:text="このアプリケーションを実行するには特別な許可が必要です！"
        android:textColor="#FF0000"
        android:layout_width="wrap_content"
        android:layout_height="wrap_content"
        android:layout_marginTop="44dp"
        android:id="@+id/textView2"
        android:layout_below="@+id/textView" />
</RelativeLayout>
```

activity_main.xml（デザイン画面）

MainActivity.java

「My Permission Sub01」のMainActivityは次のようになります。
プログラムでは、レイアウトファイルを読み込んで画面を表示しているだけです。

```
1  package jp.co.examples.myandroid.mypermissionsub01;
2
3  import android.app.Activity;
4  import android.os.Bundle;
5
6  public class MainActivity extends Activity {
7
8      @Override
9      protected void onCreate(Bundle savedInstanceState) {
10         super.onCreate(savedInstanceState);
11         setContentView(R.layout.activity_main);
12     }
13 }
```

MainActivity.java

AndroidManifest.xml

「My Permission Sub01」のAndroidManifest.xmlは次のようになります。

```
1  <?xml version="1.0" encoding="utf-8"?>
2  <manifest xmlns:android="http://schemas.android.com/apk/res/android"
3      package="jp.co.examples.myandroid.mypermissionsub01">
4
5      <permission
6          android:name="jp.co.examples.myandroid.mypermissionsub01.MYPERMISSION">
7      </permission>
8
9      <application
10         android:allowBackup="true"
11         android:icon="@mipmap/ic_launcher"
12         android:label="My Permission Sub01"
13         android:supportsRtl="true"
14         android:theme="@style/AppTheme"
15         android:permission="jp.co.examples.myandroid.mypermissionsub01.MYPERMISSION">
16         <activity android:name=".MainActivity">
17             <intent-filter>
18                 <action android:name="android.intent.action.MAIN" />
19
20                 <category android:name="android.intent.category.LAUNCHER" />
21             </intent-filter>
22
23             <intent-filter>
24                 <action android:name=
25                     "jp.co.examples.myandroid.mypermissionmain01.MYACTION" />
26                 <category android:name="android.intent.category.DEFAULT"/>
27             </intent-filter>
28         </activity>
29     </application>
30
31 </manifest>
```

AndroidManifest.xml

5～6行目の<permission>タグは、パーミッションを定義するためのタグです。

ここでは、名前として「jp.co.examples.myandroid.mypermissionsub01.MYPERMISSION」という文字列を持つパーミッションを定義しています。

<permission>タグの一般的な書式は次のようになります。

```
<permission android:description="string resource"
            android:icon="drawable resource"
            android:label="string resource"
            android:name="string"
            android:permissionGroup="string"
            android:protectionLevel=["normal" | "dangerous" |
                                     "signature" | "signatureOrSystem"] />
```

個々の項目の詳細については説明を省略しますが、「android:description」や「android:label」はアプリケーションの利用者に対して、このパーミッションの説明を表示するときに使われる文字列です。

このプログラムで設定している「android:name」はパーミッションを識別するための名前で、原則としてアプリケーションのパッケージごとにユニークな文字列を使う必要があります。

そのため、一般的にはこの例のように「パッケージ名.名前」の形式の文字列を使います。

この<permission>タグはパーミッションを定義するためのタグなので、このままではパーミッションは有効になりません。

15行目が定義したパーミッションをアプリケーションに設定している部分です。

定義したパーミッションをアプリケーションに設定するには、このように<application>タグの中で設定したいパーミッションの名前を、「android:permission=」を使って指定する必要があります。

23～27行目ではこのアプリケーションが暗黙のIntentによって実行されるためのアクションの名前を指定しています。

My Permission Main01

パーミッションがかけられたアプリケーション「My Permission Sub01」を、呼び出して実行する側のアプリケーションです。

「My Permission Main01」という名前でプロジェクトを作成してください。

重要となるのは以下のファイルです。

Activityファイル	・MainActivity.java アプリケーションの呼び出し側のメインActivityです。
レイアウトファイル	・activity_main.xml MainActivityのレイアウトファイルです。
マニフェストファイル	・AncroidManifest.xml 「My Permission Sub01」で設定されているパーミッションを使う許可を設定します。

activity_main.xml

MainActivityのレイアウトファイルです。
次のような画面を作成します。

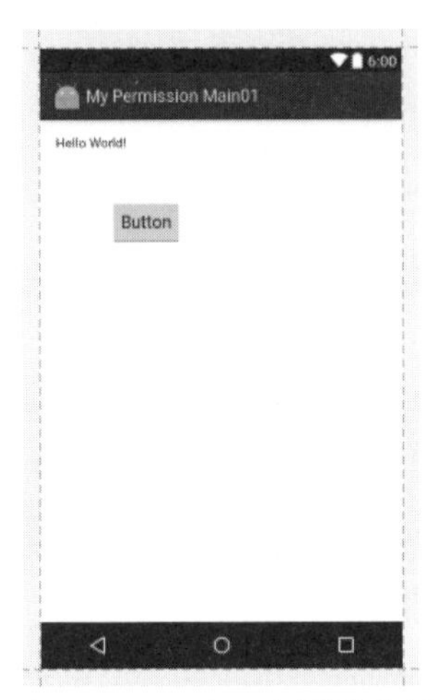

activity_main.xml（デザイン画面）

テキスト画面は次のようになります。

```
1   <?xml version="1.0" encoding="utf-8"?>
2   <RelativeLayout xmlns:android="http://schemas.android.com/apk/res/android"
3       xmlns:tools="http://schemas.android.com/tools"
4       android:id="@+id/activity_main"
5       android:layout_width="match_parent"
6       android:layout_height="match_parent"
7       android:paddingBottom="16dp"
8       android:paddingLeft="16dp"
9       android:paddingRight="16dp"
10      android:paddingTop="16dp"
11      tools:context="jp.co.examples.myandroid.mypermissionmain01.MainActivity">
12
13      <TextView
14          android:layout_width="wrap_content"
```

```
15            android:layout_height="wrap_content"
16            android:text="Hello World!"
17            android:id="@+id/textView" />
18
19        <Button
20            android:text="Button"
21            android:layout_width="wrap_content"
22            android:layout_height="wrap_content"
23            android:layout_marginLeft="58dp"
24            android:layout_marginStart="58dp"
25            android:layout_marginTop="50dp"
26            android:id="@+id/button"
27            android:layout_below="@+id/textView"
28            android:layout_alignParentLeft="true"
29            android:layout_alignParentStart="true" />
30    </RelativeLayout>
```

activity_main.xml（テキスト画面）

MainActivity.java

「My Permission Main01」のMainActivityは次のようになります。

```
1     package jp.co.examples.myandroid.mypermissionmain01;
2
3     import android.app.Activity;
4     import android.content.Intent;
5     import android.os.Bundle;
6     import android.view.View;
7     import android.widget.Button;
8
9     public class MainActivity extends Activity {
10
11        static final String MYACTION =
12                "jp.co.examples.myandroid.mypermissionmain01.MYACTION";
13
14        @Override
15        protected void onCreate(Bundle savedInstanceState) {
16            super.onCreate(savedInstanceState);
17            setContentView(R.layout.activity_main);
18
19            Button button = (Button) findViewById(R.id.button);
20            button.setOnClickListener(new View.OnClickListener() {
21                @Override
22                public void onClick(View view) {
23                    // Intentを作成してアクション名を登録
24                    Intent subActivityIntent = new Intent(MYACTION);
25
26                    // Activityを開始
27                    startActivity(subActivityIntent);
28                }
29            });
30        }
31    }
```

MainActivity.java

処理の内容は、アクション名以外は「My Implicit Main Activity01」と全く同じです。

19行目でButtonを取得し、20～29行目でクリック時の動作を設定しています。

11～12行目でアクション用の文字列を定義し、これを使って24～27行目で暗黙のIntentを使ってActivityを実行しています。

AndroidManifest.xml

このアプリケーションが「My Permission Sub01」で設定されたパーミッションを使えるように記述を追加しています。


```
1  <?xml version="1.0" encoding="utf-8"?>
2  <manifest xmlns:android="http://schemas.android.com/apk/res/android"
3      package="jp.co.examples.myandroid.mypermissionmain01">
4
5      <uses-permission android:name=
6          "jp.co.examples.myandroid.mypermissionsub01.MYPERMISSION" />
7
8      <application
9          android:allowBackup="true"
10         android:icon="@mipmap/ic_launcher"
11         android:label="My Permission Main01"
12         android:supportsRtl="true"
13         android:theme="@style/AppTheme">
14         <activity android:name=".MainActivity">
15             <intent-filter>
16                 <action android:name="android.intent.action.MAIN" />
17
18                 <category android:name="android.intent.category.LAUNCHER" />
19             </intent-filter>
20         </activity>
21     </application>
22
23 </manifest>
```

AndroidManifest.xml

5～6行目の<uses-permission>タグが追加した部分です。

この指定により、このアプリケーションは

「jp.co.examples.myandroid.mypermissionsub01.MYPERMISSION」

のパーミッションを持つアプリケーションを使えるようになります。

「My Permission Sub01」には、この文字列でパーミッションを設定しているので、それを実行するために、このように呼び出し側のマニフェストファイルに<uses-permission>を記述する必要があります。

<uses-permission>タグの一般的な書式は次のようになります。

タグ	<uses-permission android:name="string" 　　android:maxSdkVersion="integer" />
属性の説明	・android:name 　パーミッションを識別するための文字列です。 ・android:maxSdkVersion 　パーミッションが有効であるOSのバージョンを指定します。 　バージョンによってパーミッションが変わる場合に指定します。

実行結果

「My Permission Main01」は「My Permission Sub01」を呼び出して実行するので、あらかじめ「My Permission Sub01」を実行してデバイス上に作成しておいてください。

その後、「My Permission Main01」を実行すると次の画面が表示されます。

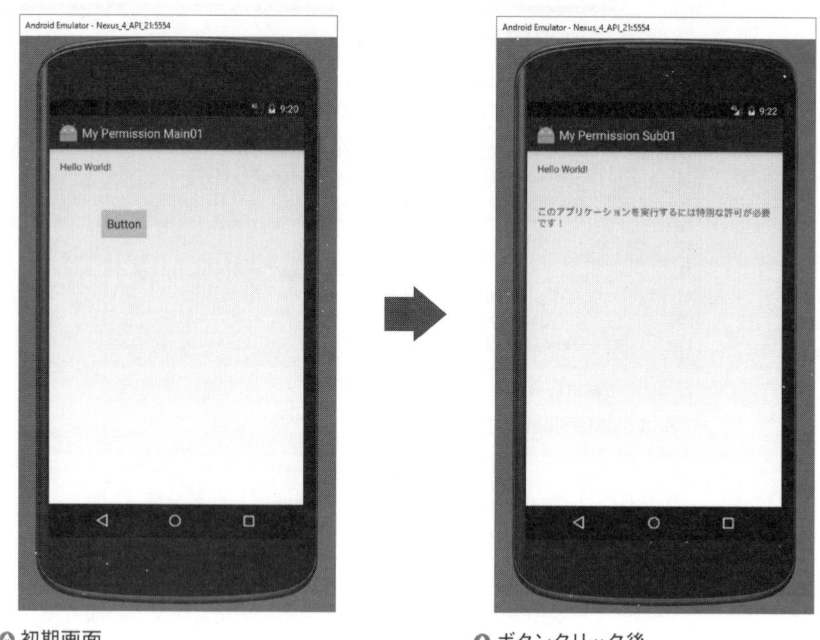

初期画面

ボタンクリック後

ボタンを押すと、パーミッションが設定された「My Permission Sub01」が実行され、次の画面が表示されます。

実行結果から、パーミッションを実行する許可が与えられたアプリケーションから、指定されたパーミッションのアプリケーションを実行できることが確認できました。

パーミッションが設定できていることの確認

本当にパーミッションが正しく指定できているのか確認するため、ためしにパーミッションを使う許可の指定を削除してみます。

「My Permission Main01」のAndroidManifest.xmlで<uses-permission>の指定を削除するか、文字列を別のものに変えて実行してみてください。

```
1   <?xml version="1.0" encoding="utf-8"?>
2   <manifest xmlns:android="http://schemas.android.com/apk/res/android"
3       package="jp.co.examples.myandroid.mypermissionmain01">
4
5       <uses-permission android:name=
6           "jp.co.examples.myandroid.mypermissionsub01.MYPERMISSIONxxxxx"/>
7
8       <application
9           android:allowBackup="true"
10          android:icon="@mipmap/ic_launcher"
11          android:label="My Permission Main01"
```

<uses-permission>の文字列を変えてみる

その後「My Permission Main01」を実行してボタンを押すと次のようなメッセージが表示され、実行に失敗することが確認できます。

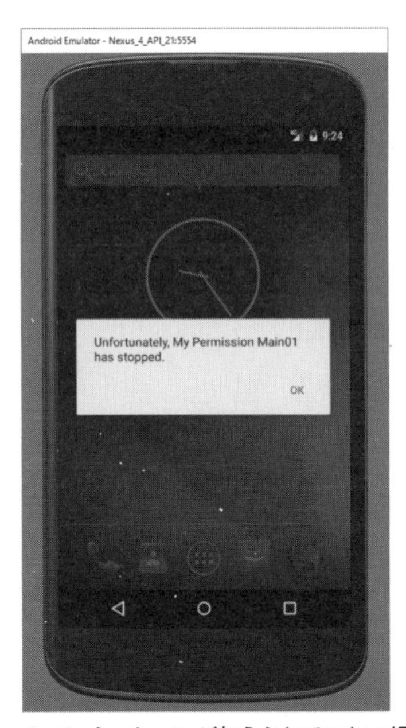

パーミッションが与えられていない場合

Android Monitorを確認すると、エラーの情報がより詳しく表示されています。

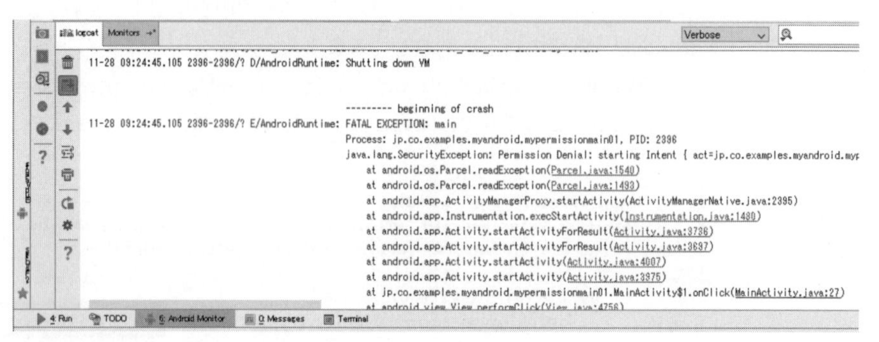

Android Monitorのエラーログ

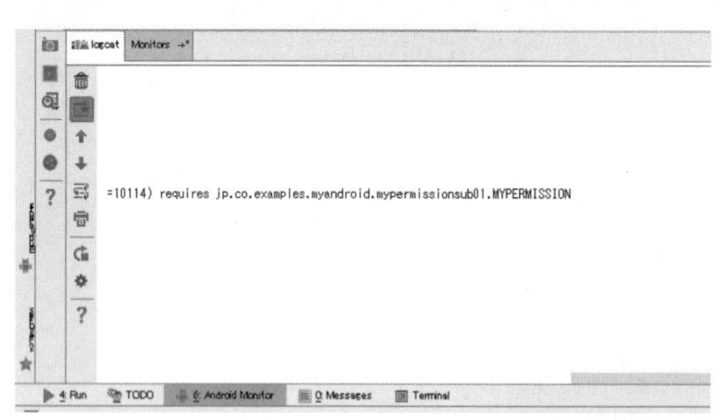

Android Monitorのエラーログ

実行中に、「java.lang.SecurityException」が発生してプロセスが停止したことや、実行するためには「jp.co.examples.myandroid.mypermissionsub01.MYPERMISSION」というパーミッションが必要であることなどが、ログから確認できます。

Column パーミッションを指定する文字列

今回のプログラムでは、パーミッションを識別するために独自の文字列を使いました。

しかし、Androidではカメラなどの機器の制御、連絡先データや外部記憶装置へのアクセスなど、セキュリティー上問題があると思われる様々な機能に対してはパーミッションが設定されていて、そのための文字列も多数用意されています。

例：

```
"android.permission.CAMERA"
"android.permission.READ_CONTACTS"
"android.permission.WRITE_EXTERNAL_STORAGE"
```

したがって、このような機能を使うアプリケーションを作成する場合には、そのアプリケーションにパーミッションを使う許可を与える必要があります。

例えば内蔵カメラを使って写真をとるアプリケーションを作成する場合には、アプリケーションのマニフェストファイルで、次のように<uses-permission>を指定する必要があります。

例：内蔵カメラを使う場合

```
<uses-permission android:name="android.permission.CAMERA" />
```

04-09
バックスタックについて

ある程度大きなアプリケーションには複数のActivityが含まれていて、メインとなるActivityから他のActivityが呼び出され、必要に応じてさらにそのActivityから別のActivityが呼び出されて、アプリケーションが実行されていきます。

あるActivityから別Activityを実行した場合、新しいActivityは画面に表示されて、古いActivityは一時的に「バックスタック」と呼ばれる領域に退避されて停止状態になります。

3つ以上のActivityを使うアプリケーションの場合も同様で、Activityから別Activityが実行されるたびに、古いActivityはバックスタックに積み上げられる形で保存されていきます。

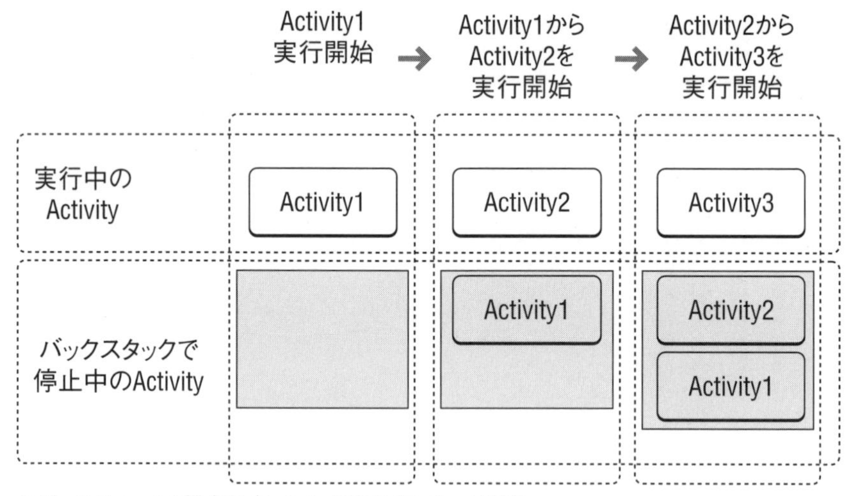

バックスタックの概念図（Activityが実行されていく様子）

その後、実行中のActivityが終了するとバックスタックの一番上からActivityが取り出されて、停止中の処理が再開されていきます。

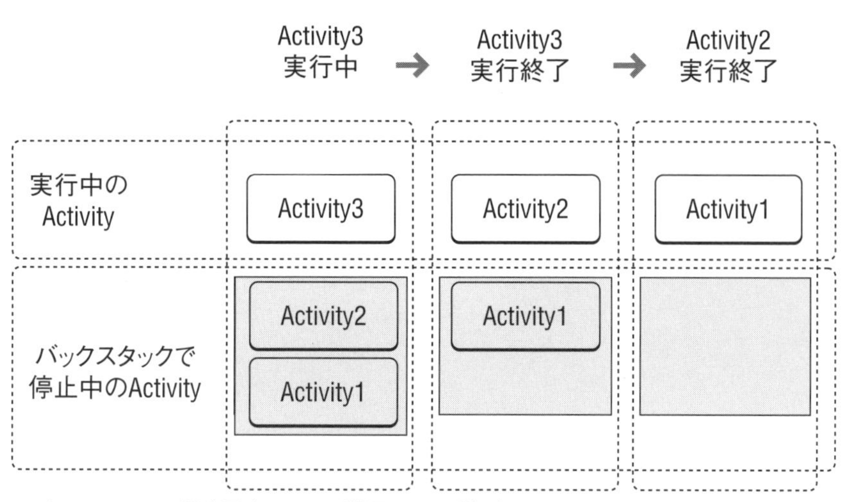

バックスタックの概念図（Activityが終了していく様子）

また、Activityの処理が終了していなくとも、ユーザーが端末の「戻る」ボタンを押すと実行中のActivityは強制的に終了して削除され、その下のActivityが再開されます。

本書ではあまり複雑な画面遷移は扱いませんが、このようなバックスタックによるActivityの管理方法はAndroidアプリケーションの特徴の一つであり、プログラムで画面の切り替えなどを考えるときに重要になるので「バックスタック」の考え方は覚えておいてください。

Chapter 05

スレッド

　Javaでは複数の処理を同時に進めるために「スレッド」という機能を使えます。
　一般のJavaプログラムと同じように、Androidでもこの機能は「java.lang.Thread」クラスを使ってプログラムできますが、Androidではそのほかにスレッドに関連した様々なクラスが定義されています。

05-01
Threadを使うプログラムの一般的な2つの方法

Javaを使ってスレッド処理を行う場合、一般的には以下の2つの方法のどちらかを使ってスレッドを作成します。

Runnableインターフェースを使う方法

- Runnable インターフェースをimplementsするクラス(例:MyRunnable)を定義し、runメソッドをオーバーライドで実装する。
- そのクラスのインスタンス(例:myRunnable)を作成する。
- Thread thread = new Thread(myRunnable) のようにThreadのコンストラクタの引数にmyRunnableを渡してインスタンスを作成する。
- thread.start()でスレッドを開始する。

Threadクラスのサブクラスを使う方法

- Threadクラスのサブクラス(例:MyThread)を定義し、そのrunメソッドをオーバーライドで実装する。
- MyThread thread = new MyThread() のようにそのThreadのインスタンスを作成する。
- thread.start()でスレッドを開始する。

本書ではAndroidの話題に絞って説明するため、スレッドプログラミングの一般的な説明は省略しますが、本書のサンプルプログラムでは主に1番目の方法を使ってスレッドを作成しています。

05-02 スレッドを使わないプログラム

どのような場合にスレッド処理が必要になるのかを説明するため、初めにスレッドを使わないアプリケーションを作成して、どのような不具合が発生するか確認してみます。

このアプリケーションでは2つのボタンにそれぞれ別の処理を行わせ、それぞれの処理がどのように影響しあうかを確認してみます。

「My Thread No Thread01」というアプリケーション名で、新規にプロジェクトを作成します。

関係するファイルは以下の2つです。

Activityファイル	・MainActivity.java メインのActivityファイルです。 ・MyNotificationSubActivity.java Notificationから実行されるActivityです。
レイアウトファイル	・activity_main.xml MainActivityのレイアウトファイルです。 ・notification.xml MyNotificationSubActivityのレイアウトファイルです。
マニフェストファイル	・AndroidManifest.xml アプリケーションで使用しているActivityを記述します。

activity_main.xml

MainActivityのレイアウトファイルです。

デザイン画面とテキスト画面はそれぞれ次のようになります。

activity_main.xml（デザイン画面）

```
1   <?xml version="1.0" encoding="utf-8"?>
2   <RelativeLayout xmlns:android="http://schemas.android.com/apk/res/android"
3       xmlns:tools="http://schemas.android.com/tools"
4       android:id="@+id/activity_main"
5       android:layout_width="match_parent"
6       android:layout_height="match_parent"
7       android:paddingBottom="16dp"
8       android:paddingLeft="16dp"
9       android:paddingRight="16dp"
10      android:paddingTop="16dp"
11      tools:context="jp.co.examples.myandroid.mythreadnothread01.MainActivity">
12
13      <TextView
14          android:layout_width="wrap_content"
15          android:layout_height="wrap_content"
16          android:text="Hello World!"
17          android:id="@+id/textView" />
18
19      <Button
20          android:text="処理１"
21          android:layout_width="wrap_content"
22          android:layout_height="wrap_content"
23          android:layout_below="@+id/textView"
24          android:layout_alignParentLeft="true"
25          android:layout_alignParentStart="true"
26          android:layout_marginLeft="50dp"
27          android:layout_marginStart="50dp"
28          android:layout_marginTop="30dp"
29          android:id="@+id/button1" />
30
31      <Button
32          android:text="処理２"
33          android:layout_width="wrap_content"
34          android:layout_height="wrap_content"
35          android:layout_below="@+id/button1"
36          android:layout_alignRight="@+id/button1"
37          android:layout_alignEnd="@+id/button1"
38          android:layout_marginTop="20dp"
39          android:id="@+id/button2" />
40  </RelativeLayout>
```

activity_main.xml（テキスト画面）

TextViewと2つのButtonにはそれぞれ「textView」、「button1」、「button2」というidを付けています。

また、ボタンの表示はそれぞれ「処理1」、「処理2」としています。

MainActivity.java

次のようなメインActivityを作成します。

```
1   package jp.co.examples.myandroid.mythreadnothread01;
2
3   import android.app.Activity;
4   import android.os.Bundle;
5   import android.view.View;
6   import android.widget.Button;
7   import android.widget.TextView;
8   import android.widget.Toast;
9
10  public class MainActivity extends Activity {
11      TextView textView;
12
13      @Override
14      protected void onCreate(Bundle savedInstanceState) {
15          super.onCreate(savedInstanceState);
16          setContentView(R.layout.activity_main);
17
18          Button button1 = (Button) findViewById(R.id.button1);
19          Button button2 = (Button) findViewById(R.id.button2);
20          textView  = (TextView) findViewById(R.id.textView);
21
22          // ボタン１がクリックされた場合の処理
23          button1.setOnClickListener(new View.OnClickListener() {
24              @Override
25              public void onClick(View view) {
26                  button1Clicked();
27              }
28          });
29
30          // ボタン２がクリックされた場合の処理
31          button2.setOnClickListener(new View.OnClickListener() {
32              @Override
33              public void onClick(View view) {
34                  Toast.makeText(MainActivity.this, "処理２実行中", Toast.LENGTH_SHORT).show();
35              }
36          });
37      }
38
39      /**
40       * ボタン１がクリックされた場合の処理内容を定義
41       */
42      private void button1Clicked() {
43          // 実行開始
44          textView.setText("実行開始");
45          // 実行中
46          try {
47              // ５秒間スリープ
```

```
48                  Thread.sleep(5000);
49              } catch (InterruptedException e) {
50                  e.printStackTrace();
51              }
52              // 実行終了
53              textView.setText("実行終了");
54          }
55      }
```

MainActivity.java

18～20行目で2つのButtonとTextViewを取得し、23～28行目で処理1のボタンが押された場合の処理を定義しています。また31～36行目で処理2のボタンが押された場合の処理を定義しています。

処理2が押された場合は、34行目でToastを使って画面にメッセージを表示します。

処理1が押された場合は、42～54行目で定義したメソッドを実行しています。

このメソッドはTextViewに「実行開始」の文字を表示した後で5秒間スリープし、その後TextViewに「実行終了」を表示します。

処理1は、複雑な計算の実行や大量のデータ処理など、数秒程度の時間がかかるような処理に対応しています。

実行結果

アプリケーションを実行すると、左側の画像のような初期画面が表示されます。

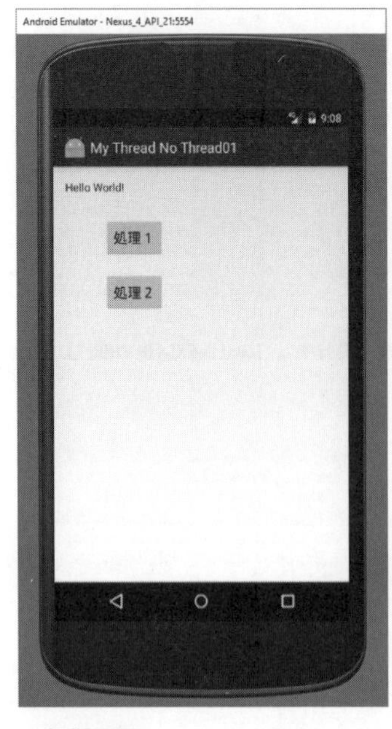

初期画面

「処理1」終了後の画面

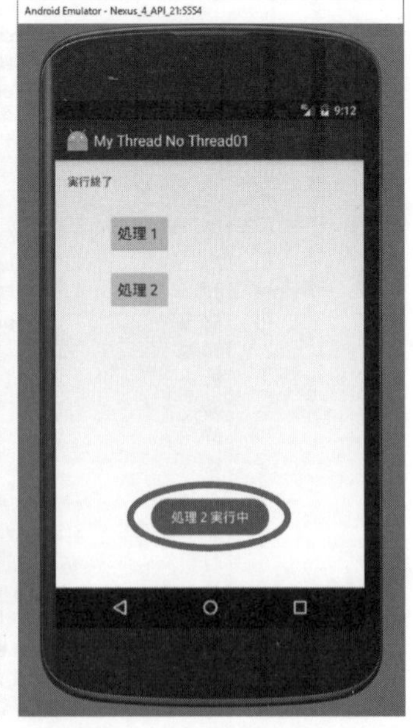

「処理2」実行中の画面

ここで「処理1」を押すとTextViewに「実行開始」が表示され、5秒後に中央の画像のような「実行終了」画面が表示されるはずです。

「処理1」を実行していないときに「処理2」のボタンを押すと、右側の画像のように「処理2実行中」の文字がToastで表示されます。

それぞれの処理は期待通りに動いているようですが、このプログラムにはいくつかの問題点があります。

問題点

今回のアプリケーションを実行して、「処理1」のボタンを押しても「実行開始」がすぐには表示されなかった人もいると思います。

実はsetText()のようなメソッドでは、実際の描画のタイミングはAndroidのシステムが決めているので、このプログラムのように画面書き換え直後にスリープすると描画がすぐには行われず、スリープ終了後に実行される場合があります。

しかしこのアプリケーションのもっと大きな問題は「処理1」の実行中は、他の画面操作ができなくなるということです。

試しに「処理1」の実行中に「処理2」のボタンを押してみて、何も反応しないことを確認してください。

このような場合、メインとは別のスレッドを作成して時間のかかる処理をそちらのスレッドで実行させることにより、メインの操作を妨げずに処理を行えます。

しかし、Androidにはいくつかの守らなくてはならない決まりがあり、単純に処理を別スレッドにしただけではうまく動かない場合があります。

次のプログラムでそれについて説明します。

05-03 単純にスレッド化するとエラーになる理由(UI スレッドについて)

先ほどのアプリケーション「My Thread No Thread01」でボタンの処理を単純にスレッド化した場合、それを実行するとエラーが発生します。

ここではそれを確認し、その原因とAndroidのスレッドの特徴について説明します。

「My Thread Error01」というアプリケーション名で新規にプロジェクトを作成します。

関係するファイルは以下の2つです。

Activityファイル	・MainActivity.java メインのActivityファイルです。
レイアウトファイル	・activity_main.xml MainActivityのレイアウトファイルです。

画面のレイアウトは「My Thread No Thread01」と全く同じなので、ここではMainActivity.javaについてだけ説明します。

MainActivity.java

プログラムは次のようになります。

ここでは時間がかかる「処理1」の処理を、メインとは別のスレッドで行うように修正しました。

```
1   package jp.co.examples.myandroid.mythreaderror01;
2
3   import android.app.Activity;
4   import android.os.Bundle;
5   import android.view.View;
6   import android.widget.Button;
7   import android.widget.TextView;
8   import android.widget.Toast;
9
10  public class MainActivity extends Activity {
11      TextView textView;
12
13      @Override
14      protected void onCreate(Bundle savedInstanceState) {
15          super.onCreate(savedInstanceState);
16          setContentView(R.layout.activity_main);
17
18          Button button1 = (Button) findViewById(R.id.button1);
19          Button button2 = (Button) findViewById(R.id.button2);
```

```
20            textView  = (TextView) findViewById(R.id.textView);
21
22            // ボタン１がクリックされた場合の処理
23            button1.setOnClickListener(new View.OnClickListener() {
24                @Override
25                public void onClick(View view) {
26                    button1Clicked();
27                }
28            });
29
30            // ボタン２がクリックされた場合の処理
31            button2.setOnClickListener(new View.OnClickListener() {
32                @Override
33                public void onClick(View view) {
34                    Toast.makeText(MainActivity.this, "処理２実行中", Toast.LENGTH_SHORT).show();
35                }
36            });
37        }
38
39        /**
40         * ボタン１がクリックされた場合の処理内容を定義
41         */
42        private void button1Clicked() {
43            // 別スレッドを作成し、処理をその中で行う
44            new Thread(new Runnable() {
45                @Override
46                public void run() {
47                    // 実行開始
48                    textView.setText("実行開始");
49                    // 実行中
50                    try {
51                        // ５秒間スリープ
52                        Thread.sleep(5000);
53                    } catch (InterruptedException e) {
54                        e.printStackTrace();
55                    }
56                    // 実行終了
57                    textView.setText("実行終了");
58                }
59            }).start();
60        }
61    }
```

MainActivity.java

前のプログラムとの変更点は43～59行目で、「処理1」のボタンが押された場合に別スレッドを作成して、その中でTextViewの値を書き換えるように修正しています。

Column 匿名クラスについて

40〜57行目ではRunnableとして匿名クラスを使い、またThreadは変数を定義せずにnewしたインスタンスを、そのまま利用しています。

これらをそれぞれ分けて書くと、

```
class MyRunnable implements Runnable {
    @Override
    public void run() {
        TextView textView = (TextView) findViewById(R.id.textView);
        // 実行開始
        textView.setText("実行開始");
        // 実行中
        try {
            // 5秒間スリープ
            Thread.sleep(5000);
        } catch (InterruptedException e) {
            e.printStackTrace();
        }
        // 実行終了
        textView.setText("実行終了");
    }
}
```

のようにRunnableのサブクラスを定義しておいて、それを

```
private void button1Clicked() {
    // 別スレッドを作成し、処理をその中で行う
    MyRunnable myRunnable = new MyRunnable();
    Thread thread = new Thread(myRunnable);
    thread.start();
}
```

のように利用する形になります。

しかし、Androidのプログラムでは今回のプログラム例のように、変数を省略して匿名クラスを使う書き方がよく用いられます。

実行結果

アプリケーションを起動して「処理1」のボタンを押すと、次のようなエラーが表示され、アプリケーションは終了してしまいます。

⬆ 処理1を押した場合の実行結果

エラーの原因

Androidプログラムには UI部品とスレッドの関係について、次のような重要な決まりがあります。

Viewを作成したスレッド以外からそのViewにアクセスできない

Androidでは画面に表示されるUI部品(View)は、メインのActivityにより作成されて画面に表示されますが、このActivityはメインのスレッド(メインスレッド)で実行されています。

そのため、これらのUI部品に対しては、それ以外のスレッドからアクセスできないのです。

エラーの情報について、Android StudioのAndroid Monitor画面を確認すると、次のようなメッセージが表示されているはずです。

```
crash
ntime: FATAL EXCEPTION: Thread-138
       Process: jp.co.examples.myandroid.mythreaderror01, PID: 2296
       android.view.ViewRootImpl$CalledFromWrongThreadException: Only the original thread that created a view hierarchy can touch its views.
           at android.view.ViewRootImpl.checkThread(ViewRootImpl.java:6247)
           at android.view.ViewRootImpl.requestLayout(ViewRootImpl.java:867)
           at android.view.View.requestLayout(View.java:17364)
           at android.view.View.requestLayout(View.java:17364)
           at android.view.View.requestLayout(View.java:17364)
           at android.view.View.requestLayout(View.java:17364)
           at android.widget.RelativeLayout.requestLayout(RelativeLayout.java:360)
           at android.view.View.requestLayout(View.java:17364)
           at android.widget.TextView.checkForRelayout(TextView.java:6855)
           at android.widget.TextView.setText(TextView.java:4047)
           at android.widget.TextView.setText(TextView.java:3905)
           at android.widget.TextView.setText(TextView.java:3880)
           at jp.co.examples.myandroid.mythreaderror01.MainActivity$3.run(MainActivity.java:48)
           at java.lang.Thread.run(Thread.java:818)
activity jp.co.examples.myandroid.mythreaderror01/.MainActivity
```

⬆ Android Monitorのエラーメッセージ

エラーメッセージ、

「Only the original thread that created a view hierarchy can touch its views.」

は、

「Viewを作成したスレッドだけがそのViewを操作できる」

ということを意味しています。
また、エラーメッセージから、MainActivityの48行目でTextViewにアクセスしたときに、エラーが起きていることがわかります。

つまり、今回のエラーはメインスレッドで作成されたUI部品のTextEditに、別スレッドからアクセスしようとしたため、制限に違反してエラーとなったのです。

メインスレッドは「UIにアクセスできるスレッド」という意味で「UIスレッド」とも呼ばれています。

05-04
UIスレッドに別スレッドの結果を返すには

作成したスレッドからUIスレッドにアクセスできないとすれば、処理結果はどのようにUIスレッド側に返して表示すればよいのでしょうか。

このような場合、基本的には「UIの操作のときだけUIスレッドに処理を戻して実行する」という方法を使います。

Androidにはそのような目的のために、様々なメソッドやクラスが定義されていますが、本書では代表的な方法として以下の4つの方法について説明します。

- Viewクラスのpost()メソッドを使う方法
- ActivityクラスのrunOnUiThread()メソッドを使う方法
- android.os.AsyncTaskクラスを使う方法
- android.os.Handlerクラスを使う方法

これらの方法を使って、先ほどのプログラムが正しく動作するように修正版を作成し、それぞれの方法について詳しく説明します。

なお、以下のプログラムでは、画面レイアウトはこれまでのものと全く同じなので、以下ではMainActivity.javaだけを示します。

05-05
View クラスの post() メソッドを使う方法

Viewクラスのpost()メソッドを使って、UI部品に対する処理を別スレッドで定義して、UIスレッド側で実行する方法を説明します。

View クラスの post() メソッドとは

ButtonやEditTextなどのViewのサブクラスはpost()というメソッドを持っています。

このメソッドの一般的な書式は次のようになります。

クラス	android.view.View
メソッド	boolean post (Runnable action)
引数の説明	・action Runnableインターフェースのrunメソッドを実装したクラスです。 runメソッドの処理は実行待ちのキューに追加され、UIスレッドで順次実行されます。
戻り値	Runnableが正常にキューに追加された場合はtrue、失敗した場合はfalseが返されます。

post()メソッドによって、実行待ちのキューに追加された処理はLooperと呼ばれるプログラムにより、UIスレッド側で実行されていきます。

この「Looper」や「キュー」については「05-08 android.os.Handler クラスを使う方法」(245ページ)で改めて説明します。

post() メソッドを使ったプログラム例

「My Thread View Post01」という名前でプロジェクトを作成します。

MainActivity.javaは次のようになります。

```
1   package jp.co.examples.myandroid.mythreadviewpost01;
2
3   import android.app.Activity;
4   import android.os.Bundle;
5   import android.view.View;
6   import android.widget.Button;
7   import android.widget.TextView;
8   import android.widget.Toast;
9
10  public class MainActivity extends Activity {
11      TextView textView;
12
13      @Override
14      protected void onCreate(Bundle savedInstanceState) {
15          super.onCreate(savedInstanceState);
16          setContentView(R.layout.activity_main);
17
18          Button button1 = (Button) findViewById(R.id.button1);
19          Button button2 = (Button) findViewById(R.id.button2);
20          textView  = (TextView) findViewById(R.id.textView);
21
22          // ボタン1がクリックされた場合の処理
23          button1.setOnClickListener(new View.OnClickListener() {
24              @Override
25              public void onClick(View view) {
26                  button1Clicked();
27              }
28          });
```

```
29
30            // ボタン2がクリックされた場合の処理
31            button2.setOnClickListener(new View.OnClickListener() {
32                @Override
33                public void onClick(View view) {
34                    Toast.makeText(MainActivity.this, "処理２実行中", Toast.LENGTH_SHORT).show();
35                }
36            });
37        }
38

39        /**
40         * ボタン１がクリックされた場合の処理内容を定義（View.postメソッド）
41         */
42        private void button1Clicked() {
43            // 別スレッドを作成し、処理をその中で行う
44            new Thread(new Runnable() {
45                @Override
46                public void run() {
47                    // 実行開始
48                    textView.post(new Runnable() {
49                        @Override
50                        public void run() {
51                            textView.setText("実行開始");
52                        }
53                    });
54                    // 実行中
55                    try {
56                        Thread.sleep(5000);
57                    } catch (InterruptedException e) {
58                        e.printStackTrace();
59                    }
60                    // 実行終了
61                    textView.post(new Runnable() {
62                        @Override
63                        public void run() {
64                            textView.setText("実行終了");
65                        }
66                    });
67                }
68            }).start();
69        }
70    }
```

MainActivity.java

「My Thread Error01」と異なる部分は、42～69行目で定義したbutton1Clicked()メソッド内の処理です。

「My Thread Error01」では、Runnableのrunメソッド内でUIスレッドに属するTextViewに、直接setText()メソッドを使おうとしたためエラーになりましたが、ここではその部分でpost()メソッドを使っています。

post()メソッド内50～52行目、63～65行目で引数のRunnableにrunメソッドを実装し、その中でTextViewの文字列設定を行っていますが、これらのRunnableは実行キューに積まれて順次UIスレッド側で実行されます。

実行結果

アプリケーションを実行すると、これまでと同じ初期画面が表示されます。

「処理1」のボタンを押すと「実行開始」という文字が表示され、約5秒後にその文字が「実行終了」にかわります。

「処理1」の実行中に「処理2」のボタンを押すと、図のような「処理2実行中」というメッセージが表示されます。

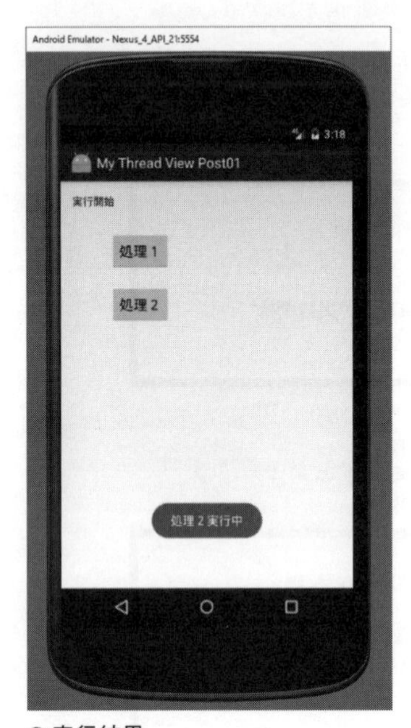

実行結果

このことから、処理1と処理2が別スレッドで同時に実行されていることが確認できます。

Column 実行待ちのキューについて

このプログラムでは、実行待ちのキューにRunnableの処理を追加するためにtextView.post()を使っていますが、この実行待ちのキューはUIスレッド内で共通のものが使われています。

そのためTextViewではなく他のView、例えば画面上にあるボタンなどを使っても結果は同じになります。

しかし、button.post()などでtextViewの値を変更するというのも、処理がわかりにくくなりそうなので、postを使うときには処理したい対象のViewを使った方がよさそうです。

05-06
Activity クラスの runOnUiThread () メソッドを使う方法

Activityクラスの runOnUiThread ()メソッドを使って、UI部品に対する処理を別スレッドで定義してUIスレッド側で実行する方法を説明します。

Activity クラスの runOnUiThread () メソッドとは

Activityは、runOnUiThread ()というメソッドを持っています。
このメソッドの一般的な書式は次のようになります。

クラス	android.app.Activity
メソッド	void runOnUiThread (Runnable action)
引数の説明	・action Runnableインターフェースのrunメソッドを実装したクラス。 runメソッドの処理は実行待ちのキューに追加され、UIスレッドで順次実行されます。

runOnUiThread()メソッドによって実行待ちのキューに追加された処理は、Looperと呼ばれるプログラムによりUIスレッド側で実行されていきます。
この処理の流れはView.post()メソッドを使った場合とほとんど同じです。

runOnUiThread () メソッドを使ったプログラム例

「My Thread Activity RunOnUiThread01」という名前でプロジェクトを作成します。
MainActivity.javaは次のようになります。

```
1   package jp.co.examples.myandroid.mythreadactivityrunonuithread01;
2
3   import android.app.Activity;
4   import android.os.Bundle;
5   import android.view.View;
6   import android.widget.Button;
7   import android.widget.TextView;
8   import android.widget.Toast;
9
10  public class MainActivity extends Activity {
11      TextView textView;
12
```

```
13          @Override
14          protected void onCreate(Bundle savedInstanceState) {
15              super.onCreate(savedInstanceState);
16              setContentView(R.layout.activity_main);
17
18              Button button1 = (Button) findViewById(R.id.button1);
19              Button button2 = (Button) findViewById(R.id.button2);
20              textView  = (TextView) findViewById(R.id.textView);
21
22              // ボタン1がクリックされた場合の処理
23              button1.setOnClickListener(new View.OnClickListener() {
24                  @Override
25                  public void onClick(View view) {
26                      button1Clicked();
27                  }
28              });
29
30              // ボタン2がクリックされた場合の処理
31              button2.setOnClickListener((view) → {
34                      Toast.makeText(MainActivity.this, "処理2実行中", Toast.LENGTH_SHORT).show();
35              });
37          }
38
```

```
39          /**
40           * ボタン1がクリックされた場合の処理内容を定義 (Activity.runOnUiThreadメソッド)
41           */
42          private void button1Clicked() {
43              // 別スレッドを作成し、処理をその中で行う
44              new Thread(new Runnable() {
45                  @Override
46                  public void run() {
47                      // 実行開始
48                      MainActivity.this.runOnUiThread(new Runnable() {
49                          @Override
50                          public void run() {
51                              textView.setText("実行開始");
52                          }
53                      });
54                      // 実行中
55                      try {
56                          Thread.sleep(5000);
57                      } catch (InterruptedException e) {
58                          e.printStackTrace();
59                      }
60                      // 実行終了
61                      MainActivity.this.runOnUiThread(new Runnable() {
62                          @Override
63                          public void run() {
64                              textView.setText("実行終了");
65                          }
66                      });
67                  }
68              }).start();
69          }
70      }
```

MainActivity.java

先ほどと異なる部分は42～69行目のbutton1Clicked()メソッド内の処理だけです。

48～53行目、61～66行目で、Viewのpostメソッドを使っていた部分をActivityのrunOnUiThread()メソッドに置き換えています。

内部クラスからActivityを参照するために「MainActivity.this」を使っているのはこれまでと同様です。

runOnUiThread()で引数に渡されたRunnableは、キューに積まれて順次UIスレッド側で実行されます。

実行結果は先ほどの「My Thread View Post01」と同様なので説明は省略します。

05-07 android.os.AsyncTaskクラスを使う方法

AsyncTaskクラスは、スレッド処理をUI側で行うための様々なメソッドを持っています。

これらのメソッドをオーバーライドで定義することにより、UIスレッド中でUIの操作を指定できます。

サブクラスの定義方法

AsyncTaskはサブクラスを定義して使用します。

AsyncTaskクラスは次のように総称型を使って定義されているので、そのサブクラスを定義する場合にも、必要な変数の型を総称型で指定します。

クラス定義	public abstract class AsyncTask<Params, Progress, Result>
総称型の説明	・Params バックグラウンドで処理を行うためのメソッド doInBackground() の引数の型を指定します。 ・Progress 実行途中の情報をUIスレッド側で表示したい場合に使うメソッド publishProgress() onProgressUpdate() の引数の型を指定します。 ・Result 実行結果をUIスレッド側で表示するためのメソッド onPostExecute() の引数の型を指定します。 AsyncTaskのクラス定義

例えば、AsyncTaskのサブクラスとしてMyAsyncTaskというクラスを定義し、Params、Progress、Resultの型としてそれぞれInteger、Integer、Stringと指定したい場合、サブクラスの型を定義する部分は次のようになります。

```
class MyAsyncTask extends AsyncTask<Integer, Integer, String> {
    ......
}
```

また、変数が必要ない場合は型の指定で「Void」と指定します。

これらの型の実際の使い方については、次のメソッドの説明と作成するプログラムの説明を参照してください。

総称型は、慣れていない人は少し戸惑うかもしれませんが、使い慣れれば非常に便利な機能です。

Androidプログラムのライブラリーでは総称型は頻繁に登場するので、この機会に使い方の理解を深めてください。

AsyncTaskのメソッド

AsyncTaskには様々なメソッドが定義されていますが、それらを大きく2つに分けると、プログラムから直接呼び出して実行するためのメソッドと、オーバーライドで処理を定義するためのメソッドの2種類があります。

オーバーライドで定義するメソッドは直接プログラムから呼び出すのではなく、Androidのシステムが適切なタイミングで呼び出して実行します。

以下ではこれらのメソッドについて代表的なものを説明します。

プログラムから直接呼び出すメソッド

UI側のスレッド、またはバックグラウンド側のスレッドから直接呼び出して実行します。

・execute()

UIスレッド側でこのメソッドを実行することにより、オーバーライドで定義された一連の処理が開始されます。

メソッドの一般的な書式は次のようになります。

メソッド	AsyncTask<Params, Progress, Result> execute (Params... params)
引数の説明	・params 実行に必要な複数の引数を可変長引数で渡します。 引数の型はAsyncTaskサブクラスを定義するときの「Params」で指定します。 引数はdoInBackground()に渡されます。
戻り値	クラス宣言で定義した型を持つAsyncTask型のインスタンスが返されます。

・publishProgress()

バックグラウンドのスレッドの実行途中経過をUI側に伝えて表示したい場合などに、必要な引数を渡して呼び出します。

バックグラウンド側でこのメソッドを実行すると、UIスレッド側で「onProgressUpdate()」が実行されます。

メソッドの一般的な書式は次のようになります。

メソッド	void publishProgress (Progress... values)
引数の説明	・values Progress型の可変長の引数をonProgressUpdate()に渡します。

オーバーライドで定義するメソッド

AsyncTaskのサブクラスでメソッドをオーバーライドで定義することにより、バックグラウンド側からUIスレッド側の表示などを指示できます。

以下はそのために用意されているメソッドです。

・onPreExecute()

UIスレッド側で実行されます。

画面の初期化などを行うためのメソッドです。

このメソッドの一般的な書式は次のようになります。

メソッド	void onPreExecute ()

・doInBackground()

バックグラウンド側で実行されます。

一般的にここには実行に時間がかかる処理を記述します。

このメソッド内ではUI部品にはアクセスできません。

AsyncTaskではabstractとして定義されているので、サブクラスで必ず実装する必要があります。

メソッドの一般的な書式は次のようになります。

メソッド	Result doInBackground (Params... params)
引数の説明	・params execute()メソッドで指定された引数を可変長引数で受け取ります。 引数の型はAsyncTaskサブクラスを定義するときの「Params」で指定します。
戻り値の説明	実行結果を返します。 戻り値はonPostExecute()に引数として渡されます。 型はAsyncTaskサブクラスを定義するときの「Result」で指定します。

・onProgressUpdate()

UIスレッド側で実行されます。

バックグラウンドでpublishProgress()メソッドが実行された場合に、Androidのシステムによって呼び出されます。

UIスレッド側で実行されるので、このメソッドからは画面のUIにアクセスして実行の途中経過などを表示できます。

メソッドの一般的な書式は次のようになります。

メソッド	void onProgressUpdate (Progress... values)
引数の説明	・values 実行に必要な複数の引数を可変長引数で受け取ります。 引数の型はAsyncTaskサブクラスを定義するときの「Progress」で指定します。

・onPostExecute()

UIスレッド側で実行されます。

バックグラウンド処理の終了時に結果をUIスレッド側で表示したい場合に使用します。

メソッドの一般的な書式は次のようになります。

メソッド	void onPostExecute (Result result)
引数の説明	・result doInBackground()メソッドの戻り値から実行結果を受け取ります。 引数の型はAsyncTaskサブクラスを定義するときの「Result」で指定します。

AsyncTask クラスを使ったプログラム例

「My Thread AsyncTask01」という名前でプロジェクトを作成します。

MainActivity.javaは次のようになります。

```
1   package jp.co.examples.myandroid.mythreadasynctask01;
2
3   import android.app.Activity;
4   import android.os.AsyncTask;
5   import android.os.Bundle;
6   import android.view.View;
7   import android.widget.Button;
8   import android.widget.TextView;
9   import android.widget.Toast;
10
11  public class MainActivity extends Activity {
12      TextView textView;
13
14      @Override
15      protected void onCreate(Bundle savedInstanceState) {
16          super.onCreate(savedInstanceState);
17          setContentView(R.layout.activity_main);
18
19          Button button1 = (Button) findViewById(R.id.button1);
20          Button button2 = (Button) findViewById(R.id.button2);
21          textView  = (TextView) findViewById(R.id.textView);
22
23          // ボタン1がクリックされた場合の処理
```

```
24          button1.setOnClickListener(new View.OnClickListener() {
25              @Override
26              public void onClick(View view) {
27                  new MyAsyncTask().execute(5);
28              }
29          });
30
31          // ボタン2がクリックされた場合の処理
32          button2.setOnClickListener(new View.OnClickListener() {
33              @Override
34              public void onClick(View view) {
35                  Toast.makeText(MainActivity.this, "処理２実行中", Toast.LENGTH_SHORT).show();
36              }
37          });
38      }
39
```

```
40      /**
41       * AsyncTaskのサブクラスを定義
42       */
43      class MyAsyncTask extends AsyncTask<Integer, Integer, String> {
44
45          @Override
46          protected void onPreExecute() {
47              textView.setText("実行開始");
48          }
49
50          @Override
51          protected String doInBackground(Integer... integers) {
52              int count = integers[0];
53              try {
54                  for( int i=0; i<count; i++ ) {
55                      Thread.sleep(1000);
56                      publishProgress(i);
57                  }
58              } catch (InterruptedException e) {
59                  e.printStackTrace();
60              }
61              return "実行終了";
62          }
63
64          @Override
65          protected void onProgressUpdate(Integer... values) {
66              textView.setText(values[0].toString());
67          }
68
69          @Override
70          protected void onPostExecute(String s) {
71              textView.setText(s);
72          }
73      }
74  }
```

MainActivity.java

27行目で「処理1」のボタンを押した場合の処理を記述しています。

ここでは「new MyAsyncTask().execute(5)」を実行して、MyAsyncTaskで定義された一連のバックグラウンド処理を開始します。

引数で渡している「5」は、ループの繰り返し回数を指定するために使っています。

このプログラムではAsyncTaskのパラメーターの使い方を説明するため、あえて引数でメインスレッド側から渡す形にしています。

MyAsyncTaskクラスの定義は43～73行目で行っています。

43行目の「extends AsyncTask<Integer, Integer, String>」によりMyAsyncTaskがAsyncTaskのサブクラスであり、変数の型としてこれらの型を使うことを総称型で指定しています。

46～48行目の「onPreExecute()」はUIスレッド側で実行されます。

ここではバックグラウンドでの処理を開始する前にTextViewに「実行開始」という文字を設定しています。

51～62行目の「doInBackground()」メソッドではバックグラウンドのスレッドで実行したい処理を記述します。

Integer型引数のintegersには、MyAsyncTaskの「execute()」メソッドで渡された「5」が渡されます。

このメソッドは可変長引数を使っているので、52行目のように配列の形を使って最初の要素だけを取り出しています。

54～57行目では1秒間のスリープを指定ループ回数だけ繰り返し、処理終了後に文字列として「実行終了」という文字を返しています。

ループの合間に、56行目で「publishProgress()」を呼んで引数にループのカウンタを渡していますが、このようにバックグラウンドスレッドからpublishProgress()メソッドを呼ぶと、AndroidのシステムによりUIスレッド側で「onProgressUpdate()」が実行されます。

65～67行目がそのために定義した「onProgressUpdate()」で、引数として渡されたループカウンタをTextViewに表示しています。

バックグラウンド処理「doInBackground()」が終わると、その戻り値は「onPostExecute()」メソッドに引数として渡され、UIスレッドで実行されます。

70～72行目が「onPostExecute()」の処理を定義した部分で、TextViewに「実行終了」の文字を表示しています。

05

実行結果

AsyncTaskに途中経過を知らせるためのメソッドが用意されているので、今回のプログラムではこれを利用してループの回数を画面に表示するようにしてみました。

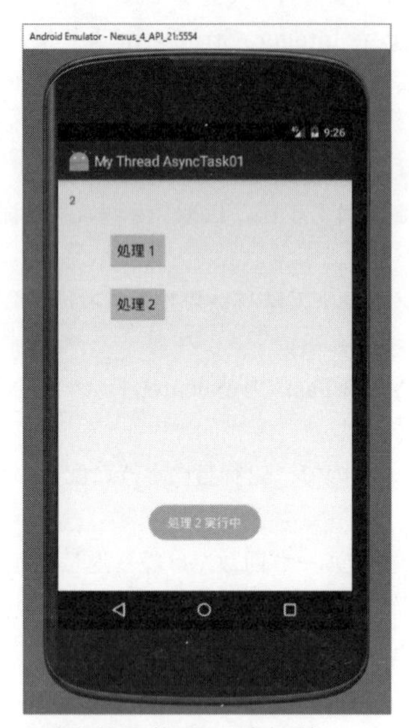

実行結果（処理1の実行中）

アプリケーションを実行して「処理1」のボタンを押すと、図のようにカウンタが0から4まで変化していき、最後に「処理終了」が表示されます。

また、「処理1」の実行中に「処理2」のボタンを押すとその文字も画面に表示され、「処理1」がバックグラウンドで実行されていることも確認できます。

なお、今回のプログラムでは、カウンタの最後の数字「4」を表示した直後に「実行終了」を表示しているので、「4」は一瞬しか表示されません。

その部分を改良したい場合は、例えば「publishProgress()」を実行する前後で0.5秒ずつスリープするようにすればよいでしょう。

Column AsyncTaskの用途

AsyncTaskは手軽にスレッドプログラムを作成できる便利なクラスですが、Androidのドキュメントではこのクラスは長時間のスレッド処理ではなく、数秒程度の処理を行う場合に使うことを推奨しています。

05-08 android.os.Handler クラスを使う方法

AndroidではHandlerというクラスを使うことによって、スレッド間でメッセージや実行したい処理をやり取りできます。

ここではHandlerを使ったメッセージのやり取りの方法と、それを処理するために内部的に使われている「MessageQueue」、「Looper」というクラスの役割について簡単に説明しておきます。

Handlerとは

Handlerとはスレッド間で情報をやり取りするためのクラスで、そのインスタンスを作成したスレッド内にメッセージを一時的に積み上げて保管するためのMessageQueueと、そのメッセージを処理するためのLooperと呼ばれる仕組みを持っています。

Handlerはそれを作成したスレッドに属していますが、他のスレッドからも参照可能です。

例えばスレッドAで作成したHandlerを使ってスレッドBでsendMessage ()というメソッドを実行すると、そのメッセージはスレッドAのMessageQueueに積み上げられ、スレッドA側でLooperによって順番に処理されていきます。

Handlerではメッセージだけではなく、post()というメソッドを使ってRunnableオブジェクトも送ることもできます。

これらの処理を図で表わすと、次のような概念図になります。

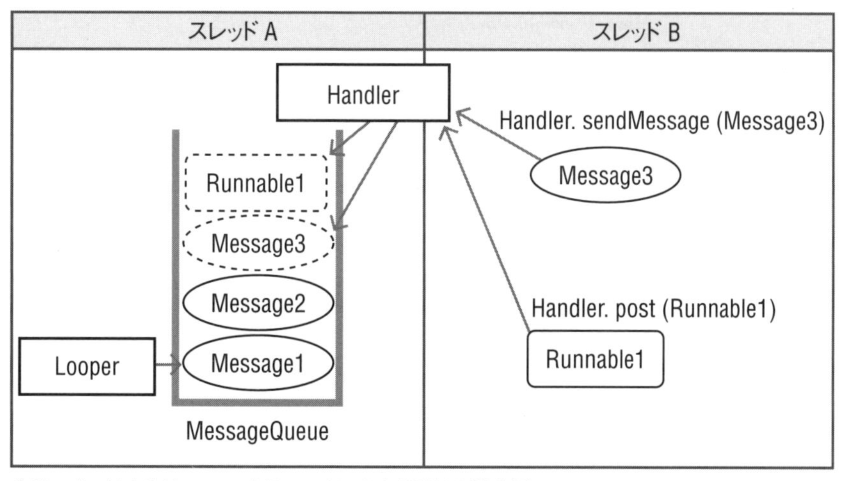

⊙ HandlerによるMessageやRunnableのやり取りの概念図

この仕組みを使えば、スレッドAがUIスレッドの場合、スレッドB側の実行結果を受け取ってUIスレッド側で画面に表示できることになります。

Column Viewのpost()メソッドとHandlerのpost()メソッドの違い

「05-05 Viewクラスのpost()メソッドを使う方法」で説明した方法も、基本的にはこれと同じ仕組みを使っていますが、Handlerクラスの場合はUIスレッド以外と情報をやり取りできる、という点が異なります。

MessageとRunnableのどちらを使っても、UI側で描画の処理を行えますが、その使い方は少々異なります。

以下ではそれぞれの方法を使って「My Thread View Post01」と同じ動作をするプログラムを作成し、Handler、Message、Runnableの使い方について説明します。

Handlerクラスと Runnableを使う方法

「My Thread Handler Runnable01」というアプリケーション名でプロジェクトを作成します。

画面のレイアウトは「My Thread View Post01」と同じものを使います。

MainActivity.javaは次のようになります。

```
1  package jp.co.examples.myandroid.mythreadhandlerrunnable01;
2
3  import android.app.Activity;
4  import android.os.Bundle;
5  import android.os.Handler;
6  import android.view.View;
7  import android.widget.Button;
8  import android.widget.TextView;
9  import android.widget.Toast;
10
11 public class MainActivity extends Activity {
12     TextView textView;
13     Handler handler = new Handler();
14
15     @Override
16     protected void onCreate(Bundle savedInstanceState) {
17         super.onCreate(savedInstanceState);
18         setContentView(R.layout.activity_main);
19
20         Button button1 = (Button) findViewById(R.id.button1);
21         Button button2 = (Button) findViewById(R.id.button2);
22         textView  = (TextView) findViewById(R.id.textView);
23
24         // ボタン1がクリックされた場合の処理
25         button1.setOnClickListener(new View.OnClickListener() {
26             @Override
27             public void onClick(View view) {
28                 button1Clicked();
```

```
29                  }
30              });
31
32              // ボタン2がクリックされた場合の処理
33              button2.setOnClickListener(new View.OnClickListener() {
34                  @Override
35                  public void onClick(View view) {
36                      Toast.makeText(MainActivity.this, "処理２実行中", Toast.LENGTH_SHORT).show();
37                  }
38              });
39          }
40
41          /**
42           * ボタン1がクリックされた場合の処理内容を定義
43           */
44          private void button1Clicked() {
45              // 別スレッドを作成し、処理をその中で行う
46              new Thread(new Runnable() {
47                  @Override
48                  public void run() {
49                      // 実行開始
50                      handler.post(new Runnable() {
51                          @Override
52                          public void run() {
53                              textView.setText("実行開始");
54                          }
55                      });
56                      // 実行中
57                      try {
58                          Thread.sleep(5000);
59                      } catch (InterruptedException e) {
60                          e.printStackTrace();
61                      }
62                      // 実行終了
63                      handler.post(new Runnable() {
64                          @Override
65                          public void run() {
66                              textView.setText("実行終了");
67                          }
68                      });
69                  }
70              }).start();
71          }
72      }
```

MainActivity.java

13行目でHandlerのインスタンスを作成しています。

HandlerはUIスレッドで作成されているので、これを使って他のスレッドで定義した処理をUIスレッド側に渡して実行できます。

「処理1」のボタンを押した場合に実行されるメソッド「buttonClicked()」内の、46～70行目で別スレッドを作成して実行してます。

50～55行目、63～68行目ではそれぞれTextViewの文字列を設定するように定義したRunnableを作成して、Handlerのpost()メソッドに渡しています。

これらのRunnableはMessageQueueに追加され、UIスレッド側でLooperによって順番に処理されます。

MessageQueueの内容がRunnableの場合、Looperはそのrunメソッドを実行します。

実行結果は「My Thread View Post01」と同様なので説明は省略します。

Handlerクラスと Messageクラスを使う方法

「My Thread Handler Message01」というアプリケーション名でプロジェクトを作成します。

画面のレイアウトは「My Thread View Post01」と同じものを使います。

MainActivity.javaは次のようになります。

```
1   package jp.co.examples.myandroid.mythreadhandlermessage01;
2
3   import android.app.Activity;
4   import android.os.Bundle;
5   import android.os.Handler;
6   import android.os.Message;
7   import android.view.View;
8   import android.widget.Button;
9   import android.widget.TextView;
10  import android.widget.Toast;
11
12  public class MainActivity extends Activity {
13
14      private static final int THREAD_START = 0;
15      private static final int THREAD_END = 1;
16
17      TextView textView;
18      Handler handler = new Handler() {
19          @Override
20          public void handleMessage(Message msg) {
21              switch ( msg.what ) {
22                  case THREAD_START:
23                      textView.setText("実行開始");
24                      break;
25                  case THREAD_END:
26                      textView.setText("実行終了");
27              }
28          }
29      };
30
31      @Override
32      protected void onCreate(Bundle savedInstanceState) {
33          super.onCreate(savedInstanceState);
34          setContentView(R.layout.activity_main);
35
36          Button button1 = (Button) findViewById(R.id.button1);
37          Button button2 = (Button) findViewById(R.id.button2);
38          textView  = (TextView) findViewById(R.id.textView);
39
40          // ボタン1がクリックされた場合の処理
41          button1.setOnClickListener(new View.OnClickListener() {
42              @Override
```

```
43              public void onClick(View view) {
44                  button1Clicked();
45              }
46          });
47
48          // ボタン2がクリックされた場合の処理
49          button2.setOnClickListener(new View.OnClickListener() {
50              @Override
51              public void onClick(View view) {
52                  Toast.makeText(MainActivity.this, "処理２実行中", Toast.LENGTH_SHORT).show();
53              }
54          });
55      }
56

57      /**
58       * ボタン１がクリックされた場合の処理内容を定義
59       */
60      private void button1Clicked() {
61          // 別スレッドを作成し、処理をその中で行う
62          new Thread(new Runnable() {
63              @Override
64              public void run() {
65                  // 実行開始
66                  Message msg = handler.obtainMessage(THREAD_START);
67                  handler.sendMessage(msg);
68                  // 実行中
69                  try {
70                      Thread.sleep(5000);
71                  } catch (InterruptedException e) {
72                      e.printStackTrace();
73                  }
74                  // 実行終了
75                  msg = handler.obtainMessage(THREAD_END);
76                  handler.sendMessage(msg);
77              }
78          }).start();
79      }
80  }
```

MainActivity.java

14～15行目ではメッセージを識別するために2つの変数を定義しています。

18～29行目でHandlerのサブクラスを定義しています。

この中のhandleMessage()メソッドで、Messageのwhatという変数でswitch-caseを使って処理を分岐しています。

Runnableを使う場合には、UI側で実行される処理をrun()メソッドをオーバーライドして定義していましたが、Messageを使う場合にはこのようにHandlerクラスのhandleMessage()メソッドをオーバーライドで定義し、その中でメッセージの内容に応じた処理を記述します。

MessageQueueの内容がRunnableではなくMessageの場合、LooperによってこのhandleMessage()メソッドが実行されます。

「処理1」ボタンが押された場合、button1Clicked()のメソッド内で別スレッドが作成され、64～77行目のrun()メソッド内の処理が実行されます。

66行目、75行目でHandlerのobtainMessage()メソッドを使ってMessageオブジェク

トの取得を行い、同時に引数でメッセージ識別用のそれぞれの整数を設定しています。
Messageを取得するためのobtainMessage()メソッドには、引数に応じていくつかの種類がありますが、ここで使ったobtainMessage()の一般的な書式は次の通りです。

クラス	android.os.Handler
メソッド	Message obtainMessage (int what)
引数の説明	・what Message内のwhat変数に設定する値。
戻り値	取得したMessage

66、75行目では、それぞれ取得したMessageをHandlerのsendMessage()を使ってUIスレッド側のMessageQueueに渡しています。

実行結果は「My Thread View Post01」と同様なので説明は省略します。

Column 内部クラスでHandlerを定義する場合の警告について

今回のプログラムでは次のように18行目でAndroid Studioによる警告が表示されていると思います。

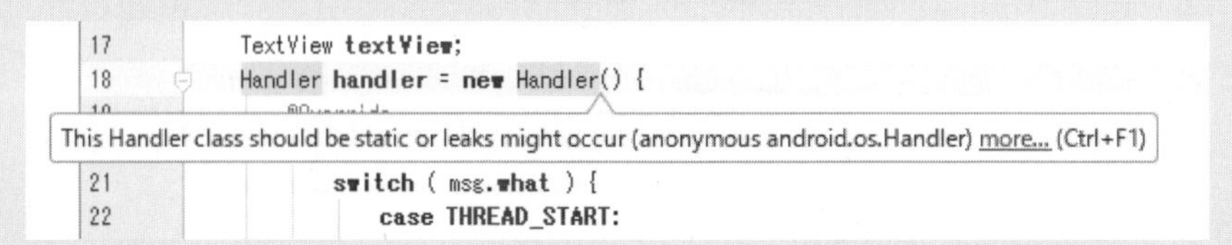

これは「Handlerクラスを内部クラスとして定義する場合には、staticで定義しないとメモリーリークが発生する可能性があるという」という意味の警告で、Handlerを使うAndroidのプログラムでは比較的有名な警告です。

この不具合は、例えばアプリケーションが実行中でMessageQueueにメッセージが残っている状態のときにそれが停止されると、終了しているにもかかわらず、そのアプリケーションがガベージコレクションの対象にならず、いつまでもメモリ上に残り続ける、というものです。

今回のプログラム例のように、アプリケーション終了時にMessageQueueの中が空になっている場合には問題は起きません。

しかし、例えばアプリケーションを終了した後に、バックグラウンドでこの処理が実行されるようなプログラムを作成した場合は、この不具合が発生する可能性があります。

不具合の正式な対処方法としてはWeakReferenceというクラスを使う方法があるのですが記述は少々複雑になります。

この不具合の原因と解決方法についてはJava内部のスレッド、MessageQueue、Handlerなどのメモリ管理についての説明が必要になるので説明は本書では省略します。

Chapter 06

ネットワーク通信

Android端末には通信機能が備わっていて、Wi-Fiやモバイル通信を使ってインターネットに接続して情報をやりとりできます。

通信のためのJavaプログラムは基本的に一般的なJavaプログラムとほとんど同じですが、電波状態のチェックなどAndroid特有の考慮すべき点もあります。

ここではWebサーバーとの通信を例として、Androidのネットワーク通信プログラムについて説明します。

06-01
Socket と HttpURLConnection

Webサーバーに接続するために重要なJavaのクラスに、「java.net.Socket」と「java.net.HttpURLConnection」があります。

・java.net.Socket

Socketはネットワークで情報をやり取りする場合の基礎となるクラスです。
通信のためには細かい指定を行う必要がありますが、HTTPだけではなく他の様々なプロトコルで通信を行うことができます。

・java.net.HttpURLConnection

HTTPプロトコルを使った通信を行うために特化したクラスで、Webサーバーとの通信プログラムはSocketに比べて記述しやすくなります。

以下ではこれらのクラスを使って、Webサーバーに接続して結果を取得する2つのアプリケーションを作成し、それぞれのクラスの使い方を説明します。

06-02
java.net.Socketを使うアプリケーション

このプログラムはSocketを使って指定されたサーバーと接続し、レスポンスとして返ってくるWebページの内容をテキストの形で受け取って画面に表示します。
Webブラウザがこのテキストを受け取った場合は、その中のHTMLの記述に従ってWebのページが作成されて表示されますが、このプログラムでは受け取ったテキストをそのまま表示することにします。

「My Network Socket01」というアプリケーション名で新規にパッケージを作成します。

このアプリケーションで重要となるのは以下のファイルです。

Activityファイル	・MainActivity.java メインのActivityファイルです。
レイアウトファイル	・activity_main.xml MainActivityのレイアウトファイルです。
マニフェストファイル	・AndroidManifest.xml 通信を行うためのパーミッションの使用を設定します。

activity_main.xml

レイアウトファイルでホスト名の入力欄とボタン、そして受信した実行結果を表示するための領域を作成します。

Webサーバーからの受信結果は一般的に量が多いので、結果を表示する領域にはスクロールエリアを使うことにします。

スクロールエリアはScrollViewの中にTextViewを配置して作成します。

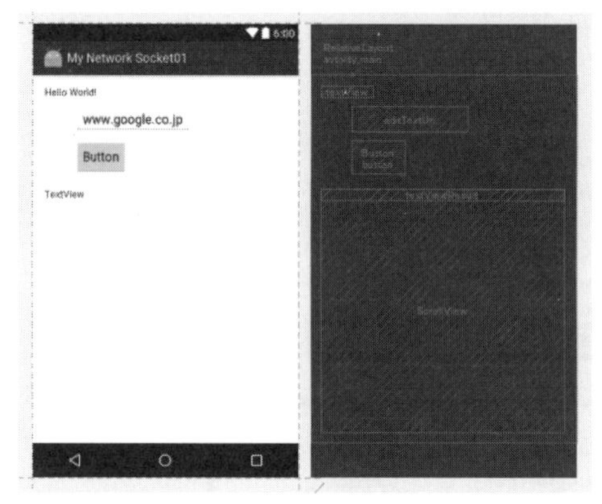

activity_main.xml（デザイン画面）

レイアウトファイルのテキスト画面は次のようになります。

```
1   <?xml version="1.0" encoding="utf-8"?>
2   <RelativeLayout xmlns:android="http://schemas.android.com/apk/res/android"
3       xmlns:tools="http://schemas.android.com/tools"
4       android:id="@+id/activity_main"
5       android:layout_width="match_parent"
6       android:layout_height="match_parent"
7       android:paddingBottom="16dp"
8       android:paddingLeft="16dp"
9       android:paddingRight="16dp"
10      android:paddingTop="16dp"
11      tools:context="jp.co.examples.myandroid.mynetworksocket01.MainActivity">
12
13      <TextView
14          android:layout_width="wrap_content"
15          android:layout_height="wrap_content"
16          android:text="Hello World!"
17          android:id="@+id/textView" />
18
19      <EditText
20          android:layout_width="wrap_content"
21          android:layout_height="wrap_content"
22          android:inputType="textUri"
23          android:text="www.google.co.jp"
24          android:layout_below="@+id/textView"
25          android:layout_alignParentLeft="true"
26          android:layout_alignParentStart="true"
27          android:layout_marginLeft="44dp"
28          android:layout_marginStart="44dp"
29          android:layout_marginTop="12dp"
30          android:id="@+id/editTextUri" />
31
32      <Button
33          android:text="Button"
34          android:layout_width="wrap_content"
35          android:layout_height="wrap_content"
36          android:layout_below="@+id/editTextUri"
37          android:layout_alignLeft="@+id/editTextUri"
38          android:layout_alignStart="@+id/editTextUri"
39          android:layout_marginTop="10dp"
40          android:id="@+id/button" />
41
42      <ScrollView
43          android:layout_width="fill_parent"
44          android:layout_height="fill_parent"
45          android:layout_below="@+id/button"
46          android:layout_marginTop="20dp">
47
48          <TextView
49              android:text="TextView"
50              android:layout_width="match_parent"
51              android:layout_height="wrap_content"
52              android:id="@+id/textViewResult" />
53
54      </ScrollView>
55
56  </RelativeLayout>
```

activity_main.xml（テキスト画面）

画面上の配置はこのとおりでなくとも構いませんが、作成したUI部品のidと表示の初期値は、それぞれ次のように指定しています。

タグ	id	textの初期値
EditText	editTextUri	"www.google.co.jp"
Button	button	"Button"
TextView	textViewResult	"TextView"

表示用の実行結果は量が多いので、TextViewはScrollViewの中に配置してスクロールできるようにしています。

また、今回EditTextに入力される文字列はホスト名を仮定しているので、それに合わせてEditTextに「android:inputType="textUri"」の指定を付けています。

inputTypeの指定は、画面に表示される入力用ソフトウェアキーボードの種類に影響するのですが、実際にどのようなキーボードが表示されるかは機種や実行環境に依存するようです。

MainActivity.java

MainActivity.javaは次のようになります。

```
1   package jp.co.examples.myandroid.mynetworksocket01;
2
3   import ...
20
21  public class MainActivity extends Activity {
22
23      private TextView textView;
24      @Override
25      protected void onCreate(Bundle savedInstanceState) {
26          super.onCreate(savedInstanceState);
27          setContentView(R.layout.activity_main);
28
29          final EditText editText = (EditText) findViewById(R.id.editTextUri);
30          Button button = (Button) findViewById(R.id.button);
31          textView = (TextView) findViewById(R.id.textViewResult);
32
33          button.setOnClickListener(new View.OnClickListener() {
34              @Override
35              public void onClick(View view) {
36                  ConnectivityManager connMgr = (ConnectivityManager)
37                              getSystemService(Context.CONNECTIVITY_SERVICE);
38                  NetworkInfo networkInfo = connMgr.getActiveNetworkInfo();
39                  // ネットワークが使えるかを確認する
40                  if (networkInfo != null && networkInfo.isConnected()) {
41                      // ネットワークが使える場合
42                      String host = editText.getText().toString();
43                      // 別スレッドで通信開始
44                      new MyHttpGetTask().execute(host);
```

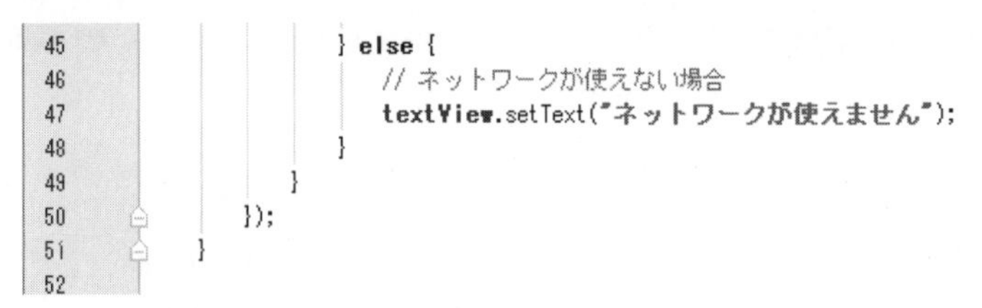

```
45                } else {
46                    // ネットワークが使えない場合
47                    textView.setText("ネットワークが使えません");
48                }
49            }
50        });
51    }
52
```

MainActivity.java

29～31行目でホスト名入力用のEditText、ボタン、結果表示用のTextViewの取得を行っています。

変数textViewはメソッドの外からも使えるように変数宣言は23行目で行っています。

ボタンが押された場合の処理は、35～49行目のonClick()メソッド内で定義しています。

実際に接続の処理を行う前に、36～38行目でConnectivityManagerとNetworkInfoいうクラスを使って、接続状態を調べる変数を取得しています。

ここで使ったそれぞれのクラスのメソッドについて、一般的な書式を次に示します。

クラス	android.app.Activity
メソッド	Object getSystemService (String name) システムが提供する様々なサービス用のオブジェクトを取得します。
引数の説明	・name 指定された文字列に応じて、システムが提供するサービス用のオブジェクトを返します。
戻り値	システムが提供するサービス用のオブジェクト。 nameとしてContext.CONNECTIVITY_SERVICEで定義される文字が指定された場合はConnectivityManagerのインスタンスを返す。

クラス	android.net.ConnectivityManager
メソッド	NetworkInfo getActiveNetworkInfo () NetworkInfoオブジェクトを取得します。
戻り値	現在接続中のデフォルトのネットワークについての詳細な情報を持つNetworkInfoオブジェクトを返します。 デフォルトのネットワークがない場合はnullを返します。

クラス	android.net.NetworkInfo
メソッド	boolean isConnected () ネットワークの接続状態を調べます。
戻り値	ネットワークが接続されている状態の場合はtrue、それ以外はfalseを返します。

ネットワークが使える場合は、入力されたホスト名を42行目で取得し、44行目で「MyHttpGetTask」というクラスのexecute()メソッドを実行しています。

ネットワークが使えない場合は47行目で結果表示欄に「ネットワークが使えません」というメッセージを表示しています。

一般的にAndroidでネットワークを使う場合は、このように初めに通信状態を確認します。

「MyHttpGetTask」のクラスの定義は56 ～ 109行目で行っています。

このクラスはAsyncTaskのサブクラスとして定義し、別スレッドで通信処理を行っています。

AsyncTaskの詳しい説明は「05-07 android.os.AsyncTask クラスを使う方法」(237ページ)を参照して下さい。

ネットワークを使った通信にはある程度時間がかかるため、一般的に通信の処理はUIスレッドの処理を妨げないように、このように別スレッドで実行します。


```
53      /**
54       * AsyncTaskを継承してsocket通信を行うクラス
55       */
56      private class MyHttpGetTask extends AsyncTask<String, Void, String> {
57          @Override
58          protected void onPreExecute() {
59              textView.setText("");
60          }
61
62          @Override
63          protected String doInBackground(String... strings) {
64              Socket socket = null;
65              BufferedWriter bw = null;
66              BufferedReader br = null;
67
68              String host = strings[0];
69              String HTTP_GET = "GET / HTTP/1.0 ¥n" +
70                      "Host: " + host + "¥n" +
71                      "Connection: close" + "¥n¥n";
72              StringBuffer stringBuffer = new StringBuffer();
73
74              try {
75                  // hostからsocket、BufferedWriter、BufferedReaderを作成
76                  socket = new Socket(host, 80);
77                  bw = new BufferedWriter(new OutputStreamWriter(socket.getOutputStream()));
78                  br = new BufferedReader(new InputStreamReader(socket.getInputStream()));
79
80                  // HTTPリクエストを送信
81                  bw.write(HTTP_GET);
82                  bw.flush();
83
84                  // HTTPレスポンスを受信
85                  String line;
86                  while ((line = br.readLine()) != null) {
87                      stringBuffer.append(line);
88                  }
89              } catch (Exception exception) {
90                  exception.printStackTrace();
91                  return "接続に失敗しました";
92              } finally {
```

```
93                try {
94                    if(bw!=null) bw.close();
95                    if(br!=null) br.close();
96                    if(socket!=null) socket.close();
97                } catch (IOException e) {
98                    e.printStackTrace();
99                }
100           }
101           return stringBuffer.toString();
102       }
103
104       @Override
105       protected void onPostExecute(String s) {
106           // 取得した文字列をTextViewに表示する
107           textView.setText(s);
108       }
109   }
110 }
```

MainActivity.java

58～60行目のonPreExecute()メソッドでは画面の初期化をしています。

63～102行目のdoInBackground()メソッドではバックグラウンドの処理を定義しています。

処理の内容はAndroid独自のものではなく、Socketを使った一般的なJavaのネットワーク通信のプログラムと同様です。

76～88行目ではSocketクラスを使ってホストと接続し、OutputStreamを使ってGETリクエストのメッセージを送り、InputStreamを使って、それに対するレスポンスを読み込んで文字列に格納しています。

ここで使ったSocketクラスのコンストラクタとメソッドの一般的な書式は、次のようになります。

コンストラクタ	Socket (String host, int port)
引数の説明	・host 接続したいホストの名前を設定します。 ・port 接続したいポート番号を設定します。

クラス	java.net.Socket
メソッド	OutputStream getOutputStream () SocketのOutputStreamを取得します。
戻り値	このSocketのOutputStreamを返します。

クラス	java.net.Socket
メソッド	InputStream getInputStream () SocketのInputStreamを取得します。
戻り値	このSocketのInputStreamを返します。

一般的にWebサービスのポート番号には80番が使われるため、76行目でSocketを作成する際にはportには「80」を指定しています。

69～71行目のHTTP_GETの文字列は、GETリクエストでWebサーバーに接続する際の決まり事のようなもので、必要に応じて様々な指定を行うことができます。

ここでは一般的な通信についての説明は省略しますが、この文字列をWebサーバーに送ることにより、ブラウザでそのホストにアクセスした場合と同様の文字列が返されてきます。

77～88行目がその処理を行っている部分で、HTTPリクエストを送ってそのレスポンスをStringBufferに格納しています。

90～91行目は実行中に何らかのエラーが発生した場合の処理で、printStackTrace()によってエラーを書き出して「接続に失敗しました」という文字列を返しています。

93～99行目は処理終了後のストリームとSocketの後始末です。

101行目ではホストから受け取ったレスポンスの文字列を返しています。

このバックグラウンド処理が終了した後は、105～108行目のonPostExecute()がUIスレッドで実行されます。

引数の文字列sにはdoInBackground()で返された文字列が渡されてくるので、それを結果表示用のTextViewに設定しています。

AndroidManifest.xml

マニフェストファイルは次のようになります。

```
1  <?xml version="1.0" encoding="utf-8"?>
2  <manifest xmlns:android="http://schemas.android.com/apk/res/android"
3      package="jp.co.examples.myandroid.mynetworksocket01">
4
5      <uses-permission android:name="android.permission.INTERNET" />
6      <uses-permission android:name="android.permission.ACCESS_NETWORK_STATE" />
7
8      <application
9          android:allowBackup="true"
10         android:icon="@mipmap/ic_launcher"
11         android:label="My Network Socket01"
12         android:supportsRtl="true"
13         android:theme="@style/AppTheme">
14         <activity android:name=".MainActivity">
15             <intent-filter>
16                 <action android:name="android.intent.action.MAIN" />
17
18                 <category android:name="android.intent.category.LAUNCHER" />
19             </intent-filter>
```

```
20            </activity>
21        </application>
22
23    </manifest>
```

AndroidManifest.xml

このプログラムを実行するには、ネットワークを使うためのパーミッションをマニフェストファイルに設定する必要があります。

5、6行目の2つの< uses-permission >タグがそのためのタグです。

それぞれのパーミッションの意味は以下の通りです。

名前	意味
"android.permission.INTERNET"	Socketを使うために必要です。
"android.permission.ACCESS_NETWORK_STATE"	ネットワークの状態にアクセスするためのパーミッションを意味します。NetworkInfoを使うために必要です。

パーミッションや< uses-permission >タグについての説明は「Chapter01 Activity」のパーミッションの説明を参照してください。

実行結果

アプリケーションを実行すると次の画面が表示されます。

表示されるソフトウェアキーボードの種類は機種や環境によって異なります。

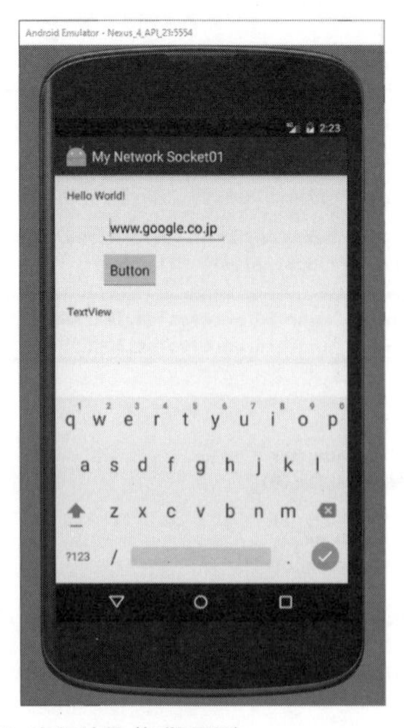

実行結果（初期画面）

実行結果（ボタンクリック後）

ホスト名を指定してボタンを押すと右図のような画面が表示されます。

ここでは初期設定の「www.google.co.jp」を使って実行した結果を示します。

GETリクエストを使ってWebサーバーに接続した結果のレスポンスが表示されます。

GETリクエストに対する「HTTP/1.0 200 OK」のレスポンや、「Content-Type:text/html; charset=Shift_JIS」などのHTTPヘッダー部分、そしてHTMLの本文がスクロールエリアに表示されていることが確認できます。

ここで文字が化けて表示されているのはShift_JISで返された文字列をUTF-8として表示しているためです。

文字列を正しく表示するには、レスポンスをInputStreamReaderで読み込む際に、ヘッダーで指定された文字コードに合わせてやればよいのですが、このプログラムでは接続してレスポンスを受け取ることの確認が目的なので、文字コードの処理は省略しています。

次に、ネットワークが使えない状態での処理を確認してみます。

デバイスの設定によってネットワーク接続を一時的に切ってください。

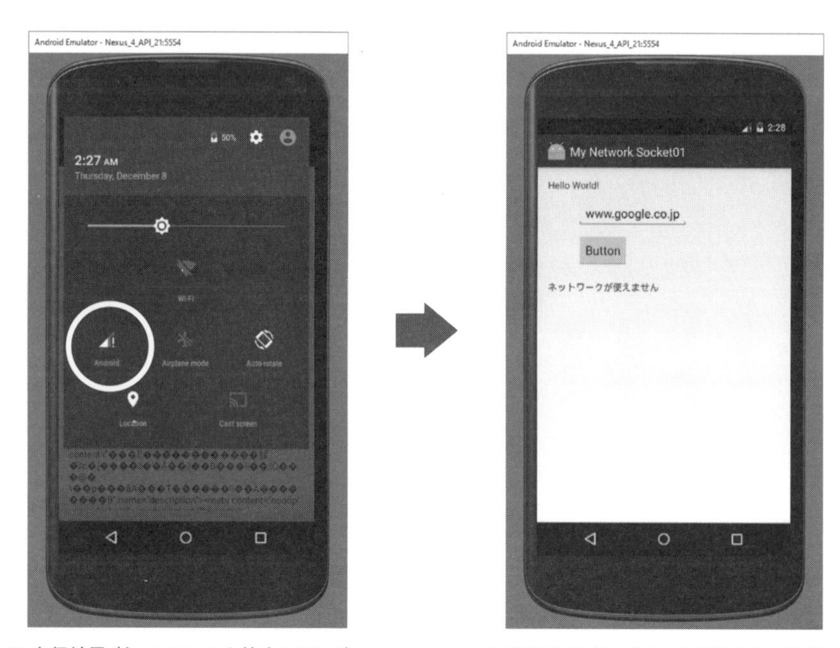

実行結果（ネットワークを停止してみる）

実行結果（ネットワークが使えない場合）

その状態でボタンを押すと「ネットワークが使えません」の文字が表示され、「NetworkInfo」を使った接続の確認が正しく行われていることが確認できます。

06-03 java.net.HttpURLConnectionを使うアプリケーション

HttpURLConnectionを使って指定されたサーバーと接続し、レスポンスとして帰ってくるWebページの内容をテキストの形で受け取って画面に表示するアプリケーションを作成します。

Socketを使う場合にはホスト名を使って接続していましたが、HttpURLconnectionを使う場合はWebサーバーのURLを指定します。

「My Network HttpUrl01」というアプリケーション名で、新規にプロジェクトを作成します。

このアプリケーションで重要となるのは以下のファイルです。

Activityファイル	・MainActivity.java メインのActivityファイルです。
レイアウトファイル	・activity_main.xml MainActivityのレイアウトファイルです。
マニフェストファイル	・AndroidManifest.xml 通信を行うためのパーミッションの使用を設定します。

レイアウトファイルとマニフェストファイルは「My Network Socket01」とほとんど同じです。

レイアウトファイルの初期設定でホスト名「www.google.co.jp」ではなく、URL「https://www.google.co.jp」を指定していますが、それ以外はマニフェストファイルのパーミッションの指定もおなじなので、以下ではActivityファイルについてだけ説明します。

MainActivity.java

MainActivity.javaは次のようになります。

```
1    package jp.co.examples.myandroid.mynetworkhttpurl01;
2
3    import ...
19
20   public class MainActivity extends Activity {
21
22       private TextView textView;
23       @Override
24       protected void onCreate(Bundle savedInstanceState) {
25           super.onCreate(savedInstanceState);
26           setContentView(R.layout.activity_main);
27
28           final EditText editText = (EditText) findViewById(R.id.editTextUri);
29           Button button = (Button) findViewById(R.id.button);
30           textView = (TextView) findViewById(R.id.textViewResult);
31
32           button.setOnClickListener(new View.OnClickListener() {
33               @Override
34               public void onClick(View view) {
35                   ConnectivityManager connMgr = (ConnectivityManager)
36                           getSystemService(Context.CONNECTIVITY_SERVICE);
37                   NetworkInfo networkInfo = connMgr.getActiveNetworkInfo();
38                   // ネットワークが使えるかを確認する
39                   if (networkInfo != null && networkInfo.isConnected()) {
40                       // ネットワークが使える場合
41                       String host = editText.getText().toString();
42                       // 別スレッドで通信開始
43                       new MyHttpGetTask().execute(host);
44                   } else {
45                       // ネットワークが使えない場合
46                       textView.setText("ネットワークが使えません");
47                   }
48               }
49           });
50       }
51
```

MainActivity.java

```
52       /**
53        * AsyncTaskを継承してsocket通信を行うクラス
54        */
55       private class MyHttpGetTask extends AsyncTask<String, Void, String> {
56           @Override
57           protected void onPreExecute() {
58               textView.setText("");
59           }
60
61           @Override
62           protected String doInBackground(String... strings) {
63               BufferedReader br = null;
64               HttpURLConnection urlConnection = null;
65
```

```
66            String url = strings[0];
67            StringBuffer stringBuffer = new StringBuffer();
68
69            try {
70                // urlからHttpUrlConnection、BufferedReaderを作成
71                urlConnection = (HttpURLConnection) new URL(url).openConnection();
72                br = new BufferedReader(new InputStreamReader(urlConnection.getInputStream()));
73
74                // HTTPレスポンスを受信
75                String line;
76                while ((line = br.readLine()) != null) {
77                    stringBuffer.append(line);
78                }
79            } catch (Exception exception) {
80                exception.printStackTrace();
81                return "接続に失敗しました";
82            } finally {
83                try {
84                    if(br!=null) br.close();
85                    if(urlConnection!=null) urlConnection.disconnect();
86                } catch (IOException e) {
87                    e.printStackTrace();
88                }
89            }
90            return stringBuffer.toString();
91        }
```

MainActivity.java

```
92
93        @Override
94        protected void onPostExecute(String s) {
95            // 取得した文字列をTextViewに表示する
96            textView.setText(s);
97        }
98    }
99 }
```

MainActivity.java

「My Network Socket01」の場合と異なるのは、62～91行目のdoInBackground()メソッド内の処理です。

MyHttpGetTask実行時に引数で渡されたURL名を使って、71行目でHttpURLConnectionを作成してサーバーに接続し、72行目でその接続に対するBufferedReaderを取得して、76～78行目でレスポンスの文字列を取得しています。

ここで使っているメソッドの一般的な書式は以下のようになります。

クラス	java.net.URL
メソッド	URLConnection openConnection () URLConnectionを開きます。
戻り値	指定されたURLに対するURLConnectionを返します。 これを（HttpURLConnection）で型キャストして利用します。

クラス	java.net.HttpURLConnection
メソッド	InputStream getInputStream () InputStreamを取得します。
戻り値	このURLConnectionのInputStreamを返します。

クラス	java.net.HttpURLConnection
メソッド	void disconnect () サーバーとの接続を切ります。

Socketを使う場合は、ホストのほかにポート番号や接続用のGETリクエストの文字などを指定する必要がありました。

しかしHttpURLConnectionでは、特に指定しない場合はGETリクエストで80番ポートに接続されるため、Socketと比べて接続の手続きも簡単になっています。

実行結果

初期画面ではホスト名「www.google.co.jp」の代わりに、初期値としてURL形式の文字列「https://www.google.co.jp」を設定しています。

実行結果（初期画面）

実行結果（ボタンクリック後）

このままボタンを押すと、右図の画面が表示されます。

Socketの場合は、GETリクエストのやり取りやHTTPヘッダーがレスポンスとして送られてきましたが、HttpURLConnectionの場合はHTMLの本文だけを受け取ることができます。

そのため、送られてくるデータを解析してそこから必要な情報を取り出したい場合にも処理がしやすくなります。

Column HTTPを使ったデータサービスについて

今回のプログラム例では普通のWebサーバーに接続していましたが、HTTPを使ってデータを気象情報や地震のデータなどを提供する様々なサイトも存在します。

そのようなサイトでは一般的に「XML」や「JSON」と呼ばれるデータフォーマットでレスポンスのデータが送られてくるので、取得したデータは受信側でそれぞれのフォーマットに従って解析する必要があります。

Androidにはそのためのライブラリも用意されていますが、XMLやJSONフォーマットのデータの解析方法については本書では省略します。

Chapter 07

Notification

Androidアプリケーションは Activityが作成する画面を使って様々な情報を表示できますが、ときには特定のアプリケーションに依存しない場所に何らかのメッセージを表示したい場合があります。

このような場合、Androidでは画面上部の「通知エリア」と呼ばれる場所を利用することができます。

例えば、メールやSNSのアプリケーションなどで受信があった場合にはこの領域を利用してそれについての情報をユーザーに知らせています。

この章ではAndroidで「通知エリア」にメッセージを表示し、そこからアプリケーションを実行する方法について説明します。

07-01
通知エリアとその周囲の領域の名称

「通知エリア」は「ノーティフィケーションエリア」とも呼ばれます。
この領域に関係する画面の名称を次に示します。

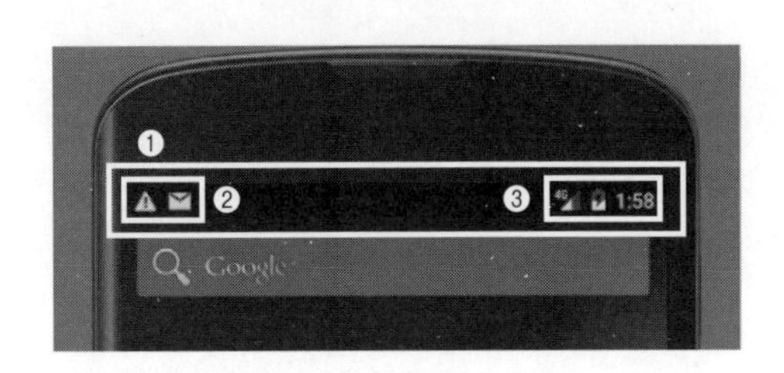

通知エリア周囲の名称

通知ドロワー

① ステータスバー（Status Bar）

画面上部に表示される「通知エリア」と「ステータスエリア」を含む領域です。
「ステータスバー」を「ノーティフィケーションバー」と呼ぶ場合もあります。

② 通知エリア（ノーティフィケーションエリア）（Notification Area）

ステータスバーの左側で、通知の情報を表示する領域です。

③ ステータスエリア（Status Area）

ステータスバーの右側で、電波や電源などの状態を表示する領域です。

④ 通知ドロワー（Notification Drawer）

ステータスバーを下にドラッグすると表示される領域です。
通知の一覧のタイトルや説明文が表示されます。

07-02
Notificationを扱うためのクラス

Androidでは通知エリアを利用するために様々なクラスが定義されています。

OSのバージョンや目的によって使うクラスも異なりますが、ここでは以下のクラスを使ってプログラムを作成します。

クラス	説明
android.app.Notification	「通知」に関する情報を格納するクラスです。
android.app.Notification.Builder	Notificationクラスを使いやすくするためにAndroid 3.0（API レベル 11）から追加されたクラスです。
android.app.NotificationManager	Notificationクラスを「通知エリア」に表示するためのクラスです。

07-03
Notificationを使うアプリケーション

このアプリケーションでは、ボタンが押されたら通知エリアにそれを知らせる通知を表示し、通知ドロワーからその通知が選択された場合にはActivityを実行します。

「My Notification01」というアプリケーション名で新規にプロジェクトを作成します。

アプリケーションに関係するファイルは次の通りです。

Activityファイル	・MainActivity.java メインのActivityファイルです。 ・MyNotificationSubActivity.java Notificationが選択された場合に実行されるActivityです。
レイアウトファイル	・activity_main.xml MainActivityのレイアウトファイルです。 ・notification.xml MyNotificationSubActivityのレイアウトファイルです。
マニフェストファイル	・AndroidManifest.xml アプリケーションで使用するActivityやパーミッションを追加します。

activity_main.xml

MainActivityのレイアウトファイルは次のようになります。

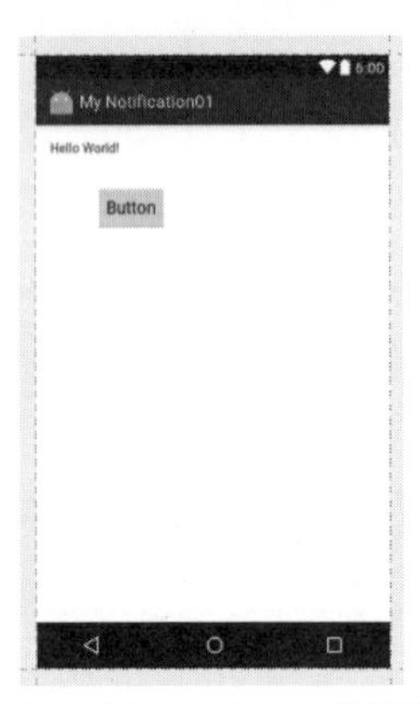

activity_main.xml（デザイン画面）

```
1   <?xml version="1.0" encoding="utf-8"?>
2   <RelativeLayout xmlns:android="http://schemas.android.com/apk/res/android"
3       xmlns:tools="http://schemas.android.com/tools"
4       android:id="@+id/activity_main"
5       android:layout_width="match_parent"
6       android:layout_height="match_parent"
7       android:paddingBottom="16dp"
8       android:paddingLeft="64dp"
9       android:paddingRight="64dp"
10      android:paddingTop="16dp"
11      tools:context="jp.co.examples.myandroid.mynotification01.MainActivity">
12
13      <TextView
```

```
14              android:layout_width="wrap_content"
15              android:layout_height="wrap_content"
16              android:text="Hello World!"
17              android:id="@+id/textView" />
18
19          <Button
20              android:text="Button"
21              android:layout_width="wrap_content"
22              android:layout_height="wrap_content"
23              android:layout_below="@+id/textView"
24              android:layout_alignParentLeft="true"
25              android:layout_alignParentStart="true"
26              android:layout_marginLeft="50dp"
27              android:layout_marginStart="50dp"
28              android:layout_marginTop="30dp"
29              android:id="@+id/button" />
30      </RelativeLayout>
```

activity_main.xml (テキスト画面)

notification.xml

MyNotificationSubActivityのレイアウトファイルは次のようになります。Activityが実行されたことを示すメッセージを表示しています。

notification.xml (デザイン画面)

```
1       <?xml version="1.0" encoding="utf-8"?>
2       <RelativeLayout xmlns:android="http://schemas.android.com/apk/res/android"
3           android:layout_width="match_parent" android:layout_height="match_parent">
4
5           <TextView
6               android:text="NotificationからActivityが実行されました"
7               android:layout_width="wrap_content"
8               android:layout_height="wrap_content"
9               android:layout_marginTop="30dp"
10              android:id="@+id/notification_textVew"
11              android:layout_alignParentTop="true"
12              android:layout_centerHorizontal="true" />
13      </RelativeLayout>
```

notification.xml (テキスト画面)

MainActivity.java

メインのActivityです。

```
1   package jp.co.examples.myandroid.mynotification01;
2
3   import ...
12
13  public class MainActivity extends Activity {
14
15      private static final int MY_NOTIFICATION_ID = 1;
16
17      @Override
18      protected void onCreate(Bundle savedInstanceState) {
19          super.onCreate(savedInstanceState);
20          setContentView(R.layout.activity_main);
21
22          final Notification.Builder builder =
23                  new Notification.Builder(this)
24                          .setTicker("このTickerは表示されない場合もあります")
25                          .setDefaults(Notification.DEFAULT_VIBRATE|Notification.DEFAULT_SOUND)
26                          .setAutoCancel(true)
27                          .setSmallIcon(android.R.drawable.stat_sys_warning)
28                          .setContentTitle("これはNotificationのタイトルです")
29                          .setContentText("これはNotificationのテキストです");
30
31          // NotificationがクリックされたActivity用のPendingIntentを設定
32          Intent intent = new Intent(this, MyNotificationSubActivity.class);
33          PendingIntent pendingIntent = PendingIntent.getActivity(
34                  this, 0, intent, PendingIntent.FLAG_UPDATE_CURRENT);
35          builder.setContentIntent(pendingIntent);
36
37          // ボタンがクリックされた場合の処理
38          Button button = (Button) findViewById(R.id.button);
39          button.setOnClickListener(new View.OnClickListener() {
40              @Override
41              public void onClick(View view) {
42                  NotificationManager notificationManager =
43                          (NotificationManager) getSystemService(Context.NOTIFICATION_SERVICE);
44                  notificationManager.notify(MY_NOTIFICATION_ID, builder.build());
45              }
46          });
47      }
48  }
```

MainActivity.java

22～29行目で「Notification.Builder」クラスのオブジェクトを作成し、それに様々な設定を行っています。

この例のように、Notification.Builderには様々なメソッドが定義されています。

このプログラムで使っているNotification.Builderの、コンストラクタとメソッドの一般的な書式を以下に説明します。

クラス	android.app.Notification.Builder
コンストラクタ	・Notification.Builder(Context context) デフォルト値が設定されたNotification.Builderを作成します。
引数の説明	・context このActivityのContextを指定します。

クラス	android.app.Notification.Builder
メソッド	・Notification.Builder setTicker (CharSequence tickerText) 「ticker」部分に表示するためのテキストを設定します。
引数の説明	・tickerText 通知を受け取ったときに一時的に通知エリアに表示されるテキストです。 API 21からは廃止されたためそれ以降のOSでは表示されません。
戻り値	項目を設定した後のNotification.Builderを返します。

クラス	android.app.Notification.Builder
メソッド	・Notification.Builder setDefaults (int defaults) 通知のプロパティをシステムのデフォルト値をもとにして設定します。
引数の説明	・defaults Notification.DEFAULT_ALL Notification.DEFAULT_SOUND Notification.DEFAULT_VIBRATE Notification.DEFAULT_LIGHTS などが指定できます。 OR演算子「¦」を使って複数の指定をつなげて記述することができます。
戻り値	項目を設定した後のNotification.Builderを返します。

クラス	android.app.Notification.Builder
メソッド	・Notification.Builder setAutoCancel (boolean autoCancel) クリック時に自動的に通知を消すかどうかを指定します。
引数の説明	・autoCancel trueの場合、通知を画面でクリックした場合に自動的に通知エリアから削除します。 falseの場合、クリックしても通知は消えません。
戻り値	項目を設定した後のNotification.Builderを返します。

クラス	android.app.Notification.Builder
メソッド	・Notification.Builder setSmallIcon (int icon) ステータスバーに表示する小さなアイコンを指定します。
引数の説明	・icon アイコン用のリソースidを指定します。 /res/drawable/の下にjpeg等のファイルを作成してそれを「R.drawable.ファイル名」で指定することもできますが、このプログラムのようにAndroidシステムで定義済みの「android.R.drawable」というリソースidを使うこともできます。
戻り値	項目を設定した後のNotification.Builderを返します。

クラス	android.app.Notification.Builder
メソッド	・Notification.Builder setContentTitle (CharSequence title) 通知のタイトル用の文字列を設定します。
引数の説明	・title
	タイトルは通知ドロワーでその通知の一行目に表示されます。
戻り値	項目を設定した後のNotification.Builderを返します。

クラス	android.app.Notification.Builder
メソッド	・Notification.Builder setContentText (CharSequence text) 通知の内容を説明するテキスト用の文字列を設定します。
引数の説明	・text テキストは通知ドロワーでその通知の二行目に表示されます。
戻り値	項目を設定した後のNotification.Builderを返します。

上で説明した設定用のメソッドは、全て戻り値として「Notification.Builder」を返しています。

このような場合には24～29行目のようにそれぞれのメソッドをつなげる形で使うことができます。

32～35行目では通知エリアに表示された通知をクリックした場合に実行されるActivityを設定しています。

Activityの実行方法は「Chapter04 複数のActivityを使う」で説明したように一般的にはIntentを使って行いますが、Notificationの場合はPendingIntentというクラスを使います。

PendingIntentについては以下の「07-05 PendingIntent とは」(280ページ)で改めて説明しますが、Intentと同じようにこれを使ってActivityを実行することができます。

32行目で明示的にクラス名を指定してIntentを作成し、33行目でそのIntentを使ってPendingIntentを取得しています。

ここで使った「PendingIntent.getActivity()」メソッドの一般的な書式は次の通りです。

クラス	android.app.PendingIntent
メソッド	PendingIntent getActivity (Context context, int requestCode, Intent intent, int flags) 指定されたIntentをもとにしてPendingIntentを取得するためのメソッドです。
引数の説明	・context 実行したいActivity用のContextを指定します。 ・requestCode 複数のPendingIntentを同時に利用する場合に、それらを識別するために設定します。 ・intent 実行したいActivityの情報を持つIntentを指定します。 ・flags PendingIntentの種類を指定します。 PendingIntent.FLAG_ONE_SHOT PendingIntent.FLAG_NO_CREATE PendingIntent.FLAG_CANCEL_CURRENT PendingIntent.FLAG_UPDATE_CURRENT などが指定できます。 FLAG_UPDATE_CURRENTを指定した場合、すでにPendingIntentが存在する場合には必要な部分を更新して再利用します。
戻り値	取得したPendingIntentを返します。

このようにして取得したPendingIntentを、35行目でNotification.BuilderのsetContentIntent()メソッドを使って、Notification.Builderに設定しています。

このメソッドの書式を次に示します。

クラス	android.app.Notification.Builder
メソッド	Notification.Builder setContentIntent (PendingIntent intent) PendingIntentをNotificationBuilderに設定します。
引数の説明	・intent 設定したいPendingIntentを指定します。
戻り値	PendingIntentが設定されたNotification.Builderを返します。

以上でNotificationを送るためのNotification.Builderの準備は完了です。

作成したNotification.Builderを使って実際に通知を送る処理は、ボタンが押された場合のメソッドonClick()の42～44行目で行っています。

42～43行目でgetSystemService(Context.NOTIFICATION_SERVICE)を使って、このActivityのNotificationManagerを取得しています。

通知を表示するためには44行目のようにNotificationManagerの「notify()」メソッドを使います。

これらのメソッドの書式は次の通りです。

クラス	android.app.Activity
メソッド	getSystemService(Context.NOTIFICATION_SERVICE) NotificationManagerを取得します。
戻り値	NotificationManagerを返します。

クラス	android.app.Notification.Builder
メソッド	Notification build () Notification.Builderに設定された情報を使ってNotificationを作成します。
戻り値	Notificationを返します。

クラス	android.app.NotificationManager
メソッド	void notify (int id, Notification notification) 通知エリアに指定された通知を表示します。
引数の説明	・id アプリケーション内で通知を識別するためにユニークな値を指定します。 ・notification 通知したいNotificationを指定します。

MyNotificationSubActivity.java

通知ドロワーに表示された通知をクリックした場合に実行されるActivityです。

```
1   package jp.co.examples.myandroid.mynotification01;
2
3   import ...
6
7   public class MyNotificationSubActivity extends Activity {
8       @Override
9       protected void onCreate(Bundle savedInstanceState) {
10          super.onCreate(savedInstanceState);
11          setContentView(R.layout.notification);
12
13          // 1秒間振動させる
14          Vibrator vibrator = (Vibrator) getSystemService(VIBRATOR_SERVICE);
15          vibrator.vibrate(1000);
16      }
17  }
```

MyNotificationSubActivity.java

14行目でVibratorのオブジェクトを取得し、15行目でそのvibrate()メソッドを使って端末を1秒間振動させています。

Vibratorクラスやget SystemService(VIBRATOR_SERVICE)についての説明は省略します。

Android端末で振動の機能を使う場合には、マニフェストファイルにそのパーミッションを使うという記述が必要です。

AndroidManifest.xml

```
1   <?xml version="1.0" encoding="utf-8"?>
2   <manifest xmlns:android="http://schemas.android.com/apk/res/android"
3       package="jp.co.examples.myandroid.mynotification01">
4
5       <uses-permission android:name="android.permission.VIBRATE" />
6
7       <application
8           android:allowBackup="true"
9           android:icon="@mipmap/ic_launcher"
10          android:label="My Notification01"
11          android:supportsRtl="true"
12          android:theme="@style/AppTheme">
13          <activity android:name=".MainActivity">
14              <intent-filter>
15                  <action android:name="android.intent.action.MAIN" />
16
17                  <category android:name="android.intent.category.LAUNCHER" />
18              </intent-filter>
19          </activity>
20
21          <activity android:name=".MyNotificationSubActivity">
22          </activity>
23      </application>
24
25  </manifest>
```

5行目で「振動」の機能を使うための<uses-permission>タブを追加しています。

また、アプリケーションが使うActivityは全てマニフェストファイルに記述する必要があるので、21～22行目で「MyNotificationSubActivity」についての記述を追加しています。

Column 振動のパーミッションについて

今回は通知によって実行されるActivityで振動の機能を使っているので、"android.permission.VIBRATE"のパーミッションを指定する必要がありました。

しかし、実はMainActivity.javaの25行目のNotification.DEFAULT_VIBRATEの指定で、通知エリアに通知が届いたときにも振動するように指定しています。

このような「通知の到着を知らせる振動」に関して、<use-permission>が必要かどうかはドキュメントには明記されていませんでしたが、私が試したいくつかの実行環境ではパーミッションは必要ありませんでした。

しかし、パーミッションが必要だったという情報もいくつか見かけたので、「通知の到着を知らせる振動」についてのパーミッションはバージョンや実行環境によって異なると思われます。

07-04 実行結果

アプリケーション実行時には次のような初期画面が表示されます。

実行結果（初期画面）

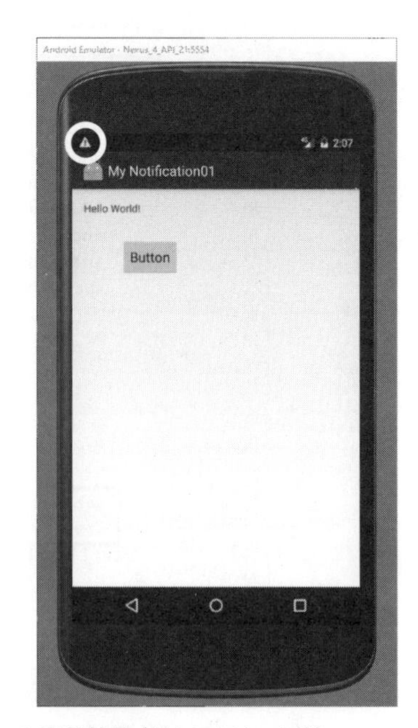

実行結果（ボタンクリック後）

ボタンを押すと通知が送られて、通知エリアにNotification.BuilderのsetSmallIcon()メソッドで指定したアイコンが表示されます。

同時にシステムデフォルトの通知音と通知時バイブレーションが発生します。

これ以降の操作ではMainActivityは終了していても構いません。

ステータスバーの部分を下にドラッグすると次のような通知ドロワーが表示され、送られた通知のタイトルやテキストが確認できます。

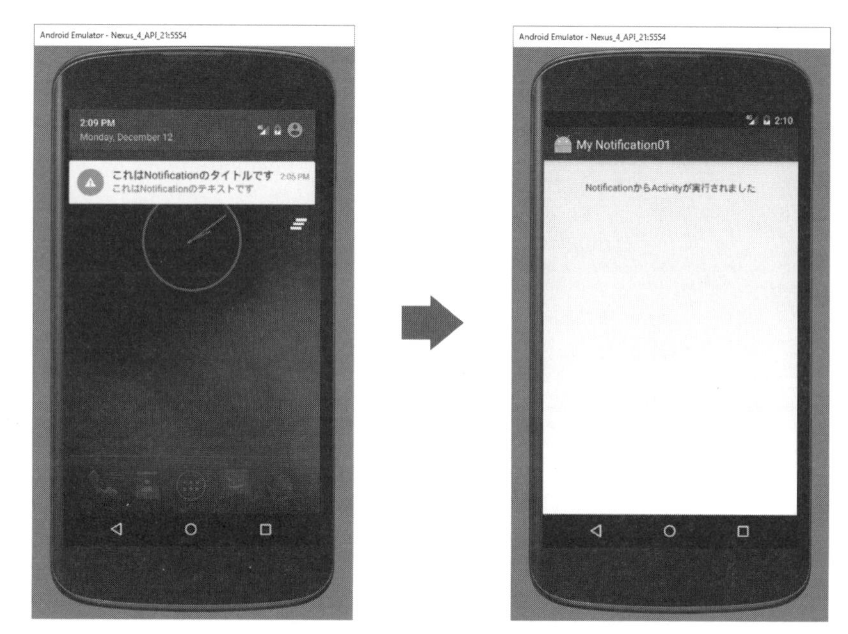

通知ドロワーを表示

MyNotificationSubActivityの実行画面

通知ドロワーから表示された通知をクリックすると、Intentで指定したMyNotificationSubActivityが実行され、右図の画面が表示されます。

同時に端末が1秒間振動します。

07-05
PendingIntentとは

ここではPendingIntentの役割と、このクラスが必要な理由について説明します。

あるActivityから他のActivityを実行するためのIntentの使い方については、「Chapter04 複数のActivityを使う」で説明しましたが、今回のNotificationでは一旦Intentを作成してから、それをもとにしてPendingIntentというクラスを作成して使っています。

このPendingIntentはIntentの情報を格納して保持する入れ物の役割をするクラスです。

今回のプログラム例のようにNotificationを使って他のActivityを実行する場合には、一般的に通知エリアの表示をクリックして実行します。

しかし、そのときには実行元のActivityはすでに実行を終了していて存在しない可能性があります。

実行元のActivityが終了している場合には、実行元で作成されたIntentの情報も捨てられてしまうため、Activityで作成されたIntentの情報を別の場所に保存しておく必要があります。

そのためのクラスがPendingIntentです。

また、実行元のマニフェストファイルで指定したパーミッションの情報も、PendingIntentに引き継がれるので、他のActivityの実行にパーミッションが必要な場合でも、PendingIntentを使うことにより実行元のActivityと同じ権限で実行することができます。

このように、PendingIntentは実行指定時よりも後の時点、すでにもとのアプリケーションが実行を終了している可能性がある状態で別のアプリケーションを実行したい場合に使われます。

「Pending」という言葉には「未解決の」とか「実行待ちの」という意味がありますが、このように「後の時点まで実行を持ち越すことができるIntent」という意味で、PendingIntentというクラス名が付けられたと思われます。

Chapter 08

Broadcast

Android端末ではシステム内の様々な変化、例えばネットワークの接続状態や充電状態、設定などの変化に対して、そのことを知らせるための「Broadcast」と呼ばれる「信号」が自動的に作成されています。

この「Broadcast」を受け取ることで、アプリケーションは状態の変化に対応して様々な処理を行うことができます。

08-01 BroadcastReceiver クラス

Broadcastを使うプログラムでは、BroadcastReceiverというクラスが重要になります。

クラス	説明
android.content.BroadcastReceiver	Broadcastを受け取るためのクラスです。Broadcastを受け取って何らかの処理をしたい場合は、このクラスのサブクラスを作成し、そのonReceive()メソッドをオーバーライドで定義します。

08-02 BroadcastReceiver を使ったプログラム

BroadcastReceiverがどのようなBroadcastを受け取るのかを決めるには、以下の2つの方法があります。

・静的な登録

作成したBroadcastReceiverがどのBroadcastを受け取るかを、マニフェストファイル内で静的に定義します。

・動的な登録

作成したBroadcastReceiverがどのBroadcastを受け取るかを、プログラム内で動的に静的に定義します。

はじめにこれらの2つの方法を使って、システムで定義されているBroadcastを受信するプログラムを作成し、それらの方法の違いについて説明します。

その後で、独自に定義したIntentを使ったBroadcastや、受信する順番を指定するBroadcastなどについて説明していきます。

注意

以下のプログラムでは、ネットワークの接続状態を調べるためにBroadcastReceiverの"android.net.conn.CONNECTIVITY_CHANGE"というアクションを使って調べていますが、この方法はAndroidのバージョン7.0以降では使えなくなっています。

以下のプログラムはそれよりも古いバージョンの端末か、またはエミュレーターの環境を使って実行してください。

BroadcastReceiverの静的な登録を使うプログラム

静的な方法を使ってネットワークの接続状態の変化に対するBroadcastReceiverを登録し、それを画面に表示するアプリケーションを作成します。

「My BcastReceiver Stat01」というアプリケーション名でパッケージを作成します。

関係するファイルは以下の通りです。

Activity	・MainActivity.java メインのActivityファイルです。 プロジェクト作成時に作られるひな型をそのまま使います。
BcastReceiver	・MyBcastReceiver.java 接続状態の変化に対するBroadcastReceiverです。 プロジェクトに新規に作成します。
レイアウトファイル	・activity_main.xml MainActivityのレイアウトファイルです。 プロジェクト作成時に作られるひな型をそのまま使います。
マニフェストファイル	・AndroidManifest.xml アプリケーションで使用するBroadcastReceiverやパーミッションを追加します。

MainActivity.javaとactivity_main.xmlは、プロジェクト作成時に自動的に作られるひな型をそのまま使うので、説明は省略します。

MyBcastReceiver.java

ネットワークの接続状態の変化を受け取って処理を行うためのBroadcastReceiverです。

プログラムは次のようになります。

```
1   package jp.co.examples.myandroid.mybcastreceiverstat01;
2
3   import ...
10
11  public class MyBcastReceiver extends BroadcastReceiver {
12      static final String TAG = "MyBcastReceiver";
13      @Override
14      public void onReceive(Context context, Intent intent) {
15          ConnectivityManager connMgr = (ConnectivityManager)
16                  context.getSystemService(Context.CONNECTIVITY_SERVICE);
17          NetworkInfo networkInfo;
18          String message = "ネットワークが使えません (static) ";
19
20          if( connMgr!=null ) {
21              networkInfo = connMgr.getActiveNetworkInfo();
22              if (networkInfo != null && networkInfo.isConnected()) {
23                  message = "ネットワークが使えます (static) :" + networkInfo.getTypeName();
24              }
25          }
26          Log.d(TAG, message);
27          Toast.makeText(context, message, Toast.LENGTH_SHORT).show();
28      }
29  }
```

MyBcastReceiver.java

Broadcastの一般的な処理方法は、BroadcastReceiverのサブクラスを作成してonReceive()メソッドをオーバーライドすることで定義します。

「MyBcastReceiver」がそのためのクラスで、11行目でこのクラスをBroadcastReceiverのサブクラスとして定義し、14～28行目でonReceive()メソッドをオーバーライドしています。

onReceive()メソッドは、BroadcastReceiverがBroadcastを受け取ったときに実行されるメソッドで、書式は次のようになります。

クラス	android.content.BroadcastReceiver
メソッド	void onReceive (Context context, Intent intent) BroadcastReceiverがBroadcastを受け取ったときに実行されるメソッドです。
引数	・context BroadcastReceiverを実行したcontentです。 ・intent 受け取ったIntentです。

目的のBroadcastを受け取ると、ここで定義したonReceive()メソッドが実行されます。

ネットワークの状態を調べるために15～16行目で「ConnectivityManager」を取得し、さらに詳しい接続状態を調べるために21～25行目でNetworkInfoクラスを使っています。

ネットワークが使える場合には23行目でgetTypeName()を使ってそのタイプを取得し、メッセージに追加しています。

ConnectivityManagerやNetworkInfoクラスについては「Chapter06 ネットワーク通信」の説明を参照してください。

26行目でネットワークの情報をログに出力し、27行目でToastを使って画面にメッセージを表示します。

MyBcastReceiver.java

作成したBroadcastReceiverが、どのBroadcastを受け取るかをマニフェストファイルで定義します。

```
1  <?xml version="1.0" encoding="utf-8"?>
2  <manifest xmlns:android="http://schemas.android.com/apk/res/android"
3      package="jp.co.examples.myandroid.mybcastreceiverstat01">
4
5      <uses-permission android:name="android.permission.ACCESS_NETWORK_STATE" />
6
7      <application
8          android:allowBackup="true"
9          android:icon="@mipmap/ic_launcher"
10         android:label="My BcastReceiver Stat01"
11         android:supportsRtl="true"
12         android:theme="@style/AppTheme">
13         <activity android:name=".MainActivity">
14             <intent-filter>
15                 <action android:name="android.intent.action.MAIN" />
16
17                 <category android:name="android.intent.category.LAUNCHER" />
18             </intent-filter>
19         </activity>
20
21         <receiver android:name=".MyBcastReceiver">
22             <intent-filter>
23                 <action android:name="android.net.conn.CONNECTIVITY_CHANGE">
24                 </action>
25             </intent-filter>
26         </receiver>
27     </application>
28
29 </manifest>
```

AndroidManifest.xml

5行目の「android.permission.ACCESS_NETWORK_STATE」は、ConnectivityManagerのgetActiveNetworkInfo ()を使うために必要なパーミッションです。

21～26行目は「MyBcastReceiver」というクラス名のBroadcastReceiverが、どのようなBroadcastを受け取るかを定義しています。

アプリケーションがActivityを使う場合には、<activity>タグを使ってそのActivityをマニフェストファイルに記述する必要がありますが、BroadcastReceiverの場合はこのように<receiver>タグを使ってそれを記述する必要があります。

23行目の「android.net.conn.CONNECTIVITY_CHANGE」というのは、ネットワークの接続状態が変化した場合にシステムによって「送信」されるBroadcastのアクションです。

このマニフェストファイルの記述によって、接続状態が変化した場合にMyBcastReceiverのonReceive()メソッドが自動的に実行されるようになります。

BroadcastReceiverの登録方法

Androidは、システム内にどのようなBroadcastが発生したらどのBroadcastReceiverを実行するか、ということを決める一覧表のようなものが登録されています。

静的BroadcastReceiverの場合、一覧表への登録はマニフェストファイルの記述に従って行われますが、実際にそのBroadcastReceiverを有効にするには、最低一度はそのアプリケーションを実行する必要があります。

つまり、アプリをインストールしてもそれだけではBroadcastReceiverとしては有効にならないのです。

今回のアプリケーションでは、ひな型として作成されたMainAcitivtyをそのまま実行することで、このBroadcastReceiverが有効になります。

なお、今回のようにBroadcastReceiverを静的に登録した場合、いったん有効になったBroadcastReceiverは、アプリケーションが終了しても端末の電源を入れなおしても、またはシステムを再起動しても有効であり続けます。

アプリケーションをアンインストールすると登録したBroadcastReceiverも削除されます。

実行結果

アプリケーションを実行すると次の初期画面が表示されます。

実行と同時に、MyBcastReceiverが「"android.net.conn.CONNECTIVITY_CHANGE"」に対するBroadcastReceiverとして登録されて有効になります。

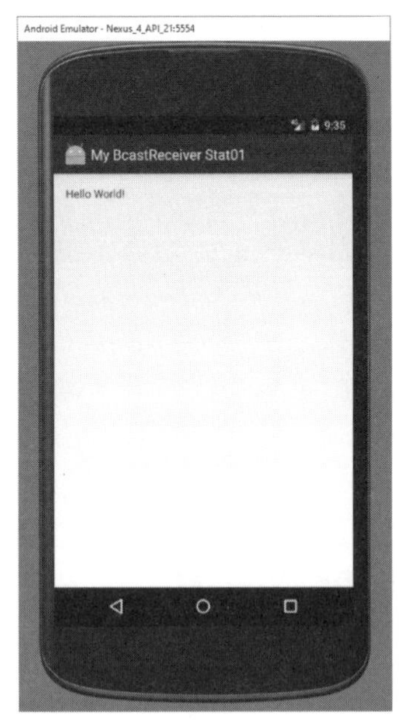

実行結果（初期画面）

ネットワークの接続を切る

BroadcastReceiverの登録が済んだら、アプリケーションは終了して構いません。

アプリケーションを終了した状態でネットワークの接続状態を変更してみてください。

例えばAndroidを機内モードにして接続を切ると、その変化を受けて「ネットワークが使えません」というメッセージが表示されます。

ネット切断時

ネット接続時

ネットワークを再び使えるようにすると、「ネットワークが使えます」というメッセージと" WIFI"、" MOBILE"などの現在のネットワークのタイプが表示されます。

Column Toastについて

一般的にアプリケーションでメッセージを表示するにはActivity画面上のUI部品が必要となります。

しかし今回のプログラムでもわかるようにToastによるメッセージはそれらの部品は必要ありません。

これはActivityが存在しない状態でメッセージを表示したい場合には非常に便利な機能です。

BroadcastReceiverの動的な登録

BroadcastReceiverの登録はマニフェストファイルを使って静的に使う以外に、プログラムによって動的に行うことができます。

先ほどのアプリケーションと同様な動作をするアプリケーションを、動的な方法を使って作成します。

「My BcastReceiver Dyn01」という名前でプロジェクトを作成します。

関係するファイルは以下の通りです。

Activity	・MainActivity.java メインのActivityファイルです。 このプログラム内でBroadcastReceiverの登録を行います。
BroadcastReceiver	・MyBcastReceiver.java 登録するBroadcastReceiverです。
レイアウトファイル	・activity_main.xml MainActivityのレイアウトファイルです。 プロジェクト作成時に作られるひな型をそのまま使います。
マニフェストファイル	・AndroidManifest.xml アプリケーションで使用するパーミッションを追加します。

activity_main.xmlはプロジェクト作成時のひな型をそのまま使うので説明は省略します。

MainActivity.java

プログラムは次のようになります。

```
1   package jp.co.examples.myandroid.mybcastreceiverdyn01;
2
3   import ...
6
7   public class MainActivity extends Activity{
8
9       private MyBcastReceiver myReceiver;
10      private IntentFilter filter;
11
12      @Override
13      protected void onCreate(Bundle savedInstanceState) {
14          super.onCreate(savedInstanceState);
15          setContentView(R.layout.activity_main);
16
17          // BroadcastReceiverを作成する
18          myReceiver = new MyBcastReceiver();
19          filter = new IntentFilter("android.net.conn.CONNECTIVITY_CHANGE");
20          filter.addAction("android.net.conn.CONNECTIVITY_CHANGE");
21      }
22
23      @Override
24      protected void onResume() {
25          super.onResume();
26          // BroadcastReceiverとfilterを登録する
27          registerReceiver(myReceiver, filter);
28      }
29
30      @Override
31      protected void onPause() {
32          super.onPause();
33          // BroadcastReceiverを登録から削除する
34          if (myReceiver != null) {
35              this.unregisterReceiver(myReceiver);
36          }
37      }
38  }
```

MainActivity.java

マニフェストファイルの<receiver>タグと<intent-filter>タグの記述を、プログラムによって動的に定義するために、BroadcastReceiverとIntentFilterクラスのインスタンスが必要になります。

9～10行目でそのための変数myReceiverとfilterを宣言し、onCreate()内の18～20行目でそれらの変数を設定しています。

IntentFilterのaddAction()メソッドは、静的登録方法で使ったマニフェストファイルの記述と比較すると、意味がわかりやすいと思います。

作成したBroadcastReceiverとIntentFilterをシステムに登録するには、ActivityのregisterReceiver()メソッドを使います。

プログラムではその処理をonResume()メソッド内の27行目で行っています。

registerReceiver()メソッドの一般的な書式は次の通りです。

クラス	android.content.Context
メソッド	Intent registerReceiver (BroadcastReceiver receiver, IntentFilter filter) BroadcastReceiverとIntentFilterを登録します。
引数の説明	・receiver 実行されるBroadcastReceiverを指定します。 ・filter 受信するBroadcastのIntentを選ぶためのIntentFilterを指定します。
戻り値	filterで指定された条件を満たすSticky Intentが存在する場合にはそれを返します。 (Sticky Intentについては「コラム：Sticky Broadcastとは」で説明します。)

onPause()メソッド内の34～36行目で登録したBroadcastReceiverの登録を削除しています。

停止中のアプリケーションがBroadcastのIntentを受け取る必要がない場合は、この例のようにonResume()内でBroadcastReceiverを登録、onPause()内で登録を削除する方法が一般的です。

また、このようにしないとそのActivityが再作成される際に、BroadcastReceiverが二重に登録されることになり、メモリーリークが発生する可能性があります。

unregisterReceiver()の一般的な書式は次のようになります。

クラス	android.content.Context
メソッド	・void unregisterReceiver (BroadcastReceiver receiver) 登録済みのBroadcastReceiverの登録を削除します。 そのBroadcastReceiverのIntentFilterもすべて削除されます。
引数の説明	・receiver 登録を削除したいBroadcastReceiverを指定します。

MyBcastReceiver.java

ネットワークの接続状態の変化を受け取って処理を行うためのBroadcastReceiverです。

プログラムは次のようになります。

```
1   package jp.co.examples.myandroid.mybcastreceiverdyn01;
2
3   import ...
10
11  public class MyBcastReceiver extends BroadcastReceiver {
12      static final String TAG = "MyBcastReceiver";
13      @Override
14      public void onReceive(Context context, Intent intent) {
15          // registerReceiver時に実行されないよう、キャッシュ上の古いデータの場合は無視する
16          if(isInitialStickyBroadcast()) return;
17
18          ConnectivityManager connMgr = (ConnectivityManager)
19                  context.getSystemService(Context.CONNECTIVITY_SERVICE);
20          NetworkInfo networkInfo = null;
21          String message = "ネットワークが使えません（dynamic）";
22
23          if( connMgr!=null ) {
24              networkInfo = connMgr.getActiveNetworkInfo();
25              if (networkInfo != null && networkInfo.isConnected()) {
26                  message = "ネットワークが使えます（dynamic）:" + networkInfo.getTypeName();
27              }
28          }
29          Log.d(TAG, message);
30          Toast.makeText(context, message, Toast.LENGTH_SHORT).show();
31      }
32  }
```

⊙ MyBcastReceiver.java

処理内容は静的な登録を行った場合とほとんど同じですが、16行目で

isInitialStickyBroadcast()

というメソッドによって実行を行うかどうかを判断している部分が静的な登録の場合と異なります。

この理由は、CONNECTIVITY_CHANGEに対応するBroadcastが「Sticky Broadcast」と呼ばれる種類のBroadcastだからです。

Sticky Broadcastについては下記の「コラム：Sticky Broadcastとは」を参照してください。

AndroidではSticky Broadcastを使っているBroadcastReceiverを動的に登録すると、registerReceiver()実行時に自動的にonReceiveメソッドが呼ばれます。

それを避けるため16行目で古いデータかどうかをisInitialStickyBroadcast()メソッドを使って判断し、古い場合にはそのまま処理を終了しています。

古いデータでも良いからそれを使って使って何らかの処理を行いたいというような場合には、行いたい処理をここで記述することもできます。

Column Sticky Broadcastとは

Broadcastには一般的なBroadcastとSticky Broadcastという2種類があります。

一般的なBroadcastでは、そのBroadcastが発信されたときに受け取ることができるBroadcastReceiverが存在しない場合は、BroadcastもIntentの情報も削除されます。その後でBroadcastReceiverが登録されたとしても受け取られることはありません。

しかし、Sticky Broadcastの場合は最後に発信されたBroadcastはメモリ内に保存され、その後で登録したBroadcastReceiverで利用できます。

つまり、一般的なBroadcastではBroadcastReceiverを登録した後に信号が発信されるまで状態を知ることはできませんが、Sticky Broadcastを使うと多少古い情報にはなりますが、前回発信された信号の状態を知ることができます。

Sticky Broadcastを行うことができるIntentをSticky Intentと呼びます。

AndroidManifest.xml

```
1  <?xml version="1.0" encoding="utf-8"?>
2  <manifest xmlns:android="http://schemas.android.com/apk/res/android"
3      package="jp.co.examples.myandroid.mybcastreceiverdyn01">
4
5      <uses-permission android:name="android.permission.ACCESS_NETWORK_STATE" />
6
7      <application
8          android:allowBackup="true"
9          android:icon="@mipmap/ic_launcher"
10         android:label="My BcastReceiver Dyn01"
11         android:supportsRtl="true"
12         android:theme="@style/AppTheme">
13         <activity android:name=".MainActivity">
14             <intent-filter>
15                 <action android:name="android.intent.action.MAIN" />
16
17                 <category android:name="android.intent.category.LAUNCHER" />
18             </intent-filter>
19         </activity>
20     </application>
21
22 </manifest>
```

AndroidManifest.xml

ネットワークを使うために、5行目でパーミッション「android.permission.ACCESS_NETWORK_STATE」

を指定していますが、それ以外は特に変更はありません。

静的な登録の場合は<receiver>、<intent-filter>、<action>タグを使ってBroadcastReceiverの登録を行っていましたが、動的な登録ではそれらをプログラム内で登録しているので、マニフェストファイルに記述する必要はありません。

実行結果

実行結果は静的に登録した場合とほとんど同じなので説明は省略しますが、今回作成したプログラムではBroadcastReceiverを受信できるのはそのアプリケーションを実行中だけなので、アプリケーションを開いた状態でネットワークの接続や切断を行ってください。

注意

動的な登録の場合、実行環境によってはネットワークの状態を切断状態から接続状態に変更したときに、BroadcastReceiverのonReceive()が2度呼ばれて「ネットワークが使えません」のメッセージが2回表示される場合がありました。

おそらく切断をする際に、内部的に段階を踏んで接続状態を変化させているのではないかと思われますが、それを避けるには「同じ状態で複数回呼ばれたら最初以外は無視する」などの変更を加える必要があります。

静的な登録と動的な登録の違い

以下に静的なBroadcastReceiverと動的なBroadcastReceiverの違いを簡単にまとめておきます。

	静的	動的
登録方法	マニフェストファイルで行う。そのBroadcastReceiverを持つアプリケーションを一度実行する必要がある。	Javaプログラムで行う。
登録の有効期間	一旦登録が終わったらアプリケーションを終了しても端末を再起動してもBroadcastReceiverは有効。	プログラムが終了したらBroadcastReceiverは使えなくなる。登録の削除も原則としてプログラムによって行う。
その他		BroadcastReceiverは登録を行ったスレッド内で実行されるため、UIスレッドで登録した場合にBroadcastReceiverで複雑な処理を行うとUIスレッドのレスポンスが悪くなる。

独自の Broadcast の作成

これまでは、接続状態の変化によってAndroidシステムが自動的に送信する「CONNECTIVITY_CHANGE」というIntentを受け取るBroadcastReceiverについて説明してきました。

ここでは独自のIntentを定義して発信する方法と、それをBroadcastReceiverで受け取る方法について説明します。

送信側と受信側を一つのアプリケーション内に作成することもできますが、ここではそれぞれの設定が区別しやすいように別々のアプリケーションとして作成することにします。

- My Bcast Send01（送信側アプリケーション）
- My Bcast Receive01（受信側アプリケーション）

送信側アプリケーション（My Bcast Send01）

画面にボタンを表示し、それが押されたら独自に定義したIntentを送信します。

「My Bcast Send01」という名前でプロジェクトを作成します。

関係するファイルは以下の通りです。

Activity	・MainActivity.java メインのActivityファイルです。 このプログラム内で独自Intentの作成と送信を行います。
レイアウトファイル	・activity_main.xml MainActivityのレイアウトファイルです。

- activity_main.xml

Intent送信用のボタンを作成します。

レイアウトファイルは次のようになります。

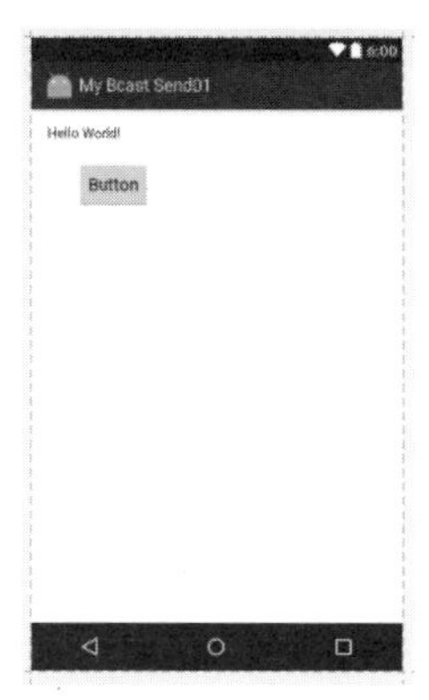

activity_main.xml（デザイン画面）

```
1   <?xml version="1.0" encoding="utf-8"?>
2   <RelativeLayout xmlns:android="http://schemas.android.com/apk/res/android"
3       xmlns:tools="http://schemas.android.com/tools"
4       android:id="@+id/activity_main"
5       android:layout_width="match_parent"
6       android:layout_height="match_parent"
7       android:paddingBottom="16dp"
8       android:paddingLeft="16dp"
9       android:paddingRight="16dp"
10      android:paddingTop="16dp"
11      tools:context="jp.co.examples.myandroid.mybcastsend01.MainActivity">
12
13      <TextView
14          android:layout_width="wrap_content"
15          android:layout_height="wrap_content"
16          android:text="Hello World!"
17          android:id="@+id/textView" />
18
19      <Button
20          android:text="Button"
21          android:layout_width="wrap_content"
22          android:layout_height="wrap_content"
23          android:layout_below="@+id/textView"
24          android:layout_alignParentLeft="true"
25          android:layout_alignParentStart="true"
26          android:layout_marginLeft="30dp"
27          android:layout_marginStart="30dp"
28          android:layout_marginTop="20dp"
29          android:id="@+id/button" />
30  </RelativeLayout>
```

activity_main.xml（テキスト画面）

- MainActivity.java

  BroadcastReceiverで受け取るためのIntentを作成して送信するためのActivityです。

```
1  package jp.co.examples.myandroid.mybcastsend01;
2
3  import android.app.Activity;
4  import android.content.Intent;
5  import android.os.Bundle;
6  import android.view.View;
7  import android.widget.Button;
8
9  public class MainActivity extends Activity {
10
11     private static final String MY_INTENT =
12             "jp.co.examples.myandroid.mybcastsend01.show_toast";
13
14     @Override
15     protected void onCreate(Bundle savedInstanceState) {
16         super.onCreate(savedInstanceState);
17         setContentView(R.layout.activity_main);
18
19         Button button = (Button) findViewById(R.id.button);
20         button.setOnClickListener(new View.OnClickListener() {
21             @Override
22             public void onClick(View view) {
23                 Intent intent = new Intent(MY_INTENT);
24                 sendBroadcast(intent, android.Manifest.permission.VIBRATE);
25             }
26         });
27     }
28 }
```

MainActivity.java

11～12行目で定義した文字列は作成するIntentのアクション名です。

ネットワークの接続状態の変化のときには「android.net.conn.CONNECTIVITY_CHANGE」という名前が使われていましたが、ここでは独自に「jp.co.examples.myandroid.mybcastsend01.show_toast」という名前を付けることにします。

名前の付け方は「Chapter04 複数のActivityを使う」のときにIntentに付けた名前と同様で、他のアプリケーションと重複しないようにパッケージ名を使う方法が一般的です。

受信側アプリケーション（My Bcast Receive01）

独自に定義したIntentをBroadcastReceiverで受信するためのアプリケーションです。

BroadcastReceiverは静的な方法で登録することにします。

関係するファイルは以下の通りです。

Activity	・MainActivity.java メインのActivityファイルです。
BraodcastReceiver	・MyBcastReceiver Intentを受信した場合にメッセージの表示を行います。
マニフェストファイル	・AndroidManifest.xml パーミッションと受信するBroadcastReceiverの設定を追加します。

activity_main.xmlとMainActivity.javaは、ひな型をそのまま使うので説明は省略します。

- MyBcastReceiver.java

独自に定義するBroadcastReceiverのサブクラスです。

```
1   package jp.co.examples.myandroid.mybcastreceive01;
2
3   import ...
9
10  public class MyBcastReceiver extends BroadcastReceiver {
11
12      static final String TAG = "MyBcastReceiver";
13
14      @Override
15      public void onReceive(Context context, Intent intent) {
16          // Broadcastを受け取ったら振動させる
17          Vibrator v = (Vibrator) context.getSystemService(Context.VIBRATOR_SERVICE);
18          v.vibrate(500);
19
20          String message = "BroadcastReceiverが実行されました";
21          Log.d(TAG, message);
22          Toast.makeText(context, message, Toast.LENGTH_SHORT).show();
23      }
24  }
```

MyBcastReceiver.java

15～23行目のonReceive()メソッドでIntentを受け取った場合の処理を定義しています。

17～18行目で端末を0.5秒間振動させ、21～22行目でメッセージのログ出力とToastによる画面表示を行っています。

- AndroidManifest.xml

BroadcastReceiverを静的な方法で登録しているので、マニフェストファイルにBroadcastReceiverとIntentFilterの指定をしています。

08

```xml
<?xml version="1.0" encoding="utf-8"?>
<manifest xmlns:android="http://schemas.android.com/apk/res/android"
    package="jp.co.examples.myandroid.mybcastreceive01">

    <uses-permission android:name="android.permission.VIBRATE" />

    <application
        android:allowBackup="true"
        android:icon="@mipmap/ic_launcher"
        android:label="My Bcast Receive01"
        android:supportsRtl="true"
        android:theme="@style/AppTheme">
        <activity android:name=".MainActivity">
            <intent-filter>
                <action android:name="android.intent.action.MAIN" />

                <category android:name="android.intent.category.LAUNCHER" />
            </intent-filter>
        </activity>

        <receiver
            android:name=".MyBcastReceiver"
            android:exported="true" >
            <intent-filter>
                <action android:name=
                    "jp.co.examples.myandroid.mybcastsend01.show_toast" >
                </action>
            </intent-filter>
        </receiver>
    </application>

</manifest>
```

AndroidManifest.xml

アプリケーションはIntentを受信時に端末を振動させるのでそのためのパーミッションを5行目で指定します。

BroadcastReceiverの指定は21～29行目で、BroadcastReceiverのクラス名と、それに対応するIntentの名前を設定しています。

23行目の「android:exported=" true"」は、別のアプリケーションから送られたIntentをこのBroadcastReceiverで受け取りたい場合に指定します。

今回の例のように<intent-filter>がある場合は「android:exported」のデフォルト値は" true"となるので、あえて指定する必要はないのですが、ここではアプリケーション間の関係をわかりやすくするために" true"を明示的に指定しています。

実行結果

静的BroadcastReceiverをシステムに登録するために、初めにアプリケーション「My Bcast Receive01」を実行してください。

実行したらアプリケーションは終了して構いません。

その後、送信側のアプリケーション「My Bcast Send01」を実行すると次のような画面が表示されます。

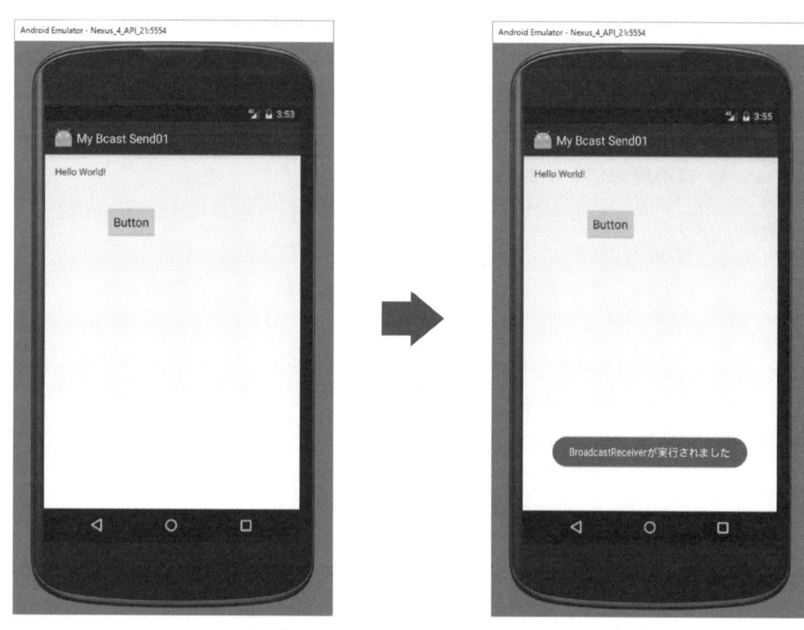

My Bcast Send01初期画面

ボタンクリック後

ボタンを押すと「jp.co.examples.myandroid.mybcastsend01.show_toast」という名前のIntentが作成されて送信されます。

送信されたIntentは、それを受け取るIntentFilterが定義されたMyBcastReceiverによって受信されます。

MyBcastReceiverのonReceive()内の処理によってメッセージが表示され、同時に端末が振動します。

Column Broadcastについて

Broadcastを送信するプログラムは、暗黙的Intentを使って他のActivityを実行する方法とほとんど同じ構造をしています。

ActivityのときにはstartActivity()を使って実行していましたが、Broadcastの場合はsendBroadcast()でIntentを送ってBroadcastReceiverを実行しています。

また、マニフェストファイルの<intent-filter>の書き方もほとんど同じです。

「Chapter04 複数のActivityを使う」の暗黙的Intentと比較してみてください。

なお、これまでは「Broadcastを送信する」、「Broadcastを受信する」という言い方をしてきましたが、実際に「Broadcast」というJavaのクラスがあるわけではありません。

Activityを実行したときと同様に、送信・受信されるのは「Intent」であり、必要なIntentを選択するのがIntentFilterの役割です。

「Broadcastを送信する」という表現もしばしば使われるため本書でもそのような表現を使っていますが、実際にはIntentを通してプログラムが実行されているという点に留意してください。

Ordered Broadcastについて

送信されたBroadcastは、それを受信するように設定されたBroadcastReceiverが複数あれば、それぞれのBroadcastReceiverで受信できますが、受信する順番は一般的には不規則になります。

しかし、ときには一定の順番で処理を行うためにBroadcastReceiverが受信する順番を指定したい、という場合もあるかもしれません。

そのような場合には「Ordered Broadcast」という機能を使うことによって順番を指定できます。

ここではOrdered Broadcast を使って、Activityから送信したBroadcastを3つのBroadcastReceiverで受け取るプログラムについて説明します。

「My Bcast Rec Ordered01」という名前でプロジェクトを作成します。

関係するファイルは以下の通りです。

Activity	・MainActivity.java メインのActivityファイルです。 このActivityからOrdered Broadcastを送信します。
BroadcastReceiver	・MyReceiver1.java ・MyReceiver2.java ・MyReceiver3.java 送信されたBroadcastを受信するBroadcastReceiverです。
レイアウトファイル	・activity_main.xml MainActivityのレイアウトファイルです。
マニフェストファイル	・AndroidManifest.xml BroadcastReceiverとIntentFilterの定義、そしてそれらがBroadcastを受信する順番を指定します。

activity_main.xml

Intent送信用のボタンを作成します。
レイアウトファイルは次のようになります。

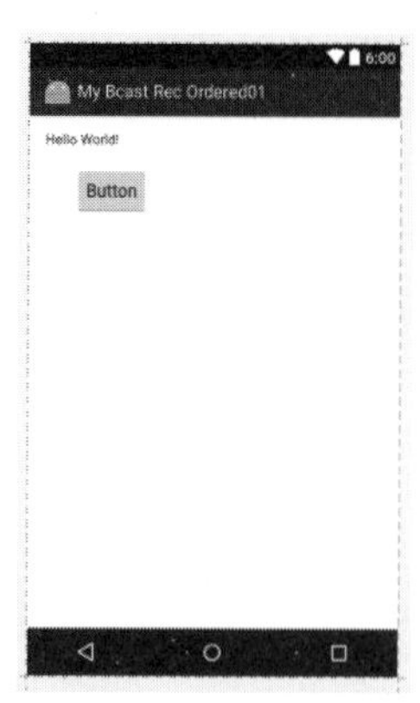

activity_main.xml（デザイン画面）

```
<?xml version="1.0" encoding="utf-8"?>
<RelativeLayout xmlns:android="http://schemas.android.com/apk/res/android"
    xmlns:tools="http://schemas.android.com/tools"
    android:id="@+id/activity_main"
    android:layout_width="match_parent"
    android:layout_height="match_parent"
    android:paddingBottom="16dp"
    android:paddingLeft="16dp"
    android:paddingRight="16dp"
    android:paddingTop="16dp"
    tools:context="jp.co.examples.myandroid.mybcastrecordered01.MainActivity">

    <TextView
        android:layout_width="wrap_content"
        android:layout_height="wrap_content"
        android:text="Hello World!"
        android:id="@+id/textView" />

    <Button
        android:text="Button"
        android:layout_width="wrap_content"
        android:layout_height="wrap_content"
        android:layout_below="@+id/textView"
        android:layout_alignParentLeft="true"
        android:layout_alignParentStart="true"
        android:layout_marginLeft="30dp"
        android:layout_marginStart="30dp"
        android:layout_marginTop="20dp"
        android:id="@+id/button" />
</RelativeLayout>
```

activity_main.xml（テキスト画面）

MainActivity.java

ボタンを押してOrdered Broadcastを送信するためのActivityです。

```
1    package jp.co.examples.myandroid.mybcastrecordered01;
2
3    import ...
8
9    public class MainActivity extends Activity {
10
11       static final String MY_INTENT =
12               "jp.co.examples.myandroid.mybcastrecordered01.SHOW_TOAST";
13
14       @Override
15       protected void onCreate(Bundle savedInstanceState) {
16           super.onCreate(savedInstanceState);
17           setContentView(R.layout.activity_main);
18
19           Button button = (Button) findViewById(R.id.button);
20           button.setOnClickListener(new View.OnClickListener() {
21               @Override
22               public void onClick(View view) {
23                   sendOrderedBroadcast(new Intent(MY_INTENT), null);
24               }
25           });
26       }
27   }
```

MainActivity.java

23行目で「sendOrderedBroadcast()」を使ってOrdered Broadcastを送信しています。このメソッドの書式は以下のようになります。

クラス	android.content.Context
メソッド	・void sendOrderedBroadcast (Intent intent, String receiverPermission) Ordered Broadcastの機能を使ってIntentを送信します。
引数の説明	・intent 送信したいIntentを指定します。 ・receiverPermission 実行する際に受信側で必要なパーミッションの名前を指定します。 特にパーミッションが必要ない場合はnullを指定します。

MyReceiver1.java、MyReceiver2.java、MyReceiver3.java

Broadcastを受信する3つのBroadcastReceiverです。
onReceive()内で表示するメッセージ以外は全く同じです。

```
1   package jp.co.examples.myandroid.mybcastrecordered01;
2
3   import ...
7
8   public class MyReceiver1 extends BroadcastReceiver {
9       @Override
10      public void onReceive(Context context, Intent intent) {
11          Toast.makeText(context, "MyReceiver1", Toast.LENGTH_SHORT).show();
12      }
13  }
```

MyReceiver1.java

```
1   package jp.co.examples.myandroid.mybcastrecordered01;
2
3   import ...
7
8   public class MyReceiver2 extends BroadcastReceiver {
9       @Override
10      public void onReceive(Context context, Intent intent) {
11          Toast.makeText(context, "MyReceiver2", Toast.LENGTH_SHORT).show();
12      }
13  }
```

MyReceiver2.java

```
1   package jp.co.examples.myandroid.mybcastrecordered01;
2
3   import ...
7
8   public class MyReceiver3 extends BroadcastReceiver {
9       @Override
10      public void onReceive(Context context, Intent intent) {
11          Toast.makeText(context, "MyReceiver3", Toast.LENGTH_SHORT).show();
12      }
13  }
```

MyReceiver3.java

AndroidManifest.xml

BroadcastReceiverとIntentFilter、そしてそれぞれのBroadcastReceiverの優先順位を指定します。

```
1  <?xml version="1.0" encoding="utf-8"?>
2  <manifest xmlns:android="http://schemas.android.com/apk/res/android"
3      package="jp.co.examples.myandroid.mybcastrecordered01">
4
5      <application
6          android:allowBackup="true"
7          android:icon="@mipmap/ic_launcher"
8          android:label="My Bcast Rec Ordered01"
9          android:supportsRtl="true"
10         android:theme="@style/AppTheme">
11         <activity android:name=".MainActivity">
12             <intent-filter>
13                 <action android:name="android.intent.action.MAIN" />
14
15                 <category android:name="android.intent.category.LAUNCHER" />
16             </intent-filter>
17         </activity>
18
19         <receiver
20             android:name=".MyReceiver1"
21             android:exported="false" >
22             <intent-filter android:priority="10" >
23                 <action android:name=
24                     "jp.co.examples.myandroid.mybcastrecordered01.SHOW_TOAST" >
25                 </action>
26             </intent-filter>
27         </receiver>
28         <receiver
29             android:name=".MyReceiver2"
30             android:exported="false" >
31             <intent-filter android:priority="1" >
32                 <action android:name=
33                     "jp.co.examples.myandroid.mybcastrecordered01.SHOW_TOAST" >
34                 </action>
35             </intent-filter>
36         </receiver>
37         <receiver
38             android:name=".MyReceiver3"
39             android:exported="false" >
40             <intent-filter android:priority="5" >
41                 <action android:name=
42                     "jp.co.examples.myandroid.mybcastrecordered01.SHOW_TOAST" >
43                 </action>
44             </intent-filter>
45         </receiver>
46     </application>
47
48 </manifest>
```

AndroidManifest.xml

19～45行目で3つのBroadcastReceiverとそれぞれのIntentFilterを設定しています。この中で優先順位を決めるのは22、31、40行目の「android:priority=」で指定される整数です。

優先順位は-1000～1000の間の整数で、指定しない場合デフォルト値は0になります。数が大きいほど高い優先順位になります。

08-03 実行結果

プログラムを実行してボタンを押すと、次のように"MyReceiver1"、"MyReceiver3"、"MyReceiver2"のメッセージが順番に表示されます。

実行結果（MyReceiver1が表示される）

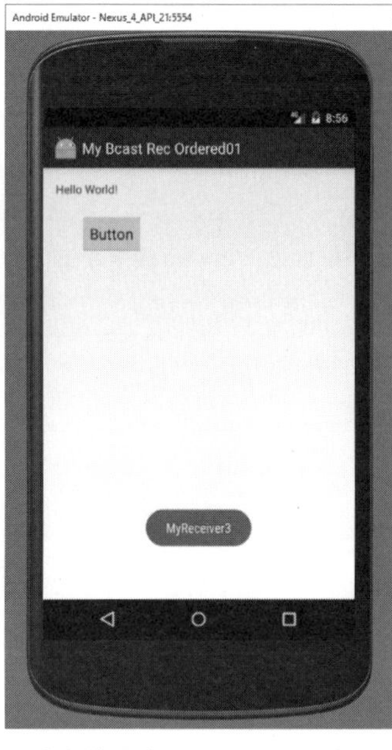

実行結果（MyReceiver3が表示される）

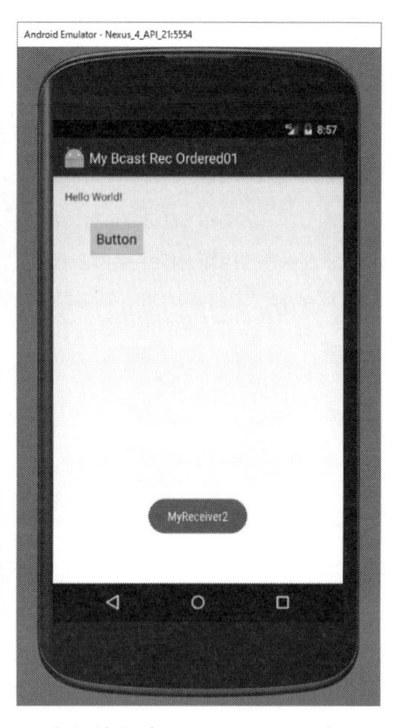

実行結果（MyReceiver2が表示される）

実行結果から、マニフェストファイルの優先順位で指定した、それぞれのBroadcastReceiverの優先順位(10、1、5)に従って、数値が大きい順にBroadcastReceiverのonReceive()が実行されたことが確認できます。

Column LocalBroadcastManagerについて

アプリケーション内で作成したBroadcastを同じアプリケーション内で受け取る場合には、LocalBroadcastManagerというクラスを使ってBroadcastReceiverの登録を行った方が効率が良くなります。

このクラスについての詳細は本書では省略しますが、興味のある人は調べてみてください。

ただし、このクラスを利用するにはAndroid Studioに「com.android.support:support-v4」というライブラリを導入する必要があります。

Column sendOrderedBroadcastについての補足

実は今回のプログラムを自分の実行環境でsendBroadcast()を使って試したところ、sendOrderedBroadcast()の場合と同じ優先順位で実行されました。

しかしこのような動作は正式にはsendBroadcast()では保証されていません。

また、Ordered Broadcastのもう一つの特徴として、あるBroadcastReceiverの処理結果を次のBroadcastReceiverに渡すことができる、という機能があるのですが、それについては説明を省略します。

Chapter 09

Alarm

Androidには、指定した処理を指定した時刻に行うために「Alarm」と呼ばれる機能が用意されています。

Alarmという名前から「目覚まし時計」をイメージする人もいるかもしれませんが、AndroidのAlarm機能は他のアプリケーションを起動したりNotificationを通知したり、様々な処理を行うことができます。

09-01 Alarmの仕組み

「Chapter04 複数のActivityを使う」や「Chapter08 Broadcast」で説明したように、AndroidではIntentを送信することによって他のActivityやBroadcastReceiverを実行できます。

同様にAlarmもIntentを使って実行を指定しますが、Alarmの場合はIntentを送信する時刻を指定できるという点が異なります。

Alarmを一旦設定した後は、そのアプリケーションを停止してもAlarmは有効で、端末がスリープ状態になってもキャンセルされませんが、端末を再起動するとキャンセルされます。

なお、スリープ状態のときにAlarmを受け取った場合、スリープを解除して実行するかどうかはプログラムで指定することができます。

09-02 Alarmで使うクラス

Alarmを使ったプログラムでは次のクラスを利用します。

クラス	説明
android.app.AlarmManager	システムが提供するAlarmサービスにアクセスするためのクラスです。
android.app.PendingIntent	Alarmの実行を指定するIntentを格納するためのクラスです。 Alarm実行時には実行を指示したアプリケーションは存在しない可能性があるため、Intentの情報を保存するために使われます。

PendingIntentについては「07-05 PendingIntent とは」(280ページ)を参照してください。

09-03
Alarmを使ったプログラム

Alarmを使って一定時間後にActivityとBroadcastReceiverを実行するプログラムを作成します。

「My Alarm01」というアプリケーション名でプロジェクトを作成します。

関係するファイルは以下の通りです。

Activityファイル	・MainActivity.java メインのActivityファイルです。 ・SubActivity.java メインのActivityから直接、又はNotificationクリック時に実行されるActivityです。
BroadcastReceiverファイル	・BcastReceiver.java MainActivityから発信されたIntentを受信してNotificationを表示します。
レイアウトファイル	・activity_main.xml MainActivityのレイアウトファイルです。 ・activity_sub.xml SubActivityのレイアウトファイルです。
マニフェストファイル	・AndroidManifest.xml アプリケーションで使用するActivityやBroadcastReceiverを追加します。

このアプリケーションではメインのActivityでボタンを2つ表示します。

一番目のボタンではAlarmを使って10秒後にSubActivityを実行します。

二番目のボタンではAlarmを使って10秒後にBroadcastReceiverを実行して通知エリアに通知を表示します。その通知をクリックするとSubActivityが実行されます。

activity_main.xml

MainActivityのレイアウトファイルです。
ボタンを2つ表示します。

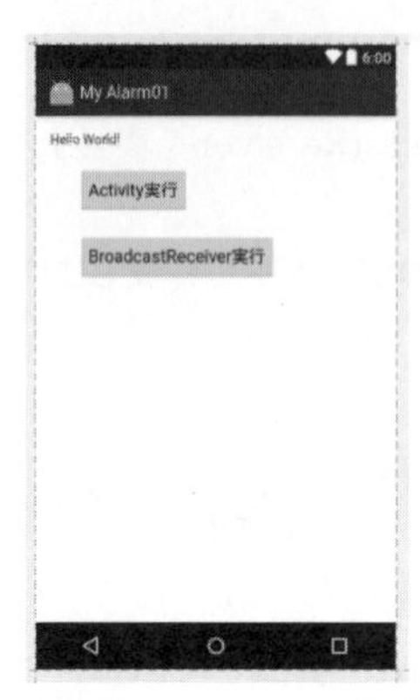

activity_main.xml（デザイン画面）

```
11        tools:context="jp.co.examples.myandroid.myalarm01.MainActivity">
12
13        <TextView
14            android:layout_width="wrap_content"
15            android:layout_height="wrap_content"
16            android:text="Hello World!"
17            android:id="@+id/textView" />
18
19        <Button
20            android:text="Activity実行"
21            android:layout_width="wrap_content"
22            android:layout_height="wrap_content"
23            android:layout_below="@+id/textView"
24            android:layout_alignParentLeft="true"
25            android:layout_alignParentStart="true"
26            android:layout_marginLeft="30dp"
27            android:layout_marginStart="30dp"
28            android:layout_marginTop="20dp"
29            android:id="@+id/button1" />
30
31        <Button
32            android:text="BroadcastReceiver実行"
33            android:layout_width="wrap_content"
34            android:layout_height="wrap_content"
35            android:layout_marginTop="20dp"
36            android:id="@+id/button2"
37            android:layout_below="@+id/button1"
38            android:layout_alignLeft="@+id/button1"
39            android:layout_alignStart="@+id/button1" />
40
41    </RelativeLayout>
```

activity_main.xml（テキスト画面）

activity_sub.xml

SubActivityのレイアウトファイルです。
このActivityがAlarmによって実行されたことを示すメッセージを表示します。

activity_sub.xml（デザイン画面）

```
1  <?xml version="1.0" encoding="utf-8"?>
2  <RelativeLayout xmlns:android="http://schemas.android.com/apk/res/android"
3      android:layout_width="match_parent" android:layout_height="match_parent">
4
5      <TextView
6          android:text="アラームによって起動しました"
7          android:layout_width="wrap_content"
8          android:layout_height="wrap_content"
9          android:layout_alignParentTop="true"
10         android:layout_centerHorizontal="true"
11         android:layout_marginTop="69dp"
12         android:id="@+id/alarmTextView" />
13 </RelativeLayout>
```

activity_sub.xml（テキスト画面）

MainActivity.java

メインのActivityです。
ボタンを押した場合の処理を定義します。

```
1   package jp.co.examples.myandroid.myalarm01;
2
3   import ...
10
11  public class MainActivity extends Activity {
12
13      // Alarmが実行されるまでの待ち時間（ミリ秒）
14      static final long WAIT_MILLISEC = 10*1000;
15
16      @Override
17      protected void onCreate(Bundle savedInstanceState) {
18          super.onCreate(savedInstanceState);
19          setContentView(R.layout.activity_main);
20
21          // AlarmManagerを取得
22          final AlarmManager alarmManager = (AlarmManager) getSystemService(ALARM_SERVICE);
23
24          // 明示的Intentを使ってPendingIntentを作成（Activity実行用）
25          Intent intent1 = new Intent(this, SubActivity.class);
26          final PendingIntent pendingIntent1 = PendingIntent.getActivity(this, 0, intent1, 0);
27          // ボタンが押された場合の動作を定義
28          Button button1 = (Button) findViewById(R.id.button1);
29          button1.setOnClickListener(new View.OnClickListener() {
30              @Override
31              public void onClick(View view) {
32                  alarmManager.set(AlarmManager.RTC_WAKEUP,
33                          System.currentTimeMillis() + WAIT_MILLISEC, pendingIntent1);
34              }
35          });
36
37          // 明示的Intentを使ってPendingIntentを作成（BroadcastReceiver実行用）
38          Intent intent2 = new Intent(this, BcastReceiver.class);
39          final PendingIntent pendingIntent2 = PendingIntent.getBroadcast(this, 0, intent2, 0);
40          // ボタンが押された場合の動作を定義
41          Button button2 = (Button) findViewById(R.id.button2);
42          button2.setOnClickListener(new View.OnClickListener() {
43              @Override
44              public void onClick(View view) {
45                  alarmManager.set(AlarmManager.RTC_WAKEUP,
46                          System.currentTimeMillis() + WAIT_MILLISEC, pendingIntent2);
47              }
48          });
49      }
50  }
```

MainActivity.java

Alarmを使った処理を行うためにはAlarmManagerというクラスが必要です。
22行目でgetSystemService()を使ってそのためのAlarmManagerを取得しています。

25～35行目では一番目のボタンが押された場合の処理を定義しています。

25～26行目で明示的Intentによって実行するクラスSubActivityを指定し、そのIntentとgetActivity()メソッドを使ってPendingIntentを取得しています。

ボタンが押された場合、32～33行目でAlarmManagerのset()メソッドを使ってこのPendingIntentをアラームのシステムに設定しています。

ここでは「現在の時刻からおよそ10秒後に、スリープしていたらそれを解除して実行」という指定をしています。

ここで用いたgetActivity()、getBroadcast()、set()メソッドについてはこの後でまとめて説明します。getActivity()についてはすでに「Chapter07 Notification」で説明済みですが、あらためて説明することにします。

38～48行目では二番目のボタンが押された場合の処理を定義しています。

38～39行目で明示的Intentによって実行するBcastReceiverのクラスを指定し、そのIntentとgetBroadcast()メソッドを使ってPendingIntentを取得しています。

ボタンが押された場合、一番目のボタンと同様にAlarmManagerを使ってPendingIntentをシステムに登録しています。

getActivity()、getBroadcast()、set()メソッドの書式

クラス	android.app.PendingIntent
メソッド	・PendingIntent getActivity (Context context, int requestCode, Intent intent, int flags) Activityを実行するためのPendingIntentを取得します。
引数	・context PendingIntentが実行を開始するContext。 ・requestCode 複数のPendingIntentが存在する場合に識別するためのコード。 ・intent 実行するActivityの情報を持つIntent。 ・flags FLAG_ONE_SHOT FLAG_NO_CREATE FLAG_CANCEL_CURRENT FLAG_UPDATE_CURRENT などのフラグを指定してPendingIntentの挙動を変えることができます。 これについての詳細は省略しますが、特にフラグを指定しない場合は0を設定します。
戻り値	引数で指定された内容を持つPendingIntentを返します。

クラス	android.app.PendingIntent
メソッド	・PendingIntent getBroadcast (Context context, int requestCode, Intent intent, int flags) BroadcastReceiverを実行するためのPendingIntentを取得します。
引数	・context ・requestCode ・intent ・flags 引数の意味はgetActivityの引数と同様です。
戻り値	引数で指定された内容を持つPendingIntentを返します。

クラス	android.app.AlarmManager
メソッド	void set (int type, long triggerAtMillis, PendingIntent operation) アラームを設定します。 （注） API 18以前のOSでは指定した正確な時刻に処理が実行されますが、API 19 以後のOSでは正確な時間にプログラムが実行されるとは限らず、Android側で実行時刻が微調整されます。 そのため、複数のAlarmが近い時間に実行するように設定されている場合は、それらがタイミングを調整されて一斉に実行される場合があります。 API 19以後で正確な時間を指定したい場合は「setExact()」メソッドを使うことができます。

引数	・type 以下のいずれかを設定します。 AlarmManager.ELAPSED_REALTIME 端末が起動してからの経過時間で指定。 スリープ中に実行されてもスリープを解除しない。 AlarmManager.ELAPSED_REALTIME_WAKEUP 端末が起動してからの経過時間で指定。 スリープ中に実行された場合スリープを解除する。 AlarmManager.RTC 1970年1月1日0時からの経過時間で指定。 スリープ中に実行されてもスリープを解除しない。 AlarmManager.RTC_WAKEUP 1970年1月1日0時からの経過時間で指定。 スリープ中に実行された場合スリープを解除する。 ・triggerAtMillis アラームが実行される時間をミリ秒で指定する。 ・operation 実行するPendingIntentを指定する。

SubActivity.java

Alarmによって実行されるActivityです。
一番目のボタンが押された場合は直接実行されます。
二番目のボタンが押された場合はNotification経由で実行されます。

```
1  package jp.co.examples.myandroid.myalarm01;
2
3  import android.app.Activity;
4  import android.os.Bundle;
5
6  public class SubActivity extends Activity {
7      @Override
8      protected void onCreate(Bundle savedInstanceState) {
9          super.onCreate(savedInstanceState);
10         setContentView(R.layout.activity_sub);
11     }
12 }
```

⊕ SubActivity.java

Alarmによって Activityが実行されたことを示すメッセージを表示します。

BcastReceiver.java

二番目のボタンが押された場合にAlarmによって実行されるBroadcastReceiverです。SubActivityを実行するための通知を通知エリアに表示します。

```
1   package jp.co.examples.myandroid.myalarm01;
2
3   import ...
10
11  public class BcastReceiver extends BroadcastReceiver {
12
13      private static final int MY_NOTIFICATION_ID = 1;
14
15      @Override
16      public void onReceive(Context context, Intent intent) {
17          Toast.makeText(context, "BroadcastReceiver実行", Toast.LENGTH_SHORT).show();
18
19          Notification.Builder builder =
20                  new Notification.Builder(context)
21                          .setDefaults(Notification.DEFAULT_VIBRATE|Notification.DEFAULT_SOUND)
22                          .setAutoCancel(true)
23                          .setSmallIcon(android.R.drawable.stat_sys_warning)
24                          .setContentTitle("Hello World!")
25                          .setContentText("SubActivityを実行します");
26
27          // Notificationがクリックされた場合に実行するActivity用のPendingIntentを設定
28          Intent resultIntent = new Intent(context, SubActivity.class);
29          PendingIntent resultPendingIntent = PendingIntent.getActivity(
30                  context, 0, resultIntent, PendingIntent.FLAG_UPDATE_CURRENT);
31
32          // Builderを設定してNotificationを表示
33          builder.setContentIntent(resultPendingIntent);
34          NotificationManager notificationManager =
35                  (NotificationManager) context.getSystemService(Context.NOTIFICATION_SERVICE);
36          notificationManager.notify(MY_NOTIFICATION_ID, builder.build());
37      }
38  }
```

BcastReceiver.java

二番目のボタンが押された場合にこのBroadcastReceiverのonReceive()メソッドが実行されます。

19～25行目でNotification.Builderで通知内容の作成、28～30行目で通知がクリックされた場合に送信するPendingIntentの作成、33～36行目で通知領域に通知の表示を行っています。

このプログラムの処理は「07-03 Notification を使うアプリケーション」(269ページ)で作成したアプリケーション「My Notification01」の、MainActivity.javaで説明した内容とほとんど同じなので説明を省略します。

AndroidManifest.xml

```
1  <?xml version="1.0" encoding="utf-8"?>
2  <manifest xmlns:android="http://schemas.android.com/apk/res/android"
3      package="jp.co.examples.myandroid.myalarm01">
4
5      <application
6          android:allowBackup="true"
7          android:icon="@mipmap/ic_launcher"
8          android:label="My Alarm01"
9          android:supportsRtl="true"
10         android:theme="@style/AppTheme">
11         <activity android:name=".MainActivity">
12             <intent-filter>
13                 <action android:name="android.intent.action.MAIN" />
14
15                 <category android:name="android.intent.category.LAUNCHER" />
16             </intent-filter>
17         </activity>
18
19         <activity android:name=".SubActivity">
20         </activity>
21
22         <receiver android:name=".BcastReceiver">
23         </receiver>
24     </application>
25
26 </manifest>
```

AndroidManifest.xml

SubActivityとBcastReceiverについての記述を、それぞれ<activity>タグ、<receiver>タグを使って追加します。

実行結果

アプリケーションを実行すると次の初期画面が表示されます。

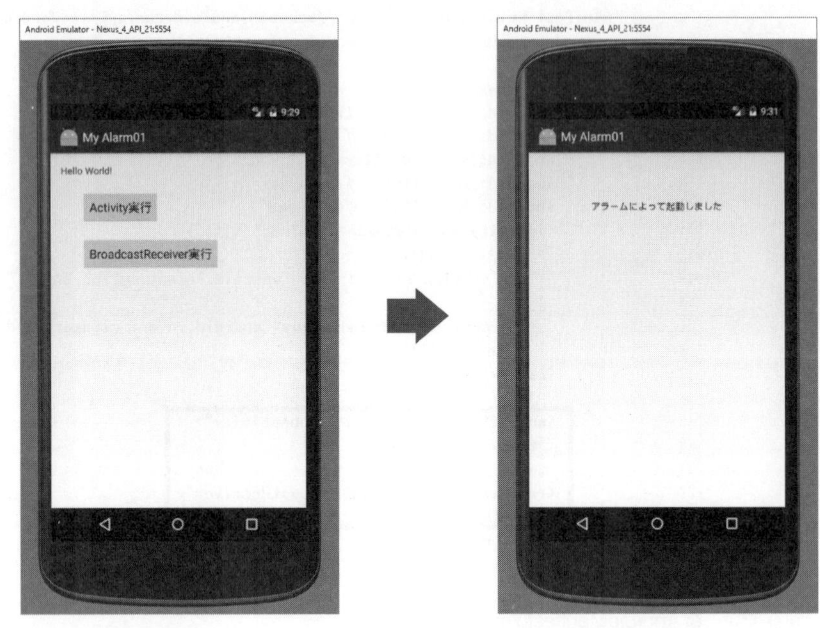

実行結果（初期画面）

SubActivity実行画面

「Activity実行」のボタンを押すとAlarmが設定され、約10秒後にSubActivityが実行されて右図の画面が表示されます。

ボタンを押してAlarmを設定した後はアプリケーションを終了してもActivityは指定時刻に実行されます。

また、AlarmManagerの設定で「AlarmManager.RTC_WAKEUP」を指定しているので、実行時に端末がスリープ状態にある場合は自動的にスリープが解除されてActivityが実行されます。

次にアプリケーションをもう一度実行して、初期画面で「BroadcastReceiver実行」のボタンを押します。すると約10秒後にBroadcastReceiverによって、システムデフォルトの通知音とバイブレーションとともに通知が通知エリアに表示され、同時に「BroadcastReceiver実行」という文字がToastで表示されます。

「BroadcastReceiver実行」ボタンをクリックして10秒後

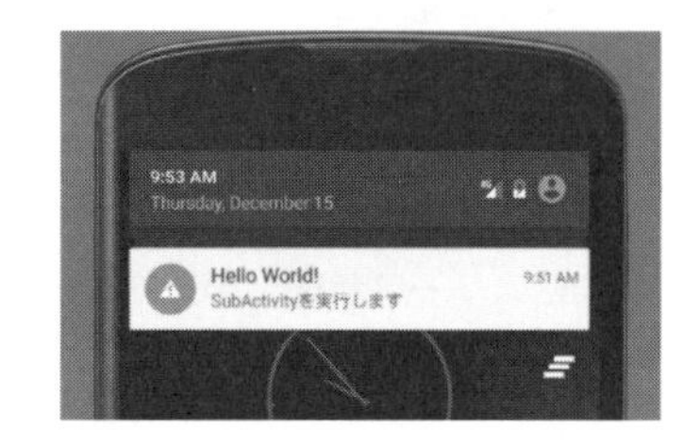

通知ドロワー表示

通知ドロワーを開くと、受け取った通知を示す右図のような画面が表示されます。送られた通知をクリックすると、通知は消えてSubActivityが実行されます。

SubActivity実行画面

Column　スリープ中のAlarm実行についての補足

AlarmManagerの設定で、ELAPSED_REALTIME_WAKEUPやRTC_WAKEUPを使うと端末がスリープ状態のときにもスリープを解除して指定した動作が実行されます。

しかし、実際にスリープ状態のときにAlarmの処理が実行されても、スリープ状態は解除されていないように見えるかもしれません。

確かに指定した処理(アプリケーションを起動したり音を鳴らしたり)は実行されるのですが、画面は暗いままです。

これは、AndroidがAlarmの動作を実行する間だけCPUがスリープから復活し、処理が終わるとすぐまたスリープ状態に戻るためです。

Alarmを受け取ったときにスリープ状態を完全に解除して画面を再び表示するには、そのための処理を別に行う必要があるのですが、それについては説明を省略します。

09-04 Alarmの繰り返し実行とキャンセル方法

今回のアプリケーションではset()メソッドを使ってAlarmを一度だけ実行するように設定していましたが、setRepeating()メソッドを使って繰り返し実行することもできます。

このメソッドの書式は次のようになります。

・AlarmManager.setRepeating()

メソッド	void setRepeating (int type, long triggerAtMillis, long intervalMillis, PendingIntent operation) 指定した間隔でAlarmを繰り返し実行します。
引数	type、triggerAtMillis、operationはset()メソッドの場合と同様です。 intervalMillisは繰り返しの間隔をミリ秒で指定します。 ただし、set()メソッドの場合と同様にAPI 19以後の環境では正確に指定したミリ秒で実行されるとは限りません。 複数のAlarmが設定されている場合は実行のタイミングは微調整されて、できるかぎりまとめて実行されます。

実行を指定したAlarmの設定は、アプリケーションのアンインストールや端末の再起動で解除されますが、cancel()メソッドを使うことによって、設定したAlarmをプログラムで解除することもできます。

・AlarmManager.cancel()

メソッド	void cancel (PendingIntent operation) AlarmManagerに登録されているPendingIntentをキャンセルします。
引数	・operation キャンセルしたいPendingIntentを指定します。

これらの方法を使ったプログラムの例は示しませんが、繰り返し実行やキャンセル用のボタンが使えるようにプログラムを修正するのはそれほど難しくないので、興味のある人は試してみてください。

Chapter 10

Graphics

　Androidではグラフィックスを表示するために多くのクラスが用意されています。
　ここではその中でも特に基本となるいくつかのクラスの使い方を説明し、2次元のBitmap画像を画面に表示したり、それを動かしたりするプログラムを作成します。

10-01 画像のリソーファイルの場所

画像データを扱う前に、Androidのリソースファイルの詳しい構成を説明します。

Android Studioでは、アプリケーション起動用のアイコン(ランチャー アイコン)用の画像ファイルは「res/mipmap/」内に作成します。

また、アイコン以外の画像データファイルは「res/drawable/」内に作成します。

これらのディレクトリの構造と解像度の関係について、簡単に説明しておきます。

res/mipmap ディレクトリの構造

Android Studioで新規にプロジェクトを作成した直後に、このディレクトリがどのような構成になっているか見てみると、res/drawable内は空ですが、mipmap内には複数のファイルアイコン用のファイル「ic_launcher.png」が置かれていることが確認できます。

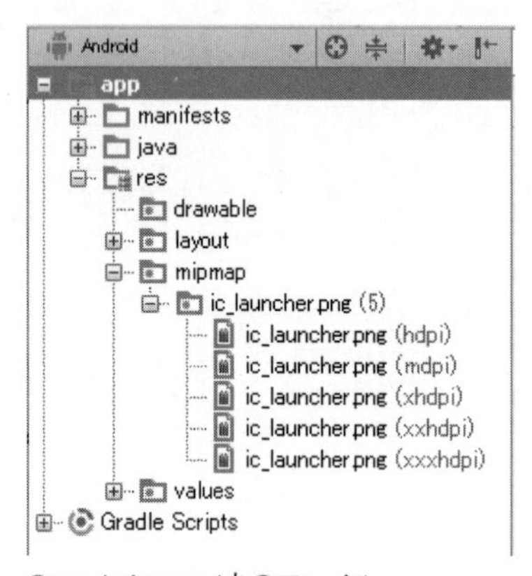

res/mipmap/内のファイル

mipmap内のディレクトリが実際にどのようになっているかは、ツールウィンドウ上でマウスを右クリックして「Show in Explorer」を選択すると、ファイルエクスプローラーで確認することができます。

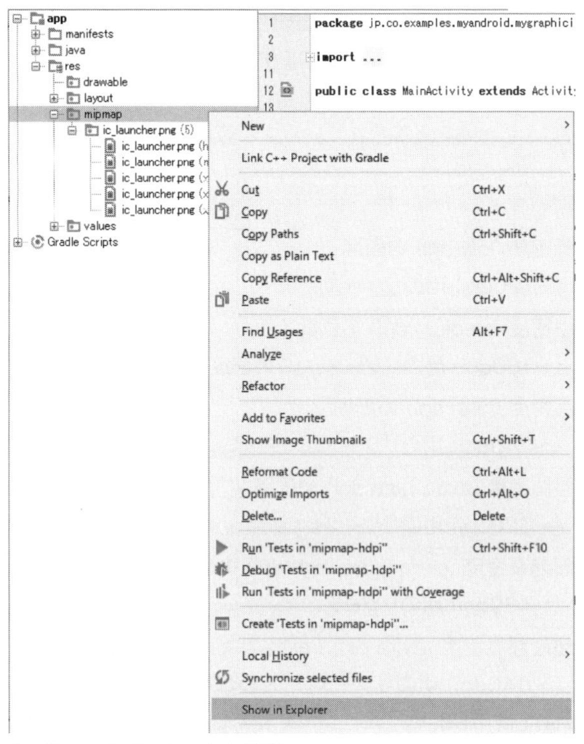

「Show in Explorer」を選択

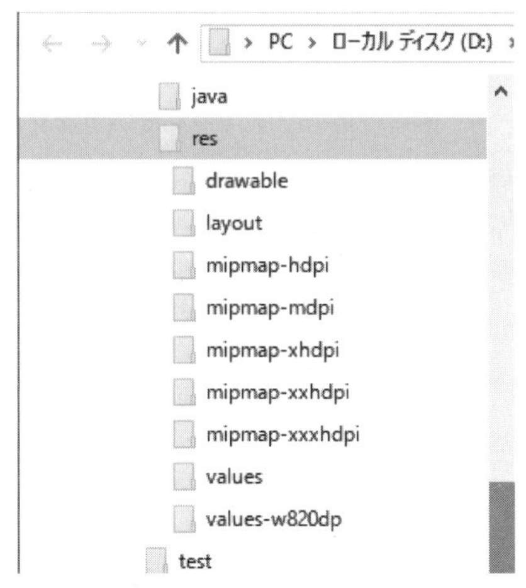

エクスプローラーによる表示

このようにmipmapのディレクトリはディレクトリ名の後に「-hdpi」、「-mdpi」などの修飾子を付けた複数のディレクトリから構成されています。

これらの修飾子は端末の解像度を表わしていて、高解像度の端末にはそれに合わせて大きな画像ファイルを用意することができます。

解像度に関してAndroidで定義されている主な修飾子は次のようになります。

修飾子	説明
ldpi	低密度（low dpi）の画面 （~120dpi）用のリソース。
mdpi	中密度（medium dpi）の画面 （~160dpi）用のリソース （この密度が基準の密度になる）。
hdpi	高密度（high dpi）の画面 （~240dpi）用のリソース。
xhdpi	超高密度（extra-high dpi）の画面 （~320dpi）用のリソース。
xxhdpi	超超高密度（extra-extra-high dpi）の画面 （~480dpi）用のリソース。
xxxhdpi	超超超高密度（extra-extra-extra-high dpi）の画面 （~640dpi）用のリソース。 この修飾子は、ランチャー アイコンのみに対して使用します。
nodpi	全ての密度の画面用のリソース。 これらは、密度非依存のリソースです。システムは、現在の画面密度に関係なく、この修飾子がタグ付けされたリソースをスケーリングしません。

これらのディレクトリにそれぞれの解像度用のファイルを置いておくと、マニフェストファイルの「android:icon="@mipmap/ic_launcher"」の指定によって、端末の解像度に合わせて自動的に最適と思われるものが選択されて、ホーム画面にアイコンが表示されます。

そして、Android Studioのツールウィンドウ上では、これらのディレクトリ内のファイルは「ic_launcher.png (hdp)」のように、修飾子を括弧内に示した形で表示されます。

res/drawableディレクトリの構成

アプリケーション起動用のアイコン(ランチャー アイコン)用のファイルは「res/mipmap/」内に置きますが、それ以外にプログラムで必要な画像関係のファイルがある場合、それらは一般的に「res/drawable」に置きます。

新規にプロジェクトを作成した直後は、ここには「drawable」という名前のディレクトリしか作成されていません。ここに「drawable+拡張子(_mdpiなど)」という名前のディレクトリを作成し、解像度に合わせた画像ファイルをその中に置くとmipmapと同様に端末の解像度に合わせたファイルが自動的に選択されます。

これらのディレクトリを作成するには、Android Studioのツールウィンドウで「res」をマウス右クリックで選択して「new→android resource directory」を選択してください。

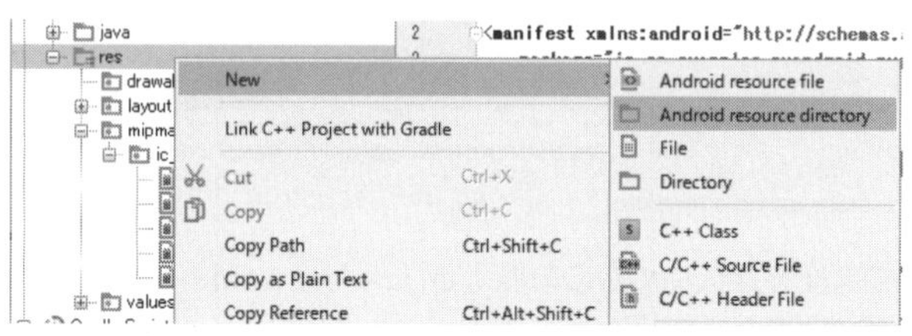

「New→Android resource directory」を選択

新規ディレクトリ作成画面が表示されるので、リソースタイプに「drawable」を選択し、その下のAvailable qualifiers欄で「Density」を選択してください。

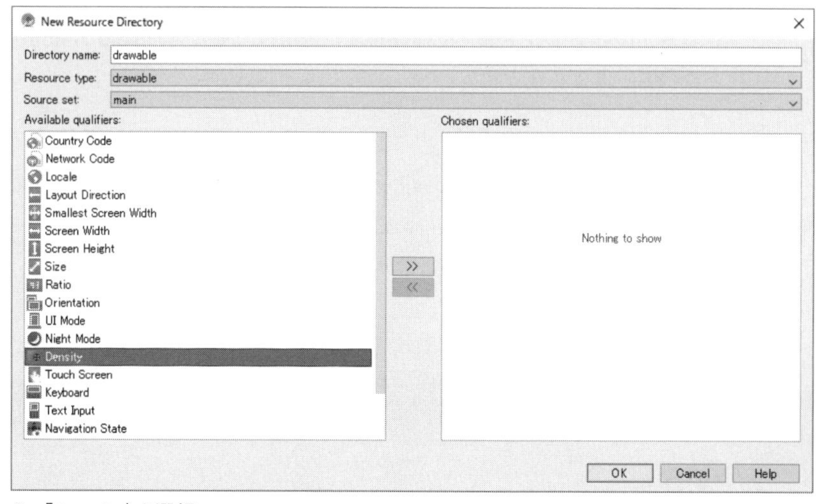

「Density」を選択

Densityを選択して「>>」を押すと、次の解像度の選択画面が表示されます。

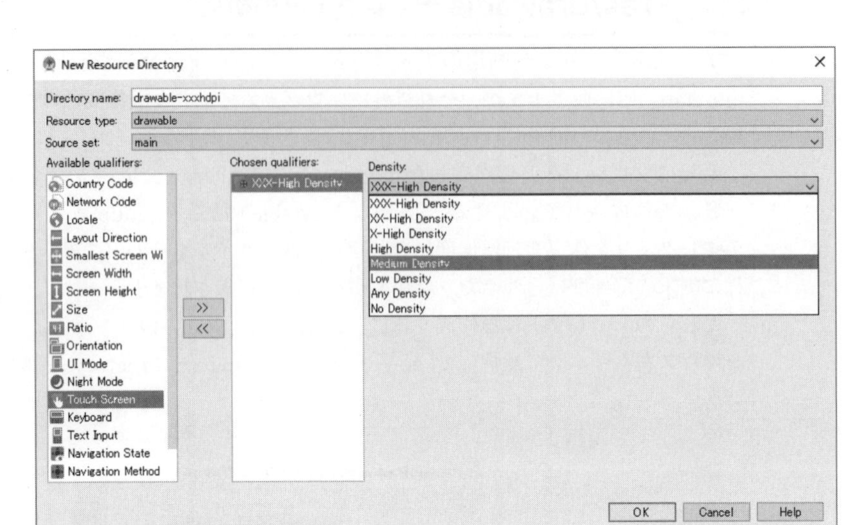

解像度を選択

作成したい解像度を選択してOKを押すと「res/drawable_hdpi」など、指定した解像度に対応するディレクトリが作成されます。

しかし、以上の手順は少々面倒なので、解像度と拡張子の意味や作成場所がわかっている人は、ファイルエクスプローラーを使ってディレクトリを直接作成しても構いません。

なお、空のディレクトリを作成しただけでは、まだAndroid Studioのツールウィンドウの表示は変わりません。

次に、作成したディレクトリに画像ファイルを置きます。
ファイルエクスプローラーで直接画像ファイルをドラッグ&ドロップでコピーする、またはAndroid Studioのツールウィンドウの「res/drawable」ディレクトリに作成済み画像ファイルをペーストする、などしてファイルをリソースディレクトリに作成してください。
ツールウィンドウを使った場合は、ペースト時に次のように作成済みディレクトリから選択する画面が表示されるので、そこからディレクトリを選んでください。

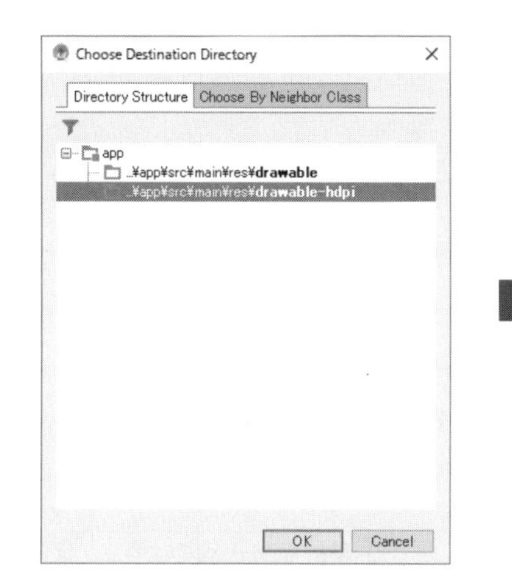

ファイルを置くディレクトリ選択画面

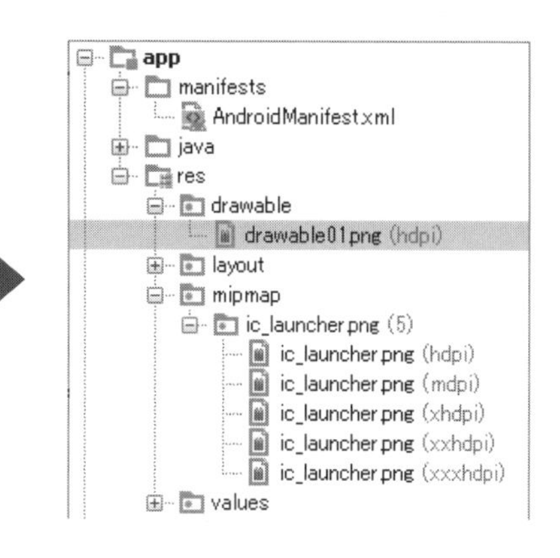

ツールウィンドウでのdrawableファイルの表示

例として、「res/drawable_hdpi」というディレクトリに「drawable01.png」というファイルを置くと、ツールウィンドウの表示は右のように変わります。

このようにAndroidでは、解像度に合わせて最適な画像を指定することができますが、必ずしも全ての解像度に対してファイルを準備する必要はありません。

最適な解像度のファイルが存在しない場合は、存在するファイルの中から次善のものが自動的に選ばれます。

なお、次善のファイルを決めるためのアルゴリズムは複雑なため本書では説明を省略します。

10-02 ImageViewとCanvas

Androidでは様々な方法で画像を表示することができますが、基本的な方法としてImageViewクラスを使う方法とCanvasを使う方法があります。
それぞれの方法の一般的な用途を以下に示します。

方法	用途
android.widget.ImageViewを使う	単純な静止画のように、ほとんど更新しないグラフィックの描画に使う。
android.graphics.Canvasを使う	頻繁に書き換えを行うようなグラフィックの描画に使う。

以下ではこれらの2つの方法を使ったプログラムの作成方法を説明します。

10-03 ImageViewを使うプログラム

ImageViewを使う方法は、主に単純な静止画を画面に表示するために使われますが、この方法にはxmlを使って静的に画像ファイルを指定する方法と、プログラムによって動的に指定する方法があります。
これら2つの方法を使って同じような動作をするプログラムを作成します。

xmlによって静的に表示する

xmlファイルで<ImageView>タグを使った、静的に画像を表示するプログラムについて説明します。
「My Graphics ImageView Stat01」というアプリケーション名でプロジェクトを作成します。

関係するファイルは以下の通りです。

Activity	・MainActivity.java メインのActivityファイルです。 プロジェクト作成時に作られるひな型をそのまま使います。
レイアウトファイル	・activity_main.xml MainActivityのレイアウトファイルです。 xml内で<ImageView>タグにより画像ファイルの指定を行います。
リソースファイル	・drawable01.png 画面に表示するファイルをリソースディレクトリ（res/drawable-hdpi/）に置きます。 今回はAndroid Studio内で使われている起動アイコン用のファイル（ic_launcher.png）から72×72のサイズのものを選んで使うことにします。 このファイルを上記のリソースディレクトリに置き、mipmap内の画像ファイルと紛らわしくならないようにファイル名を「drawable01.png」と変えておきます。

MainActivity.javaは、ひな型作成時のものをそのまま使うので説明は省略します。

リソースファイル

「res/drawable」内に画像ファイルを作成しておきます。

今回は「res/mipmap/」内にある「ic_launcher.png(hdpi)」という起動用のアイコンファイルを「res/drawable-hdpi/」内にコピーして使うことにします。

また、同じファイル名だと紛らわしいので名前を「drawable01.png」を変えることにします。

なお、今回のプログラムではdrawable01.pngとして、統合開発環境のEclipseで使われていたデフォルトの起動アイコン用を使っています。

Android Studioのデフォルトアイコンとは見た目が異なりますが、プログラムの動作はどのような画像を使っても同じです。

EclipseとAndroid Studioのデフォルトの起動用アイコン

activity_main.xml

xmlにより画像ファイルの指定を行います。

activity_main.xmlは次のようになります。

```
1   <?xml version="1.0" encoding="utf-8"?>
2   <RelativeLayout xmlns:android="http://schemas.android.com/apk/res/android"
3       xmlns:tools="http://schemas.android.com/tools"
4       android:id="@+id/activity_main"
5       android:layout_width="match_parent"
6       android:layout_height="match_parent"
7       android:paddingBottom="16dp"
8       android:paddingLeft="16dp"
9       android:paddingRight="16dp"
10      android:paddingTop="16dp"
11      tools:context="jp.co.examples.myandroid.mygraphicsimageviewstat01.MainActivity">
12
13      <TextView
14          android:layout_width="wrap_content"
15          android:layout_height="wrap_content"
16          android:text="Hello World!" />
17
18      <ImageView
19          android:id="@+id/imageView1"
20          android:layout_width="match_parent"
21          android:layout_height="match_parent"
22          android:layout_centerInParent="true"
23          android:contentDescription="@string/drawable_name"
24          android:src="@drawable/drawable01" />
25
26  </RelativeLayout>
```

activity_main.xml

18～24行目のように<ImageView>タグを追加します。

このタグにより画面作成時にImageViewクラスが作成されて画面に表示されます。

ここでは20～22行目で画面を親のRelativeLayoutのサイズに合わせているので、画像は画面いっぱいに拡大されて表示されます。

特に指定しない場合、縦横比は保存されて拡大されます。

24行目でres/drawable内の「drawable01.png」を指定しています。

このように、xml内でdrawableのリソースを指定する場合は「png」などの拡張子は不要で、解像度も指定する必要はありません。

同じ名前で異なる解像度のファイルが複数ある場合は、その中から最適と思われるものがAndroidによって自動的に選択されて使用されます。

なお23行目のように、android:contentDescriptionで画像についての説明を付けることは、一般的には推奨されていますが、このプログラムでは特に使用していません。

Column デザイン画面でのImageViewの作成について

xmlの作成は直接テキスト画面で入力しても構いませんが、デザイン画面でImageViewをドラッグ＆ドロップで画面に配置して、それを後からテキスト画面で編集した方が作業が楽です。

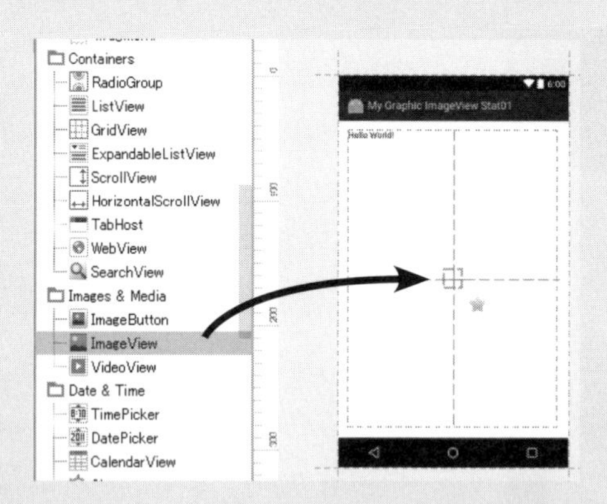

デザイン画面でImageViewをドラッグ＆ドロップすると、その画像のリソースを指定するためのダイアログが表示されます。

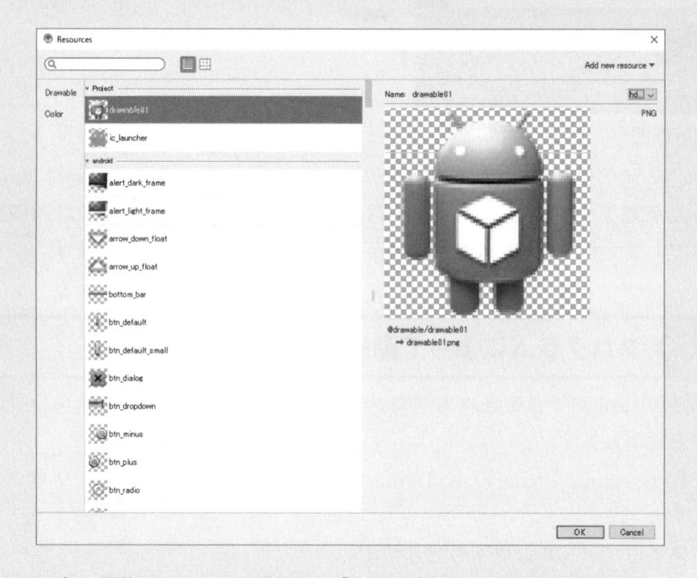

res/drawable内の画像ファイルを選択して「OK」を押すとxmlが作成されます。
その後、必要に応じてテキスト画面で内容を編集してください。

実行結果

アプリケーションを実行すると次のような画面が表示されます。

実行画面

もとが72×72のビットマップを画面いっぱいに拡大しているので画像がかなり荒くなっていますが、指定した画像が表示されていることが確認できます。

プログラムによって動的に表示する

ImaveViewクラスを使ってプログラムで動的にリソースファイルの画像を表示する方法を説明します。

「My Graphics ImageView Dyn01」というアプリケーション名でプロジェクトを作成します。

関係するファイルは以下の通りです。

Activity	・MainActivity.java メインのActivityファイルです。
レイアウトファイル	・activity_main.xml MainActivityのレイアウトファイルです。 ひな型で作成されたものをそのまま使います。
リソースファイル	・drawable01.png 画面に表示するファイルをリソースディレクトリ(res/drawable-hdpi/)に置きます。 静的な方法で使ったファイルと同じものを使います。

今回はImageViewクラスをプログラムで作成するので、レイアウトファイルでは指定する必要がありません。activity_main.xmlはひな型作成時のものをそのまま使います。

静的な場合と同様に、画像データファイルとして「res/drawable-hdpi/」にdrawable01.pngを作成しておきます。

ImageViewを使う画像表示プログラムの手順

xmlファイルを使う場合には<ImageView>タグに様々な設定を記述して画像を表示していましたが、同様のことをプログラムで行う場合の処理はもう少し複雑です。

そのための手順は次のようになります。

- 1. 表示用のDrawableオブジェクトをリソースファイルから作成する。
- 2. Drawableオブジェクトを表示するためのImageViewを作成する。
- 3. ImageView.setImageDrawable()を使ってImageViewにDrawableオブジェクトを設定する。
- 4. RelativeLayout.LayoutParamsクラスを使ってImageViewのレイアウト用パラメータを作成する。
- 5. ImageViewにパラメータを設定する。
- 6. addView()を使って画面のViewGroupにImageViewを追加する。

次に説明するMainActivity.javaのプログラムではこの手順で画像を表示します。

MainActivity.java

MainActivity.javaは次のようになります。

```
1   package jp.co.examples.myandroid.mygraphicsimageviewdyn01;
2
3   import android.app.Activity;
4   import android.graphics.drawable.Drawable;
5   import android.os.Bundle;
6   import android.support.v4.content.ContextCompat;
7   import android.widget.ImageView;
8   import android.widget.RelativeLayout;
9
10  public class MainActivity extends Activity {
11
12      @Override
13      protected void onCreate(Bundle savedInstanceState) {
14          super.onCreate(savedInstanceState);
15          setContentView(R.layout.activity_main);
16
17          // Drawableをリソースファイルから取得する
18          Drawable drawable = ContextCompat.getDrawable(this, R.drawable.drawable01);
19
20          // ImageViewを作成してDrawableを設定する
21          ImageView imageView = new ImageView(this);
22          imageView.setImageDrawable(drawable);
23
24          // レイアウト用のパラメータを作成してImageViewに設定する。
25          RelativeLayout.LayoutParams params = new RelativeLayout.LayoutParams(
26                  RelativeLayout.LayoutParams.MATCH_PARENT,
27                  RelativeLayout.LayoutParams.MATCH_PARENT);
28          params.addRule(RelativeLayout.CENTER_IN_PARENT);
29          imageView.setLayoutParams(params);
30
31          // レイアウトにImageViewを追加する
32          RelativeLayout relativeLayout = (RelativeLayout) findViewById(R.id.activity_main);
33          relativeLayout.addView(imageView);
34      }
35  }
```

MainActivity.java

18行目で、画像のリソースファイルからgetDrawable()メソッドでDrawableオブジェクトを作成しています。ただし、ここで使っているandroid.support.v4.content.ContextCompatというクラスは、パッケージを新規作成しただけでは使えない状態になっていると思います。

このクラスのインストールの仕方は、この後の「ContextCompatクラスの導入方法」(338ページ)を参照してください。

21～22行目でImageViewを作成し、そこに画像のDrawableをセットしています。

25～29行目では、RelativeLayout.LayoutParmasというクラスを使ってレイアウト用のパラメータを設定し、29行目でそのパラメータをImageViewに設定しています。

最後に32～33行目で、画面全体のRelativeLayoutに対して作成したImageViewを追加しています。

「RelativeLayout.LayoutParams」のクラスやメソッドについての説明は省略しますが、どのような操作をしているのかは静的なプログラムの場合のxmlの記述から理解できると思います。

Column 静的方法のxmlと動的方法のJavaプログラムの関係

このプログラムの25～28行目で作成したパラメータの内容は、静的なプログラムでImageViewに対してxmlで指定した部分に対応しています。

```
18    <ImageView
19        android:id="@+id/imageView1"
20        android:layout_width="match_parent"
21        android:layout_height="match_parent"
22        android:layout_centerInParent="true"
23        android:contentDescription="My Drawable1"
24        android:src="@drawable/drawable01" />
```

このように、レイアウト用のxmlで使えるほとんどの項目に対して、Javaのプログラムでは直感的にわかりやすい名前の変数が定義されています。

LinearLayoutやRelativeLayoutのパラメータの方法には、ここで使った方法以外にも様々なメソッドやクラスが用意されていますが、ここではそれらの詳細については省略します。

実行結果

xmlを使った場合と同様に、指定した画像が画面いっぱいに拡大して表示されます。

実行結果

ContextCompatクラスの導入方法

今回のプログラムでは「android.support.v4.content.ContextCompat」というクラスを使っていますが、この「android.support.v4」というパッケージは、新規にプロジェクトを作成した段階ではまだ利用できないかもしれません。

その場合は、以下のようにしてこのパッケージをプロジェクトに追加して利用できるようにする必要があります。

- 1. メニューから「File→Project Structure」を選択する。

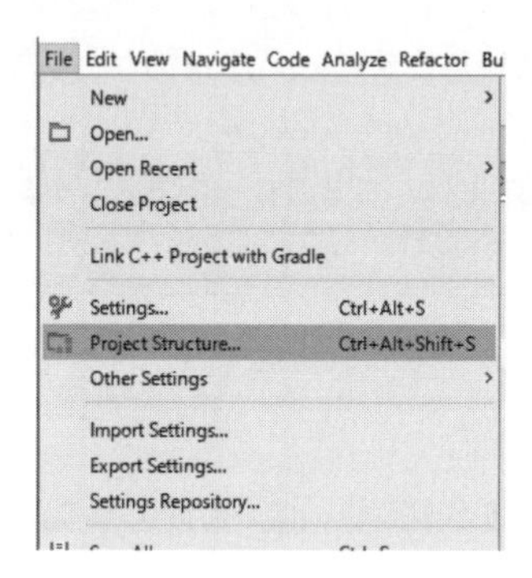

- 2. プロジェクトの構成設定画面が表示されるので、左側のメニューで「app」を選択して右側の画面で「Dependencies」タブを選ぶ。

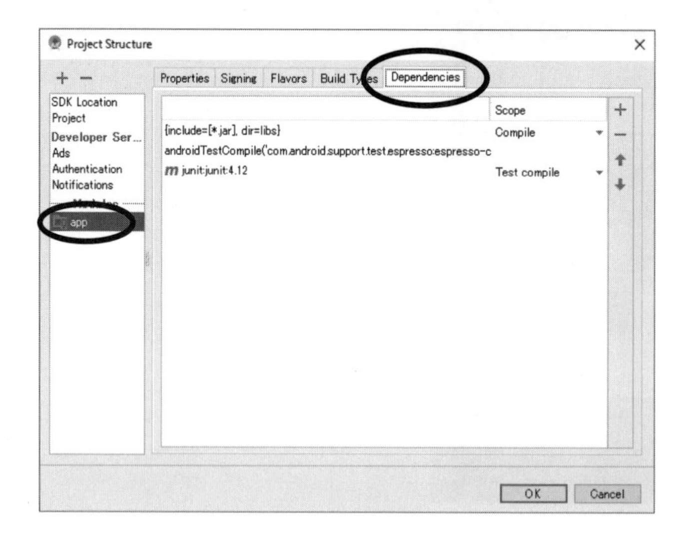

- 3. 右端の「+」をクリックすると、何を追加するかを選ぶメニューが表示されるので「Library dependency」を選択する。

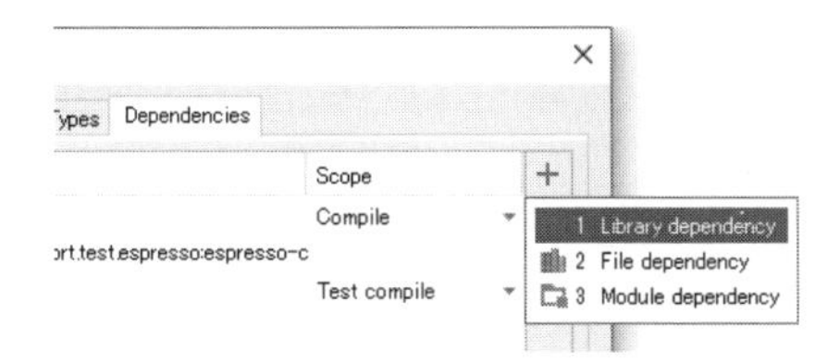

- 4. ライブラリを選択するダイアログが表示されるので、その中から「com.android.support:support-v4」という項目を選択し、OKをクリックする。

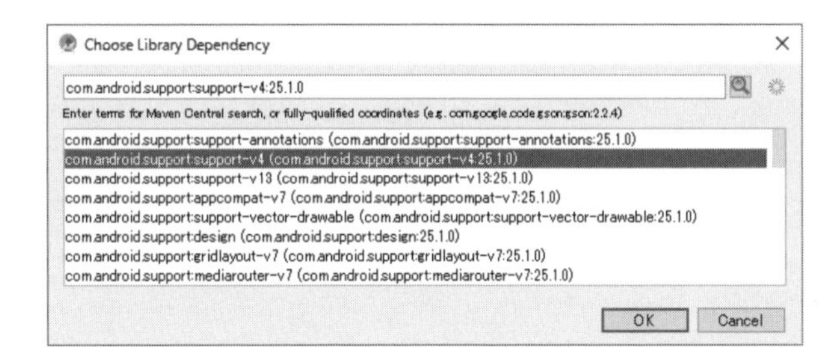

- 5. 以上でライブラリがこのプロジェクトに追加され、ライブラリに含まれるクラスが利用可能になります。

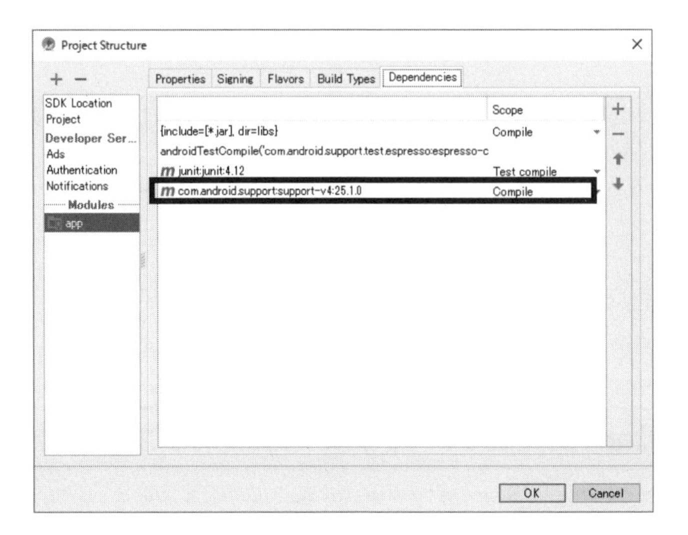

参考

このプログラムでは、リソースファイルからDrawableを作成するために「ContextCompat.getDrawable()」
というメソッドを使っていますが、Contextクラスの「ContextgetResources().getDrawable(int id)」
というメソッドを使っても同様のことが実現できます。
その場合は「ContextCompat」クラスを使わなくても済むため、support-v4のライブラリを使う必要はなくなります。
しかし、この「getDrawable(int id)」というメソッドはAPI 22以降非推奨になっているため、ここでは「ContextCompat.getDrawable()」を使ってプログラムを作成しています。

10-04 Canvasを使うプログラム

一般的にAndroidで単純な画面や静止画などを表示する場合にはImageViewクラスが使われますが、画像を頻繁に更新して表示したい場合にはCanvasというクラスの方が便利です。

ここではCanvasクラスを使って画面を書き換えて、表示した画像を動かすプログラムを作成します。

Canvasクラスを使う描画にもいくつかの方法がありますが、本書では以下の2つの方法について説明します。

- Viewのサブクラスを使う方法
- SurfaceViewのサブクラスを使う方法

Canvasを使うプログラム（Viewのサブクラスを使う方法）

ここではCanvasとViewのサブクラスを使って、画面上をビットマップが回転しながら移動するアプリケーションを作成します。

「My Graphics Canvas01」というアプリケーション名で新規にパッケージを作成します。

関係するファイルは以下の通りです。

Activity	・MainActivity.java メインのActivityファイルです。
レイアウトファイル	・activity_main.xml MainActivityのレイアウトファイルです。 ひな型で作成されたものをそのまま使います。
リソースファイル	・drawable01.png 画面に表示するファイルをリソースディレクトリ(res/drawable-hdpi/)に置きます。 前のプログラムで使ったファイルと同じものを使います。

MainActivity.java

MainActivity.javaは次のようになります。

```
1   package jp.co.examples.myandroid.mygraphicscanvas01;
2
3   import ...
17
18  public class MainActivity extends Activity {
19      static final int SLEEP_MILLI_SEC = 100;
20      static final int REPEAT_COUNT = 500;
21
22      @Override
23      protected void onCreate(Bundle savedInstanceState) {
24          super.onCreate(savedInstanceState);
25          setContentView(R.layout.activity_main);
26
27          final Bitmap bitmap =
28                  BitmapFactory.decodeResource(getResources(), R.drawable.drawable01);
29          final MyView myView = new MyView(this, bitmap);
30          RelativeLayout relativeLayout = (RelativeLayout) findViewById(R.id.activity_main);
31          relativeLayout.addView(myView);
32
33          new Thread(new Runnable() {
34              @Override
35              public void run() {
36                  for( int i=0; i<REPEAT_COUNT; i++ ) {
37                      try {
38                          Thread.sleep(SLEEP_MILLI_SEC);
39                      } catch (InterruptedException e) {
40                          e.printStackTrace();
41                      }
42                      myView.postInvalidate();
43                      myView.move();
44                  }
45              }
46          }).start();
47      }
48
```

MainActivity.java

27 ～ 29行目ではBitmapFactoryクラスを使って画像のリソースファイルをBitmapデータに変換し、52 ～ 132行目で定義したViewクラスのサブクラスMyViewのコンストラクタに渡しています。

30 ～ 31行目では、画像データをセットされたMyViewをアプリケーションのレイアウト画面に追加しています。

今回は独自に定義したViewのサブクラスを使っていますが、Viewのサブクラスを作成してそれをレイアウトに追加するというこの一連の流れは、ImageViewを使って動的に画像を表示した場合と同じような形になっています。

レイアウトにViewを追加後、33 ～ 46行目では別スレッドを作成して、その中でMyViewに設定された画像を動かす処理を行っています。

このように、一般的に動画表示などの時間がかかる処理を行いたい場合は、メインスレッドの実行が妨げられないように別スレッド内で描画の処理を行います。

描画の実行は36行目で指定したループの回数(REPEAT_COUNT)、つまり500回繰り返し実行します。

一回のループの実行ごとに38行目のSLEEP_MILLE_SECで定義した時間(0.1秒)スリープを行ってから42 ～ 43行目で描画実行と画像の移動を行います。

42行目のpostInvalidate()メソッドはView画面の書き換えを指定するメソッドです。

これについては次の「コラム：postInvalidate()について」を参照してください。

43行目のmove()メソッドはMyViewクラスの116 ～ 131行目で定義したメソッドで、ループの次の回での画像の位置を計算して設定しています。

Column postInvalidate()について

基本的にViewの画面の更新はAndroidのシステムが適切なタイミングを判断して行うため、描画データを更新してもすぐには表示に反映されない場合があります。

このような場合に強制的に画面書き換えを行うために、Viewにはinvalidate()メソッドというメソッドが用意されています。

invalidate()を呼ぶと間接的にそのViewのdraw()メソッドが実行され、画面の書き換えが行われます。

しかし今回は、この書き換えの処理をUIスレッドとは別のスレッドから実行しようとしています。

スレッドの説明の章で説明したように、UIスレッドとは別スレッドからUIの部品にアクセスすることはできないため、ここでinvalidate()を使うことはできません。

このように、UIスレッドとは別のスレッドからViewの強制的な書き換えを指定したい場合に使うメソッドが、postInvalidate()メソッドです。

このメソッドを別スレッド内で実行すると、Androidが適切なタイミングでそのViewのdraw()メソッドをUIスレッド側で実行してくれます。

```
49      /**
50       * Viewのサブクラスを定義
51       */
52      private class MyView extends View {
53          private static final int STEP = 50; // 移動速度を指定する定数
54          final private Bitmap bitmap; // 描画するビットマップ
55          float currentX; // 現在位置 (X座標)
56          float currentY; // 現在位置 (Y座標)
57          float dx; // X方向の移動量
58          float dy; // Y方向の移動量
59          int bitmapHeight; // ビットマップの高さ
60          int bitmapWidth; // ビットマップの幅
61          float rotation; // 回転角度 (度)
62          int canvasWidth = 0; // カンバスの幅
63          int canvasHeight = 0; // カンバスの高さ
64
65          final private Paint mPainter = new Paint();
66
67          /**
68           * コンストラクタ
69           */
70          public MyView(Context context, Bitmap bitmap) {
71              super(context);
72
73              Display display = getWindowManager().getDefaultDisplay();
74              Point point = new Point(0, 0);
75              display.getSize(point); // Display Size
76              int displayWidth = point.x;
77              int displayHeight = point.y;
78
79              this.bitmap = bitmap;
80              bitmapHeight = bitmap.getHeight();
81              bitmapWidth = bitmap.getWidth();
82
83              // 開始位置を設定 (画面中央)
84              float x0 = (float) (displayWidth/2);
85              float y0 = (float) (displayHeight/2);
86
87              Random r = new Random();
88              // x方向、y方向のステップごとの移動距離 (速度) を設定
89              dx = (float) (2.0*r.nextFloat()-1.0) * STEP;
90              dy = (float) (2.0*r.nextFloat()-1.0) * STEP;
91
92              currentX = x0-bitmapWidth/2;
93              currentY = y0-bitmapHeight/2;
94
95              mPainter.setAntiAlias(true);
96          }
```

MainActivity.java

画面に表示する対象となるMyViewクラスは52～132行目で定義しています。

このクラスはViewクラスのサブクラスとして定義されていて、onDraw()メソッドをオーバーライドすることにより実際の描画処理を定義します。

70～96行目はコンストラクタで、様々な初期値の設定を行っています。

73～77行目でWindowManagerクラスとDisplayクラスを使って画面のサイズを取得しています。

ここで用いたクラスとメソッドの書式は次の通りです。

クラス	android.app.Activity
メソッド	WindowManager getWindowManager () WindowManagerを取得するためのメソッドです。
戻り値	このActivityのWindowManagerを返します。

インターフェース	android.view.WindowManager
メソッド	Display getDefaultDisplay () Displayを取得するためのメソッドです。
戻り値	このWindowManagerが対象とするDisplayを返します。

クラス	android.view.Display
メソッド	void getSize (Point outSize) Displayのサイズを取得するためのメソッドです。
引数	・outSize メソッドの実行後、outSizeにはディスプレイのサイズがピクセルで設定されて戻ってきます。 このサイズは必ずしも端末の表示画面のサイズとは限らず、アプリケーションが扱うできない領域のサイズは無視される場合があります。 なお、ディスプレイのサイズについてはこの後の「10-05 画面のサイズについて」（355ページ）も参照してください。

79～81行目では引数で受け取ったBitmapのサイズを変数に設定し、84～85行目では図の開始位置としてディスプレイの中央を計算しています。

87～90行目で1ステップごとのx方向、y方向の図の移動量を-STEPから+STEPの範囲で乱数を使って設定しています。

92～93行目では初期状態で図が画面中央になるように図の左上の位置を設定しています。

それぞれの変数の意味を図で表わすと次のようになります。

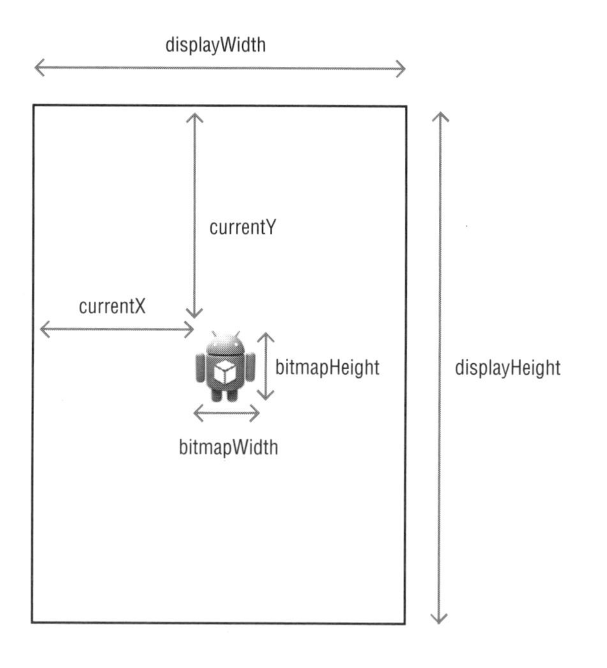

95行目のPainterクラスは描画方法や色などについての情報を持つクラスで、そのsetAntiAlias()メソッドは図形の描画の際に縁をなめらかに描くための指定です。

```
97
98          @Override
99          protected void onDraw(Canvas canvas) {
100             canvas.drawColor(Color.DKGRAY);
101             float rotationDegree = 10;
102
103             canvasWidth = canvas.getWidth();
104             canvasHeight = canvas.getHeight();
105
106             canvas.rotate(rotation, currentX + bitmapWidth/2,
107                     currentY + bitmapHeight/2);
108             rotation += rotationDegree;
109
110             canvas.drawBitmap(bitmap, currentX, currentY, mPainter);
111         }
112
113         /**
114          * 移動後の位置を計算
115          */
116         protected void move() {
117             if( currentX + dx < 0 ) {
118                 dx = -dx;
119             }
120             if( currentY + dy < 0 ) {
121                 dy = -dy;
122             }
123             if( canvasWidth < currentX + dx + bitmapWidth ) {
124                 dx = -dx;
125             }
```

```
126                 if( canvasHeight < currentY + dy + bitmapHeight ) {
127                     dy = -dy;
128                 }
129                 currentX += dx;
130                 currentY += dy;
131             }
132         }
133     }
```

MainActivity.java

99～111行目のonDraw()は、MyViewの描画の処理をViewのdraw()メソッドをオーバーライドして定義したものです。

onDrawメソッドには描画対象のCanvasが引数で渡されてくるので、このCanvasを使って描画を行います。

100行目はdrawColor()メソッドでCanvasの色を指定しています。

101行目のrotationDegreeは1ステップごとの座標の回転角度を決めるための変数で、10度ずつ回転するように指定しています。

103～104行目でCanvasの高さと幅を取得しています。

106～107行目でBitmapの中心を軸にしてCanvas座標の回転を行い、その後に次の回転のために変数rotationに10を加えています。

110行目でdrawBitmap()メソッドを使って指定位置にBitmapの描画を行っています。

ここで用いたCanvasのメソッドの書式は次の通りです。

クラス	android.graphics.Canvas
メソッド	void drawColor (int color) Canvasを指定した色で塗りつぶします。
引数	・color 塗りつぶす色を指定します。

クラス	android.graphics.Canvas
メソッド	int getWidth () Canvasの現在のレイヤーの幅を取得します。
戻り値	現在のレイヤーの幅を返します。

クラス	android.graphics.Canvas
メソッド	int getHeight () Canvasの現在のレイヤーの高さを取得します。
戻り値	現在のレイヤーの高さを返します。

クラス	android.graphics.Canvas
メソッド	void rotate (float degrees, float px, float py) Canvasの座標を指定した座標を中心として時計回りに回転します。
引数	・degree 回転角度を度で指定します。 ・px 回転の中心のx座標を指定します。 ・py 回転の中心のy座標を指定します。

クラス	android.graphics.Canvas
メソッド	void drawBitmap (Bitmap bitmap, float left, float top, Paint paint) 指定したBitmapの描画を行います。
引数	・bitmap 描画するBitmapを指定します。 ・left 描画するBitmapの左端の位置を指定します。 ・top 描画するBitmapの上端の位置を指定します。 ・paint 描画に使うPaintを指定します。

116～131行目のmove()メソッドでは次のステップでの画像の位置を計算しています。

x方向、y方向に対して、次のステップで画像の位置がCanvas周囲の範囲を超えるかどうかを調べ、画像が範囲内にならない場合は速度の記号を逆転させて、次のステップでは反対方向に移動するようにしています。

実行結果

アプリケーションを実行すると次のような画面が表示されます。

画像は回転しながらランダムな速度で移動し、Canvasの端にぶつかると移動方向は逆になります。

およそ50秒後にプログラムは終了します。

⬆ 実行結果

Column

Canvasクラスにはこのプログラムで使ったメソッド以外にも次のような様々なメソッドが用意されています。

```
drawText()
drawPoints()
drawOval()
drawCircle()
drawRect()
drawLine()
…
```

本書ではこれらのメソッドの詳細は省略しますが、どれも基本的な描画の機能なので興味のある人は使い方を調べてみてください。

Canvasを使うプログラム（SurfaceViewのサブクラスを使う方法）

Viewのサブクラスを使う方法と同様のアプリケーションをSurfaceViewのサブクラスを使って作成します。

「My Graphics SurfaceView01」というアプリケーション名で新規にプロジェクトを作成します。

関係するファイルは以下の通りです。

Activity	・MainActivity.java メインのActivityファイルです。
レイアウトファイル	・activity_main.xml MainActivityのレイアウトファイルです。 ひな型で作成されたものをそのまま使います。
リソースファイル	・drawable01.png 画面に表示するファイルをリソースディレクトリ（res/drawable-hdpi/）に置きます。 前のプログラムで使ったファイルと同じものを使います。

MainActivity.java

MainActivity.javaは次のようになります。

```
1   package jp.co.examples.myandroid.mygraphicssurfaceview01;
2
3   import ...
18
19  public class MainActivity extends Activity {
20      static final int SLEEP_MILLI_SEC = 100;
21      static final int REPEAT_COUNT = 500;
22
23      @Override
24      protected void onCreate(Bundle savedInstanceState) {
25          super.onCreate(savedInstanceState);
26          setContentView(R.layout.activity_main);
27
28          final Bitmap bitmap =
29                  BitmapFactory.decodeResource(getResources(), R.drawable.drawable01);
30          final MySurfaceView mySurfaceView = new MySurfaceView(this, bitmap);
31          RelativeLayout relativeLayout = (RelativeLayout) findViewById(R.id.activity_main);
32          relativeLayout.addView(mySurfaceView);
33      }
34
35      /**
36       * SurfaceViewのサブクラスを定義
```

```
37      */
38     private class MySurfaceView extends SurfaceView {
39         private static final int STEP = 50; // 移動速度を指定する定数
40         final private Bitmap bitmap; // 描画するビットマップ
41         float currentX; // 現在位置（X座標）
42         float currentY; // 現在位置（Y座標）
43         float dx; // X方向の移動量
44         float dy; // Y方向の移動量
45         int bitmapHeight; // ビットマップの高さ
46         int bitmapWidth; // ビットマップの幅
47         float rotation; // 回転角度（度）
48         int canvasWidth = 0; // カンバスの幅
49         int canvasHeight = 0; // カンバスの高さ
50
51         private final SurfaceHolder surfaceHolder;
52         private final Paint mPainter = new Paint();
53
```

```
54         /**
55          * コンストラクタ
56          */
57         public MySurfaceView(Context context, Bitmap bitmap) {
58             super(context);
59
60             Display display = getWindowManager().getDefaultDisplay();
61             Point point = new Point(0, 0);
62             display.getSize(point); // Display Size
63             int displayWidth = point.x;
64             int displayHeight = point.y;
65
66             this.bitmap = bitmap;
67             bitmapHeight = bitmap.getHeight();
68             bitmapWidth = bitmap.getWidth();
69
70             // 開始位置を設定（画面中央）
71             float x0 = (float) (displayWidth/2);
72             float y0 = (float) (displayHeight/2);
73
74             Random r = new Random();
75             // x方向、y方向のステップごとの移動距離（速度）を設定（-STEPから+STEPの間でランダム）
76             dx = (float) (2.0*r.nextFloat()-1.0) * STEP;
77             dy = (float) (2.0*r.nextFloat()-1.0) * STEP;
78
79             currentX = x0-bitmapWidth/2;
80             currentY = y0-bitmapHeight/2;
81
82             mPainter.setAntiAlias(true);
83
84             // SurfaceHolderを取得してコールバックを追加する
85             MySurfaceHolderCallback mySurfaceHolderCallback = new MySurfaceHolderCallback();
86             surfaceHolder = getHolder();
87             surfaceHolder.addCallback(mySurfaceHolderCallback);
88         }
89
```

```
90      /**
91       * callback処理を定義するSurfaceHolder.Callbackを定義
92       */
93      class MySurfaceHolderCallback implements SurfaceHolder.Callback {
94          private Thread mDrawingThread;
95
96          @Override
97          public void surfaceCreated(final SurfaceHolder surfaceHolder) {
98              mDrawingThread = new Thread(new Runnable() {
99                  public void run() {
100                     Canvas canvas = null;
101                     for( int i=0; i<REPEAT_COUNT; i++ ) {
102                         try {
103                             Thread.sleep(SLEEP_MILLI_SEC);
104                         } catch (InterruptedException e) {
105                             e.printStackTrace();
106                         }
107                         canvas = surfaceHolder.lockCanvas();
108                         if (null != canvas) {
109                             // 描画して移動
110                             drawCanvas(canvas);
111                             surfaceHolder.unlockCanvasAndPost(canvas);
112                             move();
113                         }
114                     }
115                 }
116             });
117             mDrawingThread.start();
118         }
119
120         @Override
121         public void surfaceChanged(SurfaceHolder surfaceHolder, int i, int i1, int i2) {
122         }
123
124         @Override
125         public void surfaceDestroyed(SurfaceHolder surfaceHolder) {
126         }
127
```

MainActivity.java

Viewのサブクラスを使う場合にはメインActivityのonCreate()メソッド内でスレッドを作成し、作成したスレッド内でViewに対して描画や画像移動などの操作を行っていました。

それに対してSurfaceViewのサブクラスを使う方法では、onCreate()内の28～29行目でBitmapを取得した後、30～32行目でサブクラスを作成してそれをレイアウトに追加しています。

別スレッド内での作成や描画の処理は、SurfaceViewのサブクラスと「SurfaceHolder.Callback」というインターフェースを使って行います。

38～165行目がSurfaceViewのサブクラスの定義です。

39～52行目はプログラムで使う変数の宣言を行い、57～88行目のコンストラクタでは、必要な変数の初期化を行っています。

これらは「My Graphics Canvas01」で作成したプログラムの場合と同様ですが、85～

87行目で「MySurfaceHolderCallback」というクラスを作成して「SurfaceHolder」に追加している部分が異なっています。

「SurfaceHolder」とは画面の表示に対してアクセスするためのインターフェースで、SurfaceViewのgetHolder()メソッドによって取得することができます。

クラス	android.view.SurfaceView
メソッド	SurfaceHolder getHolder () SurfaceViewの画面にアクセスするためのSurfaceHolderを取得するためのメソッドです。
戻り値	その画面に対するSurfaceHolderを返します。

インターフェース	android.view.SurfaceHolder
メソッド	void addCallback (SurfaceHolder.Callback callback) SurfaceHolderにコールバック用のインターフェースを追加します。
引数	・callback SurfaceHolderに追加したいコールバックインターフェースを指定します。

93～164行目で定義した「MySurfaceHolderCallback」はSurfaceHolder.Callback を実装したクラスです。

SurfaceHolder.Callback の実装クラスは以下の3つの抽象メソッドを実装する必要があります。

- surfaceCreated()
- surfaceChanged()
- surfaceDestroyed()

インターフェース	android.view.SurfaceHolder.Callback
メソッド	void surfaceCreated (SurfaceHolder holder) 表示（Surface）が作成されたときに実行されます。
引数	・holder 作成された表示のSurfaceHolderが渡されます。

インターフェース	android.view.SurfaceHolder.Callback
メソッド	void surfaceChanged (SurfaceHolder holder, int format, int width, int height) 表示（Surface）のサイズやフォーマットなどに変化があったときに実行されます。 少なくとも一度、surfaceCreated()の後に実行されます。
引数	・holder 変更のあった表示のSurfaceHolderが渡されます。 ・format 変更後のPixelFormatが渡されます。 ・width 変更後の画面の横幅が渡されます。 ・height 変更後の画面の縦幅が渡されます。

インターフェース	android.view.SurfaceHolder.Callback
メソッド	void surfaceDestroyed (SurfaceHolder holder) 表示（Surface）が破棄される直前に実行されます。
引数	・holder 破棄される表示のSurfaceHolderが渡されます。

上記のメソッドを実装したSurfaceHolder.Callbackを、描画対象のSurfaceViewのSurfaceHolderに登録することにより、これらのメソッドが自動的に実行されます。

97〜118行目のsurfaceCreated()では新規にスレッドを作成して、その中で描画と画像の位置の変更を行っています。

この中で描画処理処理のためにCanvasにアクセスしています。

ただし、描画対象のCanvasには複数のスレッドから同時にアクセスすることはできないため、排他処理を行うために107行目のように「surfaceHolder.lockCanvas()」で一旦ロックをかけてからCanvasを取得し、描画処理が終わったら111行目のように「surfaceHolder.unlockCanvasAndPost(canvas)」でCanvasのロックを解除する必要があります。

このロックとアンロックはSurfaceViewを使ってCanvasに描画する場合の標準的な手続きです。

surfaceChanged()とsurfaceDestroyed()の2つの抽象メソッドは、このプログラムでは特に使っていないので、120 ～ 126行目で空の状態で定義しています。

131 ～ 143行目のdrawCanvas()と148 ～ 163行目のmove()は、「Viewのサブクラスを使う方法」で説明したonDraw()とmove()メソッドと同じ処理なので説明は省略します。

Column SurfaceHolder.Callbackについて

今回のプログラムでは、それぞれのクラスやインターフェースの機能がわかりやすいように、SurfaceHolder.Callbackの実装クラスとして、MySurfaceHolderCallbackというクラスを新たに作成しました。

しかし実際にはSurfaceViewのサブクラス(今回の例でいうとMySurfaceView)にSurfaceHolder.Callbackをimplementして、サブクラスの中でメソッドをオーバーライドして定義する方法も一般的です。

実行結果

実行結果は「Viewのサブクラスを使う方法」と同様なので説明は省略します。

Column SurfaceViewを使うメリットについて

AndroidのドキュメントによるとSurfaceViewはCanvasへのViewの描画を高速化するために導入されたという経緯が説明されています。

しかし、このクラスが導入されて以来、Android端末の進歩によってViewクラスの描画ライブラリがハードウェア的に高速化されるようになりました。

その一方で、SurfaceViewのライブラリにはこの高速化が適用されていないため、現在の多くの端末ではSurfaceViewを使うと逆に描画が遅くなるといわれています。

しかし、GoogleはAndroid 7.0以降あらためてSurfaceViewの普及に力を入れ始め、その機能を有効に活用するために活動をしているとの発表もあります。

将来的にSurfaceViewがどのような位置付けになるかまだわかりませんが、プログラマとしてはSurfaceViewを使ったプログラムの方法は理解しておいた方が良さそうです。

10-05
画面のサイズについて

今回作成したCanvasを使ったプログラムでは、画像の動く範囲を制限するためにCanvasのサイズを知ることが必要でした。

このように、図形を扱うアプリケーションでは表示領域の大きさが必要になる場合があります。

しかしAndroidの場合、この「画面のサイズ」というものが少々複雑で、一般的に次のような別々の「画面サイズ」が存在します。

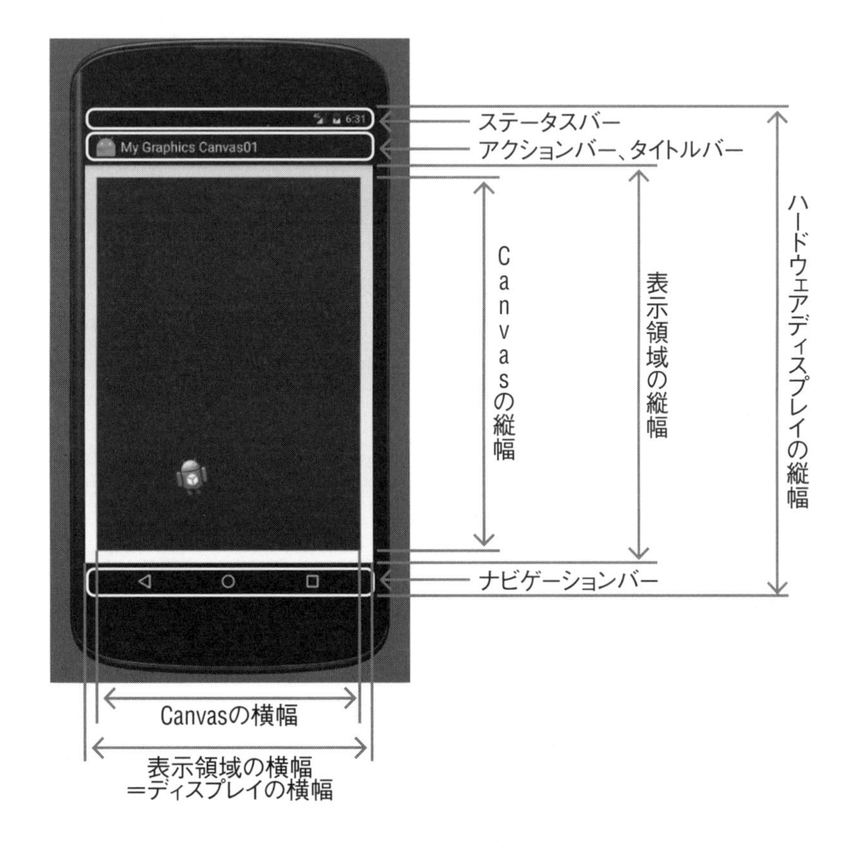

今回のプログラムでは、ディスプレイのサイズを次のメソッドで取得しました。

```
Display display = getWindowManager().getDefaultDisplay();
Point point = new Point(0, 0);
display.getSize(point)
int displayWidth = point.x;
int displayHeight = point.y;
```

例として、ハードウェアのディスプレイサイズが768×1280の機種に対して、この方法でサイズを取得した結果と、main_activity.xmlで指定したレイアウトの大きさを比較すると次のようになります。

(main_activity.xmlで指定したレイアウトの大きさの取得方法は省略します。)

・display.getSize()を使って取得した画面サイズ

	横幅	縦幅
ハードウェアのディスプレイサイズ	768	1280
display.getSize()で取得したサイズ	768	1184
main_activity.xmlで指定されたレイアウト領域のサイズ	768	1038

display.getSize()の縦幅やレイアウト領域の縦幅がハードウェアのディスプレイサイズより小さくなるのは、ナビゲーションバーやステータスバー、アクションバーで隠されている部分の高さが差し引かれるためです。

Androidで画面に描画するアプリケーションでは、実際に表示されている部分の範囲に気をつけてプログラムを作成する必要があります。

Column 密度非依存ピクセル(dp)

AndroidではUIや画像を表示する際に、端末の解像度に依存しない仮想的なピクセル単位として「dp」という単位を使用することができます。

1dpは160dpiの画面(中密度画面)の1ピクセルに対応しますが、画面の改造度が高くなると、それに伴って1dpで指定されたピクセル数も変化します。

これは、異なる解像度の端末で同じような表示をさせたい場合に便利な機能です。

dpと実際のピクセル数との変換は「android.util.DisplayMetrics」というクラスを使って行うことができますが、これについての詳細は省略します。

Chapter 11

タッチとジェスチャー

Androidのアプリケーションではシングルタッチやマルチタッチ、ピンチやズーム、タッチした指の移動やフリップなどの操作により様々な処理を実行することができます。
この章では、これらの指の動きをプログラムで検知する方法について説明します。

11-01 画面タッチの処理方法

Androidでは、タッチや移動などの指の動きは画面の要素(View)に対する操作は、そのViewに対して「OnTouchListener」を登録することによって検出することができます。

View上でタッチなどのイベントが発生した場合、登録したOnTouchListenerの「onTouch()」メソッドが実行され、その操作の詳細や画面上の座標は「MotionEvent」というクラスによって伝えられます。

11-02 pointerIndex、pointeridについて

画面にタッチした点は「ポインター」と呼ばれます。

複数のポインターを識別するため、おのおののポインターには「ポインターID(pointerid)」と「ポインターインデックス(pointerIndex)」というint型の数が割り振られます。

ポインターIDもポインターインデックスもタッチイベントが発生するたびに割り振られ、不要になったら廃棄されます。

ポインターIDとポインターインデックスの違いは、ポインターIDの方は指が画面にタッチしている間は値が変化しませんが、インデックスは操作の途中で変わる可能性があるという点です。

具体例で説明すると、指を1、2、3の順番で画面にタッチし、そこで指1、2を順番に離した場合、それぞれのポインターのIDとインデックスは次のように変化します。

	1のポインター		2のポインター		3のポインター	
	Id	Index	Id	Index	Id	Index
指1タッチ	0	0	無し	無し	無し	無し
指2タッチ	0	0	1	1	無し	無し
指3タッチ	0	0	1	1	2	2
指1離す	無し	無し	1	0	2	1
指2離す	無し	無し	無し	無し	2	0

このように、インデックスの方はポインター数の変化に応じて自動的に0から(ポインターの数－1)の連続した数が割り振られますが、IDの方は指が離れるまで変化しません。

そのため、プログラム中で特定のポインターの挙動を追う場合などはIDの方を使う必要があります。

11-03 タッチとジェスチャー

11

単純な画面へのタッチや移動、指を離す動作はOnTouchListenerで処理することができますが、これだけではダブルタップやスクロール、フリップなどの複雑なジェスチャーを判別するのは大変です。

そのために、Androidには「GestureDetector」というクラスが用意されています。

複雑な操作を検知したい場合には、この「GestureDetector」を使ってプログラムを作成します。

この章では、単純なタッチとジェスチャーのそれぞれの場合について、プログラムを作成して検出方法を説明します。

OnTouchListenerによるタッチの検出

OnTouchListenerを使って画面上でタッチの検出を行い、その座標に円を描画するプログラムを作成します。

「My OnTouchListener01」というアプリケーション名でプロジェクトを作成します。

関係するファイルは以下の通りです。

Activity	・MainActivity.java メインのActivityファイルです。
レイアウトファイル	・activity_main.xml MainActivityのレイアウトファイルです。 レイアウトの上に作成するキャンバスの大きさがレイアウトと同じになるように修正します。

activity_main.xml

新規にプロジェクトを作成すると、activity_main.xmlは次のようになっているはずです。

```
1  <?xml version="1.0" encoding="utf-8"?>
2  <RelativeLayout
3      xmlns:android="http://schemas.android.com/apk/res/android"
4      xmlns:tools="http://schemas.android.com/tools"
5      android:id="@+id/activity_main"
6      android:layout_width="match_parent"
7      android:layout_height="match_parent"
8      android:paddingLeft="16dp"
9      android:paddingRight="16dp"
10     android:paddingTop="16dp"
11     android:paddingBottom="16dp"
12     tools:context="jp.co.examples.myandroid.myontouchlistener01.MainActivity">
13
14     <TextView
15         android:layout_width="wrap_content"
16         android:layout_height="wrap_content"
17         android:text="Hello World!" />
18 </RelativeLayout>
```

activity_main.xml（プロジェクト作成時の状態）

8～11行目のpaddingの指定で、このレイアウト上にUI部品を乗せる場合にレイアウトの端からどのくらい空白をとるかを決めています。

今回はこのレイアウト上にCanvasを作成する予定なのですが、Canvasの座標とRelativeLayoutの座標の原点を同じ位置にしないと、タッチイベントで取得した座標とCanvasに対する描画の座標がずれてしまいます。

今回は簡単な解決方法としてそれぞれのpaddingを0dpに設定し、RalativeLayoutとCanvasの原点が同じ位置（左上端）にくるようにします。

```
1   <?xml version="1.0" encoding="utf-8"?>
2   <RelativeLayout
3       xmlns:android="http://schemas.android.com/apk/res/android"
4       xmlns:tools="http://schemas.android.com/tools"
5       android:id="@+id/activity_main"
6       android:layout_width="match_parent"
7       android:layout_height="match_parent"
8       android:paddingBottom="0dp"
9       android:paddingLeft="0dp"
10      android:paddingRight="0dp"
11      android:paddingTop="0dp"
12      tools:context="jp.co.examples.myandroid.myontouchlistener01.MainActivity">
13
14      <TextView
15          android:layout_width="wrap_content"
16          android:layout_height="wrap_content"
17          android:text="Hello World!" />
18  </RelativeLayout>
```

activity_main.xml（修正後）

Column dimens.xmlについて

新規作成時にそれぞれのpaddingで指定されている値は、リソースファイル「res/values/dimens.xml」というリソースファイルの中の「activity_horizontal_margin」や「activity_vertical_margin」という名前で定義された値を参照しています。

その値をAndroid Studioがactivity_main.xmlのエディタウィンドウでわかりやすいように表示しています。変更しようとしてカーソルをあてると、次のように実際のテキストが表示されると思います。

```
4       android:id="@+id/activity_main"
5       android:layout_width="match_parent"
6       android:layout_height="match_parent"
7       android:paddingBottom="@dimen/activity_vertical_margin"
8       android:paddingLeft="@dimen/activity_horizontal_margin"
9       android:paddingRight="@dimen/activity_horizontal_margin"
10      android:paddingTop="@dimen/activity_vertical_margin"
```

参照先のリソースファイルの数値の方を書き換えても良いのですが、今回は単純にactivity_main.xml側の方を書き換えました。

MainActivity.java

このプログラムは、画面にタッチがあった場合OnTouchListenerを使ってそのイベントを検出し、タッチした場所に円を描画します。

複数のタッチにも対応していて、タッチした指が移動した場合はそれにつれてそれぞれの円も移動します。

```
1   package jp.co.examples.myandroid.myontouchlistener01;
2
3   import ...
15
16  public class MainActivity extends Activity {
17      final private static Map<Integer, MyCircleView> myCircleViewMap = new HashMap<~>();
18
19      @Override
20      protected void onCreate(Bundle savedInstanceState) {
21          super.onCreate(savedInstanceState);
22          setContentView(R.layout.activity_main);
23
24          final RelativeLayout relativeLayout = (RelativeLayout) findViewById(R.id.activity_main);
25          relativeLayout.setOnTouchListener(new View.OnTouchListener() {
26              @Override
27              public boolean onTouch(View view, MotionEvent motionEvent) {
28                  switch ( motionEvent.getActionMasked() ) {
29                      case MotionEvent.ACTION_DOWN:
30                      case MotionEvent.ACTION_POINTER_DOWN: {
31                          // 画面がタッチされた場合の処理
32                          int pointerIndex = motionEvent.getActionIndex();
33                          int pointerId = motionEvent.getPointerId(pointerIndex);
34                          // 画像作成
35                          MyCircleView myCircleView = new MyCircleView(MainActivity.this, 0, 0);
36                          myCircleViewMap.put(pointerId, myCircleView);
37                          myCircleView.setXLoc(motionEvent.getX(pointerIndex));
38                          myCircleView.setYLoc(motionEvent.getY(pointerIndex));
39                          // 画像表示
40                          relativeLayout.addView(myCircleView);
41                          break;
42                      }
43                      case MotionEvent.ACTION_UP:
44                      case MotionEvent.ACTION_POINTER_UP: {
45                          // タッチが離れた場合の処理
46                          int pointerIndex = motionEvent.getActionIndex();
47                          int pointerId = motionEvent.getPointerId(pointerIndex);
48                          MyCircleView myCircleView = myCircleViewMap.remove(pointerId);
49                          // 画像削除
50                          relativeLayout.removeView(myCircleView);
51                          break;
52                      }
53                      case MotionEvent.ACTION_MOVE: {
54                          // タッチした状態で動かした場合の処理
55                          for( int i = 0; i<motionEvent.getPointerCount(); i++ ) {
56                              int pointerId = motionEvent.getPointerId(i);
57                              MyCircleView myCircleView = myCircleViewMap.get(pointerId);
58                              if( myCircleView!=null ) {
59                                  myCircleView.setXLoc(motionEvent.getX(i));
60                                  myCircleView.setYLoc(motionEvent.getY(i));
61                                  // 画像を描画
62                                  myCircleView.invalidate();
63                              }
```

```
64                  }
65                  break;
66              }
67          }
68          return true;
69      }
70  });
71  }
72

73  /**
74   * Viewのサブクラスを定義
75   */
76  class MyCircleView extends View {
77      private float xLoc, yLoc; // 円の中心の座標
78      private float RADIUS = 100; // 円の半径
79      private Paint paint = new Paint();
80
81      /**
82       * コンストラクタ
83       */
84      public MyCircleView(Context context, float x, float y ) {
85          super(context);
86          this.xLoc = x;
87          this.yLoc = y;
88          paint.setStyle(Paint.Style.FILL);
89      }
90
91      public void setXLoc(float x) {
92          xLoc = x;
93      }
94      public float getXLoc() {
95          return xLoc;
96      }
97      public void setYLoc(float y) {
98          yLoc = y;
99      }
100     public float getYLoc() {
101         return yLoc;
102     }
103
104     @Override
105     protected void onDraw(Canvas canvas) {
106         canvas.drawCircle(xLoc, yLoc, RADIUS, paint);
107         Log.d("MyOnTouchListener01", "xLoc="+xLoc+", yLoc="+yLoc);
108     }
109 }
110 }
```

MainActivity.java

17行目のmyCircleViewMapは、複数の描画用のオブジェクトをキーとオブジェクトの組として格納するためのMap型の変数です。

画面にタッチがあるたびに描画オブジェクトを作成し、このMapにpointrIDをキーとして登録します。

タッチが離れた場合はMapからそのオブジェクトを削除します。

24行目でレイアウトファイルに定義されているRelativeLayoutを取得し、25行目で

それに対してOnTouchListenerを設定しています。

Viewにイベントが発生した場合、そのViewに設定されたOnTouchListenerのonTouch()メソッドが実行されます。

27～69行目でそのonTouch()メソッドをオーバーライドで定義しています。

onTouch()メソッドの書式は次のようになります。

インターフェース	android.view.View.OnTouchListener
メソッド	boolean onTouch (View v, MotionEvent event)
	Viewにタッチイベントが発生した場合に実行されます。
引数	・v イベントが発生したViewが渡されます。 ・event イベントに関する詳細を格納したMotionEventが渡されます。
戻り値	true：受け取ったイベントはこのリスナー内で処理され、他のリスナーには渡されません。 false：イベントは他のリスナーにも渡されます。

28行目のswitch文で「getActionMasked()」メソッドを使って、発生したアクションに応じて処理を分岐しています。

このメソッド書式は次のようになります。

クラス	android.view.MotionEvent
メソッド	int getActionMasked () イベントのアクションの番号を取得します。
戻り値	イベントのアクションの番号を返します。

Column getActionMasked()とgetAction()の違い

アクションの番号を取得するメソッドには、「getActionMasked()」の他に「getAction()」というメソッドもあります。

しかしgetAction()メソッドが返す番号にはポインターインデックスの情報も含まれているため、発生したイベントの種類を調べるためにはインデックスの情報を含むビットをマスクして取り除く必要があり、処理が少々面倒です。

「getActionMasked()」はポインターの情報を含まない値が返されるので、イベントの種類によって処理を分岐したい場合はこちらを使った方が便利です。

29～30、43～44、53行目ではcase文によってそれぞれのアクションの番号に応じた処理を定義してます。

「MotionEvent.ACTION_DOWN」、「MotionEvent.ACTION_UP」などはアクションの種類を示す定数で、それぞれの番号は次のような意味を持っています。

アクションの番号	意味
MotionEvent.ACTION_DOWN	画面に最初にタッチがあった場合に発生します。
MotionEvent.ACTION_POINTER_DOWN	画面に二番目以降にタッチがあった場合に発生します。
MotionEvent.ACTION_UP	最後のタッチが画面からなくなった場合に発生します。
MotionEvent.ACTION_POINTER_UP	最後以外のタッチが画面からなくなった場合に発生します。
MotionEvent.ACTION_MOVE	タッチされている点の座標に変化があった場合に発生します。

31～41行目は画面上にタッチが発生した場合の処理です。

32～33行目でそのポインターのpointerIdを取得しています。

この時に、pointerIndexからpointerIdを取得するために使った「getPointerId()」メソッドの書式は次のようになります。

クラス	android.view.MotionEvent
メソッド	int getActionIndex () ポインターのpointerIndexを取得します。
戻り値	そのアクションに関係するポインターのpointerIndexを返します。

クラス	android.view.MotionEvent
メソッド	int getPointerId (int pointerIndex) 指定したpointerIndexに対するポインターのpointerIdを取得します。
引数	・pointerIndex pointerIndexを指定します。
戻り値	ポインターのpointerIdを返します。 返す値は0以上getPointerCount()-1以下になります。

35行目で、Viewのサブクラスとして76行目以降で定義したMyCircleViewのオブジェクトを作成し、36行目で作成したオブジェクトをMapに格納しています。

37～38行目では作成したオブジェクトを描画する座標を設定するために、MotionEventのgetX()、getY()というメソッドを使っています。

クラス	android.view.MotionEvent
メソッド	float getX (int pointerIndex) イベントが発生した場所のx座標を取得します。
引数	・pointerIndex イベントを起こしたポインターのpointerIndexを指定します。
戻り値	イベントが発生した場所のx座標を返します。

クラス	android.view.MotionEvent
メソッド	float getY (int pointerIndex) イベントが発生した場所のy座標を取得します。
引数	・pointerIndex イベントを起こしたポインターのpointerIndexを指定します。
戻り値	イベントが発生した場所のy座標を返します。

40行目ではレイアウト(relativeLayout)に対して作成したオブジェクトを追加して、描画できる状態にしています。

これにより、AndroidのシステムによってViewのonDraw()メソッドが実行された場合に描画が行われます。

45～51行目では画面から指が離れた場合の処理を行っています。

46～47行目でポインターのpointerIdを取得し、そのpointerIdに対応するMyCircleViewのオブジェクトを48行目でMapから削除します。

50行目ではレイアウトからそのViewを削除することにより画面から消しています。

54～65行目はタッチしているポインターが画面上で移動した場合の処理です。

55行目でgetPointerCount()によって画面上に存在するポインターの数を取得し、その数だけ繰り返して描画を実行しています。

メソッド	int getPointerCount () ポインターの数を取得します。
戻り値	ポインターの数を返します。 ポインターの数は常に1以上になります。

56行目でポインターのpointerIdを取得し、57行目でそのpointerIdに対応する

MyCircleViewのオブジェクトをMapから取得して、59〜60行目でその座標を設定しなおしています。

62行目でinvalidate()メソッドを実行して、MyCircleViewのdraw()メソッドを強制的に呼び出して描画を実行しています。

76〜109行目は画面に円を描画するために定義したMyCircleViewで、Viewのサブクラスとして定義しています。

85〜90行目のコンストラクタでは引数で受け取った座標を変数にセットし、描画のスタイルを指定しています。

92〜103行目はこのクラスの座標を設定および取得するためのメソッドです。

105〜108行目がCanvasに対して実際の描画を行うonDraw()メソッドで、invalidate()が実行されると呼び出され、設定された座標を中心としてCanvasに円を描画します。

実行結果

プログラムを実行し、画面にタッチすると次のようにタッチした点を中心に半径100の円が描画されます。

複数の点を同時にタッチするとそれぞれの場所に円が描画され、ポインターを動かすとそれにつれて円も移動し、指を離すと円は消えます。

⊙ 実行結果

エミュレーターを使った場合でも、コントロールキーを押しながらマウスの右クリックや左クリックで、ある程度はマルチタッチの動作を調べることができます。

しかしこの場合2点までしかタッチできず、またタッチできる位置にもかなり制限があるので、使える端末があったら実際にアプリケーションをインストールして動作を調べてみてください。

GestureDetectorによるジェスチャーの検出

GestureDetectorというクラスを使って、画面上でスクロールやダブルタップなどのジェスチャーが行われた場合に、それらの検出を行うアプリケーションを作成します。

このアプリケーションでは、画面上で実行されたジェスチャーの名前をEditText上に表示することにします。

「My GestureDetector01」というアプリケーション名でプロジェクトを作成します。

関係するファイルは以下の通りです。

Activity	・MainActivity.java メインのActivityファイルです。
レイアウトファイル	・activity_main.xml MainActivityのレイアウトファイルです。 発生したイベントを表示するためのEditTextと、表示をクリアするためのボタンを作成します。

activity_main.xml

レイアウトファイルは次のようになります。

activity_main.xml（デザイン画面）

```
1  <?xml version="1.0" encoding="utf-8"?>
2  <RelativeLayout xmlns:android="http://schemas.android.com/apk/res/android"
3      xmlns:tools="http://schemas.android.com/tools"
4      android:id="@+id/activity_main"
5      android:layout_width="match_parent"
6      android:layout_height="match_parent"
7      android:paddingBottom="16dp"
8      android:paddingLeft="16dp"
9      android:paddingRight="16dp"
10     android:paddingTop="16dp"
11     tools:context="jp.co.examples.myandroid.mygesturedetector01.MainActivity">
12
13     <TextView
14         android:layout_width="wrap_content"
15         android:layout_height="wrap_content"
16         android:text="Hello World!"
17         android:id="@+id/textView" />
18
19     <EditText
20         android:layout_width="wrap_content"
21         android:layout_height="wrap_content"
22         android:inputType="textMultiLine"
23         android:ems="10"
24         android:layout_below="@+id/textView"
25         android:layout_alignParentLeft="true"
26         android:layout_alignParentStart="true"
27         android:layout_marginLeft="40dp"
28         android:layout_marginStart="40dp"
29         android:layout_marginTop="20dp"
30         android:id="@+id/editText" />
31
32     <Button
33         android:text="クリア"
34         android:layout_width="wrap_content"
35         android:layout_height="wrap_content"
36         android:id="@+id/button"
37         android:layout_alignTop="@+id/editText"
38         android:layout_toRightOf="@+id/editText"
39         android:layout_toEndOf="@+id/editText" />
40 </RelativeLayout>
```

activity_main.xml（テキスト画面）

activity_main.xmlのひな型にEditTextとButtonを追加します。

EditTextの追加部分はデザイン画面で左側のパレットの「Multiline Text」を使うか、または直接テキスト画面に入力して作成してください。

EditTextには複数行を表示できるように「android:inputType="textMultiLine"」という指定を付けます。

画面にタッチするたびにEditTextに項目が追加されていくので、表示をクリアするためのボタンも付けます。

MainActivity.xml

```
1   package jp.co.examples.myandroid.mygesturedetector01;
2
3   import ...
11
12  public class MainActivity extends Activity {
13
14      GestureDetector gestureDetector;
15      EditText editText;
16
17      @Override
18      protected void onCreate(Bundle savedInstanceState) {
19          super.onCreate(savedInstanceState);
20          setContentView(R.layout.activity_main);
21
22          editText = (EditText) findViewById(R.id.editText);
23          // EditTextに入力できないようにKeyListenerにnullに設定する
24          editText.setKeyListener(null);
25
26          // ボタンが押されたらEditTextをクリアする
27          Button button = (Button) findViewById(R.id.button);
28          button.setOnClickListener(new View.OnClickListener() {
29              @Override
30              public void onClick(View view) {
31                  editText.setText("");
32              }
33          });
34
35          // GestureDetectorを作成し、MySimpleOnGestureListenerを登録する
36          gestureDetector = new GestureDetector(this, new MySimpleOnGestureListener());
37      }
38
39      @Override
40      public boolean onTouchEvent(MotionEvent event) {
41          return gestureDetector.onTouchEvent(event);
42      }
43
```

MainActivity.java

22行目でEditTextを取得し、24行目でそのKeyListenerにnullを設定してます。

このEditTextは表示にしか使わないので、ここにキー入力ができないようにするための処理です。

27～33行目でButtonが押された場合にEditTextの内容をクリアするための処理を行っています。

36行目でGestureDetectorオブジェクトを作成し、そのリスナーとして61～121行目で定義している「MySimpleOnGestureListener」クラスのオブジェクトを登録しています。

GestureDetectorは、MotionEvent内のジェスチャーを処理するためのクラスで、登録されたリスナーのメソッドをジェスチャーの内容に応じて呼び出して実行します。

コンストラクタの書式は次のようになります。

クラス	android.view.GestureDetector
コンストラクタ	GestureDetector (Context context, GestureDetector.OnGestureListener listener)
引数	・context アプリケーションのContextを指定します。 ・listener 登録したいGestureDetector.OnGestureListenerを指定します。

40〜42行目ではActivityクラスのonTouchEvent()メソッドをオーバーライドで定義してます。

onTouchEventはActivityに対して何らかのMotionEventが発生した場合に実行されるメソッドです。

画面にイベントが発生した場合、41行目のようにGestureDetectorのonTouchEvent()を呼び出すと、GestureDetector.OnGestureListenerに登録されているメソッドがイベントの内容に応じて実行されます。

クラス	android.app.Activity
メソッド	boolean onTouchEvent (MotionEvent event) 画面に対するイベントがどのViewからも処理されない場合に実行されます。
引数	・event 画面に対するMotionEventが渡されます。
戻り値	true：受け取ったイベントはこのリスナー内で処理され、他のリスナーには渡されません。 false：イベントは他のリスナーにも渡されます。

クラス	android.view.GestureDetector
メソッド	boolean onTouchEvent (MotionEvent event) 受け取ったeventの内容に応じて、登録されているGestureDetector.OnGestureListenerのメソッドを呼び出して実行します。
引数	・event 画面に対するMotionEventを指定します。
戻り値	true：受け取ったイベントはリスナー内で処理され、他のリスナーには渡されません。 false：イベントは他のリスナーにも渡されます。

```
44      /**
45       * ログを表示
46       */
47      private void showLog(String msg) {
48          Log.d("MyGestureDetector01", msg);
49          String str = editText.getText().toString();
50          if( "".equals(str) ) {
51              str = msg;
52          } else {
53              str = str + "¥n" + msg;
54          }
55          editText.setText(str);
56      }
57
58      /**
59       * SimpleOnGestureListenerのサブクラスを定義
60       */
61      class MySimpleOnGestureListener extends GestureDetector.SimpleOnGestureListener {
62          @Override
63          public boolean onSingleTapUp(MotionEvent motionEvent) {
64              showLog("SingleTapUp");
65              return false;
66          }
67
68          @Override
69          public void onLongPress(MotionEvent e) {
70              showLog("LongPress");
71          }
72
73          @Override
74          public boolean onScroll(MotionEvent e1, MotionEvent e2,
75                                  float distanceX, float distanceY) {
76              showLog("Scroll");
77              return false;
78          }
79
80          @Override
81          public boolean onFling(MotionEvent e1, MotionEvent e2,
82                                 float velocityX, float velocityY) {
83              showLog("Fling");
84              return false;
85          }
86
```

MainActivity.java

```
87             @Override
88             public void onShowPress(MotionEvent e) {
89                 showLog("ShowPress");
90             }
91
92             @Override
93             public boolean onDown(MotionEvent e) {
94                 showLog("Down");
95                 return false;
96             }
97
98             @Override
99             public boolean onDoubleTap(MotionEvent e) {
100                showLog("DoubleTap");
101                return false;
102            }
103
104            @Override
105            public boolean onDoubleTapEvent(MotionEvent e) {
106                showLog("DoubleTapEvent");
107                return false;
108            }
109
110            @Override
111            public boolean onSingleTapConfirmed(MotionEvent e) {
112                showLog("SingleTapConfirmed");
113                return false;
114            }
115
116            @Override
117            public boolean onContextClick(MotionEvent e) {
118                showLog("ContextClick");
119                return false;
120            }
121        }
122    }
```

MainActivity.java

47から56行目はEditTextにイベントの内容を表示するためのメソッドで、同時にログにも同じ内容を出力しています。

61～121行目はGestureDetectorクラスに登録するためのリスナー用のクラス、MySimpleOnGestureListenerを定義しています。

61行目で、MySimpleOnGestureListenerを、GestureDetector.SimpleOnGestureListenerというクラスのサブクラスとして作成しています。

本来はGestureDetectorに登録するリスナーは、GestureDetector.OnGestureListenerというインターフェースを実装したクラスなのですが、Androidではそれよりも使いやすい「GestureDetector.SimpleOnGestureListener」というクラスが提供されているので、このプログラムではそちらを使うことにしました。

「GestureDetector.SimpleOnGestureListener」は、以下の3つのインターフェースを空のメソッドで実装したクラスです。

- GestureDetector.OnGestureListener
- GestureDetector.OnDoubleTapListener
- GestureDetector.OnContextClickListener

MySimpleOnGestureListenerではこれらの3つのインターフェースのメソッドを実装して、それぞれのメソッドの中で、EditTextへの文字の追加とログ出力を行っています。

メソッドとインターフェースの関係をまとめると次のようになります。

メソッド名	実行される状況	関係するインターフェース
onSingleTapUp()	シングルタップが発生し、タッチが離された場合	OnGestureListener
onLongPress()	タッチ後に長時間押し続けられた場合	OnGestureListener
onScroll()	タッチ後にスクロールされた場合	OnGestureListener
onFling()	タッチ後にフリングが行われて離された場合	OnGestureListener
onShowPress()	タッチ後に移動も離しもしない場合	OnGestureListener
onDown()	タッチした場合	OnGestureListener
onDoubleTap()	ダブルタップが発生した場合	OnDoubleTapListener
onDoubleTapEvent()	ダブルタップ中にタッチ、移動、離すなどが発生した場合	OnDoubleTapListener
onSingleTapConfirmed()	シングルタップが発生し、それがダブルタップではないと判断された場合	OnDoubleTapListener
onContextClick()	context click（マウスの右クリックなど）が発生した場合	OnContextClickListener

なお、これら中でboolean型を返すメソッドの戻り値の意味はonTouchEvent()メソッドの場合と同様で、trueの場合はこのリスナー内だけでイベントが処理され、falseの場合は他のリスナーにもイベントが渡されるという意味です。

今回のプログラムではリスナーが一つしか使われていないので、trueでもfalseでも動作は同じになります。

実行結果

アプリケーションを実行すると、次のような画面が表示されます。

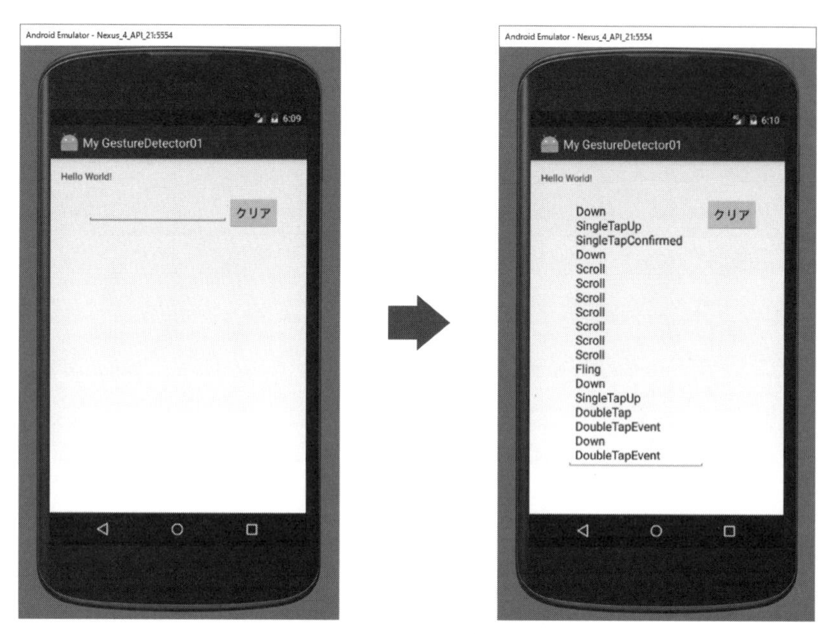

初期画面

タップ、フリップ、ダブルタップ実行後

画面上のボタンやEditText以外の場所で、タップやダブルタップなどの操作を行ってみてください。

例として、タップ、フリップ、ダブルタップの動作を行った結果を右図に示します。

実行結果から、一つの操作で様々なジェスチャーイベントが発生していることが確認できます。

実際にジェスチャーを利用するプログラムを作成する場合は、必要なイベントに対してだけメソッドを定義して処理を記述します。

Column GestureDetectorについての補足

今回用いたプログラムでは、GestureDetectorのコンストラクタに引数としてSimpleOnGestureListener型の変数を渡していますが、Androidのドキュメントでは本来この引数はOnGestureListener型を受け取るように作られています。

そのため、プログラム実行前はOnGestureListenerインターフェースで定義されているメソッドしか実行されないはずと予想していたのですが、実際に動かしたところOnDoubleTapListenerインターフェース内のメソッドも実行されていることがわかりました。

OnContextClickListenerインターフェースのメソッドは実行されないようでしたが、OnDoubleTapListenerインターフェースに関しても実行するように設定されているものと思われます。

Chapter 12

マルチメディア

Androidでは音や映像を使った様々なアプリケーションを作成することができます。

この章では「音の再生と録音」と、「動画の再生」を行うプログラムを作成し、マルチメディアを扱う方法やその際の注意点を説明します。

12-01
音の再生と録音

Androidにはクリック時の効果音や数秒程度のメロディー、長時間の音楽など様々な種類の音を扱うために、それぞれに応じたクラスが提供されています。

ここでは次の2つのプログラムを作成し、それらのクラスの使い方について説明していきます。

- 効果音と数秒程度の音源データを鳴らすプログラム
- 長時間の録音と再生を行うプログラム

効果音と数秒程度の音源データを鳴らすプログラム

ここでは画面上のUIをクリックしたときに音を鳴らす方法と、数秒程度の短いメロディーを鳴らす方法、そして音量を制御する方法を示すプログラムを作成します。

重要となるのは次のクラスです。

- android.media.AudioManager
- android.media.SoundPool

「My AudioManager01」というアプリケーション名でプロジェクトを作成します。

関係するファイルは以下の通りです。

Activity	・MainActivity.java メインのActivityファイルです。
レイアウトファイル	・activity_main.xml MainActivityのレイアウトファイルです。 ボリュームの制御や音を鳴らすためのボタンを作成します。
リソースファイル	・sound01.mp3 「sound01.mp3」という名前の数秒程度のmp3ファイルを「res/raw/」ディレクトリに置きます。 このように、読み込み専用の音のリソースは一般的に「res/raw/」ディレクトリ内に置きます。

activity_main.xml

activity_main.xmlは次のようになります。

現在の音量を表示するTextView、音量を上げ下げするボタン、そして音源を再生するボタンを作成しています。

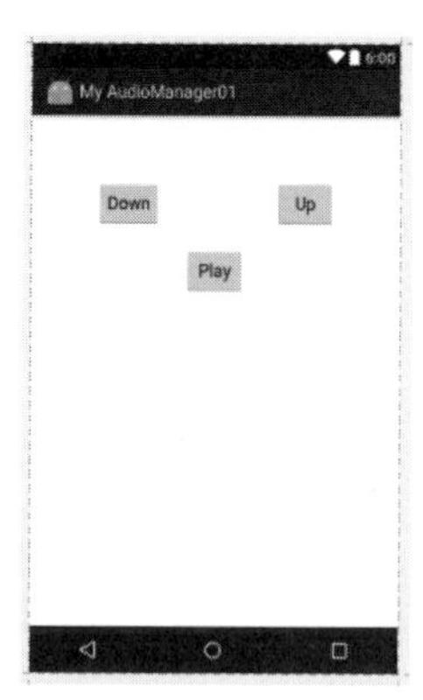

activity_main.xml（デザイン画面）

```
1  <?xml version="1.0" encoding="utf-8"?>
2  <RelativeLayout xmlns:android="http://schemas.android.com/apk/res/android"
3      xmlns:tools="http://schemas.android.com/tools"
4      android:id="@+id/activity_main"
5      android:layout_width="match_parent"
6      android:layout_height="match_parent"
7      android:paddingBottom="16dp"
8      android:paddingLeft="16dp"
9      android:paddingRight="16dp"
10     android:paddingTop="16dp"
11     tools:context="jp.co.examples.myandroid.myaudiomanager01.MainActivity">
12
13
14     <TextView
15         android:layout_width="wrap_content"
16         android:layout_height="wrap_content"
17         android:text=""
18         android:textSize="25dp"
19         android:id="@+id/textVolume"
20         android:layout_alignParentTop="true"
21         android:layout_centerHorizontal="true" />
22
```

```
23      <Button
24          android:text="Down"
25          android:layout_width="wrap_content"
26          android:layout_height="wrap_content"
27          android:layout_marginTop="20dp"
28          android:id="@+id/buttonDown"
29          android:layout_marginLeft="50dp"
30          android:layout_marginStart="50dp"
31          android:layout_below="@+id/textVolume"
32          android:layout_alignParentLeft="true"
33          android:layout_alignParentStart="true" />
34
35      <Button
36          android:text="Up"
37          android:layout_width="wrap_content"
38          android:layout_height="wrap_content"
39          android:layout_alignBottom="@+id/buttonDown"
40          android:layout_alignParentRight="true"
41          android:layout_alignParentEnd="true"
42          android:layout_marginRight="50dp"
43          android:layout_marginEnd="50dp"
44          android:id="@+id/buttonUp" />
45
46      <Button
47          android:text="Play"
48          android:layout_width="wrap_content"
49          android:layout_height="wrap_content"
50          android:layout_below="@+id/buttonUp"
51          android:layout_centerHorizontal="true"
52          android:layout_marginTop="20dp"
53          android:id="@+id/buttonPlay" />
54  </RelativeLayout>
```

⬆ activity_main.xml（テキスト画面）

14～21行目は音量を表示するためのTextViewです。

表示が見やすいように上端の中央に配置し、文字サイズを大きめ(25dp)に指定しています。

リソースファイル（sound01.mp3）

このプログラムを実行するには数秒程度の音源のリソースファイルです。

音源のリソースファイルの形式は「wav」、「mp3」、「ogg」などが利用可能ですが、今回のようにSoudPoolを使う方法では長時間のファイルを指定しても最初の数秒程度しか再生されません。

ファイルの最大の大きさについてはAndroidのドキュメントには正確な値は記されていないのですが、ファイル形式や利用状況によって異なり、再生時間10秒程度、ファイルサイズ1メガ程度がおよその上限と思われます。

今回のプログラムでは再生時間1秒程度、サイズが24KB程度のmp3のファイルを使いました。

MainActivity.java

このプログラムを説明する前に基礎知識として「オーディオフォーカス」と「SoundPool」の2つについて説明しておきます。

・オーディオフォーカスについて

Androidには複数のアプリケーションが同時に音を鳴らす場合に、どのように処理を行うかを決めるために、「オーディオのフォーカス」という仕組みがあります。

「オーディオのフォーカス」とは音を使うための「使用権」のようなものです。

一般的に、音を鳴らすAndroidのアプリケーションを作成する場合には、「フォーカスの要求」と「フォーカスの検知」の2つの機能を持たせる必要があります。

「フォーカスの要求」とは、他のアプリケーションに対して、このアプリケーションがフォーカスを必要としているということを知らせる機能です。

「フォーカスの検知」とは、他のアプリケーションが「フォーカス」を要求しているかを知るための機能で、そのためにはリスナーを使います。

具体的には、あるAndroidのアプリケーションが音を鳴らす前には「requestAudioFocus()」というメソッドでAudioManagerに「フォーカス」を要求します。

また、他のアプリケーションからフォーカスの要求があったかどうかを知るためには、「AudioManager.OnAudioFocusChangeListener」

というリスナーをAudioManagerに登録しておく必要があります。

リスナーを登録しておくことにより、アプリケーションで音を鳴らしている最中に他のアプリケーションが「オーディオフォーカス」を要求した場合、それをリスナー経由で知ることができ、それに対してどう対処するのかを定義することができます。

この機能を使って、例えばあるアプリケーションで音楽を聴いている最中に別のアプリケーションが呼び出し音を鳴らした場合など、音楽を止めるまたは音を小さくするなどの処理を行うことができます。

・SoundPoolについて

Androidでは音楽のファイルを読み込んで音を鳴らすことができますが、一般的にファイルの読み込みには時間がかかります。

そのため、ゲームなどのように操作に応じて即座に音を鳴らしたい場合にはファイルから読み込んでいては間に合いません。

このような場合のために、Androidには「SoundPool」と呼ばれるクラスが用意されています。

SoundPoolは音源データをプログラム起動などの適当なタイミングであらかじめ読み

込んでおき、必要な場合にすぐ使える形に変換して格納しておくためのクラスです。
音源データをリソースデータまたはファイルから読み込んでSoundPoolに格納するにはload()メソッドを使います。
しかし、一般的にデータの読み込みには時間がかかるため、読み込みが完了する前にユーザーが操作を始めてしまうかもしれません。
そのような状況を防ぐため、Androidには読み込みが完了したことをプログラム側に知らせる、「SoundPool.OnLoadCompleteListener」というリスナーが用意されています。
SoundPoolの「setOnLoadCompleteListener()」メソッドを使ってこのリスナーを登録すると、音データのロードが完了して利用可能になった時点でリスナーのonLoadComplete()メソッドが実行されます。
読み込みが完了するのを待つためには、このonLoadComplete()の中で音を鳴らす処理を記述するか、または音を鳴らすかどうかを判断するための変数(フラグ)を設定すればよいことになります。

以上を念頭に置いて、はじめにこのプログラム全体の大まかな流れを説明します。

・プログラムの全体の流れ

24 ～ 88行目のonCreate()メソッドではTextViewやボタンなどのUI部品の取得と、それらがクリックされた場合のリスナーの設定を行っています。

91 ～ 125行目のonResume()メソッドでは、オーディオフォーカスの取得やSoundPoolへの音源データの読み込みなどを行っています。

128 ～ 139行目のonPause()メソッドではプログラムが終了する前にリソースの解放などの後処理を行っています。

144～158行目のMyOnAudioFocusChangeListenerは、他のアプリケーションからオーディオフォーカスの要求があった場合に呼び出されるリスナーで、メソッド内で変数「canPlay」を設定しています。
このリスナーはonResume()メソッド内97 ～ 98行目で「requestAudioFocus」を使ってAudioManagerに登録しています。

以上がプログラムの全体的な流れです。
次にプログラムの詳細について説明します。

・プログラムの詳細

```
1   package jp.co.examples.myandroid.myaudiomanager01;
2
3   import ...
11
12  public class MainActivity extends Activity {
13
14      private static final String TAG = "MyAudioManager01";
15      private AudioManager audioManager;
16      private SoundPool soundPool;
17      private int soundId;
18      private Button buttonPlay;
19      AudioManager.OnAudioFocusChangeListener afChangeListener =
20              new MyOnAudioFocusChangeListener();
21      boolean canPlay;
22
23      @Override
24      protected void onCreate(Bundle savedInstanceState) {
25          super.onCreate(savedInstanceState);
26          setContentView(R.layout.activity_main);
27
28          final TextView textVolume = (TextView) findViewById(R.id.textVolume);
29          Button buttonDown = (Button) findViewById(R.id.buttonDown);
30          Button buttonUp = (Button) findViewById(R.id.buttonUp);
31          buttonPlay = (Button) findViewById(R.id.buttonPlay);
32
33          // AudioManagerを取得
34          audioManager = (AudioManager) getSystemService(AUDIO_SERVICE);
35
36          int musicVolume = audioManager.getStreamVolume(AudioManager.STREAM_MUSIC);
37          final int maxMusicVolume = audioManager.getStreamMaxVolume(AudioManager.STREAM_MUSIC);
38
39          // テキストに現在の音楽用ボリューム表示
40          textVolume.setText(String.valueOf(musicVolume));
41
42          // テキストにクリックリスナー設定
43          textVolume.setOnClickListener(new View.OnClickListener() {
44              @Override
45              public void onClick(View view) {
46                  audioManager.playSoundEffect(AudioManager.FX_KEY_CLICK);
47              }
48          });
49
```

MainActivity.java

Androidでは、AudioManagerというクラスを使って音に関する様々な情報を取得したり設定したりすることができます。

AudioManagerを作成するには、34行目のように「getSystemService(AUDIO_SERVICE)」というメソッドを使います。

作成したAudioManagerを使って、36～37行目で「getStreamVolume()」、「getStreamMaxVolume()」メソッドによって、端末の現在の音量と設定可能な最大の音量を取得しています。

これらのメソッドの書式は次のようになります。

クラス	android.media.AudioManager
メソッド	int getStreamVolume (int streamType) streamTypeで指定したストリームの音量を取得します。
引数	・streamType ストリームの種類を指定します。 以下のような変数が指定できます。 AudioManager.STREAM_ALARM：アラーム音 AudioManager.STREAM_DTMF：ダイヤル音 AudioManager.STREAM_MUSIC：音楽再生音 AudioManager.STREAM_NOTIFICATION：通知音 AudioManager.STREAM_RING：着信音 AudioManager.STREAM_SYSTEM：システムメッセージ音量 AudioManager.STREAM_VOICE_CALL：通話音量 一般的な音楽再生用のストリームにはSTREAM_MUSICを指定します。

クラス	android.media.AudioManager
メソッド	int getStreamMaxVolume (int streamType) streamTypeで指定したストリームの最大音量を取得します。
引数	・streamType ストリームの種類を指定します。
戻り値	指定したストリームの最大音量を返します。

取得した現在の音量を40行目でTextViewに表示しています。

43～48行目ではこのTextViewにクリックリスナーを設定していてます。

TextViewがクリックされた場合には「playSoundEffect()」メソッドによってシステムで決められた効果音を鳴らします。

クラス	android.media.AudioManager
メソッド	void playSoundEffect (int effectType) 指定したタイプの効果音を鳴らします。
引数	・effectType 効果音のタイプを指定します。 AudioManager内の以下のような変数が指定できます。 FX_KEY_CLICK, FX_FOCUS_NAVIGATION_UP, FX_FOCUS_NAVIGATION_DOWN, FX_FOCUS_NAVIGATION_LEFT, FX_FOCUS_NAVIGATION_RIGHT, FX_KEYPRESS_STANDARD, FX_KEYPRESS_SPACEBAR, FX_KEYPRESS_DELETE, FX_KEYPRESS_RETURN, FX_KEYPRESS_INVALID

```
50            // Downボタンにクリックリスナー設定
51            buttonDown.setOnClickListener(new View.OnClickListener() {
52                @Override
53                public void onClick(View view) {
54                    int volume = audioManager.getStreamVolume(AudioManager.STREAM_MUSIC);
55                    volume--;
56                    if( volume<0 ) volume = 0;
57                    // テキストにボリューム表示
58                    textVolume.setText(String.valueOf(volume));
59                    audioManager.setStreamVolume(AudioManager.STREAM_MUSIC, volume,
60                            AudioManager.FLAG_SHOW_UI);
61                }
62            });
63
64            // Upボタンにクリックリスナー設定
65            buttonUp.setOnClickListener(new View.OnClickListener() {
66                @Override
67                public void onClick(View view) {
68                    int volume = audioManager.getStreamVolume(AudioManager.STREAM_MUSIC);
69                    volume++;
70                    if( maxMusicVolume<volume ) volume = maxMusicVolume;
71                    // テキストにボリューム表示
72                    textVolume.setText(String.valueOf(volume));
73                    audioManager.setStreamVolume(AudioManager.STREAM_MUSIC, volume,
74                            AudioManager.FLAG_SHOW_UI);
75                }
76            });
77
78            // Playボタンにクリックリスナー設定
79            buttonPlay.setOnClickListener(new View.OnClickListener() {
80                @Override
81                public void onClick(View v) {
82                    if( canPlay ) {
83                        // AudioFocusが取れている場合はSoundPoolの音を鳴らす
84                        soundPool.play(soundId, 1.0f, 1.0f, 1, 0, 1.0f);
85                    }
86                }
87            });
88        }
89
```

MainActivity.java

51～62行目ではDownボタンに対するクリックリスナーを設定しています。

Downボタンがクリックされた場合、現在の音量から1減らしてTextViewに表示しています。

59～60行目の「setStreamVolume()」は指定したストリームの音量を端末に設定するメソッドです。

<table>
<tr><td>クラス</td><td>android.media.AudioManager</td></tr>
<tr><td>メソッド</td><td>void setStreamVolume (int streamType,
int index,
int flags)
指定ストリームの音量を指定した値に設定します。</td></tr>
<tr><td>引数</td><td>・streamType
ストリームの種類を指定します。
・index
音量を指定します。
・flags
実行時の動作に関するフラグを「|」でつないで指定できます。
AudioManager内の以下のような変数が指定できます。
FLAG_ALLOW_RINGER_MODES
FLAG_PLAY_SOUND
FLAG_REMOVE_SOUND_AND_VIBRATE
FLAG_SHOW_UI
FLAG_VIBRATE
ただし、端末の設定や状況によって無効なフラグもあります。</td></tr>
</table>

ここではsetStreamVolume()の第3引数に「FLAG_SHOW_UI」を指定しているので、ボタンがクリックされるたびに画面上に音量を示すUIが表示されます。

65～76行目ではUpボタンがクリックされた場合の処理を設定しています。

処理内容はDownボタンとほとんど同じで、ボタンが押されるたびに最大音量を超えない範囲で音量を1ずつ増やしています。

79～87行目ではPlayボタンが押された場合の処理を設定しています。

82行目で現在の「オーディオフォーカス」の状態を変数canPlayで調べて、このプログラムがフォーカスの取得に成功している場合は、84行目の「soundPool.play()」メソッドを実行します。

クラス	android.media.SoundPool
メソッド	int play (int soundID, float leftVolume, float rightVolume, int priority, int loop, float rate) SoundPool内に格納されている指定された音を鳴らします。
引数	・soundID 鳴らしたい音のidを指定します。 ・leftVolume 左側の音量を0～1.0の間で指定します。 ・rightVolume 右側の音量を0～1.0の間で指定します。 ・priority ストリームの優先順位を指定します。 新しい音を鳴らす場合にそのストリームが再利用される順番に影響します。 ・loop 繰り返し回数を指定します。 0の場合繰り返しなし、-1の場合いつまでも繰り返すことを意味します。 ・rate 音を鳴らす速さを0.5～2.0の範囲で指定します。
戻り値	0以外の場合streamIDを、0の場合失敗を意味します。

```
90        @Override
91        protected void onResume() {
92            super.onResume();
93            // 準備ができるまでボタンを押せないようにする
94            buttonPlay.setEnabled(false);
95
96            // AudioFocusを取得
97            int result = audioManager.requestAudioFocus(afChangeListener,
98                    AudioManager.STREAM_MUSIC, AudioManager.AUDIOFOCUS_GAIN);
99            if( result==AudioManager.AUDIOFOCUS_REQUEST_GRANTED ) {
100               canPlay = true;
101           } else {
102               canPlay = false;
103           }
104
105           if( soundPool==null ) {
106               soundPool = new SoundPool(1, AudioManager.STREAM_MUSIC, 0);
107               soundId = soundPool.load(this, R.raw.sound01, 1);
108               // SoundPoolにOnLoadCompleteListenerを設定する
109               soundPool.setOnLoadCompleteListener(new SoundPool.OnLoadCompleteListener() {
110                   @Override
111                   public void onLoadComplete(SoundPool soundPool, int sampleId, int status) {
112                       // 準備ができたらボタンを押せるようにする
113                       if (0 == status) {
114                           buttonPlay.setEnabled(true);
115                       } else {
116                           Log.i(TAG, "SoundPoolの設定に失敗しました");
117                           finish();
118                       }
119                   }
120               });
121           }
122
123           audioManager.setSpeakerphoneOn(true);
124           audioManager.loadSoundEffects();
125       }
126
```

MainActivity.java

91 ～ 125行目のonResume()メソッドではAudioFocusの取得やSoundPoolの設定を行います。

はじめに94行目でボタンを押せないように設定します。

97 ～ 98行目では、「requestAudioFocus()」メソッドを使ってAudioManagerに対してオーディオフォーカスを要求し、同時にリスナーを登録しています。

クラス	android.media.AudioManager
メソッド	int requestAudioFocus (AudioManager.OnAudioFocusChangeListener l, int streamType, int durationHint) オーディオフォーカスを要求します。
引数	・l フォーカスの変更があった場合に実行されるリスナーを指定します。 ・streamType ストリームの種類を指定します。 ・durationHint フォーカスの要求をする場合、そのおよその長さを指定します。 以下の値が指定できます。 AUDIOFOCUS_GAIN_TRANSIENT、 AUDIOFOCUS_GAiN_TRANSIENT_MAY_DUCK、 AUDIOFOCUS_GAIN_TRANSIENT_EXCLUSIVE AUDIOFOCUS_GAIN どのくらいの時間フォーカスが必要になるかわからない場合は「AUDIOFOCUS_GAIN」を指定します。
戻り値	要求が成功した場合はAUDIOFOCUS_REQUEST_FAILEDを、失敗した場合は AUDIOFOCUS_REQUEST_GRANTEDを返します。

99～103行目ではフォーカスの状態によって再生できるかどうかを判断し、それに応じて変数canPlayを設定しています。

その後フォーカスの変化があった場合、canPlayはリスナー内の148～152行目の処理で設定しなおされます。

105～120行目ではSoundPoolを作成し、そこに音楽データを読み込んでいます。

106行目のコンストラクタの書式は次の通りです。

<table>
<tr><td>クラス</td><td>android.media.SoundPool</td></tr>
<tr><td>コンストラクタ</td><td>SoundPool (int maxStreams,
int streamType,
int srcQuality)</td></tr>
<tr><td>引数</td><td>・maxStreams
SoundPoolのストリームの最大数を指定します。
・streamType
ストリームの種類を指定します。
・srcQuality
サンプルレートを変換する際の品質を指定します。
現在はまだ利用できません。</td></tr>
</table>

このコンストラクタはAPIレベル21のバージョンから非推奨になり、それより新しいバージョンでは「SoundPool.Builder()」というクラスを使うことが推奨されています。

本当はOSのバージョンによって処理を分岐する処理を入れて、それぞれのバージョンで推奨されているコンストラクタを使った方がよいのですが、今のところはまだこのコンストラクタが使えるので、今回は説明を簡単にするため非推奨のコンストラクタを使っています。

107行目はload()メソッドで音源データの読み込みを行っています。

<table>
<tr><td>クラス</td><td>android.media.SoundPool</td></tr>
<tr><td>メソッド</td><td>int load (Context context,
int resId,
int priority)
リソースIDを指定して音源データを読み込みます。</td></tr>
<tr><td>引数</td><td>・context
アプリケーションのContextを指定します。
・resId
リソースIDを指定します。
・priority
プライオリティを指定します。この値は今のところ未使用ですが、1を指定することが推奨されています。</td></tr>
<tr><td>戻り値</td><td>サウンドIDを返します。
play()メソッド実行時にはこの値を使って鳴らしたい音を指定します。</td></tr>
</table>

109～120行目では、SoundPoolに「SoundPool.OnLoadCompleteListener」というリスナーを登録しています。

・SoundPool.OnLoadCompleteListenerのメソッド

インターフェース	android.media.SoundPool.OnLoadCompleteListener
メソッド	void onLoadComplete (SoundPool soundPool, int sampleId, int status)
引数	・soundPool load()メソッドを使ったSoundPoolが渡されます。 ・sampleId 読み込んだデータのサンプルIDが渡されます。 (「サンプルID」の意味についてはドキュメントに説明がありませんでした。) ・status 読み込みに成功した場合0が渡されます。

音源データの読み込みに成功してプログラムを実行する準備が整うと、Androidのシステムによりこのリスナーの onLoadComplete() メソッドが実行され、114行目によって Play ボタンが押せるようになります。

123行目でスピーカーフォンを有効にし、124行目でplaySoundEffect()で使うための効果音をロードするために、loadSoundEffects()を実行しています。

```
127        @Override
128        protected void onPause() {
129            if (null != soundPool) {
130                soundPool.unload(soundId);
131                soundPool.release();
132                soundPool = null;
133            }
134            audioManager.setSpeakerphoneOn(false);
135            audioManager.unloadSoundEffects();
136            audioManager.abandonAudioFocus(afChangeListener);
137
138            super.onPause();
139        }
140
141        /**
142         * AudioFocusの変化検知用のリスナー
143         */
144        class MyOnAudioFocusChangeListener implements AudioManager.OnAudioFocusChangeListener {
145            @Override
146            public void onAudioFocusChange(int focusChange) {
147                Log.d(TAG, "focusChange="+focusChange);
148                if( focusChange == AudioManager.AUDIOFOCUS_GAIN ) {
149                    canPlay = true;
150                } else {
151                    canPlay = false;
```

```
152                 }
153                 if (focusChange == AudioManager.AUDIOFOCUS_LOSS) {
154                     audioManager.abandonAudioFocus(afChangeListener);
155                 }
156             }
157         }
158     }
```

MainActivity.java

128～139行目ではプログラムを終了する前に様々なリソースの解放を行っています。

オーディオフォーカスを解放する場合は136行目のようにabandonAudioFocus()を実行してください。

オーディオフォーカスを解放することにより、その前にフォーカスを持っていたアプリケーションが存在する場合はそちらにフォーカスが戻されます。

144～157行目はオーディオフォーカスの変化を検知するためのリスナーです。

アプリケーション実行中に他のアプリケーションがオーディオフォーカスを要求した場合、このリスナーのonAudioFocusChange()メソッドが実行されます。

インターフェース	android.media.AudioManager.OnAudioFocusChangeListener
メソッド	void onAudioFocusChange (int focusChange) オーディオフォーカスに変化があった場合に実行されます。
引数	・focusChange オーディオフォーカスの変化の種類を示す以下のいずれかの値が渡されます。 AUDIOFOCUS_GAIN AUDIOFOCUS_LOSS AUDIOFOCUS_LOSS_TRANSIENT AUDIOFOCUS_LOSS_TRANSIENT_CAN_DUCK. このアプリケーションがフォーカスを取得した場合は「AUDIOFOCUS_GAIN」が渡されます

実行結果

アプリケーションの初期画面は次のようになります。

上部には現在の音量の値が表示されます。

この値はそのときの端末の設定値によって異なります。

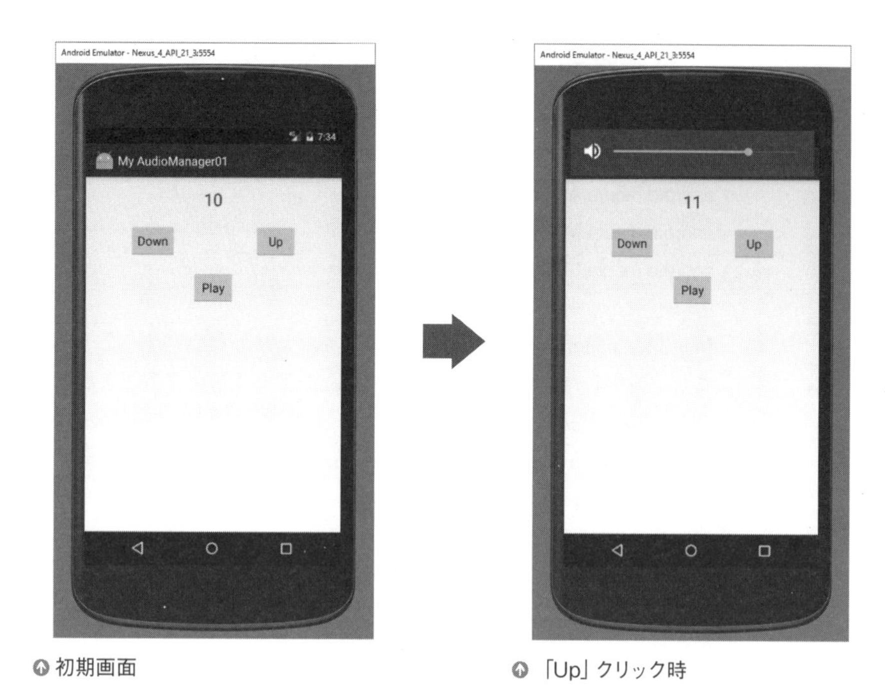

初期画面

「Up」クリック時

DownボタンやUpボタンを押すと上部に音量の変化を示すバーが表示され、TextViewに表示されている音量の値が変化します。

上部の音量を示すバーは、AudioManagerのsetStreamVolume()メソッドの第3引数「AudioManager.FLAG_SHOW_UI」の指定によって表示されています。

またTextViewをクリックすると、AudioManagerのplaySoundEffect()メソッドによりクリック音が発生します。

Playボタンを押すと設定した音量でリソースの音源データが再生されます。

Column オーディオのフォーカスについて

今回のプログラムの、オーディオフォーカスの変更処理は、Androidの時計アプリを使って確認することができます。

時計アプリで数十秒後にアラームが鳴るようにしてからこのプログラムを実行してください。

アラームが鳴る前はPlayボタンで音を鳴らせますが、アラームが鳴った時点でオーディオフォーカスが変更されて、リスナーのonAudioFocusChange()メソッドが実行され、canPlay変数がfalseに設定されてPlayボタンで音が鳴らなくなります。

このとき、オーディオフォーカスは「AUDIOFOCUS_LOSS_TRANSIENT(= -1)」の状態になっています。

ここでアラームを止めると再びオーディオフォーカスが「AUDIOFOCUS_GAIN」に変更され、Playボタンで音を鳴らせるようになります。

長時間の録音と再生を行うプログラム

長時間の録音と再生を行うために重要となるのは次のクラスです。

- android.media.AudioManager
- android.media.MediaRecorder
- android.media.MediaPlayer

MediaRecorderを使うことにより、音をファイルに保存することができます。

また、記録したファイルはMediaPlayerを使って再生することができます。

SoundPoolが扱うことができるデータは数秒程度でしたが、MediaRecorderやMediaPlayerはもっと長時間の音楽を録音・再生することができます。

ここでは音を録音、再生するプログラムを作成し、これらのクラスの使い方について説明します。

「My MediaPlayerRecorder01」というアプリケーション名でプロジェクトを作成します。

関係するファイルは以下の通りです。

Activity	・MainActivity.java メインのActivityファイルです。
レイアウトファイル	・activity_main.xml MainActivityのレイアウトファイルです。 録音・再生のためのボタンを作成します。
マニフェストファイル	・AndroidManifest.xml マイク入力の使用とデータの保存のためのパーミッションを指定します。

activity_main.xml

activity_main.xmlは次のようになります。

録音・再生用のボタンを作成します。

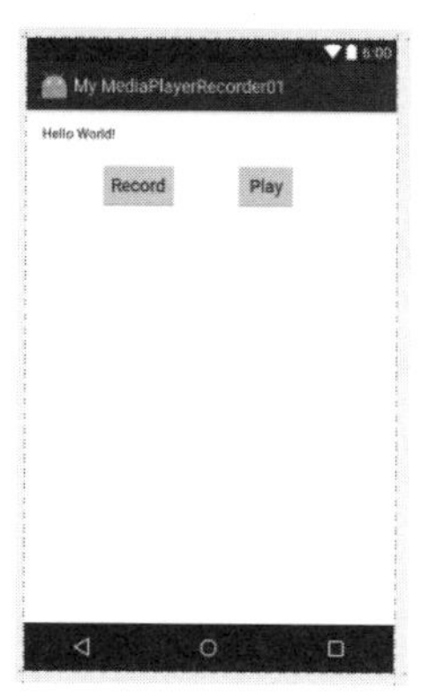

activity_main.xml（デザイン画面）

```
1  <?xml version="1.0" encoding="utf-8"?>
2  <RelativeLayout xmlns:android="http://schemas.android.com/apk/res/android"
3      xmlns:tools="http://schemas.android.com/tools"
4      android:id="@+id/activity_main"
5      android:layout_width="match_parent"
6      android:layout_height="match_parent"
7      android:paddingBottom="16dp"
8      android:paddingLeft="16dp"
9      android:paddingRight="16dp"
10     android:paddingTop="16dp"
11     tools:context="jp.co.examples.myandroid.mymediaplayerrecorder01.MainActivity">
12
13     <TextView
14         android:layout_width="wrap_content"
15         android:layout_height="wrap_content"
16         android:text="Hello World!"
17         android:id="@+id/textView" />
18
19     <Button
20         android:text="Record"
21         android:layout_width="wrap_content"
22         android:layout_height="wrap_content"
23         android:layout_marginLeft="60dp"
24         android:layout_marginStart="60dp"
25         android:layout_marginTop="20dp"
26         android:id="@+id/buttonRecord"
27         android:layout_below="@+id/textView"
28         android:layout_alignParentLeft="true"
29         android:layout_alignParentStart="true" />
30
31     <Button
32         android:text="Play"
33         android:layout_width="wrap_content"
34         android:layout_height="wrap_content"
35         android:id="@+id/buttonPlay"
36         android:layout_alignBaseline="@+id/buttonRecord"
37         android:layout_alignBottom="@+id/buttonRecord"
38         android:layout_toRightOf="@+id/buttonRecord"
39         android:layout_toEndOf="@+id/buttonRecord"
40         android:layout_marginLeft="60dp"
41         android:layout_marginStart="60dp" />
42 </RelativeLayout>
```

activity_main.xml（テキスト画面）

MainActivity.java

```
1    package jp.co.examples.myandroid.mymediaplayerrecorder01;
2
3    import ...
15
16   public class MainActivity extends Activity {
17
18       Button buttonRecord;
19       Button buttonPlay;
20       boolean isPlaying = false;
21       boolean isRecording = false;
22       String LABEL_RECORD = "Record";
23       String LABEL_PLAY = "Play";
24       String LABEL_STOP = "Stop";
25       String fullFileName;
26       String fileName = "record_data.3gp";
27
28       MediaRecorder mediaRecorder;
29       MediaPlayer mediaPlayer;
30       private AudioManager audioManager;
31       String TAG = "MyMediaPlayerRecorder01";
32
```

MainActivity.java

```
33       @Override
34       protected void onCreate(Bundle savedInstanceState) {
35           super.onCreate(savedInstanceState);
36           setContentView(R.layout.activity_main);
37
38           buttonRecord = (Button) findViewById(R.id.buttonRecord);
39           buttonPlay = (Button) findViewById(R.id.buttonPlay);
40           // ディレクトリ+ファイル名
41           fullFileName = Environment.getExternalStorageDirectory().getAbsolutePath()
42                   + "/" + fileName;
43
44           // 録音ボタン
45           buttonRecord.setOnClickListener(new View.OnClickListener() {
46               @Override
47               public void onClick(View view) {
48                   recordClicked();
49               }
50           });
51
52           // 再生ボタン
53           buttonPlay.setOnClickListener(new View.OnClickListener() {
54               @Override
55               public void onClick(View view) {
56                   playClicked();
57               }
58           });
59
60           // AudioManagerを取得する
61           audioManager = (AudioManager) getSystemService(Context.AUDIO_SERVICE);
62
63           // オーディオフォーカスを要求する
64           audioManager.requestAudioFocus(afChangeListener,
65                   AudioManager.STREAM_MUSIC, AudioManager.AUDIOFOCUS_GAIN);
66       }
67
```

MainActivity.java

34～66行目では録音、再生ボタンの取得とクリックされた場合の処理を定義しています。

41～42行目は録音・再生用のファイルの場所をパス名付きで作成しています。

Androidではこのように「Environment.getExternalStorageDirectory().getAbsolutePath()」というメソッドを使うことにより、具体的な記憶装置のパス名を取得することができます。

なお、外部記憶装置を使う場合はパーミッションが必要になります。

そのための記述についてはマニフェストファイルの説明を参照してください。

参考　外部記憶装置のパス名

「Environment.getExternalStorageDirectory()」によって取得されるパス名は、機種や実行環境によって異なります。

手元の幾つかの実行環境で確認したところ、ある環境では「/storage/sdcard/」というディレクトリが、またある環境では「/storage/emulated/0/」というディレクトリが保存場所として割り当てられていました。

これらの違いはAndroidのバージョンの違いが原因でしたが、これについてはChapter15の「外部ストレージのデータファイルの場所について」(470ページ)を参照してください。

61行目はAudioManagerの取得を、また64～65行目ではオーディオフォーカスの要求を行っています。

説明を簡単にするために、今回のプログラムではオーディオフォーカスによって特別な処理は行っていないので、「requestAudioFocus()」の戻り値は使用していません。

```
68      /**
69       * 録音ボタンクリック
70       */
71      private void recordClicked() {
72          if( isRecording ) {
73              // 録音状態の場合は録音を停止する
74              isRecording = false;
75              buttonRecord.setText(LABEL_RECORD);
76              buttonPlay.setEnabled(true);
77
78              if( null != mediaRecorder ) {
79                  mediaRecorder.stop();
80                  mediaRecorder.reset();
81                  mediaRecorder.release();
82                  mediaRecorder = null;
83              }
84          } else {
```

```
85              // 録音停止状態の場合は録音を開始する
86              isRecording = true;
87              buttonRecord.setText(LABEL_STOP);
88              buttonPlay.setEnabled(false);
89
90              mediaRecorder = new MediaRecorder();
91              mediaRecorder.setAudioSource(MediaRecorder.AudioSource.MIC);
92              mediaRecorder.setOutputFormat(MediaRecorder.OutputFormat.THREE_GPP);
93              mediaRecorder.setOutputFile(fileName);
94              mediaRecorder.setAudioEncoder(MediaRecorder.AudioEncoder.AMR_NB);
95
96              try {
97                  mediaRecorder.prepare();
98                  mediaRecorder.start();
99              } catch (IOException e) {
100                 Log.e(TAG, "録音できません", e);
101             }
102         }
103     }
104
```

MainActivity.java

71～103行目は録音ボタンが押された場合の処理です。

現在録音状態であれば録音を停止し、リソースを解放します。

録音状態でない場合は90～101行目の処理で録音を実行しています。

はじめにMediaRecorderを作成し、以下の手順で入力装置やファイルフォーマット、ファイル名などを指定してから録音を開始します。

setAudioSource()	録音のソースを指定する。
setOutputFormat()	出力ファイルのフォーマットを指定する。
setOutputFile()	出力ファイル名を設定する。
setAudioEncoder()	オーディオのエンコード方式を設定する。
prepare()	実行の準備を行う。
start()	実行開始。

これらのメソッドの書式は次の通りです。

・android.media.MediaRecorderのメソッド

メソッド	void setAudioSource (int audio_source) 録音の入力ソースを設定します。 他のパラメーターを設定する前に設定する必要があります。
引数	・audio_source 入力ソースを指定する変数です。 MediaRecorder.AudioSourceクラスで定義されている変数を使います。

メソッド	void setOutputFormat (int output_format) 出力形式を設定します。
引数	・output_format 出力形式を指定する変数です。 MediaRecorder.OutputFormatクラスで定義されている変数を使います。 THREE_GPP形式が推奨されています。

メソッド	void setOutputFile (String path) 出力先のファイルを設定します。
引数	・path パス名付きのファイル名を指定します。

メソッド	void setAudioEncoder (int audio_encoder) オーディオを変換するためのエンコーダーを設定します。
引数	・audio_encoder エンコーダーを指定する変数です。 MediaRecorder.AudioEncoderクラスで定義されている変数を使います。

メソッド	void prepare () 録音の準備を行います。 全てのパラメーターを設定後、start()の前に実行します。 準備に失敗した場合はIOExceptionを発生します。

メソッド	void start () 録音を開始します。

91行目では入力ソースとしてMediaRecorder.AudioSource.MICによってマイクを指定していますが、マイク入力を使うためにはマニフェストファイルにパーミッションを指定する必要があります。

そのための記述についてはマニフェストファイルの説明を参照してください。

```
105        /**
106         * 再生ボタンクリック
107         */
108        private void playClicked() {
109            if( isPlaying ) {
110                // 再生状態の場合は再生を停止する
111                isPlaying = false;
112                buttonPlay.setText(LABEL_PLAY);
113                buttonRecord.setEnabled(true);
114
115                if (null != mediaPlayer) {
116                    mediaPlayer.stop();
117                    mediaPlayer.reset();
118                    mediaPlayer.release();
119                    mediaPlayer = null;
120                }
121            } else {
122                // 再生状態の場合は開始を停止する
123                isPlaying = true;
124                buttonPlay.setText(LABEL_STOP);
125                buttonRecord.setEnabled(false);
126
127                mediaPlayer = new MediaPlayer();
128                try {
129                    mediaPlayer.setDataSource(fileName);
130                    mediaPlayer.prepare();
131                    mediaPlayer.start();
132                } catch (IOException e) {
133                    Log.e(TAG, "再生できません", e);
134                }
135            }
136        }
137
```

MainActivity.java

108～136行目は再生ボタンが押された場合の処理です。
現在再生状態であれば再生を停止し、リソースを解放します。
再生状態でない場合は127～134行目の処理で再生を実行しています。

はじめにMediaPlayerを作成し、以下の手順で再生を開始します。

setDataSource()	読み込むデータソースを指定する。
prepare()	実行の準備を行う。
start()	実行開始。

これらのメソッドの書式は次の通りです。

・android.media.MediaPlayerのメソッド

メソッド	void setDataSource (String path) 音源データの場所を設定します。
引数	・path 音源データの場所を指定します。 path付きのファイル名またはURL形式の文字列を指定します。

メソッド	void prepare () 再生の準備を行います。 準備に失敗した場合はIOExceptionを発生します。

メソッド	void start () 再生を開始します。

```
138      // アプリケーション停止時はリソースを解放する
139      @Override
140      protected void onPause() {
141          super.onPause();
142
143          if( null!=mediaRecorder ) {
144              mediaRecorder.release();
145              mediaRecorder=null;
146          }
147
148          if( null!=mediaPlayer ) {
149              mediaPlayer.release();
150              mediaPlayer = null;
151          }
152      }
153
154      /**
155       * AudioFocusの変化検知用リスナー
156       */
157      AudioManager.OnAudioFocusChangeListener afChangeListener =
158              new AudioManager.OnAudioFocusChangeListener() {
159          @Override
160          public void onAudioFocusChange(int focusChange) {
161
162              if (focusChange == AudioManager.AUDIOFOCUS_LOSS) {
163                  audioManager.abandonAudioFocus(afChangeListener);
164
165                  if( null!=mediaRecorder ) {
166                      mediaRecorder.release();
167                      mediaRecorder = null;
168                  }
169
170                  if( null!=mediaPlayer ) {
171                      mediaPlayer.release();
172                      mediaPlayer = null;
173                  }
```

12

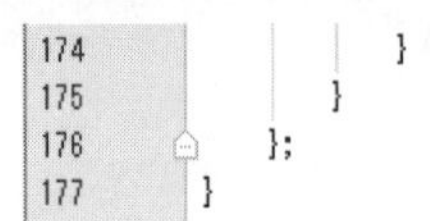

```
174                 }
175             }
176         };
177     }
```

MainActivity.java

140 ～ 152行目はアプリケーションの停止時の処理で、release()メソッドを使ってMediaRecorderとMediaPlayerのリソースの解放を行っています。

157 ～ 176行目ではオーディオフォーカスのリスナーの作成を行っています。

作成した変数afChangeListenerは64 ～ 65行目でオーディオフォーカスを要求するために使用しています。

このプログラムでは、他のアプリケーションからフォーカスを要求された場合に対する処理は特に行っていませんが、フォーカスを完全に失った場合は音を鳴らすことができないと判断して、163 ～ 173行目でリソースを解放しています。

AndroidManifest.xml

```
1   <?xml version="1.0" encoding="utf-8"?>
2   <manifest xmlns:android="http://schemas.android.com/apk/res/android"
3       package="jp.co.examples.myandroid.mymediaplayerrecorder01">
4
5       <uses-permission android:name="android.permission.RECORD_AUDIO" />
6       <uses-permission android:name="android.permission.WRITE_EXTERNAL_STORAGE"/>
7
8       <application
9           android:allowBackup="true"
10          android:icon="@mipmap/ic_launcher"
11          android:label="My MediaPlayerRecorder01"
12          android:supportsRtl="true"
13          android:theme="@style/AppTheme">
14          <activity android:name=".MainActivity">
15              <intent-filter>
16                  <action android:name="android.intent.action.MAIN" />
17
18                  <category android:name="android.intent.category.LAUNCHER" />
19              </intent-filter>
20          </activity>
21      </application>
22
23  </manifest>
```

AndroidManifest.xml

マイクからの入力と外部記憶装置へのファイル入出力を許可するために、5 ～ 6行目のようにマニフェストファイルにパーミッションを記述する必要があります。

実行結果

アプリケーション初期画面は左側の画像のようになります。

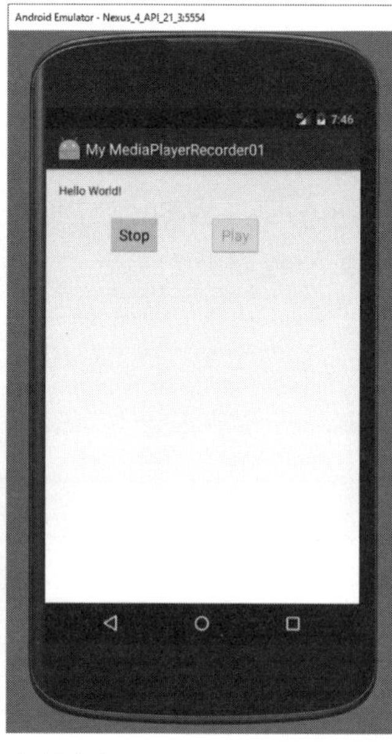

↑実行結果　↑録音中　↑再生中

Recordボタンを押すとボタンの表示が中央の図のように変わり、端末のマイクを使って録音が始まります。なにか録音してみてください。

録音が終わったらStopボタンを押してください。最初の状態に戻ります。

録音は自動では止まらないので注意してください。

録音終了後、Playボタンを押すとボタンの表示が右図のように変わり、録音が再生されます。

再生が終わっても自動的には止まらないので、最初の状態に戻すにはStopボタンを押してください。

Column マニフェストファイルとパーミッションの指定について

端末のバージョンや実行環境によっては、マニフェストファイルにパーミッションを記述するだけでは十分ではない場合があります。

そのような場合には、設定画面からそのアプリケーションに対してマイクと記憶装置にパーミッションを与える必要があります。

プログラムが動かない場合には、そのアプリケーション情報の「権限」の箇所を確認してみてください。

また、パーミッションに関しては「14-04 Android 6.0(API レベル 23)以後のパーミッションについて」(443ページ)の説明も参照してください。

Column　エミュレーターの動作の不具合について

このプログラムをいくつかのエミュレーターで実行したところ、OSの種類や機種によっては正常に動作しないエミュレーターもありました。

あるエミュレーターではRecordボタンを押すと異常終了し、またあるエミュレーターでは何度か録音と再生を繰り返していると録音できなくなる場合がありました。

エミュレーターの動作に関しては将来的にAndroid Studioのバージョンアップで対応されるかもしれません。

エミュレーターで実行してうまくいかなかった場合は他の別のエミュレーターに変更して試してみるか、または実機で確認してみてください。

12-02 動画の再生

音の録音、再生だけではなく、動画の録画や再生もMediaPlayerを使って行うことができます。

ここでは録画については省略し、ビデオファイルの再生を行う方法を説明します。

はじめにMediaPlayerクラスとSurfaceViewクラスを組み合わせて使う方法について説明し、次にビデオ画面を簡単に表示することができるMediaControllerというクラスを使った方法を説明します。

ビデオの再生（MediaPlayerを使う方法）

Androidで動画を表示するには様々な方法がありますが、ここでは以下のクラスを使う方法を説明します。

- android.media.MediaPlayer
- android.view.SurfaceView
- android.view.SurfaceHolder

「My Video MediaPlayer01」というアプリケーション名でプロジェクトを作成します。

関係するファイルは以下の通りです。

Activity	・MainActivity.java メインのActivityファイルです。
レイアウトファイル	・activity_main.xml MainActivityのレイアウトファイルです。 SurfaceViewと再生のためのボタンを作成します。
リソースファイル	・video01.mp4 再生したいファイルを「res/raw/」ディレクトリに置きます。 ここでは「video01.mp4」という名前のmp4形式の動画ファイルを使うことにします。

activity_main.xml

activity_main.xmlは次のようになります。

<SurfaceView>タグを使って動画を表示するための領域を作成し、動画開始用のボタンも作成します。

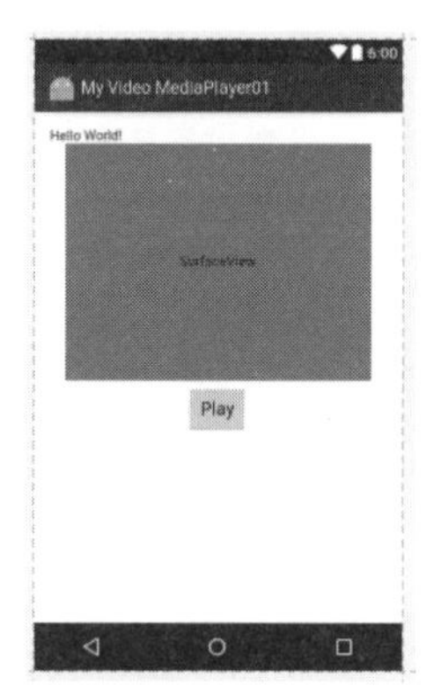

activity_main.xml（デザイン画面）

```
1   <?xml version="1.0" encoding="utf-8"?>
2   <RelativeLayout xmlns:android="http://schemas.android.com/apk/res/android"
3       xmlns:tools="http://schemas.android.com/tools"
4       android:id="@+id/activity_main"
5       android:layout_width="match_parent"
6       android:layout_height="match_parent"
7       android:paddingBottom="16dp"
8       android:paddingLeft="16dp"
9       android:paddingRight="16dp"
10      android:paddingTop="16dp"
11      tools:context="jp.co.examples.myandroid.myvideomediaplayer01.MainActivity">
12
13      <TextView
14          android:layout_width="wrap_content"
15          android:layout_height="wrap_content"
16          android:text="Hello World!"
```

```
17          android:id="@+id/textView" />
18
19      <SurfaceView
20          android:layout_height="240dp"
21          android:layout_width="320dp"
22          android:id="@+id/surfaceView"
23          android:layout_below="@+id/textView"
24          android:layout_centerHorizontal="true" />
25
26      <Button
27          android:text="Play"
28          android:layout_width="wrap_content"
29          android:layout_height="wrap_content"
30          android:layout_below="@+id/surfaceView"
31          android:layout_centerHorizontal="true"
32          android:layout_marginTop="5dp"
33          android:id="@+id/buttonPlay" />
34  </RelativeLayout>
```

activity_main.xml（テキスト画面）

リソースファイル（video01.mp4）

MediaPlayerで表示できる動画データのフォーマットにはmp4や3GPPなどがありますが、ここではmp4のデータを使います。

SoundPoolの場合と異なり、長い動画データも扱うことができます。

MainActivity.java

```
1   package jp.co.examples.myandroid.myvideomediaplayer01;
2
3   import ...
14
15  public class MainActivity extends Activity {
16
17      private static final String TAG = "MyVideoMediaPlayer01";
18      private Button buttonPlay;
19      private MediaPlayer mediaPlayer;
20      private static final String VIDEO_PATH =
21          "android.resource://jp.co.examples.myandroid.myvideomediaplayer01/raw/video01";
22
23      @Override
24      protected void onCreate(Bundle savedInstanceState) {
25          super.onCreate(savedInstanceState);
26          setContentView(R.layout.activity_main);
27
28          buttonPlay = (Button) findViewById(R.id.buttonPlay);
29          buttonPlay.setEnabled(false);
30
31          // SurfaceViewを取得する
32          SurfaceView surfaceView = (SurfaceView) findViewById(R.id.surfaceView);
33
34          // MyCallbackを作成し、SurfaceHolderのコールバックとして登録する
35          MyCallback myCallback = new MyCallback();
36          SurfaceHolder surfaceHolder = surfaceView.getHolder();
37          surfaceHolder.addCallback(myCallback);
38
```

```
39        // Playボタンが押された場合の処理
40        buttonPlay.setOnClickListener(new View.OnClickListener() {
41            @Override
42            public void onClick(View view) {
43                mediaPlayer.start();
44            }
45        });
46    }
47
```

MainActivity.java

20～21行目でリソースディレクトリ内の画像ファイルの場所を設定しています。

この例のように、「res/raw/」内にあるファイルのUriを示す文字列は、プログラムでは次のような書式で指定することができます。

```
android.resource:// <パッケージ名> /raw/ <拡張子無しのファイル名>
```

28～29行目ではPlayボタンを取得して一旦押せないように設定した後、32行目で動画表示用のSurfaceViewを取得しています。

35～37行目ではコールバック用のメソッドを定義したクラスMyCallbackを作成し、SurfaceViewから取得したSurefaceHolderにそれを登録しています。

このようにコールバック用のクラスをSurfaceHolderに登録すると、SurfaceViewの状態の変化に応じてMyCallback内のメソッドが呼び出されて実行されるようになります。

40～45行目はPlayボタンが押された場合の処理で、43行目のMediaPlayerのstart()メソッドによって動画の再生を実行しています。

```
48    /**
49     * SurfaceHolder.CallbackとMediaPlayer.OnPreparedListenerの実装クラス
50     */
51    private class MyCallback implements
52            SurfaceHolder.Callback, MediaPlayer.OnPreparedListener {
53
54        @Override
55        public void onPrepared(MediaPlayer mediaPlayer) {
56            // 再生の準備が完了したらボタンを押せるようにする
57            buttonPlay.setEnabled(true);
58        }
59
60        @Override
61        public void surfaceCreated(SurfaceHolder surfaceHolder) {
62            mediaPlayer = new MediaPlayer();
63            mediaPlayer.setDisplay(surfaceHolder);
64
65            // 再生データの最後に到達した場合のリスナーを登録
66            mediaPlayer.setOnCompletionListener(new MediaPlayer.OnCompletionListener() {
67                @Override
68                public void onCompletion(MediaPlayer mediaPlayer) {
69                    // 再生が完了した場合の処理
70                    mediaPlayer.release();
71                }
```

```
72            });
73
74            try {
75                // ファイルの場所からUriを作成し、再生の準備を行う
76                Uri mUri = Uri.parse(¥VIDEO_PATH);
77                mediaPlayer.setDataSource(getApplicationContext(), mUri);
78                mediaPlayer.setOnPreparedListener(this);
79                mediaPlayer.prepare();
80            } catch (IOException e) {
81                Log.e(TAG, "再生の準備に失敗しました", e);
82            }
83        }
84
```

MainActivity.java

```
85        @Override
86        public void surfaceChanged(SurfaceHolder surfaceHolder, int i, int i1, int i2) {
87        }
88
89        @Override
90        public void surfaceDestroyed(SurfaceHolder surfaceHolder) {
91            if( null!=mediaPlayer ) {
92                mediaPlayer.release();
93                mediaPlayer = null;
94            }
95        }
96    }
97 }
```

MainActivity.java

51～96行目はコールバック用のメソッドを定義したクラスで、SurfaceHolder.Callbackと MediaPlayer.OnPreparedListenerの2つのインターフェースを実装しています。

それぞれのインターフェースで定義されているメソッドは次のような場合に実行されます。

メソッド	実行される場合	インターフェース
onPrepared()	MediaPlayerの再生の準備ができた場合に実行されます。	MediaPlayer.OnPreparedListener
surfaceCreated()	SurfaceViewの作成後に実行されます。	SurfaceHolder.Callback
surfaceChanged()	SurfaceViewのサイズ等に変化があった場合、その後に実行されます。	SurfaceHolder.Callback
surfaceDestroyed()	SurfaceViewが破棄される直前に実行されます。	SurfaceHolder.Callback

55～58行目のonPrepared()メソッドは、再生の準備ができたら実行されるメソッドです。

57行目でPlayボタンを押せるようにしています。

61～83行目のsurfaceCreated()メソッドはSurfaceViewの作成後に実行されるメソッドです。

62～63行目ではMediaPlayerを作成し、setDisplay()メソッドを使って指定されたSurfaceHolderを表示用エリアとして設定しています。

66～72行目でMediaPlayerに対してsetOnCompletionListener()メソッドを使ってデータを読み終わった場合のリスナーを登録しています。

このメソッドの書式は次のようになります。

クラス	android.media.MediaPlayer
メソッド	void setOnCompletionListener (MediaPlayer.OnCompletionListener listener) ソースデータを最後まで読み終えた場合に実行されるリスナーを登録します。
引数	・listener MediaPlayerがデータを最後まで読み終えた場合、このリスナーのonCompletion()メソッドが実行されます。

データを読み終えた場合、70行目でMediaPlayerのリソースを解放しています。

76～79行目では動画の場所を示す文字列をUriに変換し、それを再生するためにMediaPlayerの準備を行っています。

78行目で、setOnPreparedListener()を使って自分自身(MyCallback.this)をMediaPlayerに登録しています。

この登録により、再生の準備ができた時点で55～58行目のonPrepared()が実行されます。

90～95行目のsurfaceDestroyed()では、SurfaceViewが破棄される場合の処理としてMediaPlayerのリソースの解放を行っています。

実行結果

アプリケーションを実行すると次のような画面が表示されます。

実行結果（初期画面）

再生の準備が正常に完了するとPlayボタンが使用可能になり、ボタンを押すと動画が再生されます。

参考 データソースについて

今回のプログラムでは動画データをres/raw/の中に置いておきましたが、20～21行目の文字列を「http://xxxxxx.yyy/zzz.mp4」のように指定することにより、ネット上で公開されているファイルを表示することもできます。

ただし、その場合はマニフェストファイルで

<uses-permission android:name="android.permission.INTERNET" />

のように、ネットを使うパーミッションを設定する必要があります。

ビデオの再生（MediaControllerを使う方法）

Androidには動画の再生、一時停止、早送り、巻き戻しなどの操作を簡単に行うことができるMediaControllerというクラスが用意されています。

ここでは以下のクラスを使って動画表示プログラムを作成し、それぞれのクラスの使い方を説明します。

- android.media.MediaPlayer
- android.widget.MediaController
- android.widget.VideoView

「My Video MediaController01」というアプリケーション名でプロジェクトを作成します。

関係するファイルは以下の通りです。

Activity	・MainActivity.java メインのActivityファイルです。
レイアウトファイル	・activity_main.xml MainActivityのレイアウトファイルです。 VideoViewを作成します。
リソースファイル	・video01.mp4 再生したいファイルを「res/raw/」ディレクトリに置きます。 「MediaPlayerを使う方法」と同じものを使うことにします。

activity_main.xml

動画表示用の領域を<VideoView>タグで指定します。

再生や一時停止など、動画を操作するためのボタンはMediaControllerクラスが表示してくれるので、レイアウトで記述する必要はありません。

activity_main.xml（デザイン画面）

```
<?xml version="1.0" encoding="utf-8"?>
<RelativeLayout xmlns:android="http://schemas.android.com/apk/res/android"
    xmlns:tools="http://schemas.android.com/tools"
    android:id="@+id/activity_main"
    android:layout_width="match_parent"
    android:layout_height="match_parent"
    android:paddingBottom="16dp"
    android:paddingLeft="16dp"
    android:paddingRight="16dp"
    android:paddingTop="16dp"
    tools:context="jp.co.examples.myandroid.myvideomediacontroller01.MainActivity">

    <TextView
        android:layout_width="wrap_content"
        android:layout_height="wrap_content"
        android:text="Hello World!"
        android:id="@+id/textView" />

    <VideoView
        android:layout_width="320dp"
        android:layout_height="240dp"
        android:layout_marginTop="20dp"
        android:layout_below="@+id/textView"
        android:id="@+id/videoView"
        android:layout_centerHorizontal="true" />
</RelativeLayout>
```

activity_main.xml（テキスト画面）

MainActivity.java

```
package jp.co.examples.myandroid.myvideomediacontroller01;

import ...

public class MainActivity extends Activity {

    private static final String VIDEO_PATH = "android.resource://" +
            "jp.co.examples.myandroid.myvideomediacontroller01/raw/video01";
    private VideoView videoView;

    @Override
    protected void onCreate(Bundle savedInstanceState) {
        super.onCreate(savedInstanceState);
        setContentView(R.layout.activity_main);

        // VideoViewを取得する
        videoView = (VideoView) findViewById(R.id.videoView);

        // MediaControllerを作成し、一旦使用できないように設定する
        final MediaController mediaController = new MediaController(this, true);
        mediaController.setEnabled(false);

        // VideoViewにMediaControllerとファイルの場所を設定する
        Uri uri = Uri.parse(VIDEO_PATH);
        videoView.setMediaController(mediaController);
        videoView.setVideoURI(uri);

        // VideoViewに準備完了を待つリスナーを設定する
```

```
34            videoView.setOnPreparedListener(new MediaPlayer.OnPreparedListener() {
35                @Override
36                public void onPrepared(MediaPlayer mediaPlayer) {
37                    // 準備が完了したらMediaControllerを使用可能にする
38                    mediaController.setEnabled(true);
39                }
40            });
41        }
42
43        @Override
44        protected void onPause() {
45            if( videoView!=null && videoView.isPlaying() ) {
46                videoView.stopPlayback();
47                videoView = null;
48            }
49            super.onPause();
50        }
51    }
```

MainActivity.java

22行目でVideoViewを取得し、25行目でMediaControllerを作成しています。

MediaControllerのコンストラクタの書式は次の通りです。

コンストラクタ	MediaController (Context context, boolean useFastForward) MediaControllerを作成します。
引数	・context Contextを指定します。 ・useFastForward false：巻き戻し、早送りボタンを表示しません。 true：巻き戻し、早送りボタンを表示します。

26行目で一旦MediaControllerを使用不能にしています。

29行目で動画データの場所を示す文字列をUriに変換し、30～31行目でVideoViewにMediaControllerと動画のUriを設定しています。

34行目ではsetOnPreparedListener()メソッドを使って、準備完了を待つリスナーをVideoViewに設定しています。

VideoViewの準備が完了したらonPrepared()メソッドが実行され、38行目によってMediaControllerが使用可能になります。

44～50行目のonPause()メソッドではプログラムが終了する前に再生の停止などの後処理を行っています。

MediaControllerが、動画の操作をする処理の大部分を内部的に行ってくれているので、先ほど作成した「My Video MediaPlayer01」に比べて今回のプログラムはかなり短くなっています。

実行結果

アプリケーションを実行すると次のような画面が表示されます。

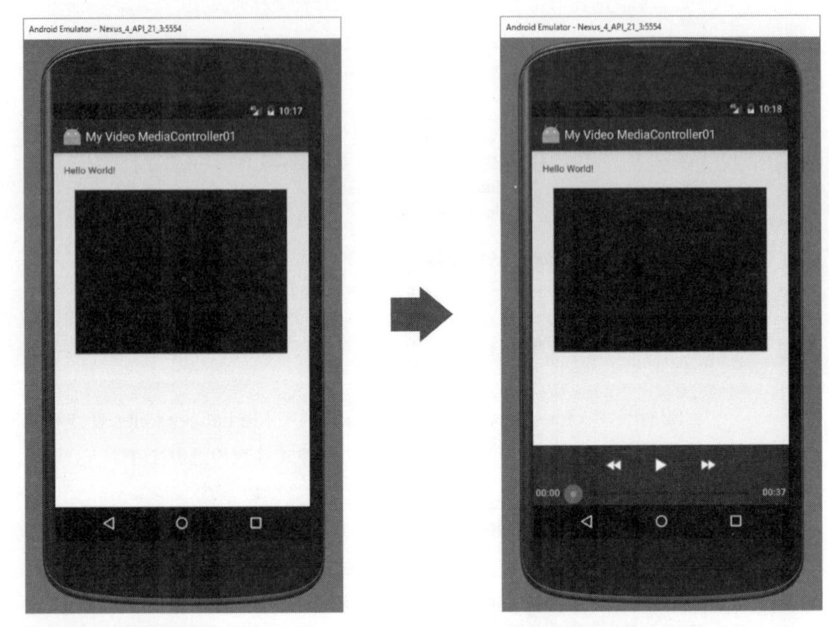

実行結果（初期画面）　　実行結果（VideoViewにタッチ後）

VideoView領域をクリックすると、画面下に巻き戻しや早送りや再生を行うためのボタンが表示されます。

再生ボタンをクリックすると動画が再生されます。

Chapter 13

センサー

Androidの端末には周囲の状態を検知するための様々なセンサーが備わっています。

端末の種類やメーカーによって搭載されているセンサーは異なりますが、この章ではほとんどの機種が持っている加速度センサーを使ってセンサーを扱うプログラムについて説明します。

13-01 センサーを使うためのクラス

Androidでセンサーを使うために重要なクラスは以下の2つです。

- android.hardware.SensorManager
- android.hardware.Sensor
- android.hardware.SensorEventListener

SensorManagerは指定したセンサーにアクセスするためのクラスです。

センサーの種類を指定するために、「android.hardware.Sensor」ではいくつかの変数が定義されています。

例として、これらの変数のいくつかを以下に示します。

android.hardware.Sensorで定義されている変数	意味
TYPE_ACCELEROMETER	加速度
TYPE_AMBIENT_TEMPERATURE	気温
TYPE_GAME_ROTATION_VECTOR	回転ベクトル
TYPE_GRAVITY	重力
TYPE_GYROSCOPE	ジャイロスコープ
TYPE_LIGHT	照度

Androidではこのほかにも多くのセンサーが定義されているので、「android.hardware.Sensor」のドキュメントを確認してみてください。

なお、実際にどのようなセンサーが使えるかは端末によって異なるので、プログラムを作成する場合はそのセンサーが使えるかどうかをチェックする必要があります。

SensorEventListenerは、センサーの値に変化があった場合に呼ばれるメソッドを持つインターフェースで、変化に応じた処理を実装して定義します。

13-02 加速度センサーを使ったプログラム

どのようなセンサーが使えるかは端末によって異なりますが、加速度センサーは様々なアプリケーションで利用されるためほとんどのAndroid端末に備わっています。

ここではこの加速度センサーを使ったプログラムを作成し、センサーの基本的な使い方について説明します。

「My Sensor Accelerometer01」というアプリケーション名でプロジェクトを作成します。

関係するファイルは以下の通りです。

Activity	・MainActivity.java メインのActivityファイルです。
レイアウトファイル	・activity_main.xml MainActivityのレイアウトファイルです。 加速度を表示するためのTextViewを追加します。

activity_main.xml

XYZ方向の加速度を表示するためのTextViewを追加します。

画面上の位置がわかりやすいように、初期状態ではそれぞれのTextViewにX、Y、Zの文字を設定しておきます。

activity_main.xml（デザイン画面）

```
1  <?xml version="1.0" encoding="utf-8"?>
2  <RelativeLayout xmlns:android="http://schemas.android.com/apk/res/android"
3      xmlns:tools="http://schemas.android.com/tools"
4      android:id="@+id/activity_main"
5      android:layout_width="match_parent"
6      android:layout_height="match_parent"
7      android:paddingBottom="16dp"
8      android:paddingLeft="16dp"
9      android:paddingRight="16dp"
10     android:paddingTop="16dp"
11     tools:context="jp.co.examples.myandroid.mysensoraccelerometer01.MainActivity">
12
13     <TextView
14         android:layout_width="wrap_content"
15         android:layout_height="wrap_content"
16         android:text="Hello World!"
17         android:id="@+id/textView" />
18
19     <TextView
20         android:text="X"
21         android:layout_width="wrap_content"
22         android:layout_height="wrap_content"
23         android:layout_below="@+id/textView"
24         android:layout_centerHorizontal="true"
25         android:layout_marginTop="50dp"
26         android:id="@+id/textViewX" />
27
28     <TextView
29         android:text="Y"
30         android:layout_width="wrap_content"
31         android:layout_height="wrap_content"
32         android:layout_below="@+id/textViewX"
33         android:layout_alignRight="@+id/textViewX"
34         android:layout_alignEnd="@+id/textViewX"
35         android:id="@+id/textViewY" />
36
37     <TextView
38         android:text="Z"
39         android:layout_width="wrap_content"
40         android:layout_height="wrap_content"
41         android:layout_below="@+id/textViewY"
42         android:layout_alignRight="@+id/textViewY"
43         android:layout_alignEnd="@+id/textViewY"
44         android:id="@+id/textViewZ" />
45 </RelativeLayout>
```

activity_main.xml（テキスト画面）

MainActivity.java

定期的に加速度の値を調べて表示するプログラムです。

```
1   package jp.co.examples.myandroid.mysensoraccelerometer01;
2
3   import ...
11
12  public class MainActivity extends Activity {
13
14      SensorManager sensorManager; // センサーマネージャー
15      Sensor accelSensor; // 加速度センサー
16      MySensorEventListener mySensorEventListener; // センサーのイベントリスナー
17
18      TextView textViewX; // X軸方向の加速度表示用
19      TextView textViewY; // Y軸方向の加速度表示用
20      TextView textViewZ; // Z軸方向の加速度表示用
21
22      int UPDATE_INTERVAL = 1000; // 表示の変更間隔（ミリ秒）
23      long lastUpdate;
24
25      @Override
26      protected void onCreate(Bundle savedInstanceState) {
27          super.onCreate(savedInstanceState);
28          setContentView(R.layout.activity_main);
29
30          textViewX = (TextView) findViewById(R.id.textViewX);
31          textViewY = (TextView) findViewById(R.id.textViewY);
32          textViewZ = (TextView) findViewById(R.id.textViewZ);
33
34          // SensorManagerを取得する
35          sensorManager = (SensorManager) getSystemService(SENSOR_SERVICE);
36          // 加速度センサーを取得する
37          accelSensor = sensorManager.getDefaultSensor(Sensor.TYPE_ACCELEROMETER);
38
39          if( accelSensor==null ) {
40              Toast.makeText(this, "加速度センサーが使えません", Toast.LENGTH_SHORT).show();
41          }
42      }
43
44      @Override
45      protected void onResume() {
46          super.onResume();
47          if( accelSensor!=null ) {
48              // センサーのイベントリスナーをSensorManagerに登録する
49              mySensorEventListener = new MySensorEventListener();
50              sensorManager.registerListener(mySensorEventListener,
51                      accelSensor, SensorManager.SENSOR_DELAY_UI);
52          }
53          lastUpdate = System.currentTimeMillis();
54      }
55
```

MainActivity.java

14 ～ 16行目でSensorManager、Sensor、SensorEventListenerを、また18 ～ 20行目で加速度を表示するためのTextViewをそれぞれ定義しています。

22～23行目はセンサーの表示を書き換える間隔を定義するための変数で、およそ1秒ごとに画面の書き換えを行うように指定します。

35行目でgetSystemService()メソッドを使ってSensorManagerを取得し、37行目ではそのSensorManagerに対してgetDefaultSensor()メソッドを使って加速度センサーを取得しています。

getDefaultSensor()メソッドの書式は次の通りです。

クラス	android.hardware.SensorManager
メソッド	Sensor getDefaultSensor (int type) センサーのタイプを指定してSensorオブジェクトを取得します。
引数	Sensorクラスで定義されている変数を使ってセンサーのタイプを指定します。 例： Sensor.TYPE_ACCELEROMETER Sensor.TYPE_AMBIENT_TEMPERATURE Sensor.TYPE_GAME_ROTATION_VECTOR Sensor.TYPE_GRAVITY Sensor.TYPE_GYROSCOPE Sensor.TYPE_LIGHT
戻り値	指定されたセンサーが存在し、使うためのパーミッションが与えられている場合はそのセンサーオブジェクトを返します。 それ以外の場合はnullを返します。

加速度センサーが使えない場合、39～41行目でメッセージを表示しています。

45～54行目のonResume()メソッドでイベントリスナーを登録しています。

49行目でイベントリスナーを作成し、50行目でregisterListener()メソッドを使ってセンサーとイベントリスナーをSensorManagerに登録しています。

これにより、センサーの値に変化があった場合にイベントリスナーのonSensorChanged()メソッドが呼び出されて実行されます。

またonSensorChanged()はセンサーの値に変化がなくとも、registerListener()メソッドの第3引数で指定した頻度に従って呼び出されます。

53行目で現在の時刻（ミリ秒）を取得しています。頻繁に画面を書き換えると数字が読みにくいので、一定の時間が経過するまで画面を更新しないようにするためです。

registerListener()メソッドの書式は次の通りです。

クラス	android.hardware.SensorManager
メソッド	boolean registerListener (SensorEventListener listener, Sensor sensor, int samplingPeriodUs) センサーに対してイベントリスナーとサンプリングの頻度を設定します。 センサーが受け取ったイベントは指定されたサンプリング頻度でイベントリスナーに渡されます。
引数	・listener イベントリスナーを指定します。 ・sensor イベントリスナーを設定したいセンサーを指定します。 ・samplingPeriodUs サンプリングを行うおよその頻度を指定します。 以下のどれかの変数を指定するか、またはサンプリング間隔をマイクロ秒で指定します。 SensorManager.SENSOR_DELAY_NORMAL (=3) ：画面の縦横変更を検知するのに適したサンプリング間隔 SensorManager.SENSOR_DELAY_UI (=2) ：一般的な画面操作に適したサンプリング間隔 SensorManager.SENSOR_DELAY_GAME (=1) ：ゲームなど、早い操作に適したサンプリング間隔 SensorManager.SENSOR_DELAY_FASTEST (=0) ：最も早い操作用のサンプリング間隔
戻り値	センサーが利用可能の場合trueを、それ以外の場合falseを返します。

```
56      @Override
57      protected void onPause() {
58          // リスナーを登録解除する
59          sensorManager.unregisterListener(mySensorEventListener);
60          super.onPause();
61      }
62
63      /**
64       * センサーの値が変化した場合のイベントリスナー
65       */
66      class MySensorEventListener implements SensorEventListener {
67
68          @Override
69          public void onSensorChanged(SensorEvent sensorEvent) {
70              if (sensorEvent.sensor.getType() == Sensor.TYPE_ACCELEROMETER) {
71                  // センサーのタイプが加速度センサーの場合の処理
72                  long actualTime = System.currentTimeMillis();
73
```

```
74                 if (actualTime - lastUpdate > UPDATE_INTERVAL) {
75                     lastUpdate = actualTime;
76
77                     // センサーの値を取得する
78                     float x = sensorEvent.values[0];
79                     float y = sensorEvent.values[1];
80                     float z = sensorEvent.values[2];
81
82                     // センサーの値を表示する
83                     textViewX.setText(String.valueOf(x));
84                     textViewY.setText(String.valueOf(y));
85                     textViewZ.setText(String.valueOf(z));
86                 }
87             }
88         }
89
90         @Override
91         public void onAccuracyChanged(Sensor sensor, int i) {
92         }
93     }
94 }
```

MainActivity.java

57～61行目のonPause()メソッド内では、プログラム終了に備えてunregisterListener()を使って登録したセンサーを解放しています。

66～93行目では、センサーの値に変化があった場合に実行されるメソッドを定義するためのイベントリスナーを定義しています。

66行目で指定しているように、イベントリスナーはSensorEventListenerインターフェースを実装する形で定義します。

このインターフェースではonSensorChanged()とonAccuracyChanged()の2つのメソッドが宣言されているので、それらを実装する必要があります。

69～88行目はonSensorChanged()メソッドの実装です。

このメソッドはセンサーの値に変化があった場合、またはregisterListener()の引数で指定されたサンプリング間隔で呼び出されて実行されます。

70行目でセンサーの種類を判断し、加速度センサーの場合に以下の処理を行います。

72行目で現在時刻を取得し、74行目で最後に画面を更新してからの経過時間がUPDATE_INTERVAL(1秒)以上の場合に、画面更新の処理を行っています。

78～80行目X、Y、Zそれぞれの方向の加速度をSensorEvent変数から取得し、83～85行目でそれを画面に表示しています。

91～92行目のonAccuracyChanged()メソッドは、このプログラムでは使っていないので、空の状態で実装しています。

Column registerListener()のサンプリング間隔について

Androidのドキュメントには、registerListener()メソッドの第三引数samplingPeriodUsはサンプリング間隔を指定するもので、この値に応じてセンサーのイベントが処理される頻度が変わると記されています。

しかし、加速度センサーについてこの値をSENSOR_DELAY_NORMAL、SENSOR_DELAY_UI、SENSOR_DELAY_GAMEなどと変えてonSensorChanged()が呼び出される間隔を調べたところ、エミュレーターでは第三引数による変化はありませんでした。

次にAndroid 7.0の実機で試したところ、確かに呼び出される間隔は第三引数によって変化しましたが、SENSOR_DELAY_UIとSENSOR_DELAY_NORMALでは呼び出される間隔はほとんど同じでした。

また、呼び出される間隔はセンサーの種類によっても異なっていました。

直接マイクロ秒で頻度を指定した場合についても調べてみましたが、例えば加速度センサーで、

```
sensorManager.registerListener(mySensorEventListener,
        accelSensor, 10*1000*1000);
```

のように第三引数に10*1000*1000(10秒)を指定してもその数値は無視され、SENSOR_DELAY_NORMALを指定した場合とほとんど同じ間隔で呼び出されました。

以上のことから、第三引数のsamplingPeriodUsの指定はあくまでも目安であり、実際にどのくらいの頻度で実行されるかは端末やセンサーの種類に依存すると考えられます。

実行結果

実行結果は初期状態では下図のように表示されます。

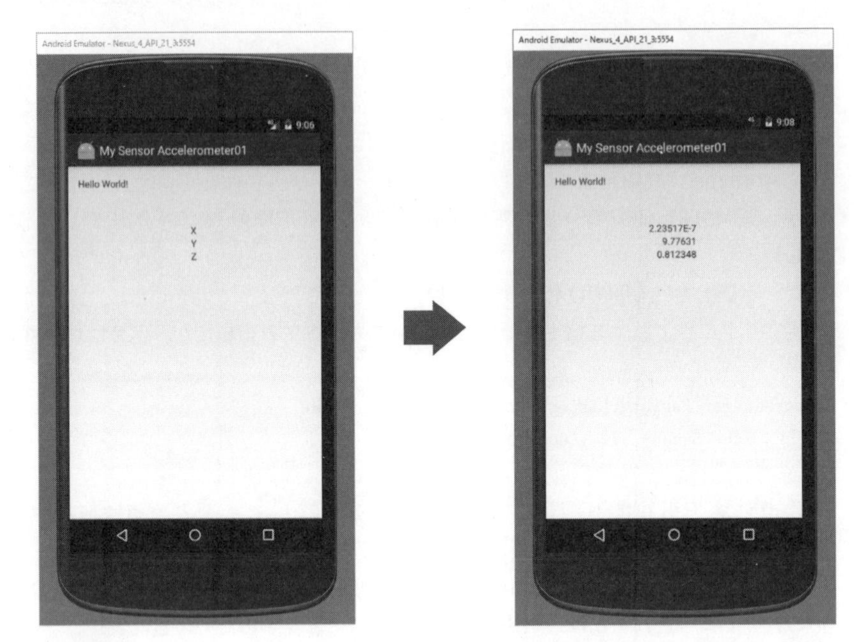

初期画面　　　計測された加速度が表示された状態

その後、加速度センサーの値が取得されると、次のように加速度の値が表示されます。静止状態ではY方向の加速度がおよそ9.8と表示されるはずです。

この加速度の値に関しては「コラム：センサーのXYZ軸について」を参照してください。

次に、端末を横に倒すと次のように加速度の値はX方向に変わります。

これにより、端末の向きを変えても垂直方向の加速度の向きが正しく測定されていることが確認できます。

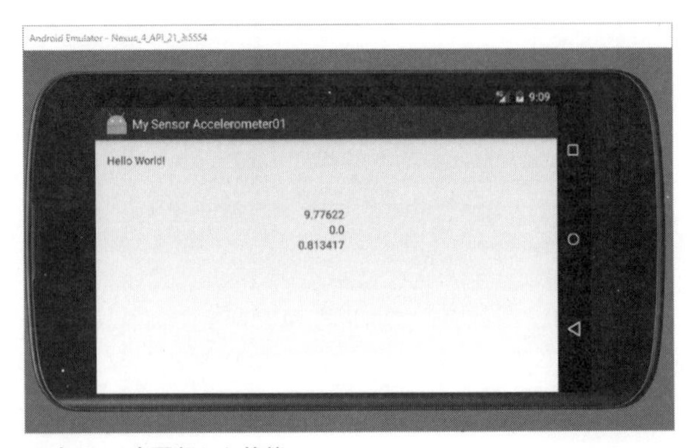

左に90度回転した状態

エミュレーターで向きを自由に変えてセンサーの動作を調べたい場合、エミュレーターの右側にあるバーの「…」を押して「Extended controls」の画面を表示し、そこで「Virtual sensors」を選択してください。

右側に表示される画面を操作して端末の向きを自由に変えることができます。

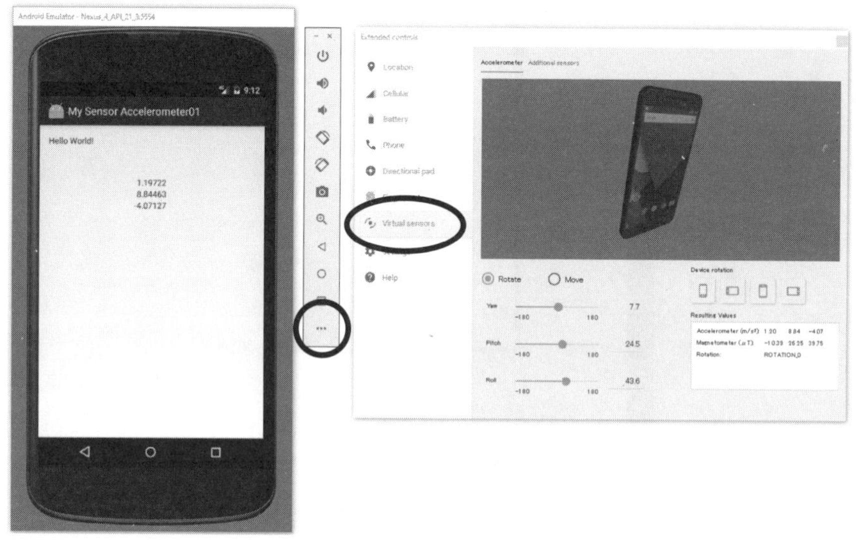

Extended controlsのVirtual sensorsで端末の向きを操作する画面

Column センサーのXYZ軸について

Androidでセンサーの値を扱う場合、XYZ軸は基本的に次の図のように向かって左から右がX軸方向、下から上がY軸方向、そして端末の背面から表側方向がZ軸方向になります。

この座標は端末がどのような向きで置かれていても変わりません。

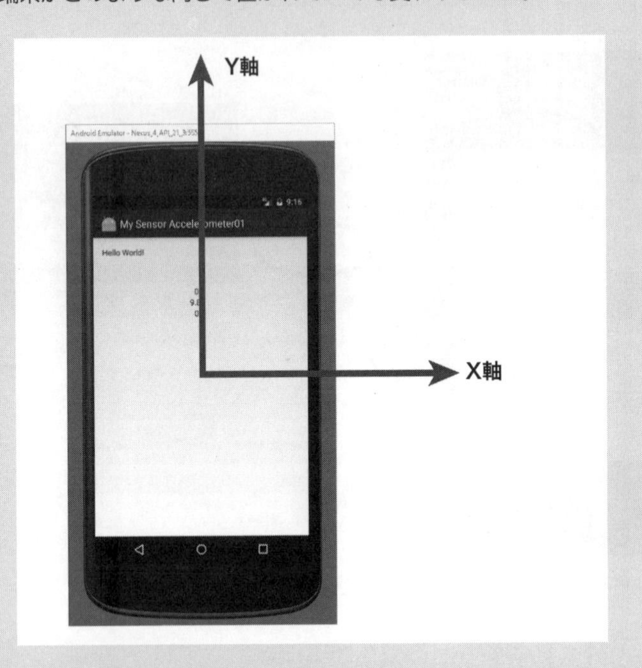

端末の状態によって多少ずれが生じると思いますが、今回の加速度センサーでは端末を垂直に静止状態で保持した場合、加速度はY軸方向におよそ9.81と表示されているはずです。

9.81m/s^{2}という値は地球の重力加速度で、重力が下方向に働いているため端末が上方向（Y軸方向）に9.81m/s^{2}で加速度運動をしているのと同じ状態にあることを示しています。

Column センサーのスレッドとUIスレッドについて

今回作成したセンサーのプログラムでは、センサーで加速度を検出中でもUI側で他の操作を行うことができます。

これは、センサーによる検出はSensorManager内で、別スレッドとして処理されているため、UIスレッドに影響を与えないからです。

しかし、「Chapter05 スレッド」で説明したように、一般的にUIスレッド以外のスレッドからUI画面に対してアクセスして画面の書き換えなどを行うことは禁じられています。

センサーを使うプログラムでは、registerListener()によってイベントリスナーを登録することで、この問題を解決しています。

onSensorChanged()などのイベントリスナーのメソッドは、センサーの値の変化などの指定されたタイミングで呼び出されてUIスレッド側で実行されます。

別の言い方をすると、センサーでイベントリスナーを登録するのは、UIスレッドの制限を回避して別スレッドからUIスレッド側に処理を渡すためだと考えることもできます。

onSensorChanged()のように、指定したタイミングで呼び出されることを想定して作られたメソッドのことを、一般的に「コールバックメソッド」と呼びます。

UIスレッドの制限を回避するためにコールバックを利用するという仕組みは、センサー以外にもAndroidプログラミングの様々な場面で使われています。

Chapter 14

位置情報

Androidでは現在の位置を利用する様々なゲームやアプリケーションが提供されています。

この章では、そのようなプログラムを作成するために、端末の現在地の情報を取得する方法について説明します。

14-01
位置情報とは

Androidで取得できる位置の情報には、以下のようなものが含まれています。

必須項目	・緯度 ・経度 ・測定時刻
オプションの項目	・精度 ・高度 ・速度 ・方位

必須項目の値は位置情報に必ず含まれていますが、オプション項目の情報が取得できるかどうかは端末に依存します。

14-02
位置情報の取得方法

Androidで端末の現在地を取得するためには「ロケーションプロバイダー」と呼ばれるサービスを利用します。

ロケーションプロバイダーとは、端末の位置を提供してくれるサービスのことで、Androidでは以下の3種類のプロバイダーが利用可能です。

- GPSプロバイダー
- Networkプロバイダー
- Passiveプロバイダー

それぞれのプロバイダーの特徴を以下に示します。

	GPSプロバイダー	Networkプロバイダー	Passiveプロバイダー
情報	GPSを利用する。	携帯の基地局やWi-Fiアクセスポイントの情報を利用する。	他のアプリケーションの位置情報を利用する。
利点	・正確な位置が取得できる ・ネットワークが使えなくとも利用できる。	・正確さはGPSより劣る。 ・バッテリー使用量が少ない。	・バッテリー使用量が少ない。 ・速い。
欠点	・端末にGPS機能が必要。 ・遅い。 ・バッテリー使用量が多い。 ・天候や環境によって利用できない場合がある。	・ネットワークが使えない場所では利用できない。	・常に利用できるとは限らない。

これらのプロバイダーを利用するためには、その種類に応じてアプリケーションに次のようなパーミッションを与える必要があります。

プロバイダー	パーミッション
GPSプロバイダー	android.permission.ACCESS_FINE_LOCATION
Networkプロバイダー	android.permission.ACCESS_COARSE_LOCATION または android.permission.ACCESS_FINE_LOCATION
Passiveプロバイダー	android.permission.ACCESS_FINE_LOCATION

Column Networkプロバイダーのパーミッションについて

Networkプロバイダーを使う場合、ACCESS_COARSE_LOCATIONまたはACCESS_FINE_LOCATIONを指定する必要があります。

実際に手元の端末(Nexus 9)でパーミッションを変えてこの2つの違いを調べたところ、精度に関して次のような違いがありました。

ACCESS_FINE_LOCATIONを使った場合：20～50m程度
ACCESS_COARSE_LOCATIONを使った場合：2000m程度

高い精度で位置を調べたい場合はACCESS_FINE_LOCATIONを、低い精度でも良い場合はACCESS_COARSE_LOCATIONを使ってください。

なお、Networkプロバイダーを使う場合には、同時に「android.permission.INTERNET」を指定する必要があるという情報もありましたが、Nexus 9で試したところ特に指定しなくとも位置情報は正常に取得できました。

このプロバイダーで必要なパーミッションは、OSのバージョンや端末の種類によって異なる可能性もあるので、念のために「android.permission.INTERNET」を指定しておいた方が安全かもしれません。

14-03 GPSプロバイダーによって位置情報を取得するプログラム

位置情報を取得するために重要なクラスは以下の2つです。

- android.location.Location
- android.location.LocationManager
- android.location.LocationListener

ここではGPSを使って位置情報を取得するプログラムについて説明します。
プログラムを実行するためにはGPSの機能が必要なので、GPS機能のないタブレットなどで実行したい場合は、他のプロバイダーを使うように書き換えてください。
他のプロバイダーを使う場合もプログラムの流れはほとんど同じです。

「My Location01」というアプリケーション名でプロジェクトを作成します。
関係するファイルは以下の通りです。

Activity	・MainActivity.java メインのActivityファイルです。
レイアウトファイル	・activity_main.xml MainActivityのレイアウトファイルです。 位置情報を表示するためのTextViewを設定します。
マニフェストファイル	・位置情報を取得するために必要なパーミッションを指定します。

activity_main.xml

位置の測定時刻、緯度、経度、高度、精度を表示するためのTextViewを作成します。初期状態ではそれぞれ以下のように文字を設定しておきます。

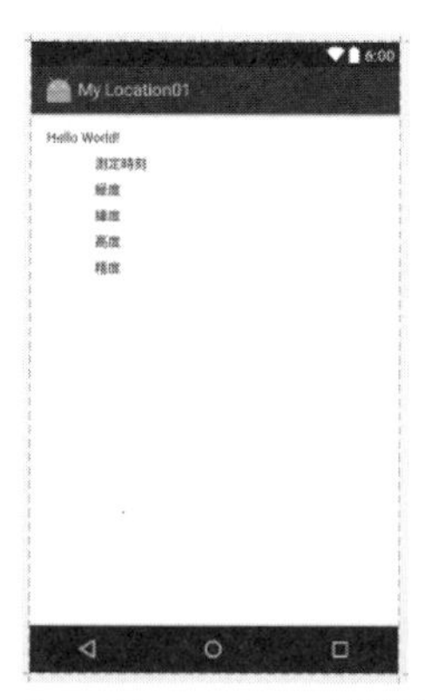

activity_main.xml（デザイン画面）

```
1   <?xml version="1.0" encoding="utf-8"?>
2   <RelativeLayout xmlns:android="http://schemas.android.com/apk/res/android"
3       xmlns:tools="http://schemas.android.com/tools"
4       android:id="@+id/activity_main"
5       android:layout_width="match_parent"
6       android:layout_height="match_parent"
7       android:paddingBottom="16dp"
8       android:paddingLeft="16dp"
9       android:paddingRight="16dp"
10      android:paddingTop="16dp"
11      tools:context="jp.co.examples.myandroid.mylocation01.MainActivity">
12
13      <TextView
14          android:layout_width="wrap_content"
15          android:layout_height="wrap_content"
16          android:text="Hello World!"
17          android:id="@+id/textView" />
18
19      <TextView
20          android:text="測定時刻"
21          android:layout_width="wrap_content"
22          android:layout_height="wrap_content"
23          android:layout_below="@+id/textView"
24          android:layout_alignParentLeft="true"
25          android:layout_alignParentStart="true"
26          android:layout_marginLeft="50dp"
27          android:layout_marginStart="50dp"
28          android:layout_marginTop="10dp"
29          android:id="@+id/textViewTime" />
30
31      <TextView
32          android:text="経度"
33          android:layout_width="wrap_content"
```

```
34            android:layout_height="wrap_content"
35            android:layout_below="@+id/textViewTime"
36            android:layout_alignLeft="@+id/textViewTime"
37            android:layout_alignStart="@+id/textViewTime"
38            android:layout_marginTop="10dp"
39            android:id="@+id/textViewLongitude" />
40

41        <TextView
42            android:text="緯度"
43            android:layout_width="wrap_content"
44            android:layout_height="wrap_content"
45            android:layout_below="@+id/textViewLongitude"
46            android:layout_alignLeft="@+id/textViewLongitude"
47            android:layout_alignStart="@+id/textViewLongitude"
48            android:layout_marginTop="10dp"
49            android:id="@+id/textViewLatitude" />
50
51        <TextView
52            android:text="高度"
53            android:layout_width="wrap_content"
54            android:layout_height="wrap_content"
55            android:layout_below="@+id/textViewLatitude"
56            android:layout_alignLeft="@+id/textViewLatitude"
57            android:layout_alignStart="@+id/textViewLatitude"
58            android:layout_marginTop="10dp"
59            android:id="@+id/textViewAltitude" />
60
61        <TextView
62            android:text="精度"
63            android:layout_width="wrap_content"
64            android:layout_height="wrap_content"
65            android:layout_below="@+id/textViewAltitude"
66            android:layout_alignLeft="@+id/textViewAltitude"
67            android:layout_alignStart="@+id/textViewAltitude"
68            android:layout_marginTop="10dp"
69            android:id="@+id/textViewAccuracy" />
70    </RelativeLayout>
```

activity_main.xml（テキスト画面）

AndroidManifest.xml

GPSプロバイダーを使うために「android.permission.ACCESS_FINE_LOCATION」のパーミッションを指定します。

```
1  <?xml version="1.0" encoding="utf-8"?>
2  <manifest xmlns:android="http://schemas.android.com/apk/res/android"
3      package="jp.co.examples.myandroid.mylocation01">
4
5      <uses-permission android:name="android.permission.ACCESS_FINE_LOCATION" />
6
7      <application
8          android:allowBackup="true"
9          android:icon="@mipmap/ic_launcher"
10         android:label="My Location01"
11         android:supportsRtl="true"
12         android:theme="@style/AppTheme">
13         <activity android:name=".MainActivity">
14             <intent-filter>
15                 <action android:name="android.intent.action.MAIN" />
16
17                 <category android:name="android.intent.category.LAUNCHER" />
18             </intent-filter>
19         </activity>
20     </application>
21
22 </manifest>
```

AndroidManifest.xml

MainActivity.java

位置情報を取得するためのプログラムの処理の流れは次のようになります。

- 位置情報の変化に対して処理を行うリスナーを作成する。
- LocationManagerを取得する。
- LocationManagerを使ってプロバイダーが使えるかどうかチェックする。
- LocationManagerのrequestLocationUpdates()メソッドを使ってリスナーを登録する。
- 処理が終わったらリスナーを解放する。

以下のプログラムではこの流れに沿って定期的に端末の位置情報を取得して画面に表示しています。

```
1    package jp.co.examples.myandroid.mylocation01;
2
3    import ...
17
18   public class MainActivity extends Activity {
19
20       private static final long MIN_TIME = 1000 * 10; // 更新時間の最小値 (10秒)
21       private static final float MIN_DISTANCE = 10.0f; // 更新距離の最小値 (10メートル)
22       private static final String PERMISSION_ERROR_MSG =
23               "Locationのパーミッションがありません";
24
25       private TextView textViewTime; // 測定時刻
26       private TextView textViewLon; // 経度
27       private TextView textViewLat; // 緯度
28       private TextView textViewAlt; // 高度 (オプション)
29       private TextView textViewAcc; // 精度 (オプション)
30
31       private LocationManager locationManager;
32       private MyLocationListener myLocationListener;
33
34       @Override
35       protected void onCreate(Bundle savedInstanceState) {
36           super.onCreate(savedInstanceState);
37           setContentView(R.layout.activity_main);
38
39           textViewTime = (TextView) findViewById(R.id.textViewTime);
40           textViewLon = (TextView) findViewById(R.id.textViewLongitude);
41           textViewLat = (TextView) findViewById(R.id.textViewLatitude);
42           textViewAlt = (TextView) findViewById(R.id.textViewAltitude);
43           textViewAcc = (TextView) findViewById(R.id.textViewAccuracy);
44
45           myLocationListener = new MyLocationListener();
46       }
47
```

MainActivity.java

39～43行目で画面表示用のTextViewを取得しています。

45行目ではMyLocationListenerのオブジェクトを作成しています。

このクラスは114～133行目で定義してあり、位置情報に変化があった場合の処理を定義するためのリスナークラスです。

```
48       @Override
49       protected void onResume() {
50           super.onResume();
51
52           // パーミッションのチェック
53           if (ContextCompat.checkSelfPermission(this, Manifest.permission.ACCESS_FINE_LOCATION)
54                   != PackageManager.PERMISSION_GRANTED) {
55               // エラーメッセージ表示
56               Toast.makeText(this, PERMISSION_ERROR_MSG, Toast.LENGTH_SHORT).show();
57           } else {
58               locationManager = (LocationManager) getSystemService(LOCATION_SERVICE);
59               // GPSプロバイダーが使えるかどうかチェック
60               if (null != locationManager.getProvider(LocationManager.GPS_PROVIDER)) {
61                   // 最後に計測されたLocationの情報をとりあえず表示する
62                   Location location =
```

```
63                     locationManager.getLastKnownLocation(LocationManager.GPS_PROVIDER);
64                 setLocationText(location);
65 
66                 // LocationManagerにLocationListenerを登録する
67                 locationManager.requestLocationUpdates(LocationManager.GPS_PROVIDER,
68                         MIN_TIME, MIN_DISTANCE, myLocationListener);
69             }
70         }
71     }
72 
73     @Override
74     protected void onPause() {
75         // パーミッションのチェック
76         if (ContextCompat.checkSelfPermission(this, Manifest.permission.ACCESS_FINE_LOCATION)
77                 != PackageManager.PERMISSION_GRANTED) {
78             // エラーメッセージ表示
79             Toast.makeText(this, PERMISSION_ERROR_MSG, Toast.LENGTH_SHORT).show();
80         } else {
81             locationManager.removeUpdates(myLocationListener);
82         }
83 
84         super.onPause();
85     }
86 
```

MainActivity.java

49～71行目のonResume()メソッドでは、アプリケーションが実行される前にパーミッションのチェックやリスナーの登録などの準備を行っています。

53～54行目でContextCompat.checkSelfPermission()メソッドにより、マニフェストファイルでアプリケーションに指定したパーミッションが与えられているかどうかをチェックしています。

ContextCompatは「android.support.v4.content」というパッケージに属するクラスですが、このパッケージを使うためにはAndroid Studioにパッケージを導入する必要があります。

導入の方法については「Chapter10 Graphics」の、「ContextCompatクラスの導入方法」(338ページ)の説明を参照してください。

また、メソッドcheckSelfPermission()については「14-04 Android 6.0(API レベル 23)以後のパーミッションについて」(443ページ)も参照してください。

パーミッションが与えられていない場合、56行目でエラーメッセージを表示します。

パーミッションが与えられている場合は、58行目で「getSystemService(LOCATION_SERVICE)」によってLocationManagerを取得し、60行目でgetProvider()メソッドによりGPSプロバイダーが使えるかどうかを調べています。

getProvider()の書式は次の通りです。

クラス	android.location.LocationManager
メソッド	LocationProvider getProvider (String name) 　指定したロケーションプロバイダーを取得します。
引数	・name プロバイダーを指定するための文字列です。 以下の変数のどれかを指定します。 　LocationManager.GPS_PROVIDER 　LocationManager.NETWORK_PROVIDER 　LocationManager.PASSIVE_PROVIDER
戻り値	指定されたロケーションプロバイダーを返します。 指定のロケーションプロバイダーが存在しない場合nullを返します。

GPSプロバイダーが使える場合、62～63行目で「getLastKnownLocation()」を使って最初に画面に表示する位置情報を取得しています。

クラス	android.location.LocationManager
メソッド	Location getLastKnownLocation (String provider) 　指定したプロバイダーが保持している最後のロケーションデータを取得します。
引数	・name プロバイダーを示す文字列を設定します。
戻り値	指定されたロケーションデータを返します。 返された値は古いデータの可能性があります。 プロバイダーが使用不可の場合nullを返します。

64行目で、この位置情報を98～117行目で定義したsetLocationText()メソッドに渡して、画面に表示しています。

67～68行目では、requestLocationUpdates()を使ってGPSプロバイダーのリスナーを登録しています。

クラス	android.location.LocationManager
メソッド	void requestLocationUpdates (String provider, 　　　　　　long minTime, 　　　　　　float minDistance, 　　　　　　LocationListener listener) 　プロバイダーの位置情報の変化を知らせるリスナーを登録します。

引数	・provider プロバイダーを示す文字列を設定します。 ・minTime 位置情報を更新する最小時間間隔を指定します。(単位:ミリ秒) ・minDistance 位置情報を更新する最小距離を指定します。(単位:メートル) ・listener 登録するロケーションリスナーを指定します。

74～85行目のonPauseメソッドではパーミッションのチェックを行った後、アプリケーションの停止に備えてremoveUpdates()を使ってリスナーの解放を行っています。

クラス	android.location.LocationManager
メソッド	void removeUpdates (LocationListener listener) ロケーションリスナーを解放します。
引数	・listener 解放するロケーションリスナーを指定します。

```
87      /**
88       * 位置情報を表示する
89       */
90      private void setLocationText(Location location) {
91          if( location!=null ) {
92              String time = new SimpleDateFormat("yyyy/MM/dd HH:mm:ss", Locale.getDefault()).
93                      format(new Date(location.getTime()));
94              double lon = location.getLongitude();
95              double lat = location.getLatitude();
96              textViewTime.setText("測定時刻：" + time);
97              textViewLon.setText("経度：" + lon);
98              textViewLat.setText("緯度：" + lat);
99
100             if( location.hasAccuracy() ) {
101                 double acc = location.getAccuracy();
102                 textViewAcc.setText("精度：" + acc);
103             }
104             if( location.hasAltitude() ) {
105                 double alt = location.getAltitude();
106                 textViewAlt.setText("高度：" + alt);
107             }
108         }
109     }
110
111     /**
112      * LocationListener
113      */
114     class MyLocationListener implements LocationListener {
115
116         @Override
117         public void onLocationChanged(Location location) {
```

14

```
118                 // 位置に変化があった場合に画面に表示する
119                 setLocationText(location);
120             }
121 
122             @Override
123             public void onStatusChanged(String s, int i, Bundle bundle) {
124             }
125 
126             @Override
127             public void onProviderEnabled(String s) {
128             }
129 
130             @Override
131             public void onProviderDisabled(String s) {
132             }
133         }
134     }
```

MainActivity.java

90～109行目のsetLocationText()メソッドは、引数で受け取った位置情報から時刻、緯度、経度、精度、高度を取得してそれらを画面に表示する処理を行っています。

精度と高度はオプションの位置情報なので対応していない端末もあるため、それらの値が使えるかどうかをhasAccuracy()、hasAltitude()によってチェックしています。

114～133行目のMyLocationListenerはLocationListenerを実装したリスナークラスです。

117～120行目のonLocationChanged()は位置情報に変化があった場合に呼び出されるメソッドで、119行目で位置情報の画面表示を行っています。

LocationListenerの他のメソッドはこのプログラムでは使用しないので空のままです。

実行結果

アプリケーションを実行すると、端末が最後に取得した位置情報が次のように表示されます。

Android 6.0以上の端末については、アプリケーションをインストールした直後はパーミッションが設定されていない可能性があるので、その場合は「14-04 Android 6.0(APIレベル 23)以後のパーミッションについて」(443ページ)を参照して、パーミッションを設定してください。

なお、エミュレーターで実行した場合は最後の位置情報が存在しない場合もあります。

その場合には位置情報は表示されませんが、最小更新時間(10秒)が経過してGPSデータが更新されてリスナーのメソッドが実行されると位置情報が表示されるはずです。

高度と精度はオプションなので、その機能がない端末の場合にはそれらの値は表示されません。

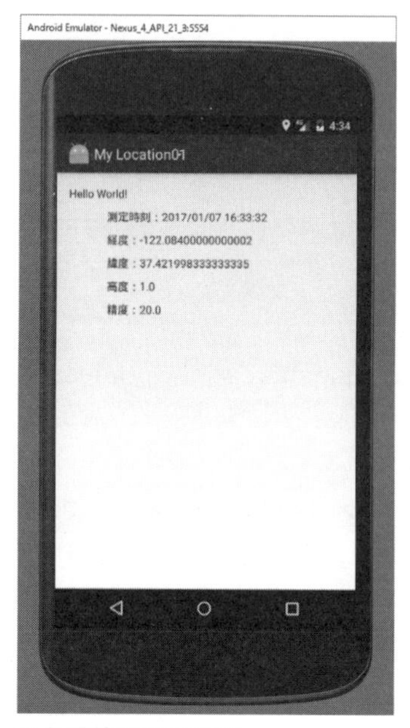

位置情報表示画面

エミュレーターを使ってGPSの値を変えてプログラムの動作を調べたい場合、右側のバーの「…」を押して表示される「Extended control」画面で「Location」を選択して移動、経度、高度を変更することができます。

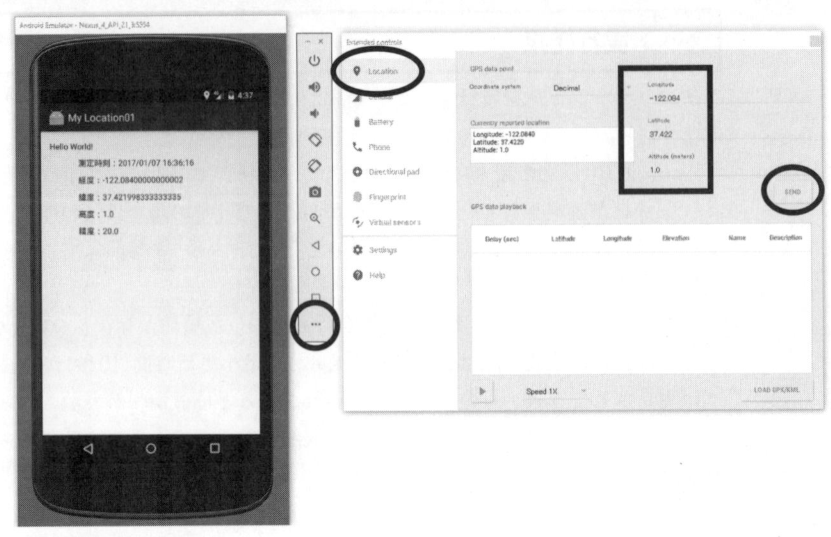

⊙位置情報設定画面

設定したい値を入力し、SENDボタンを押してください。
緯度、経度の変更によりリスナーのonLocationChanged()が実行されます。

Column 高度と精度について

・高度について

位置が変化したかどうかの判断は、リスナー登録時requestLocationUpdates()に引数で指定したminDistance(最小距離)に依存します。

ただし、この位置の変化では垂直方向の距離は無視されます。

高度だけを変えても位置が変わったとみなされないため、onLocationChanged()は実行されません。

・精度について

位置情報から精度の情報を取得できるかどうかは端末に依存しますが、値が取得できる場合、この値は「68%の確率の確からしさ」の距離(メートル)を意味します。

別の言い方をすると、精度が20の場合、これは位置情報から取得した緯度・経度を中心として半径20mの円を描いた場合に実際の位置がその円の中に入る確率が68%ということを意味します。

14-04 Android 6.0(API レベル 23)以後のパーミッションについて

今回のプログラムでは以下のメソッドを実行する前に、checkPermission()メソッドによってパーミッションが与えられているかどうかをチェックしています。

- locationManager.getProvider()
- locationManager.getLastKnownLocation()
- locationManager.requestLocationUpdates()
- locationManager.removeUpdates()

これは、Android 6.0(API レベル 23)以後のバージョンではシステム関係のパーミッションの取り扱いが変わり、パーミッションが「Normal パーミッション」と「Dangerous パーミッション」に分けられたためです。

これらのパーミッションについて、Androidのドキュメントでは以下のように説明されています。

> Normal パーミッションでは、ユーザーのプライバシーが直接脅かされることはありません。アプリのマニフェストに Normal パーミッションが記述されている場合、このパーミッションは自動的に付与されます。
>
> Dangerous パーミッションは、アプリによるユーザーの機密データへのアクセスを許可します。アプリのマニフェストに Normal パーミッションが記述されている場合、このパーミッションは自動的に付与されます。Dangerous パーミッションがリストされている場合、ユーザーは、アプリに明示的な承認を与える必要があります。
>
> (参照：https://developer.android.com/training/permissions/requesting.html)

6.0よりも前のバージョンでは、マニフェストファイルで記述されたパーミッションはアプリケーションのインストール時にチェックされ、インストール後は自動的に使えるようになっていました。

しかし、6.0以後ではユーザーはインストール後や実行時にパーミッションを変更することができるようになりました。

また、6.0以後のバージョンでは、たとえマニフェストファイルでパーミッションを指定していても、それがDangerous パーミッションの場合は、初期状態ではパーミッションが使えない状態になっています。
　そのため、インストール後に以下のような「情報(App info)」画面でパーミッションを与える必要があります。

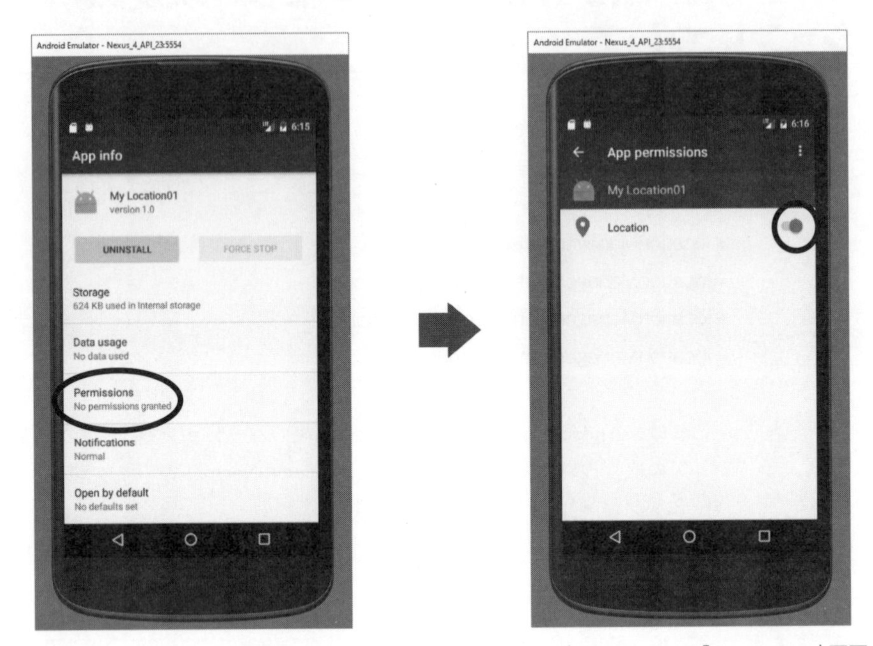

アプリケーションの「情報（App info）」画面　　アプリケーションの「Permissions」画面

　この変更に伴い、Android Studioで6.0以後の端末を対象とするプログラムを作成する場合に、パーミッションのチェック無しでDangerousパーミッションに属する処理を記述すると、Android Studio付属の「Lint」というエラーチェックツールが編集画面でエラーを表示するようになりました。

　今回の位置情報プログラムで用いたACCESS_FINE_LOCATIONやACCESS_COARSE_LOCATIONに関連する処理は、Dangerous パーミッションに属しているため、パーミッションのチェックをしないでそれらのメソッドを使おうとすると、Android Studioによってプログラムの該当箇所に以下のようにエラーが表示されます。

Dangerousパーミッションに関するエラー表示

ここで表示されているエラーメッセージは以下の通りです。

Call requires permission which may be rejected by user: code should explicitly check to see if permission is available (with `checkPermission`) or explicitly handle a potential `SecurityException`

このエラーが表示されないようにするためには、Lintの設定を変更するか、該当部分をtry-catchで囲んで「SecurityException」をキャッチするか、またはContextCompat.checkSelfPermission()を使って、パーミッションのチェックを行う必要があります。

今回のプログラムではContextCompat.checkSelfPermission()を使ってチェックを行い、パーミッションが与えられていない場合はエラーメッセージを画面に表示するように処理しています。

クラス	android.support.v4.content.ContextCompat
メソッド	int checkSelfPermission (Context context, String permission) パーミッションを与えるように設定したかどうかをチェックします。
引数	・context Contextを指定します。 ・permission パーミッションを表す文字列を指定します。 例：Manifest.permission.ACCESS_FINE_LOCATION Manifest.permission.ACCESS_COARSE_LOCATION など。
戻り値	パーミッションが与えられている場合： PackageManager.PERMISSION_GRANTED パーミッションが与えられていない場合： PackageManager.PERMISSION_DENIED が返されます。

6.0以降ではパーミッションを変更するかどうかを、アプリケーションの実行中にダイアログを表示してユーザーに選択させることもできます。
しかし、その場合の処理は少々複雑になるので、今回のプログラムでは単にメッセージを表示するだけにしています。

現在のAndroidのバージョンでは、パーミッションさえ与えられていればこのエラーの表示を無視してアプリケーションを実行することができますが、将来的にどうなるかはわからないので、このエラーの意味や対処方法は理解しておいた方が良いでしょう。

Chapter 15

データ処理

　アプリケーションではデータをファイルに保存したり、それを後で読み込んで使ったりする処理が必要になる場合があります。
　この章では、このようなデータ処理をAndroidで行うためのいくつかの方法について説明します。

15-01 データの種類

Androidで扱うことができるファイルの形式には様々なものがありますが、代表的なものとして、ここでは以下の形式のファイルを使ったデータ処理について説明します。

- 少量の単純な構造のデータ
- 内部ストレージ(Internal Storage)ファイル
- 外部ストレージ(External Storage)ファイル

15-02 少量の単純な構造のデータ

「ゲームの最高得点」や「アプリケーションの設定画面」のように、少量で単純な構造のデータを扱う場合にはSharedPreferencesというクラスを使う方法が適しています。

SharedPreferencesはデータを「キー」と「値」の組として保存し、「キー」を指定して保存した値を読み込みます。

重要となるのは以下のクラスです。

- android.content.SharedPreferences
- android.content.SharedPreferences.Editor

ここでは画面で入力された項目を保存し、それらを読み込んで表示するプログラムを作成して、このクラスの使い方を説明します。

「My Data SharedPreferences01」というアプリケーション名でプロジェクトを作成します。

関係するファイルは以下の通りです。

Activity	・MainActivity.java メインのActivityファイルです。
レイアウトファイル	・activity_main.xml MainActivityのレイアウトファイルです。 「ID」と「氏名」の入力欄とボタンを追加します。

activity_main.xml

「ID」と「氏名」の入力欄と、「保存」、「読み込み」のボタンを追加します。

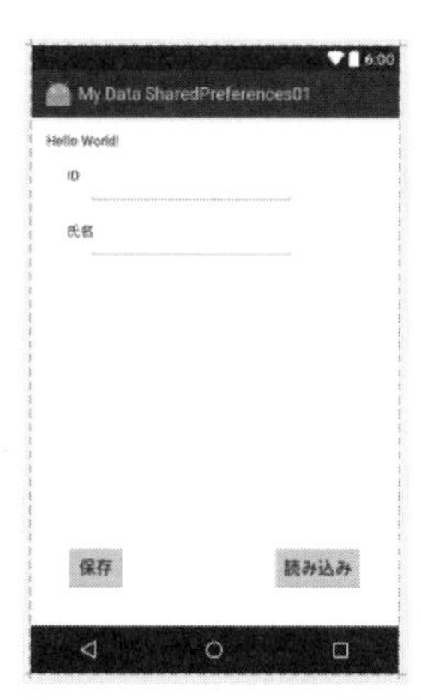

activity_main.xml（デザイン画面）

```
1  <?xml version="1.0" encoding="utf-8"?>
2  <RelativeLayout xmlns:android="http://schemas.android.com/apk/res/android"
3      xmlns:tools="http://schemas.android.com/tools"
4      android:id="@+id/activity_main"
5      android:layout_width="match_parent"
6      android:layout_height="match_parent"
7      android:paddingBottom="16dp"
8      android:paddingLeft="16dp"
9      android:paddingRight="16dp"
10     android:paddingTop="16dp"
11     tools:context="jp.co.examples.myandroid.mydatasharedpreferences01.MainActivity">
12
13     <TextView
14         android:layout_width="wrap_content"
15         android:layout_height="wrap_content"
16         android:text="Hello World!"
17         android:id="@+id/textView" />
18
19     <TextView
20         android:text="ID"
21         android:layout_width="wrap_content"
22         android:layout_height="wrap_content"
23         android:layout_marginLeft="21dp"
24         android:layout_marginStart="21dp"
25         android:layout_marginTop="19dp"
```

```
25            android:layout_marginTop="19dp"
26            android:id="@+id/textViewId"
27            android:layout_below="@+id/textView"
28            android:layout_alignParentLeft="true"
29            android:layout_alignParentStart="true" />
30
31        <EditText
32            android:layout_width="wrap_content"
33            android:layout_height="wrap_content"
34            android:inputType="text"
35            android:text=""
36            android:ems="10"
37            android:layout_alignTop="@+id/textViewId"
38            android:layout_toRightOf="@+id/textViewId"
39            android:layout_toEndOf="@+id/textViewId"
40            android:layout_marginLeft="10dp"
41            android:layout_marginStart="10dp"
42            android:id="@+id/editTextId" />
43
```

```
44        <TextView
45            android:text="氏名"
46            android:layout_width="wrap_content"
47            android:layout_height="wrap_content"
48            android:layout_below="@+id/editTextId"
49            android:layout_alignLeft="@+id/textViewId"
50            android:layout_alignStart="@+id/textViewId"
51            android:layout_marginTop="20dp"
52            android:id="@+id/textViewName" />
53
54        <EditText
55            android:layout_width="wrap_content"
56            android:layout_height="wrap_content"
57            android:inputType="text"
58            android:text=""
59            android:ems="10"
60            android:layout_alignTop="@+id/textViewName"
61            android:layout_alignLeft="@+id/editTextId"
62            android:layout_alignStart="@+id/editTextId"
63            android:id="@+id/editTextName" />
64
65        <Button
66            android:text="保存"
67            android:layout_width="wrap_content"
68            android:layout_height="wrap_content"
69            android:layout_alignParentBottom="true"
70            android:layout_marginLeft="20dp"
71            android:layout_marginStart="20dp"
72            android:layout_marginBottom="20dp"
73            android:id="@+id/buttonSave" />
74
75        <Button
76            android:text="読み込み"
77            android:layout_width="wrap_content"
78            android:layout_height="wrap_content"
79            android:layout_alignBottom="@+id/buttonSave"
80            android:layout_alignParentRight="true"
81            android:layout_alignParentEnd="true"
82            android:layout_marginRight="20dp"
83            android:layout_marginEnd="20dp"
84            android:id="@+id/buttonLoad" />
85
86    </RelativeLayout>
```

⬆ activity_main.xml（テキスト画面）

MainActivity.java

このプログラムでは画面に入力された「保存」ボタンによって「ID」と「氏名」を保存し、「読み込み」ボタンによって保存した値を読み込んで表示します。

```
1   package jp.co.examples.myandroid.mydatasharedpreferences01;
2
3   import ...
9
10  public class MainActivity extends Activity {
11
12      private static final String PREF_NAME = "NAME";
13      private static final String PREF_ID = "ID";
14
15      @Override
16      protected void onCreate(final Bundle savedInstanceState) {
17          super.onCreate(savedInstanceState);
18          setContentView(R.layout.activity_main);
19
20          final EditText editTextName = (EditText) findViewById(R.id.editTextName);
21          final EditText editTextId = (EditText) findViewById(R.id.editTextId);
22          Button buttonLoad = (Button) findViewById(R.id.buttonLoad);
23          Button buttonSave = (Button) findViewById(R.id.buttonSave);
24
25          final SharedPreferences sharedPref = getPreferences(MODE_PRIVATE);
26
27          // 保存ボタンクリック時の処理
28          buttonSave.setOnClickListener(new View.OnClickListener() {
29              @Override
30              public void onClick(View view) {
31                  // データを保存する
32                  SharedPreferences.Editor editor = sharedPref.edit();
33                  editor.putString(PREF_NAME, editTextName.getText().toString());
34                  editor.putString(PREF_ID, editTextId.getText().toString());
35                  editor.apply();  //  又は editor.commit();
36              }
37          });
38
39          // 読み込みボタンクリック時の処理
40          buttonLoad.setOnClickListener(new View.OnClickListener() {
41              @Override
42              public void onClick(View view) {
43                  // データを読み込んで画面に表示する
44                  String name = sharedPref.getString(PREF_NAME, "");
45                  String id = sharedPref.getString(PREF_ID, "");
46                  editTextName.setText(name);
47                  editTextId.setText(id);
48              }
49          });
50      }
51  }
```

MainActivity.java

25行目でgetPreferences()メソッドによりSharedPreferencesを取得しています。このメソッドの書式は以下の通りです。

15

クラス	android.app.Activity
メソッド	SharedPreferences getPreferences (int mode) SharedPreferencesオブジェクトを取得します。
引数	・mode 動作のモードを指定する引数です。 一般的には実行元のアプリケーションだけがデータを利用可能であることを意味するContext.MODE_PRIVATEを指定します。 他のアプリケーションとデータを共有したい場合にはContextクラスのgetSharedPreferences()というメソッドを使います。
戻り値	SharedPreferencesオブジェクトを返します。

データの保存や読み込みはこのSharedPreferencesを使って行います。

28～37行目は「保存」ボタンを押した場合の処理です。

SharedPreferencesを使ってデータを保存・変更する場合は、初めにSharedPreferences.Editorというクラスのオブジェクトを取得する必要があります。

32行目がその部分で、このようにSharedPreferences のedit()というメソッドを使って取得します。

インターフェース	android.content.SharedPreferences
メソッド	SharedPreferences.Editor edit () SharedPreferences.Editorのオブジェクトを取得します。
戻り値	SharedPreferences.Editorオブジェクトを返します。

33～34行目では、IDと氏名欄のそれぞれのデータをputString()というメソッドを使って「キー」と「値」の組の形としてSharedPreferencesに設定しています。

インターフェース	android.content.SharedPreferences.Editor
メソッド	SharedPreferences.Editor putString (String key, String value) データをキーと値の組として保存します。
引数	・key 保存するデータのキーを指定します。 ・value 保存するデータの値を指定します。
戻り値	指定したキーと値が設定されたSharedPreferences.Editorを返します。

今回はIDと氏名はどちらも文字列として扱っているのでputString()というメソッドを使っていますが、他にもputBoolean()、putFloat()、putInt()など、値の型に合わせた

メソッドが定義されています。

値を設定した後、それを記憶するためには最後に「commit()」または「apply()」というメソッドを実行する必要があります。

35行目がその部分で、このプログラムではapply()メソッドを使っています。

インターフェース	android.content.SharedPreferences.Editor
メソッド	void apply () 設定された値をファイルに保存します。

apply()メソッドは非同期で実行されるため、このメソッドを呼び出した後に処理はすぐ呼び出し側に戻されます。

しかし、commit()メソッドは同期的に実行されるため、他に同じファイルを使っている処理がある場合には、そちらの処理が終了するまで実行待ちになります。

一般的にはSharedPreferencesを使うデータは量が少なく実行が短時間で終了するため、どちらのメソッドを使ってもあまり問題はないのですが、UIスレッドが実行待ちになることが気になる場合はapply()メソッドを使った方がよいでしょう。

40～49行目は「読み込み」ボタンを押した場合の処理です。

44～45行目でgetString()というメソッドを使って、SharedPreferencesに設定された値を取得しています。

インターフェース	android.content.SharedPreferences
メソッド	String getString (String key, String defValue) キーに対応する値を取得します。
引数	・key 取り出したい値のキーを指定します。 ・defValue キーが存在しない場合に返す値を設定します。
戻り値	キーに対応する値を返します。 キーが存在しない場合はdefValueを返します。

putString()の場合と同様に、他にもgetBoolean()、getFloat()、getInt()など、格納されている値の型に合わせたメソッドが定義されています。

データを保存する場合にはSharedPreferences.Editorクラスを用いましたが、格納されている値を取り出す場合にはSharedPreferencesクラスを使います。

46～47行目では取得した値を画面に設定しています。

実行結果

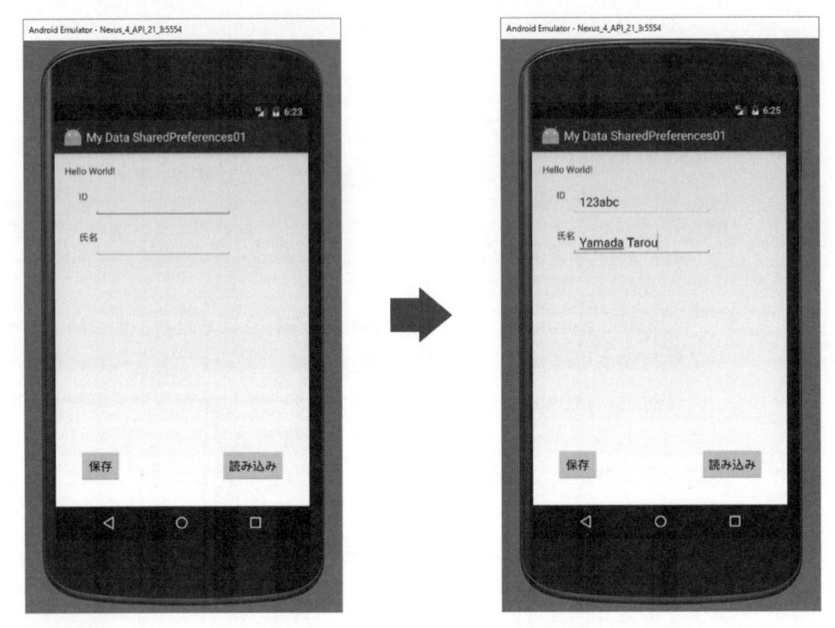

初期画面

データ入力

IDと氏名欄にデータを入力し、「保存」ボタンを押すとデータがファイルに保存されます。

保存されたデータは「読み込み」ボタンを押すと読み込まれて画面に表示されます。

このデータはファイルに保存されているので、プログラムを終了しても保存されています。

SharedPreferencesのデータファイルについて

SharedPreferencesデータはファイルとして内部的に保存されています。

このファイルはSharedPreferencesやSharedPreferences.Editorクラスを通して使用するため、ファイルに直接アクセスする必要はないのですが、興味がある人のためにデータがどのような形で保存されているのかを簡単に説明します。

Android Studioでエミュレーターを使う場合、「Android Device Monitor」というツールを使うことによりエミュレーター内のファイルの状態を調べることができます。

エミュレーターを起動後、メニューから「Tools→Android→Android Device Monitor」を選択してください。

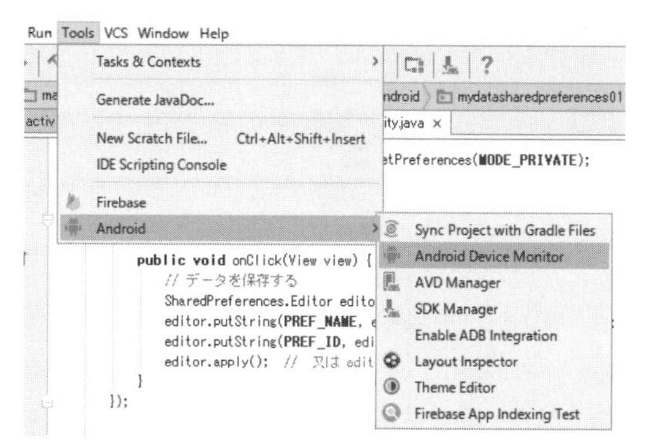

Android Device Monitorを起動

Android Device Monitorの画面が表示されます。

左側に現在起動中のエミュレーターが表示されるので、調べたいエミュレーターを選択してください。

右側で「File Explorer」タブを選ぶとファイルの内容が表示されます。

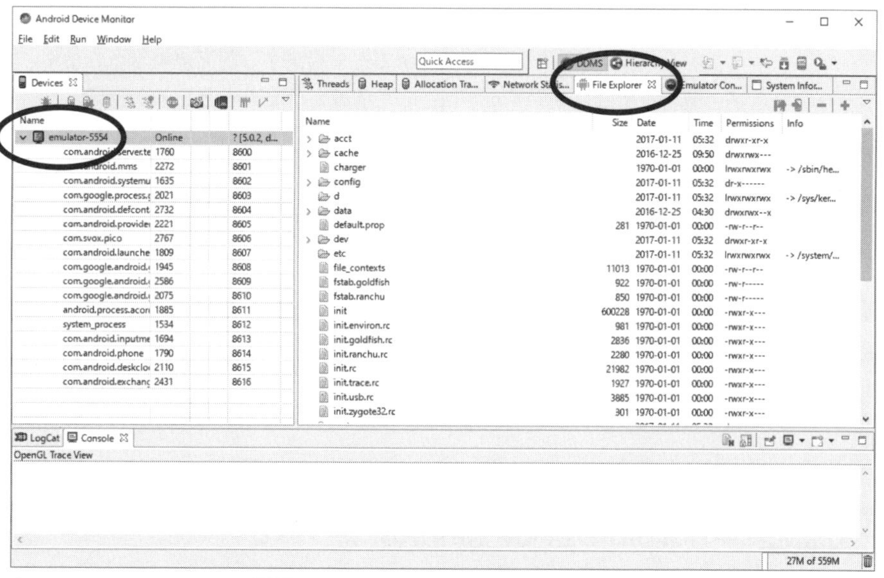

Android Device Monitor画面

SharedPreferencesのデータは、この中の「/data/data/<パッケージ名>/shared_prefs/」というディレクトリ内に、「<Activityクラス名>.xml」というファイル名で保存されています。

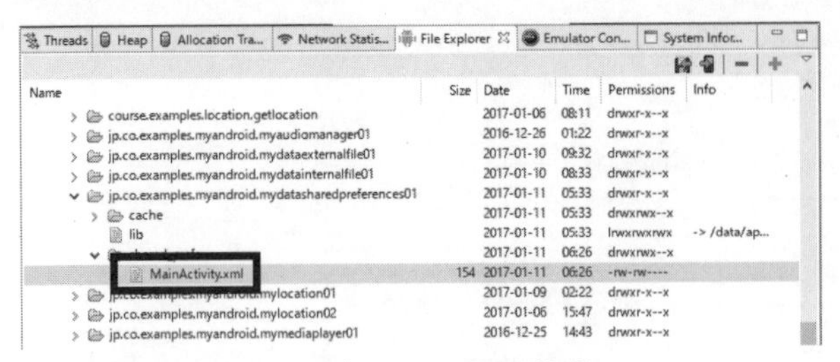

SharedPreferencesのデータファイルの場所

実際にファイルの内容を見たい場合は、画面右上の「pull a file from a device」というボタンを使ってファイルを外に取り出す必要があります。

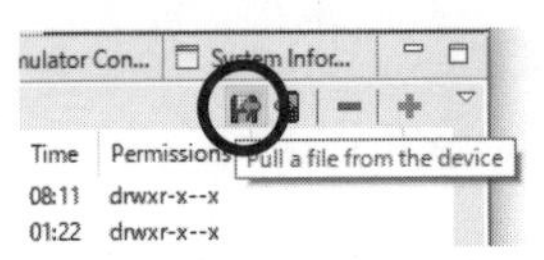

Pull a file from the deviceボタン

取り出したいファイル(今回の場合はMainActivity.xml)を選択してボタンを押すと、選択したファイルをどこに保存するかを指定する画面が表示されます。

適当な場所にファイルを保存した後でエディタなどを使って開くと、次のようなデータが格納されています。

```
<?xml version='1.0' encoding='utf-8' standalone='yes' ?>↓
<map>↓
    <string name="ID">123abc</string>↓
    <string name="NAME">Yamada Tarou</string>↓
</map>↓
```

SharedPreferencesのデータファイルの例

このように、SharedPreferencesのデータはキーと値の組を使ってxml形式で保存されています。

Column Android Device Monitorについて

Android Device Monitorでエミュレーターではなく実機のデータを見ようとしても、/data/内部のデータを表示することはできません。

これはファイルの参照権限が関係しているものと思われます。

またエミュレーターを使った場合でも、Android 7.0以上の端末に対しては現在のAndroid Studio(2.2.3)では情報が表示できませんでした。

これらの問題に関してはAndroid Studio側の対応を待つしかなさそうです。

15-03 内部ストレージ（Internal Storage）ファイル

キーと値のペアでは扱いにくいデータや、音楽や動画のようにサイズの大きなデータを使いたい場合、Androidでは一般のJavaと同様のファイル入出力APIを使ってデータの保存、読み込みを行うことができます。

この場合、内部ストレージと外部ストレージの2種類の記憶場所を指定することができます。

ここで内部ストレージを使う方法について説明します。

「My Data Internal File01」というアプリケーション名でプロジェクトを作成します。

関係するファイルは以下の通りです。

Activity	・MainActivity.java メインのActivityファイルです。
レイアウトファイル	・activity_main.xml MainActivityのレイアウトファイルです。 EditTextとボタンを追加します。

activity_main.xml

レイアウトファイルに複数行の入力ができるEditTextと、保存、読み込み用のボタンを追加します。

activity_main.xml（デザイン画面）

```
1   <?xml version="1.0" encoding="utf-8"?>
2   <RelativeLayout xmlns:android="http://schemas.android.com/apk/res/android"
3       xmlns:tools="http://schemas.android.com/tools"
4       android:id="@+id/activity_main"
5       android:layout_width="match_parent"
6       android:layout_height="match_parent"
7       android:paddingBottom="16dp"
8       android:paddingLeft="16dp"
9       android:paddingRight="16dp"
10      android:paddingTop="16dp"
11      tools:context="jp.co.examples.myandroid.mydatainternalfile01.MainActivity">
12
13      <TextView
14          android:layout_width="wrap_content"
15          android:layout_height="wrap_content"
16          android:text="Hello World!"
17          android:id="@+id/textView" />
18
19      <EditText
20          android:layout_width="match_parent"
21          android:layout_height="match_parent"
22          android:inputType="textMultiLine"
23          android:layout_marginTop="10dp"
24          android:layout_marginBottom="10dp"
25          android:layout_above="@+id/buttonSave"
26          android:id="@+id/editText"
27          android:layout_below="@+id/textView"
28          android:layout_alignParentLeft="true"
29          android:layout_alignParentStart="true"
30          android:background="#F0F0F0"
31          android:gravity="top" />
32

33      <Button
34          android:text="保存"
35          android:layout_width="wrap_content"
36          android:layout_height="wrap_content"
37          android:layout_alignParentBottom="true"
38          android:layout_alignParentLeft="true"
39          android:layout_alignParentStart="true"
40          android:layout_marginLeft="20dp"
41          android:layout_marginStart="20dp"
42          android:layout_marginBottom="20dp"
43          android:id="@+id/buttonSave" />
44
45      <Button
46          android:text="読み込み"
47          android:layout_width="wrap_content"
48          android:layout_height="wrap_content"
49          android:layout_alignTop="@+id/buttonSave"
50          android:layout_alignParentRight="true"
51          android:layout_alignParentEnd="true"
52          android:layout_marginRight="20dp"
53          android:layout_marginEnd="20dp"
54          android:id="@+id/buttonLoad" />
55  </RelativeLayout>
```

activity_main.xml（テキスト画面）

複数行入力できるように、22行目で「android:inputType="textMultiLine"」を指定しています。

また、入力範囲が見やすいように30行目で「android:background="#F0F0F0"」を、そしてEditText内の垂直方向の入力開始位置が上端になるように31行目で「android:gravity="top"」を指定しています。

MainActivity.java

「保存」ボタンが押された場合、EditTextに入力された文字列を内部ストレージに保存し、「読み込み」ボタンが押された場合、内部ストレージからデータを読み込みEditTextに表示します。

```
1   package jp.co.examples.myandroid.mydatainternalfile01;
2
3   import ...
19
20  public class MainActivity extends Activity {
21
22      private static final String TAG = "My Data Internal File01";
23      private static final String fileName = "TestInternalFile.txt";
24      private static final String SEPARATOR = System.getProperty("line.separator");
25
26      @Override
27      protected void onCreate(Bundle savedInstanceState) {
28          super.onCreate(savedInstanceState);
29          setContentView(R.layout.activity_main);
30
31          final EditText editText = (EditText) findViewById(R.id.editText);
32          Button buttonSave = (Button) findViewById(R.id.buttonSave);
33          Button buttonLoad = (Button) findViewById(R.id.buttonLoad);
34
35          // 保存ボタンクリック時の処理
36          buttonSave.setOnClickListener(new View.OnClickListener() {
37              @Override
38              public void onClick(View view) {
39                  // データを保存する
40                  try {
41                      // ファイル名からFileOutputStreamを作成し、PrintWriterを作成する
42                      FileOutputStream fos = openFileOutput(fileName, MODE_PRIVATE);
43                      PrintWriter pw = new PrintWriter(new BufferedWriter(
44                              new OutputStreamWriter(fos)));
45
46                      // PrintWriterにEditTextの内容を出力する
47                      String str = editText.getText().toString();
48                      pw.print(str);
49
50                      // PrintWriterを閉じる
51                      pw.close();
52                  } catch (Exception e) {
53                      Log.d(TAG, "ファイルの保存に失敗しました", e);
54                  }
55              }
56          });
57
```

MainActivity.java

23行目でファイル名として「TestInternalFile.txt」を設定しています。

SharedPreferencesの場合と異なり、内部ストレージファイルを使う場合はこのようにファイル名を指定する必要があります。

36～56行目は「保存」ボタンを押した場合の処理です。

42行目でopenFileOutput()メソッドを使ってファイル出力用のFileOutputStreamを作成し、43～44行目でそれを使ってPrintWriterを取得します。

クラス	android.content.Context
メソッド	FileOutputStream openFileOutput (String name, int mode) ファイル名とモードを指定してFileOutputStreamを開きます。
引数	・name パス名無しのファイル名を指定します。 ・mode MODE_PRIVATEまたはMODE_APPENDのどちらかを指定します。
戻り値	FileOutputStreamを返します。

47行目でEditTextに入力された文字列を取得し、48行目でその文字列をPrintWriterに出力します。

処理終了後、51行目でPrintWriterを閉じます。

Column openFileOutput()メソッドについて

今回のプログラムではopenFileOutput()を使ってFileOutputStreamを取得していますが、この部分は

```
File file = new File(MainActivity.this.getFilesDir(), fileName);
PrintWriter pw = new PrintWriter(file);
```

のようにContext.getFilesDir()というメソッドを使って、一旦Fileオブジェクトを取得してからPrintWriterを作成してデータを出力することもできます。

```
58            // 読み込みボタンクリック時の処理
59            buttonLoad.setOnClickListener(new View.OnClickListener() {
60                @Override
61                public void onClick(View view) {
62                    // データを読み込んで画面に表示する
63                    try {
64                        // ファイル名からFileInputStreamを作成し、BufferedReaderを作成する
65                        FileInputStream fis = openFileInput(fileName);
66                        BufferedReader br = new BufferedReader(new InputStreamReader(fis));
67
68                        // ファイルを一行ずつ読み込み、改行を付けながらStringBufferに格納する
69                        StringBuffer stringBuffer = new StringBuffer();
70                        String line;
71                        while (null != (line = br.readLine())) {
72                            stringBuffer.append(line);
73                            stringBuffer.append(SEPARATOR);
74                        }
75
76                        // StringBufferの内容をEditTextに表示する
77                        editText.setText(stringBuffer.toString());
78
79                        // BufferedReaderを閉じる
80                        br.close();
81                    } catch (FileNotFoundException e) {
82                        // ファイルが存在しない場合
83                        Toast.makeText(MainActivity.this,
84                                "ファイルが存在しません", Toast.LENGTH_SHORT).show();
85                    } catch (Exception e) {
86                        Log.d(TAG, "ファイルの読み込みに失敗しました", e);
87                    }
88                }
89            });
90        }
91    }
```

MainActivity.java

59～89行目は「読み込み」ボタンを押した場合の処理です。

65行目でopenFileInput()メソッドを使ってFileInputStreamを作成し、それを使って66行目でBufferedReaderを取得しています。

クラス	android.content.Context
メソッド	FileInputStream openFileInput (String name) ファイル名を指定してFileInputStreamを開きます。
引数	・name 　パス名無しのファイル名を指定します。
戻り値	FileInputStreamを返します。

69～74行目ではBufferedReaderから一行ずつ文字列を読み込み、行末に改行を加えながら全体をつなげてStringBufferに格納しています。

77行目で全体の文字列をEditTextに表示し、80行目でBufferedReaderを閉じます。

なお、一度も「保存」ボタンを押していない場合はまだファイルは存在していません。
そのような場合は「読み込み」のときにFileNotFoundException が発生するので、80行目でFileNotFoundExceptionをキャッチしてメッセージを表示しています。

実行結果

アプリケーションを実行すると次のような画面が表示されます。

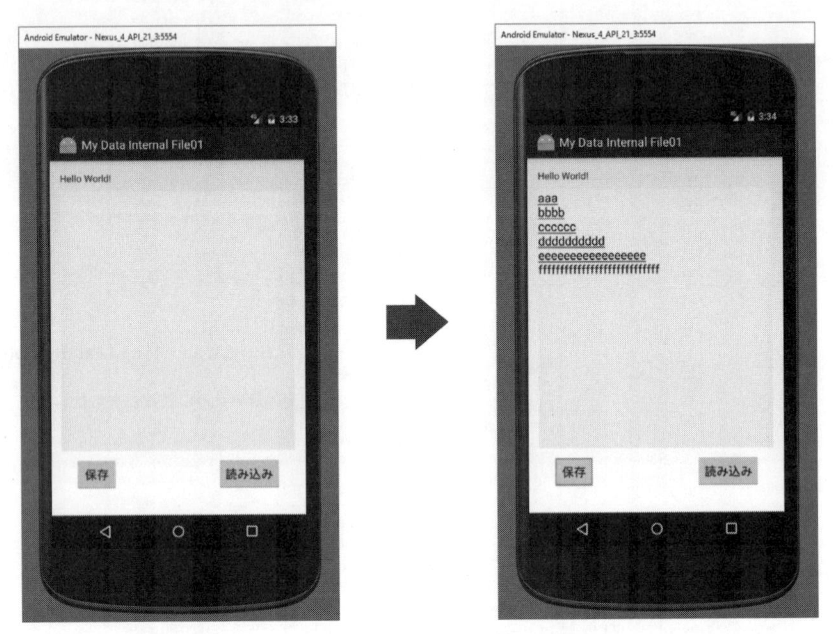

実行結果（初期画面）

実行結果（文字列入力後）

EditTextに文字列を打ち込んで「保存」ボタンを押すと、その文字列は内部ストレージに指定したファイル名で書き出されます。
「読み込み」ボタンを押すと、内部ストレージのファイルから文字列が読み込まれ、画面に表示されます。

内部ストレージのデータファイルの場所について

エミュレーターを使ってアプリケーションを実行した場合、内部ストレージに保存されたファイルはSharedPreferencesの場合と同様にAndroid Device Monitorを使って確認することができます。
メニューから「Tools→Android→Android Device Monitor」を選択してAndroid Device Monitorを起動し、ウィンドウの左側でエミュレーターを選択してください。

内部ストレージのデータは次の場所に作成されます。

```
/data/data/ <パッケージ名> /files/ <ファイル名>
```

今回のプログラムではパッケージは「jp.co.examples.myandroid.mydatainternalfile01」、ファイル名は「TestInternalFile.txt」を指定したので、データは次の場所に保存されます。

```
/data/data/jp.co.examples.myandroid.mydatainternalfile01/files/TestInternalFile.txt
```

Android Device Monitor のFile Explorerで確認してみてください。

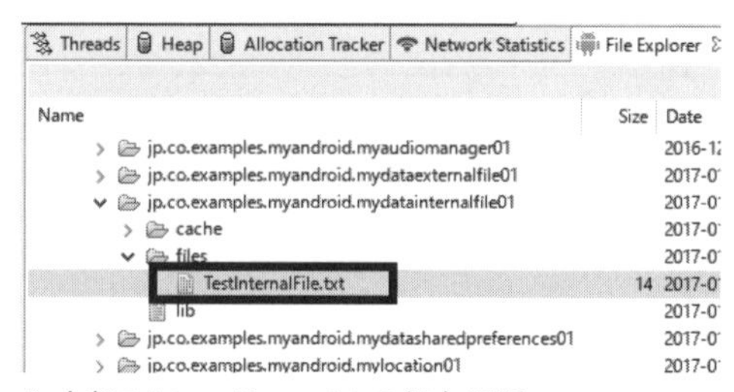

⬆ 内部ストレージファイルの保存場所

15-04
外部ストレージ (External Storage) ファイル

内部ストレージのデータは端末の内部に保存されますが、外部ストレージのデータは外部のメディア、例えば取り外し可能なSDカードなどに保存されます。

実際に取り外し可能かどうかは端末の構造に依存するので、外部ストレージだからといって必ずしも取り外し可能のメディアに記録されるとは限りません。

しかし外部ストレージを使う場合には、原則として取り外されている可能性を考慮して、そのメディアが使用可能かどうかをチェックする必要があります。

ここでは先ほどの「My Data Internal File01」のデータの保存場所を外部ストレージに変更したプログラムを作成し、外部ストレージの使い方を説明します。

「My Data External File01」というアプリケーション名でプロジェクトを作成します。

関係するファイルは以下の通りです。

Activity	・MainActivity.java メインのActivityファイルです。
レイアウトファイル	・activity_main.xml MainActivityのレイアウトファイルです。 EditTextとボタンを追加します。
マニフェストファイル	・External Storageを使用するためのパーミッションを指定します。

activity_main.xml

レイアウトファイルに複数行の入力ができるEditTextと、保存、読み込み用のボタンを追加します。

内部ストレージ「My Data Internal File01」で使ったものと同じレイアウトを指定します。

activity_main.xml（デザイン画面）

```
1  <?xml version="1.0" encoding="utf-8"?>
2  <RelativeLayout xmlns:android="http://schemas.android.com/apk/res/android"
3      xmlns:tools="http://schemas.android.com/tools"
4      android:id="@+id/activity_main"
5      android:layout_width="match_parent"
6      android:layout_height="match_parent"
7      android:paddingBottom="16dp"
8      android:paddingLeft="16dp"
9      android:paddingRight="16dp"
10     android:paddingTop="16dp"
11     tools:context="jp.co.examples.myandroid.mydataexternalfile01.MainActivity">
12
13     <TextView
14         android:layout_width="wrap_content"
15         android:layout_height="wrap_content"
16         android:text="Hello World!"
17         android:id="@+id/textView" />
18
19     <EditText
20         android:layout_width="match_parent"
21         android:layout_height="match_parent"
22         android:inputType="textMultiLine"
23         android:layout_marginTop="10dp"
24         android:layout_marginBottom="10dp"
25         android:layout_above="@+id/buttonSave"
26         android:id="@+id/editText"
27         android:layout_below="@+id/textView"
28         android:layout_alignParentLeft="true"
29         android:layout_alignParentStart="true"
30         android:background="#F0F0F0"
31         android:gravity="top" />
32
33     <Button
34         android:text="保存"
35         android:layout_width="wrap_content"
36         android:layout_height="wrap_content"
37         android:layout_alignParentBottom="true"
38         android:layout_alignParentLeft="true"
39         android:layout_alignParentStart="true"
40         android:layout_marginLeft="20dp"
41         android:layout_marginStart="20dp"
42         android:layout_marginBottom="20dp"
43         android:id="@+id/buttonSave" />
44
45     <Button
46         android:text="読み込み"
47         android:layout_width="wrap_content"
48         android:layout_height="wrap_content"
49         android:layout_alignTop="@+id/buttonSave"
50         android:layout_alignParentRight="true"
51         android:layout_alignParentEnd="true"
52         android:layout_marginRight="20dp"
53         android:layout_marginEnd="20dp"
54         android:id="@+id/buttonLoad" />
55 </RelativeLayout>
```

activity_main.xml (テキスト画面)

15

AndroidManifest.xml

外部ストレージを使う場合にはパーミッションを指定します。

```
1  <?xml version="1.0" encoding="utf-8"?>
2  <manifest xmlns:android="http://schemas.android.com/apk/res/android"
3      package="jp.co.examples.myandroid.mydataexternalfile01">
4
5      <uses-permission android:name="android.permission.WRITE_EXTERNAL_STORAGE"/>
6
7      <application
8          android:allowBackup="true"
9          android:icon="@mipmap/ic_launcher"
10         android:label="My Data External File01"
11         android:supportsRtl="true"
12         android:theme="@style/AppTheme">
13         <activity android:name=".MainActivity">
14             <intent-filter>
15                 <action android:name="android.intent.action.MAIN" />
16
17                 <category android:name="android.intent.category.LAUNCHER" />
18             </intent-filter>
19         </activity>
20     </application>
21
22 </manifest>
```

AndroidManifest.xml

なお、このパーミッションについては「コラム：外部ストレージのパーミッションについて」も参照してください。

Column 外部ストレージのパーミッションについて

Android 4.4(API 19)以後は外部ストレージにアクセスするためのパーミッションの指定は不要になりました。

Android 4.4より前にはマニフェストファイルに「WRITE_EXTERNAL_STORAGE」を指定する必要がありましたが、対象とする端末としてAPI 19以後だけを対象としている場合は、このパーミッションの指定は不要です。

MainActivity.java

プログラムの全体の流れは内部ストレージ「My Data Internal File01」の場合と同様なので、ここでは「My Data Internal File01」と異なる部分について説明します。

```
1	package jp.co.examples.myandroid.mydataexternalfile01;
2	
3	import ...
21	
22	public class MainActivity extends Activity {
23	
24	    private static final String TAG = "My Data External File01";
25	    private final static String fileName = "TestExternalFile.txt";
26	    private static final String SEPARATOR = System.getProperty("line.separator");
27	
28	    File externalFile = null;
29	
30	    @Override
31	    protected void onCreate(Bundle savedInstanceState) {
32	        super.onCreate(savedInstanceState);
33	        setContentView(R.layout.activity_main);
34	
35	        final EditText editText = (EditText) findViewById(R.id.editText);
36	        Button buttonSave = (Button) findViewById(R.id.buttonSave);
37	        Button buttonLoad = (Button) findViewById(R.id.buttonLoad);
38	
39	        if (Environment.MEDIA_MOUNTED.equals(Environment.getExternalStorageState())) {
40	            externalFile = new File(
41	                    getExternalFilesDir(Environment.DIRECTORY_DOCUMENTS), fileName);
42	        } else {
43	            // 外部ストレージが使用できない場合
44	            Toast.makeText(MainActivity.this,
45	                    "外部ストレージが使用できません", Toast.LENGTH_SHORT).show();
46	        }
47	
48	        // 保存ボタンクリック時の処理
49	        buttonSave.setOnClickListener(new View.OnClickListener() {
50	            // データを保存する
51	            @Override
52	            public void onClick(View view) {
53	                if( externalFile!=null ) {
54	                    try {
55	                        // ファイル名からFileOutputStreamを作成し、PrintWriterを作成する
56	                        FileOutputStream fos = new FileOutputStream(externalFile);
57	                        PrintWriter pw = new PrintWriter(new BufferedWriter(
58	                                new OutputStreamWriter(fos)));
59	
60	                        // PrintWriterにEditTextの内容を出力する
61	                        String str = editText.getText().toString();
62	                        pw.print(str);
63	
64	                        // PrintWriterを閉じる
65	                        pw.close();
66	                    } catch (Exception e) {
67	                        Log.d(TAG, "ファイルの保存に失敗しました", e);
68	                    }
69	                }
70	            }
71	        });
72	
```

```
73          // 読み込みボタンクリック時の処理
74          buttonLoad.setOnClickListener(new View.OnClickListener() {
75              // データを読み込んで画面に表示する
76              @Override
77              public void onClick(View view) {
78                  if( externalFile!=null ) {
79                      // データを読み込んで画面に表示する
80                      try {
81                          FileInputStream fis = new FileInputStream(externalFile);
82                          BufferedReader br = new BufferedReader(new InputStreamReader(fis));
83
84                          // ファイルを一行ずつ読み込み、改行を付けながらStringBufferに格納する
85                          StringBuffer stringBuffer = new StringBuffer();
86                          String line;
87                          while (null != (line = br.readLine())) {
88                              stringBuffer.append(line);
89                              stringBuffer.append(SEPARATOR);
90                          }
91
92                          // StringBufferの内容をEditTextに表示する
93                          editText.setText(stringBuffer.toString());
94
95                          // BufferedReaderを閉じる
96                          br.close();
97                      } catch (FileNotFoundException e) {
98                          // ファイルが存在しない場合
99                          Toast.makeText(MainActivity.this,
100                                 "ファイルが存在しません", Toast.LENGTH_SHORT).show();
101                     } catch (Exception e) {
102                         Log.d(TAG, "ファイルの読み込みに失敗しました", e);
103                     }
104                 }
105             }
106         });
107     }
108 }
```

MainActivity.java

39 〜 46行目ではEnvironment.getExternalStorageState()メソッドを使って外部ストレージが使用可能かどうかをチェックし、使用可能な場合はgetExternalFilesDir()メソッドを使ってFileオブジェクトを作成しています。

クラス	android.os.Environment
メソッド	String getExternalStorageState () 外部ストレージの状態を取得します。
戻り値	以下の状態のいずれかを返します。 MEDIA_UNKNOWN, MEDIA_REMOVED, MEDIA_UNMOUNTED, MEDIA_CHECKING, MEDIA_NOFS, MEDIA_MOUNTED, MEDIA_MOUNTED_READ_ONLY, MEDIA_SHARED, MEDIA_BAD_REMOVAL, MEDIA_UNMOUNTABLE ストレージが存在して利用可能な場合はMEDIA_MOUNTEDを返します。

クラス	android.content.Context
メソッド	File getExternalFilesDir (String type) 外部ストレージのディレクトリを取得します。
引数	・type nullまたは外部ストレージ以下のディレクトリを指定するために以下のいずれかの値を指定します。 DIRECTORY_MUSIC, DIRECTORY_PODCASTS, DIRECTORY_RINGTONES, DIRECTORY_ALARMS, DIRECTORY_NOTIFICATIONS, DIRECTORY_PICTURES, DIRECTORY_MOVIES nullを指定した場合は外部ストレージのルートディレクトリが指定されます。
戻り値	指定したディレクトリのFileオブジェクトが返されます。

41行目の「getExternalFilesDir(Environment.DIRECTORY_DOCUMENTS)」メソッドにより、外部ストレージ用のディレクトリ下の「Environment.DIRECTORY_DOCUMENTS」の引数で指定したディレクトリが返されます。

その結果、40行目のexternalFileはそのディレクトリ内の「TestExternalFile.txt」を指し示すことになります。

「保存」ボタン、「読み出し」ボタンを押した場合の処理では、このexternalFileを使ってデータの書き出し、読み込み処理を行っています。

これらの部分は内部ストレージ使ったプログラムと全く同じなので説明は省略します。

Column getExternalFilesDir()の引数について

getExternalFilesDir()メソッドの引数で指定した文字列は、外部ストレージのルートディレクトリの下に作成するディレクトリの名前に使われます。

ドキュメントにはここの引数には

DIRECTORY_MUSIC, DIRECTORY_PODCASTS, DIRECTORY_RINGTONES …

のように決められた変数を使うように書かれています。

しかし、試しにここに「"TestDirectory"」のように任意のディレクトリ名を指定したところ、そのディレクトリが作成されて使用可能でした。

ただし、この部分は将来的にどう変わるかわからないので、今のところはドキュメントに従って指定された変数を使った方がよいと思われます。

なお、今回のプログラムでは「Environment.DIRECTORY_DOCUMENTS」という変数を指定しましたが、この変数はAPI 19以後しか使えません。

API 18以前のOSで実行する可能性がある場合には、使える変数の中からデータの内容に最も近いと思われるものを選択してください。

実行結果

データの保存場所が異なる以外、実行結果は内部ストレージを使った場合と全く同じなので説明は省略します。

外部ストレージのデータファイルの場所について

今回のプログラムでは「getExternalFilesDir(Environment.DIRECTORY_DOCUMENTS)」というメソッドを使ってデータの保存場所を指定しています。

これが具体的にどのディレクトリを指すかはAndroidのバージョンや端末の種類によって異なる可能性があります。

参考までにAndroid 5.0と6.0以降で用いられているディレクトリについて以下に示します。

・Android 5.0 以前

外部ストレージのルートディレクトリは次の場所になります。

```
/storage/sdcard/Android/data/<パッケージ名>/files/
```

このディレクトリの下にgetExternalFilesDir()の引数で指定したディレクトリが作成され、その中にファイルが作成されます。

今回のプログラムで引数に用いたEnvironment.DIRECTORY_DOCUMENTSという変数は「Documents」という文字列を持っているので、ファイルの場所は具体的には次のようになります。

```
/storage/sdcard/Android/data/jp.co.examples.myandroid.mydataexternalfile01/
        files/Documents/TestExternalFile.txt
```

Android Device Monitorの内容を以下に示します。

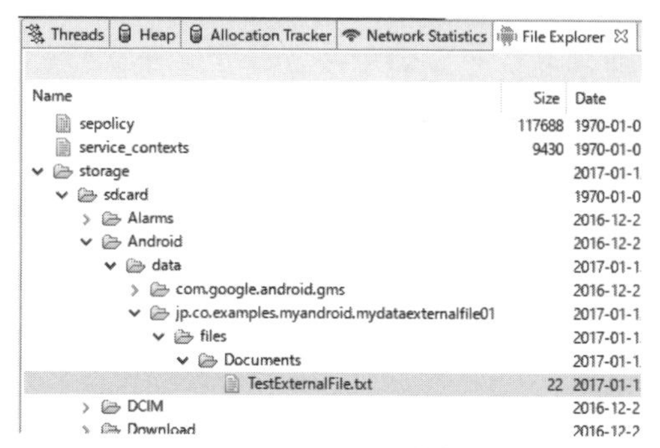

Android Device Monitorによる外部ストレージファイル (5.0 以前)

・Android 6.0以上の場合

外部ストレージのルートディレクトリは次の場所です。

```
/storage/emulated/＜id＞/Android/data/＜パッケージ名＞/files/
```

<id>はマルチユーザーの場合にそれらを区別するための整数で、シングルユーザーで使う場合は普通「0」が設定されています。

今回のプログラムの場合、ファイルの場所は具体的には次のようになります。

```
/storage/emulated/0/Android/data/jp.co.examples.myandroid.mydataexternalfile01/
        files/Document/TestExternalFile.txt
```

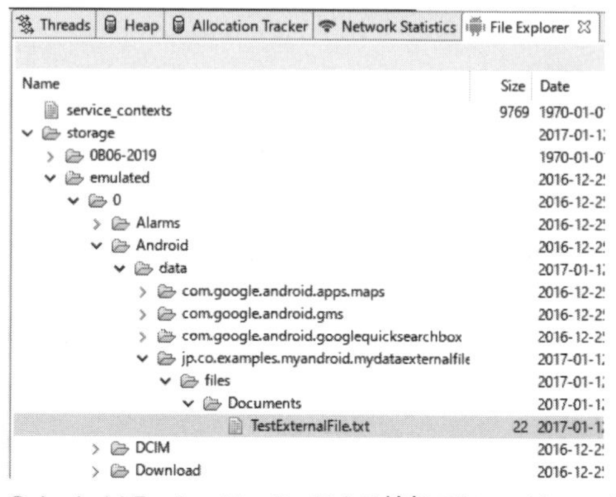

Android Device Monitorによる外部ストレージファイル (6.0以上)

このように具体的なパス名は実行環境によって異なるため、ファイルへのアクセスはパス名を直接指定するのではなく、getExternalFilesDir()メソッドなどのパス名を取得するためのメソッドを使ってください。

Column 内部ストレージと外部ストレージのセキュリティーについて

内部ストレージと外部ストレージは作成されるディレクトリは異なりますが、どちらもそのデータを作成したアプリケーションごとに保持され、外部のSDカード等に保存されていないデータはアプリケーションがアンインストールされるとそれに伴って削除されます。

そういう意味ではどちらも似たような使い方をすることができますが、セキュリティーの点から考えると異なる部分があります。

内部ストレージ内に記録されたデータはそれを作成したアプリケーションからしかアクセスできませんが、外部ストレージに記録されたデータは、「WRITE_EXTERNAL_STORAGE」のパーミッションを持つ他のアプリケーションから自由にアクセスすることができます。

端末にインストールされている全てのアプリケーションが信頼できる場合には気にする必要はないとは思いますが、外部ストレージにはこのような性質があるという点は理解しておいてください。

15-05 SQLiteについて

これまでは少量のデータをキーと値の組で扱うSharedPreferencesや、内部ストレージ、外部ストレージに一般的なファイルの形式でデータを保存する方法について説明してきましたが、Androidで複雑な構造の大量のデータを扱う場合には、SQLiteと呼ばれるリレーショナルデータベースを使うこともできます。

SQLiteはAndroidに標準で付属していて、一般的なリレーショナルデータベースの持つほとんどの機能を備えています。

この本ではSQLiteやリレーショナルデータベースについての説明は省略しますが、数が多くて複雑な構造のデータベースを作成して検索、更新する場合がある場合にはSQLiteを使うことも検討してみてください。

Chapter 16

グーグルマップ

この章では、Google Mapを使うアプリケーションを作成するために必要な準備について説明します。

また、それに関連して「キー」や「証明書」についても説明します。

16-01 Google Mapを使うための準備

Android Studioでは、プロジェクトの作成時に「Google Map Activity」を選択することにより、Google Mapを使ったアプリケーションのひな型を簡単に作成することができます。

しかし、これまで作成してきたアプリケーションと異なり、Google Mapを使う場合にはそれ以外に以下のような準備が必要です。

- 1. グーグルのアカウントを取得する。
- 2. Android StudioでGoogle Map用のプロジェクトを作成する。
- 3. 「証明書のフィンガープリント」を使ってGoogle Map用の「キー」を取得する。
- 4. /res/values/google_maps_api.xmlというファイルに「キー」を設定する。

この章では、Google Mapでアプリケーションのひな型を作成して実行するための、上記の項目について説明します。

また、プログラム実行時に「64Kの参照制限」と呼ばれるエラーが発生した場合の対処方法についても簡単に説明します。

Column Google Mapの実行方法

以前はGoogle MapのAPIを使う際には、それほど面倒な手続きは必要なく、ライブラリをインストールするだけで使うことができました。

しかし、2016年からGoogle Mapのサービスを使うためには、「証明書」を使ってGoogleから「APIキー」というものを発行してもらい、それをアプリケーションに組み込むことが必要になりました。

「証明書」や「キー」についての詳しい説明は「16-03 証明書とキーストアについて」(488ページ)を参照してください。

16-02 Google Mapプログラムの作成手順

Android Studioでプロジェクトを作成する手順はこれまでと同様ですが、その前にGoogle Mapを使うためにはActivityの選択画面で「Google Maps Activity」を選択します。

そして、プロジェクト作成後にGoogleから「キー」というものを受け取り、それを設定ファイルに記述する必要があります。

ここではそれらの手順について説明します。

「My Google Map01」というアプリケーション名でプロジェクトを作成します。

関係するファイルは以下の通りです。

Activity	・MapsActivity.java メインのActivityファイルです。 自動的に作成されるActivityをそのまま使います。
レイアウトファイル	・activity_maps.xml MapsActivityのレイアウトファイルです。 自動的に作成されるActivityをそのまま使います。
Google Maps API keyのリソースファイル	・google_maps_api.xml グーグルから取得したAPIキーを設定します。
マニフェストファイル	・AndroidManifest.xml エラーが発生した場合に記述を追加します。
Gradel Script	・build.gradle (Module: app) アプリケーションの構成を記述する設定ファイルです。 エラーが発生した場合に記述を追加します。

プロジェクトの作成

これまでと同様の手順で「My Google Map01」というアプリケーション名でプロジェクトを作成しますが、Activityの選択画面で「Empty Activity」ではなく「Google Maps Activity」を選択してください。

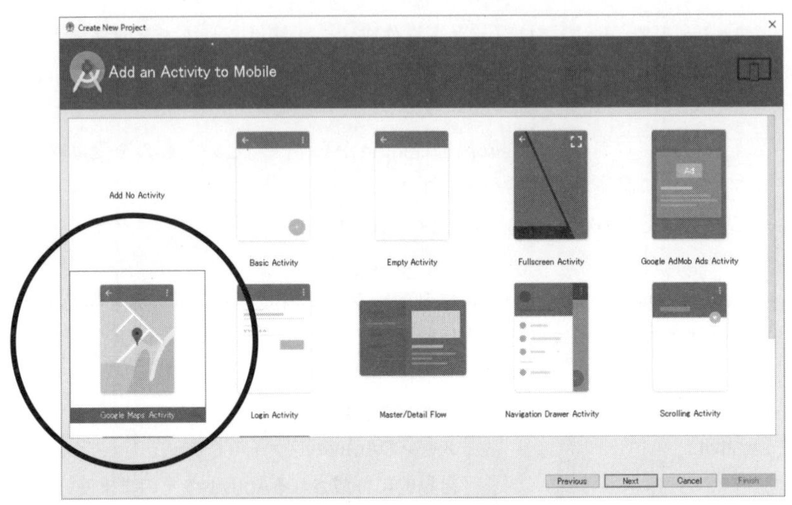

Activityとして「Google Maps Activity」を選択

「Next」を押すとActivityのカスタマイズ画面が表示されます。

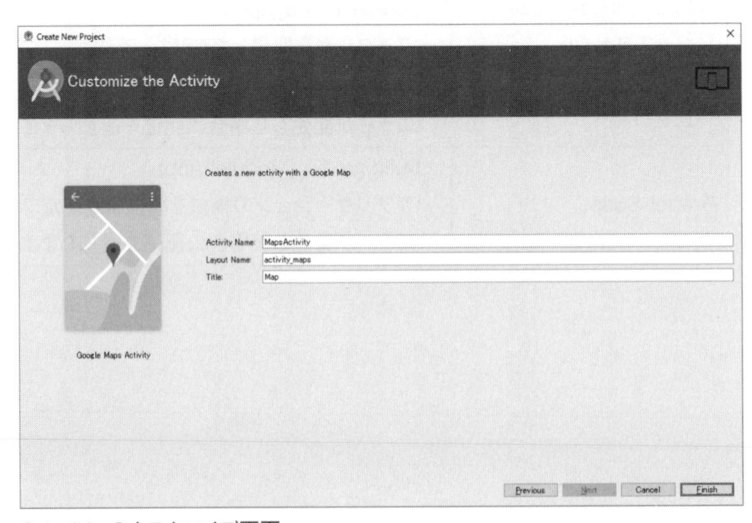

Activityのカスタマイズ画面

Activity Name、Layout Nameの初期値としてそれぞれ「MapsActivity」、「activity_maps」が設定されています。

これらは今までの「MainActivity」、「activity_main」と同じ役割をするファイルで、名前が変わっただけです。

また、Title欄に「Map」という値が設定されています。

この値はアプリケーションがインストールされてAndroid の端末に起動アイコンが表示される際に使われる名前です。

「Map」という名前だけでは何のプログラムかわかりにくい場合は、他の名前に変えた方が良いと思いますが、今回はすべて初期値のままにしておきます。

「Finish」ボタンを押すとプロジェクトが作成され、エディタウィンドウに「res/values/google_maps_api.xml」が表示された状態になります。

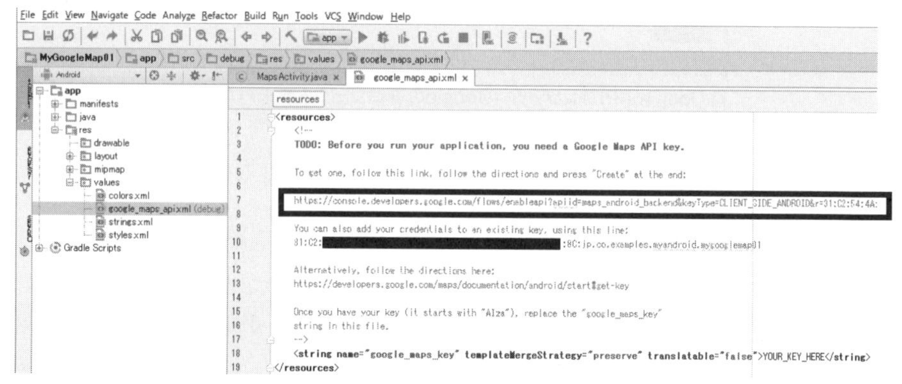

google_maps_api.xml

Google Mapを使うアプリケーションでは、グーグルから「キー」と呼ばれるものを取得する必要があります。

google_maps_api.xmlは取得したキーを設定するファイルですが、キーを取得するための手続きはこのコメント部分に簡単に書かれています。

コメントの指示に従って「キー」を取得する方法について説明します。

Column Googleのアカウントについて

Googleからキーを取得するためにはGoogleのアカウントを作成し、ブラウザでログインしておく必要があります。

Googleのアカウントはメールアドレスさえあれば簡単に作成できるので、作成方法の説明を省略しますが、以下のブラウザ上での操作は作成したアカウントでブラウザを使っているものとします。

コメント内(図の7行目)に

「https://console.developers.google.com/flows/enableapi?apiid ...」

という長いURLが書かれています。

Googleのアカウントを使ってログインしたブラウザのURL欄に、この一行をコピーして実行すると次のような画面が表示されます。

Google APIコンソール（Googleのプロジェクトが未作成の場合）

この画面は「Google APIコンソール」と呼ばれるものです。

この「コンソール」を使って、「キーの取得」と「そのキーを使うアプリケーションの登録」を行います。

アプリケーションを登録するためには、そのためのプロジェクトをコンソール上で作成する必要がありますが、既存のプロジェクトが登録されていない場合は「My Project」という名前で自動的に作成されます。

「利用契約を順守して利用することに同意」で「はい」を選択し、「同意して続行ボタン」を押してください。

すでに登録済みのプロジェクトが存在する場合は、どのプロジェクトを使うかの選択画面が以下のように表示されます。

Google APIコンソール（すでにプロジェクトを作成済みの場合）

あまり多くのプロジェクトを作成すると混乱すると思うので、すでに作成済みのプロジェクトが存在する場合は、とりあえずそれを選択しておいた方が良いでしょう。

「同意して続行」または「続行」を押すと、Google Mapsを使うためのプロジェクトが作成されたことを示す画面が表示されます。

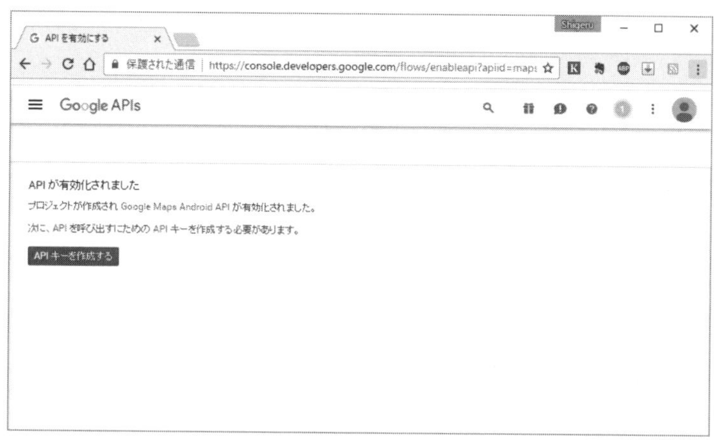

Google APIコンソール（API有効化後）

ここで「APIキーを作成する」を押すとキーが作成され、次の画面が表示されます。

「自分のAPIキー」で表示されている文字列がGoogle Mapを使用するためのキーです。

キーの値はいつでも確認できるので、ここで「閉じる」を押しても良いのですが、一般的には「キーを制限」を押してキーを使うアプリケーションを設定することが推奨されています。

Google APIコンソール（キー作成後）

「キーを制限」を押すと、「確認情報」画面が表示され、作成日やAPIキーなど、キーに関する情報が確認できます。

Google APIコンソール（API承認情報）

「キーを制限」を選択したため、「Androidアプリ」やアプリケーションのパッケージ名が指定済みの状態になっています。

ここで「保存」を押すと作成した情報がGoogleに登録され、APIキーを使用することができるようになります。

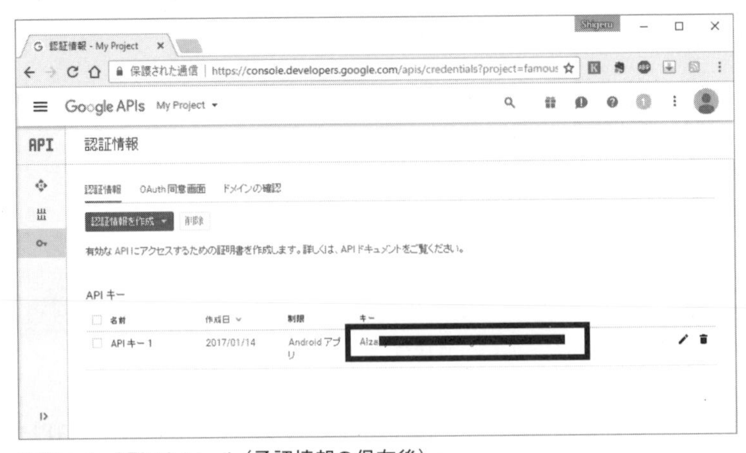

Google APIコンソール（承認情報の保存後）

ここで重要なのはAPIキーの部分です。

この画面(またはこの前の画面)で表示されているキーの値をコピーして、google_maps_api.xmlに次のように貼り付けてください。

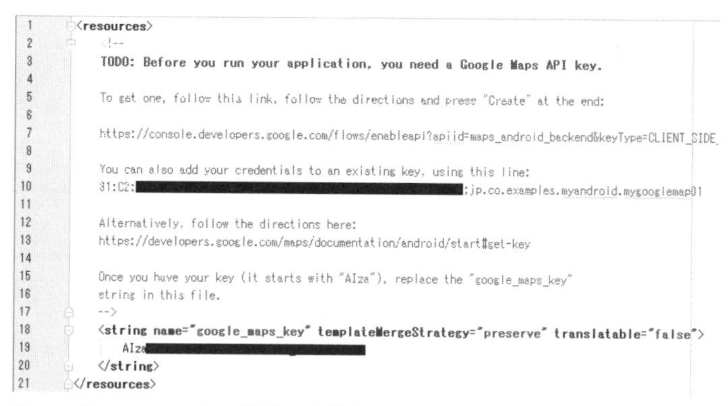

```
1  <resources>
2      <!--
3      TODO: Before you run your application, you need a Google Maps API key.
4
5      To get one, follow this link, follow the directions and press "Create" at the end:
6
7      https://console.developers.google.com/flows/enableapi?apiid=maps_android_backend&keyType=CLIENT_SIDE_
8
9      You can also add your credentials to an existing key, using this line:
10     31:C2:                                        ;jp.co.examples.myandroid.mygooglemap01
11
12     Alternatively, follow the directions here:
13     https://developers.google.com/maps/documentation/android/start#get-key
14
15     Once you have your key (it starts with "AIza"), replace the "google_maps_key"
16     string in this file.
17     -->
18     <string name="google_maps_key" templateMergeStrategy="preserve" translatable="false">
19         AIza
20     </string>
21 </resources>
```

google_maps_api.xmlにキーを設定

Googleから取得したキーをgoogle_maps_api.xmlの「YOUR_KEY_HERE」の部分に設定することにより、Google Mapのサービスをこのアプリケーションで使うことができるようになります。

なお、今回はキーを制限しているため、このキーを使うことができるのは指定したパッケージ名(jp.co.examples.myandroid.mygooglemap01)のAndroidアプリケーションだけです。

Column URLを使わないキーの取得方法

今回はgoogle_maps_api.xmlのコメントに記されたURLを使って、キーの作成とアプリケーションの登録を行いました。

このURLを使わなくともGoogle APIコンソールのページから直接プロジェクトの作成、キーの取得、アプリケーションの登録・変更などの操作を行うこともできます。

その場合はgoogle_maps_api.xmlに示されている「フィンガープリント」と呼ばれる数字(31:C2:…という16進数の一連の数字)を使ってキーを取得します。

activity_maps.xml

レイアウトファイルの「activity_maps.xml」は、次のような内容がひな型として作成されます。

今回は変更しないでこのまま使います。

```
<fragment xmlns:android="http://schemas.android.com/apk/res/android"
    xmlns:map="http://schemas.android.com/apk/res-auto"
    xmlns:tools="http://schemas.android.com/tools"
    android:id="@+id/map"
    android:name="com.google.android.gms.maps.SupportMapFragment"
    android:layout_width="match_parent"
    android:layout_height="match_parent"
    tools:context="jp.co.examples.myandroid.mygooglemap01.MapsActivity" />
```

activity_maps.xml

MapsActivity.java

メインアクティビティの「MapsActivity.java」は、次のようなひな型が自動的に作成されます。

変更しないでこのまま使います。

```
package jp.co.examples.myandroid.mygooglemap01;

import ...

public class MapsActivity extends FragmentActivity implements OnMapReadyCallback {

    private GoogleMap mMap;

    @Override
    protected void onCreate(Bundle savedInstanceState) {
        super.onCreate(savedInstanceState);
        setContentView(R.layout.activity_maps);
        // Obtain the SupportMapFragment and get notified when the map is ready to be used.
        SupportMapFragment mapFragment = (SupportMapFragment) getSupportFragmentManager()
                .findFragmentById(R.id.map);
        mapFragment.getMapAsync(this);
    }


    /**
     * Manipulates the map once available.
     * This callback is triggered when the map is ready to be used.
     * This is where we can add markers or lines, add listeners or move the camera. In this case,
     * we just add a marker near Sydney, Australia.
     * If Google Play services is not installed on the device, the user will be prompted to install
     * it inside the SupportMapFragment. This method will only be triggered once the user has
     * installed Google Play services and returned to the app.
     */
    @Override
    public void onMapReady(GoogleMap googleMap) {
        mMap = googleMap;

        // Add a marker in Sydney and move the camera
        LatLng sydney = new LatLng(-34, 151);
        mMap.addMarker(new MarkerOptions().position(sydney).title("Marker in Sydney"));
        mMap.moveCamera(CameraUpdateFactory.newLatLng(sydney));
    }
}
```

MapsActivity.java

プログラムの詳しい説明は省略しますが、42行目でシドニーの緯度と経度として-34、151という数値が設定されています。

実行結果

アプリケーションが正常に実行結果されると、次のような画面が表示されます。

シドニーの位置にマーカーが設定されています。

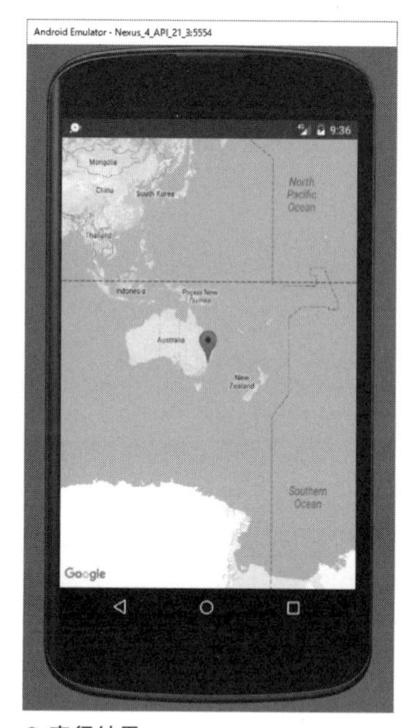

実行結果

しかし、開発環境やエミュレーターのバージョンによっては今回のプログラムが正常に実行されなかった人もいたかもしれません。

実行時に、

```
「com.android.dex.DexIndexOverflowException: method ID not in [0, 0xffff]: 65536」
```

というようなエラーメッセージが表示された場合は、次の「アプリケーション実行時にエラーが発生した場合」を参照してください。

アプリケーション実行時にエラーが発生した場合

今回のアプリケーションを実行しようとして、次のように、

「com.android.dex.DexIndexOverflowException: method ID not in [0, 0xffff]: 65536」

のようなエラーメッセージが表示されて、実行できなかった場合の対処方法について簡単に説明します。

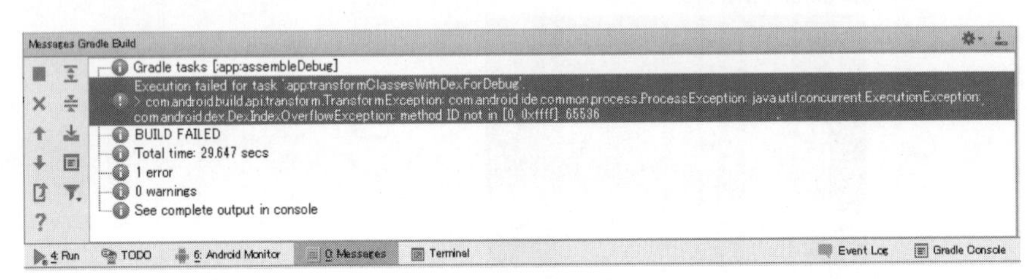

⬆ エラーメッセージ

このエラーはグーグルマップが直接の原因というわけではなく、Androidアプリケーションの規模が大きくなりすぎて参照できるメソッドなどの数の制限である64Kを超えてしまった場合に発生するエラーです。

そういう意味では、ある程度大きなプログラムでは常に発生する可能性があることになるのですが、筆者はこのグーグルマップのアプリケーションで初めてこのエラーに遭遇しました。

同じようなエラーに出会った読者もいるかもしれないので、その対処方法をまとめておきます。

このような場合、「build.gradle」と「マニフェストファイル」の2つのファイルを修正することによって、正常に動作させることができます。

参照：「64Kを超えるメソッドを使用するアプリの設定」
https://developer.android.com/studio/build/multidex.html

・build.gradleの修正

Android Studioの左側のツールウィンドウの、Gradle Scripts内にある「build.gradle (Module: app)」を選択してエディタウィンドウを表示します。

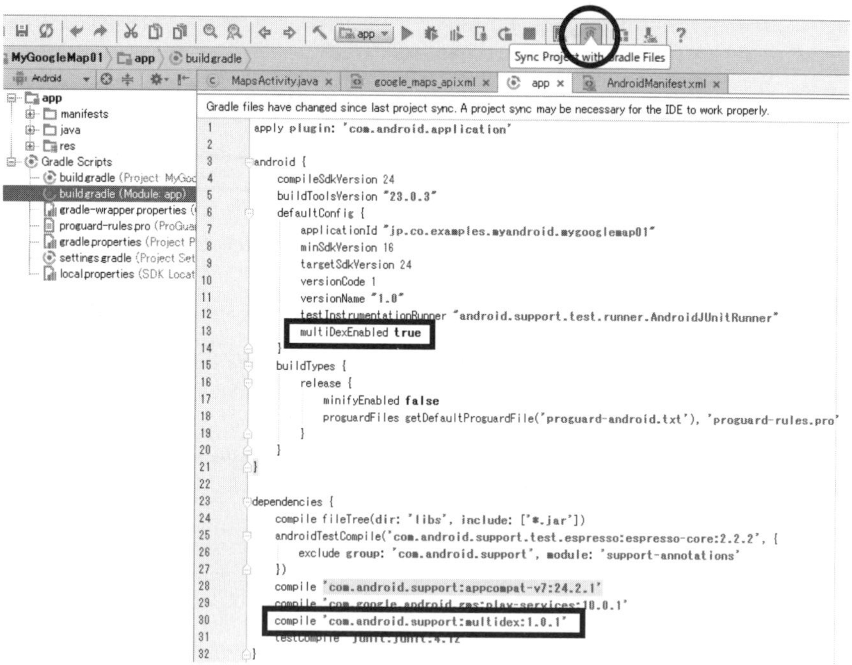

```
Gradle files have changed since last project sync. A project sync may be necessary for the IDE to work properly.
1  apply plugin: 'com.android.application'
2
3  android {
4      compileSdkVersion 24
5      buildToolsVersion "23.0.3"
6      defaultConfig {
7          applicationId "jp.co.examples.myandroid.mygooglemap01"
8          minSdkVersion 16
9          targetSdkVersion 24
10         versionCode 1
11         versionName "1.0"
12         testInstrumentationRunner "android.support.test.runner.AndroidJUnitRunner"
13         multiDexEnabled true
14     }
15     buildTypes {
16         release {
17             minifyEnabled false
18             proguardFiles getDefaultProguardFile('proguard-android.txt'), 'proguard-rules.pro'
19         }
20     }
21 }
22
23 dependencies {
24     compile fileTree(dir: 'libs', include: ['*.jar'])
25     androidTestCompile('com.android.support.test.espresso:espresso-core:2.2.2', {
26         exclude group: 'com.android.support', module: 'support-annotations'
27     })
28     compile 'com.android.support:appcompat-v7:24.2.1'
29     compile 'com.google.android.gms:play-services:10.0.1'
30     compile 'com.android.support:multidex:1.0.1'
31     testCompile 'junit:junit:4.12'
32 }
```

build.gradleの修正

図のような画面が表示されるので、defuaulconfig{ }内に

```
「multiDexEnabled true」
```

を、そしてdependencies { } 内に、

```
「compile 'com.android.support:multidex:1.0.1'」
```

を追加します(バージョンにより数字の部分は変わる可能性があります)。

このようにGradele Scriptsを修正したらプロジェクト内で同期をとるため、右上の「Sync Project」のボタンを押してください。

・マニフェストファイルの修正

```
1  <?xml version="1.0" encoding="utf-8"?>
2  <manifest xmlns:android="http://schemas.android.com/apk/res/android"
3      package="jp.co.examples.myandroid.mygooglemap01">
4
5      <!--
6           The ACCESS_COARSE/FINE_LOCATION permissions are not required to use
7           Google Maps Android API v2, but you must specify either coarse or fine
8           location permissions for the 'MyLocation' functionality.
9      -->
10     <uses-permission android:name="android.permission.ACCESS_FINE_LOCATION" />
11
```

```
12    <application
13        android:allowBackup="true"
14        android:icon="@mipmap/ic_launcher"
15        android:label="My Google Map01"
16        android:supportsRtl="true"
17        android:theme="@style/AppTheme"
18        android:name="android.support.multidex.MultiDexApplication">
19
20        <!--
21             The API key for Google Maps-based APIs is defined as a string resource.
22             (See the file "res/values/google_maps_api.xml").
23             Note that the API key is linked to the encryption key used to sign the APK.
24             You need a different API key for each encryption key, including the release key that i
25             sign the APK for publishing.
26             You can define the keys for the debug and release targets in src/debug/ and src/releas
27        -->
28        <meta-data
29            android:name="com.google.android.geo.API_KEY"
30            android:value="@string/google_maps_key" />
31
32        <activity
33            android:name=".MapsActivity"
34            android:label="Map">
35            <intent-filter>
36                <action android:name="android.intent.action.MAIN" />
37
38                <category android:name="android.intent.category.LAUNCHER" />
39            </intent-filter>
40        </activity>
41    </application>
42
43 </manifest>
```

AndroidManifest.xml

自動的に作成されたマニフェストファイルの<application>タグの要素に、図のように

```
「android:name="android.support.multidex.MultiDexApplication"」
```

という記述を加えてください。

以上の2つのファイルの修正により、アプリケーションが実行できるようになるはずです。

本来はこのようなエラーや設定はAndroid Studio側で対応してほしいところで、将来的にはこのような手間をかける必要はなくなると思いますが、今のところは手作業で設定を変更するしかなさそうです。

16-03
証明書とキーストアについて

今回のアプリケーションの作成方法で説明したように、Google Mapのサービスを利用する場合にはGoogle API Consoleを使ってGoogleからキーを発行してもらう必要があります。

そして、Googleからキーを取得するためには、そのキーが誰に対して発行されるのかを識別するための「証明書」をGoogleに提示する必要があります。

このようにキーと「証明書」を登録することにより、GoogleはGoogle Mapのような付加価値の高いサービスを管理することができ、また開発者は自分が作成したアプリケーションの利用状況を知ることができます。

この「証明書」の格納場所やその内容、そして「デバッグ用証明書」について簡単に説明します。

デバッグ用証明書

Android Studioで作成されるアプリケーションのタイプは「デバッグ用」と「リリース用」に分かれていて、普段の開発時には「デバッグ用」のタイプが使われます。

デバッグ用の開発では「デバッグ用の証明書」というものが使われ、この証明書がすべてのアプリケーションに自動的に添付されます。

今回、Google Map用のキーを取得するためにGoogle API Consoleで用いた「31:C2:54:4A:8F:26:E8:09 …」という16進数は、そのデバッグ用証明書の内容を示すもので、これは「証明書のフィンガープリント」と呼ばれています。

デバッグ用証明書内には「組織名」や「所有者名」などの開発者情報としてダミーの情報が登録されています。

「デバッグ用証明書」を使ってキーを取得し、アプリケーションの動作チェックなどを行うことができますが、実際にGoogle Play ストアにアプリケーションを登録する場合にはデバッグ用の証明書を使うことはできません。

製品をGoogle Play ストアに登録して正式に公開する場合には、実在する会社名などを登録した証明書を使う必要があります。

Android Studioには証明書を作成するためのツールがついているので、正式な証明書の作成自体はそれほど難しくありません。

しかし、アプリケーションをGoogle Playストアで販売するためには、それ以外にディベロッパーとしてのアカウントを取得したり契約書に同意したりという様々な手続きが必要になるため、本書ではその詳細については省略します。

キーストア

証明書の情報は「キーストア」と呼ばれるファイル内に保存されています。

Android Studioがデバッグタイプのアプリケーションを作成する際には、自動的にデバッグ用のキーストア内に格納されたデバッグ用証明書を利用します。

Android Studioをインストールすると、デバッグ用のキーストアのファイルは以下の場所に作成されます。

Windowsの場合（Window XP）	C:\Documents and Settings\<ユーザー名>\.android\debug.keystore
Windowsの場合（Window 7以降）	C:\Users\<ユーザー名>\.android\debug.keystore
Mac OSの場合	~/.android/debug.keystore

このキーストア内に格納されている情報やフィンガープリントを調べるには、「keytool」というツールを利用します。

keytoolはコマンドプロンプト画面で使うツールで、JDKをインストールすると次の場所に作成されます。

Windowsの場合	JDKのインストール場所のbinというディレクトリ内に「keytool.exe」があります。 使う前にその位置を環境変数「Path」に追加しておいてください。
Mac OSの場合	JDKをインストールすると/user/bin内にkeytoolが作成されます。 そのままでkeytoolコマンドが使えるはずです。

keytoolは非常に多くの機能を持っています。

その詳細については本書では説明を省略しますが、debug.keystoreにどのような情報が格納されているかを格納する方法についてだけ、Windowsの場合を例として簡単に説明します。

keytoolを使えるようにPath環境変数を設定後、コマンドプロンプト画面で上記のキーストアの場所に移動し、次のコマンドを入力してください。

「keytool -list -v -keystore debug.keystore」

「キーストアのパスワードを入力してください:」とプロンプトが表示されるので、そこで「android」と入力すると、デバッグ用キーストア「debug.keystore」に格納されている情報が次のように表示されます。

```
C:\Users\<ユーザー名>\.android>keytool -list -v -keystore debug.keystore
キーストアのパスワードを入力してください：

キーストアのタイプ： JKS
キーストア・プロバイダ： SUN

キーストアには1エントリが含まれます

別名： androiddebugkey
作成日： 2016/04/29
エントリ・タイプ： PrivateKeyEntry
証明書チェーンの長さ： 1
証明書[1]:
所有者： C=US, O=Android, CN=Android Debug
発行者： C=US, O=Android, CN=Android Debug
シリアル番号： 1
有効期間の開始日： Fri Apr 29 17:12:55 GMT+09:00 2016終了日： Sun Apr 22 17:12:55
GMT+09:00 2046
証明書のフィンガプリント：
         MD5:  7F:4C:E9:14:（以下略）
         SHA1: 31:C2:54:4A:8F:（以下略）
         SHA256: 9C:BB:3A:（以下略）
         署名アルゴリズム名： SHA1withRSA
         バージョン： 1
```

「android」と入力する。

有効期間

証明書のフィンガープリントの値を今回使用したフィンガープリントと比較してみると、Google Map用のキーを取得する際に使ったフィンガープリントはSHA1の形式だったことがわかります。

また、実行結果からデバッグ用証明書の有効期間が30年程度であることもわかります。以前はデバッグ用証明書の有効期間が作成から1年間だったため、過去に作成したデバッグ用のアプリケーションが期限切れで動かなくなることがあったらしいのですが、それでは短すぎたために変更されたものと思われます。

なお、APIガイドに記された証明書の詳しい説明は以下のURLを参照してください。

参照：「アプリケーションへの署名」

https://developer.android.com/guide/publishing/app-signing.html?hl=ja

INDEX

記号

数字

A

B

C

D

E

F

G

H

I

J

K

L

M

N

O

P

R

S

T

U

V

W

X

あ行

か行

さ行

た行

な行

は行

ま行

ら行

著者略歴

佐藤 滋

IT系企業でJavaの仕事に携わりサーバサイドシステム作成などに従事する。

現在はフリーで、Skype英会話や洋書の読書を趣味として楽しむ。

MOOCと呼ばれるオンラインコースを受講して統計処理やコンピューターミュージックなどにも挑戦。

仕事でAndroidのアプリの開発に関わる機会があり、それをきっかけにAndroidの勉強を始める。

標準的なJavaとの違いに戸惑いながらも日々勉強中。

Java(ジャヴァ)プログラマ歴(れき)20年(ねん)な人(ひと)のためのAndroid(アンドロイド)開発入門(かいはつにゅうもん)

発行日　2017年　3月21日　第1版第1刷

著　者　佐藤 滋(さとうしげる)

発行者　斉藤　和邦

発行所　株式会社　秀和システム

〒104-0045

東京都中央区築地2丁目1−17　陽光築地ビル4階

Tel 03-6264-3105(販売)　Fax 03-6264-3094

印刷所　日経印刷株式会社　Printed in Japan

ISBN978-4-7980-5021-8 C3055

定価はカバーに表示してあります。

乱丁本・落丁本はお取りかえいたします。

本書に関するご質問については、ご質問の内容と住所、氏名、電話番号を明記のうえ、当社編集部宛FAXまたは書面にてお送りください。お電話によるご質問は受け付けておりませんのであらかじめご了承ください。